Klassische Texte der Wissenschaft

Reihe herausgegeben von
Jürgen Jost, Max-Planck-Institut für Mathematik in den Naturwissenschaften
Leipzig, Deutschland
Armin Stock, Zentrum für Geschichte der Psychologie
University of Würzburg, Würzburg, Deutschland

Gründungsherausgeber
Olaf Breidbach, Institut für Geschichte der Medizin
Universität Jena, Jena, Deutschland
Jürgen Jost, Max-Planck-Institut für Mathematik in den Naturwissenschaften
Leipzig, Deutschland

T0224734

Die Reihe bietet zentrale Publikationen der Wissenschaftsentwicklung der Mathematik, Naturwissenschaften, Psychologie und Medizin in sorgfältig edierten, detailliert kommentierten und kompetent interpretierten Neuausgaben. In informativer und leicht lesbarer Form erschließen die von renommierten WissenschaftlerInnen stammenden Kommentare den historischen und wissenschaftlichen Hintergrund der Werke und schaffen so eine verlässliche Grundlage für Seminare an Universitäten, Fachhochschulen und Schulen wie auch zu einer ersten Orientierung für am Thema Interessierte.

Georg Schwedt

Wilhelm Ostwald

Farbkunde

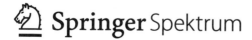

Georg Schwedt
Bonn, Deutschland

ISSN 2522-865X　　　　　　ISSN 2522-8668 (electronic)
Klassische Texte der Wissenschaft
ISBN 978-3-662-68032-2　　　ISBN 978-3-662-68033-9 (eBook)
https://doi.org/10.1007/978-3-662-68033-9

Die Deutsche Nationalbibliothek verzeichnet diese Publikation in der Deutschen Nationalbibliografie; detaillierte bibliografische Daten sind im Internet über https://portal.dnb.de abrufbar.

Planung/Lektorat: Stefanie Wolf
Springer Spektrum ist ein Imprint der eingetragenen Gesellschaft Springer-Verlag GmbH, DE und ist ein Teil von Springer Nature.
Die Anschrift der Gesellschaft ist: Heidelberger Platz 3, 14197 Berlin, Germany

Vorbemerkung

Der Autor des Kommentars zu Ostwalds Werk *Farbenkunde* hatte im März 2023 die Gelegenheit zu Recherchen im Archiv des *Wilhelm Ostwald Parks* der *Gerda und Klaus Tschira Stiftung* in Großbothen. Anhand der dort eingesehenen Archivalien sind die folgenden Kapitel mit zahlreichen Zitaten aus den Originalschriften und Archivalien entstanden. Für die Unterstützung danke ich dem Kunsthistoriker und Leiter des *Wilhelm Ostwald Parks* Dr. Ralf Gottschlich und der Dipl.-Museologin (FH) Aline Pfannenschmidt.

Inhaltsverzeichnis

Kommentar von Georg Schwedt

1

1.1 Einleitung

In der Reihe *Klassische Texte der Wissenschaft* ist Wilhelm Ostwalds Werk *Die wissenschaftlichen Grundlagen der analytischen Chemie* 2021 erschienen. Der Autor des Kommentars hat darin bereits dessen Wirken für die Physikalische und auch Analytische Chemie ausführlich gewürdigt. Für seine Arbeiten zur Katalyse und für seine Untersuchungen zum chemischen Gleichgewicht und zur Reaktionsgeschwindigkeit erhielt Wilhelm Ostwald 1909 den Nobelpreis für Chemie. Bereits 1906 hatte er die Universität Leipzig, wo er 1887 den ersten Lehrstuhl für Physikalische Chemie erhalten hatte, verlassen, um sich auf seinem 1901 erworbenen Landsitz in Großbothen ab 1914 intensiv seinen Forschungen zur Farbenlehre zu widmen.

Ostwald hatte ab 1889 die Reihe der nach ihm benannten „Ostwalds Klassiker der exakten Wissenschaften" begründet. Als Ziel und Zweck hatte Ostwald dem „Mangel an Kenntnis jener großen Arbeiten, auf welchen das Gebäude der Wissenschaft ruht" abzuhelfen genannt. Der erste Band hatte die Arbeit von Hermann von Helmholtz (1821–1894; Mediziner, Physiologe und Physiker – Universalgelehrter) *Über die Erhaltung der Kraft* (erschienen 1847) zum Inhalt. 1894 übernahm der Physiker Arthur von Oettingen (1835–1920) die Herausgabe der bei Wilhelm Engelmann in Leipzig erscheinenden Bände, ab 1920 trat Ostwalds Sohn Wolfgang an dessen Stelle. Bis 1915 waren bereits 195 Bände erschienen; 1923 erschien der 200. Band: *Wilhelm Ostwald, Über Katalyse*.

Ostwalds Buch *Farbenkunde* erschien ebenfalls in diesem historisch schwierigen Jahr: Der Herausgeber des als I. Band der Reihe „Chemie und Technik der Gegenwert" erschienenen Werkes, Dr. Walter Roth, Chefredakteur der „Chemiker-Zeitung", schrieb in seinem Vorwort im Juli 1923 von *„der Not der Zeit"* und hoffte, dass sich Forscher und Verleger finden mögen, *„die hohe geistige Kultur Deutschlands zu pflegen und zu ver-*

breiten". Roth wurde wegen seiner jüdischen Abstammung 1933 entlassen, emigrierte nach Jerusalem und dann in die USA, wo er 1954 starb.

1923 war das Jahr der Ruhrbesetzung durch französische Truppen im Januar, des Hitlerputsches am 8. November in München und der Hyperinflation. Ein Kilogramm Brot kostete 1922 noch 3,50 Mark und im November 1923 in Berlin 230 Mrd. Mark.

Unter der Vielzahl von Ostwalds Veröffentlichungen wendet sich sein Werk *Farbenkunde* an einen besonders breiten Kreis von Interessenten und Anwendern – *„als Hilfsbuch für Chemiker, Physiker, Naturforscher, Ärzte, Physiologen, Psychologen, Koloristen, Farbtechniker, Drucker, Keramiker, Färber, Weber, Maler, Kunstgewerbler, Musterzeichner, Plakatkünstler, Modisten"*.

Nicht nur das Erscheinen vor 100 Jahren, sondern auch die umfassende Darstellung von Ostwalds Farbenlehre, von der Einordnung seines Farbkreises in diejenigen von Newton über Goethe bis zum Physiologen Ewald Hering, der Beschreibung der von ihm verwendeten Farbpigmente und der damals neuen synthetischen Farben, der *Teerfarbstoffe*, bis zu seinen Bemühungen um eine Farbnormung, veranlassten den Kommentator, das Herausgebergremium und den Verlag zu einer neuen Ausgabe der *Farbenkunde* von Wilhelm Ostwald.

1.2   Zu Ostwalds Werdegang

Sein Werdegang als Wissenschaftler in der Physikalischen Chemie wurde bereits in der genannten Neuausgabe seines Lehrbuches *Die wissenschaftlichen Grundlagen der analytischen Chemie* dargestellt.[1]

Ostwald studierte ab 1872 Chemie an der Kaiserlichen Universität zu Dorpat (heute Tartu, Estland). Das Studium schloss er 1875 mit der Kandidatenarbeit zum Thema *Über die chemische Massenwirkung des Wassers* ab. 1877 legte er seine Magisterarbeit *Volumchemische Studien über Affinität vor* und 1878 promovierte er mit der Arbeit *Volumchemische und optische Studien*. 1880 wurde er Privatdozent für physikalische Chemie an der Universität Dorpat. Nach seiner ersten Professur ab 1882 als Professor für Chemie und Ordinarius am Polytechnikum in Riga wurde Ostwald 1887 an der Universität Leipzig zum o. Professor für Physikalische Chemie ernannt und gründete die „Zeitschrift für physikalische Chemie". 1898 wurde das Physikalisch-chemische Institut in Leipzig eingeweiht. Im Jahr 2009 zum 600-jährigen Gründungsjubiläum der Universität wurde am 15. Mai am ehemaligen „Laboratorium für Angewandte Chemie" eine Gedenktafel als „Historische Stätte der Chemie" angebracht. Ostwald wird zusammen mit Ernst Beckmann (1853–1923) geehrt. Zu lesen ist, dass Wilhelm Ostwald „die weltberühmte Leipziger Schule der Physikalischen Chemie" begründete und „kongenial mit dem späteren Nobelpreisträgern Svante Arrhenius und Walther Nernst, der hier die Nernstsche Gleichung ableitete", wirkte (Abb. 1.1).

---

[1] Schwedt, Georg (Kommentator): Wilhelm Ostwald. Die wissenschaftlichen Grundlagen der analytischen Chemie, Klassische Texte der Wissenschaft, Springer Spektrum, Berlin 2021.

Abb. 1.1 Porträt
Wilhelm Ostwald

1.2.1 Von der Physikalische Chemie zur Farbstoffkunde

1901 erwarb Ostwald in Großbothen bei Grimma ein Grundstück mit Landhaus, wo er sich mit seiner Familie zunächst nur in den Ferien aufhielt. Im August 1906 erfolgte der Umzug in das erweiterte Landhaus, dem er den Namen *Energie* gab. Er hatte sich inzwischen von der Universität Leipzig getrennt, in der es u. a. wegen seiner Vorlesungen über Naturphilosophie zu Streitigkeiten gekommen war, und wirkte nun als Privatgelehrter. Die Streitigkeiten eskalierten, als Ostwald wegen hoher Arbeitsbelastung die Fakultät bat, ihn von den Hauptvorlesungen zu entbinden. Ihm wurde vorgeworfen, eine Sonderstellung anzustreben. Er richtete sich im *Haus Energie* auch ein chemisches Laboratorium ein. Am 1. September 2005 wurde dort ebenfalls eine Gedenktafel als weitere „Historische Stätte der Chemie" mit folgendem Text enthüllt:

„Diese Gedenktafel erinnert an die Wohn- und Wirkungsstätte von Friedrich Wilhelm Ostwald (1853–1932)
　　Professor für Chemie in Riga 1882–1887
　　Professor für Physikalische Chemie in Leipzig 1887–1906
　　Freier Forscher 1906–1932
　　Nobelpreisträger für Chemie 1909

Wilhelm Ostwald führte als Mitbegründer der physikalischen Chemie den Energiebegriff in die chemische Forschung ein, formulierte eine wissenschaftliche Erklärung der Katalyse, entwickelte das katalytische Verfahren der Salpetersäure-Großproduktion aus Ammoniak und erarbeitete eine Lehre der Körperfarben mit Normen und Harmoniegesetzen. Weiterhin wirkte er als Naturphilosoph, Soziologe, Wissenschaftsorganisator, wissenschaftlicher Schriftsteller und Maler."[2,3]

1922 kaufte Ostwald in Großbothen weitere Flächen zu seinem Grundstück hinzu, und bis 1916 entstanden im heutigen *Wilhelm Ostwald Park* (seit 2009 im Besitz der gemeinnützigen Gerda und Klaus Tschira Stiftung) folgende Gebäude: ein Häuschen für den Hausmeister, ein Wohnhaus im Jugendstil (heute *Haus Glückauf*) für Ostwalds Sohn Walter, ein Sommerhäuschen (das Waldhaus) für den Sohn Wolfgang (1883–1943, ab 1935 o. Prof. für Kolloidchemie in Leipzig) und ein schlichter Zweckbau (mit dem Namen *Haus Werk*) für praktische Arbeiten zur Farbenlehre. 1978 wurde der gesamte Komplex unter Denkmalschutz gestellt (s. Abschn. 1.6.1). Das Ostwald-Archiv, 1936 erstmals erwähnt, wurde von Ostwalds ältester Tochter Grete Ostwald (1882–1960) eingerichtet, die auch den Nachlass ordnete und bewahrte (s. auch in Abschn. 1.4.4).[3] Im *Haus Energie* vermittelt eine Ausstellung in mehreren Räumen einen eindrucksvollen Blick in sein Labor und sein schriftstellerisches Werk sowohl zu den Themen der physikalischen Chemie als besonders auch der Farbenlehre mit eigenhändig angefertigten Landschaftsbildern und Studienblättern.[2,4]

1.2.2   Seine Farbstoff-Forschungen in Großbothen

Bereits während seiner Zeit als Professor der Universität Leipzig veröffentlichte Ostwald erste Publikationen zur Farbe – seine *Malerbriefe: Beiträge zur Theorie und Praxis der Malerei*.[5]

In den *Vorbemerkungen* schrieb Ostwald (Leipzig, März 1904):

„Die nachfolgenden Briefe sind zum Teil bereits am Ende des vorigen und am Anfange dieses Jahres in der wissenschaftlichen Beilage der Münchener Allgemeinen Zeitung erschienen. Sie haben mir schon damals eine Anzahl brieflicher Anfragen, Einwendungen, Bestätigungen und anderer Mitteilungen eingebracht, die zum Teil Anlass zu den Erweiterungen gegeben haben, welche sich in dieser Buchausgabe vorfinden. Ich hoffe sehr lebhaft auf weitere derartige Mitarbeit, insbesondere aus den Kreisen der Berufskünstler, damit ich erfahre, nach welchen Richtungen meine Darlegungen gelegentlich einer etwaigen späteren Auflage zu verbessern oder zu ergänzen sind.

---

[2] Schwedt, Georg: Historische Stätten der Chemie. Leipzig und Großbothen, in: Chemie in unserer Zeit 43 (2009), 250–252.

[3] GDCH (Hrsg.): Historische Stätten der Chemie. Friedrich Wilhelm Ostwald, Leipzig/Großbothen, 1. September 2005 (Broschüre).

[4] Hansel, Karl: Der Maler Wilhelm Ostwald, in: Chemie in unserer Zeit 40 (2006), 392–397.

[5] Ostwald, Wilhelm: Malerbriefe. Beiträge zur Theorie und Praxis der Malerei, Hirzel, Leipzig 1904.

Im übrigen bin ich mir bewusst, dass mein Widerspruch gegen mancherlei durch das Alter geheiligte Ansichten nicht verfehlen wird, Widerspruch gegen dieses Buch hervorzurufen. Doch bin ich wohl nicht der einzige, der den bisherigen antiquarischen und „philosophischen" Betrieb der Kunstwissenschaften unbefriedigend findet, und an seine Stelle das wissenschaftliche Verfahren gesetzt zu sehen wünscht, durch welches allein dauerhafte Ergebnisse bisher haben erreicht werden können, das empirisch-experimentelle. Wenn dieses uns auch nur zunächst von der einseitigen Überschätzung der Leistungen gewisser Kunstepochen zu befreien helfen würde, so wäre allein dadurch unübersehbar viel für eine wirkliche, d. h. innerliche Entwicklung unserer Kunst gewonnen."

1.2.2.1 Munsell und Krais

1905 lernte Ostwald als Austauschprofessor in den USA den amerikanischen Maler und Kunstpädagogen Albert Henry Munsell (1858–1918) kennen (Abb. 1.2). Munsell veröffentlichte 1905 seine Schrift *A Color Notation* und 1915 seinen *Atlas of the Munsell Color System*. Er verfolgte das Ziel, ein System eindeutiger Farbkennzeichnung zu schaffen, und stellte Farbmuster her, die er in einem Farbkatalog zusammenstellte. Die Farbmuster erhielten eine alphanumerische Bezeichnung, und sein System stellte er als *color tree* dar. In den USA wurde sein System zum Standard für Oberflächenfarben. 1931 wurde sein Farbsystem für das Normfarbsystem der CIE (Commission internationale de l'éclairage) verwendet, das eine Relation zwischen der menschlichen Farbwahrnehmung (Farbe) und den physikalischen Ursachen des Farbreizes (Farbvalenz) herstellen sollte. In den 1940er-Jahren wurde der Munsell-Katalog mit Hilfe farbmetrischer Methoden vermessen, an wenigen Mustern nachgebessert und als *Munsell Renotation* veröffentlicht.[6] Auch wenn

Abb. 1.2 Albert Henry Munsell. (Wikimedia commons)

---

[6] Silvestrini, Narciso, Ernst Peter Fischer: Farbsysteme in Kunst und Wissenschaft (Hrsg. Klaus Stromer): Albert Henry Munsell, S. 102–105.

Munsell in Deutschland weniger bekannt ist, so wird sein System auch hier angewendet, wie ein Beispiel aus der Bodenkunde zur Beschreibung der Bodenfarbe zeigt.[7]

Ab 1914 widmete sich Ostwald auf seinem Landsitz *Energie* in zunehmendem Maße der theoretisch-experimentellen Begründung und der praktischen Umsetzung seiner Farbenlehre. In dieser Phase wurde Ostwald von dem Chemiker Paul Krais (1866–1939) in der Entwicklung eines Farbatlas unterstützt. Krais stammte aus Stuttgart, hatte in Leipzig Chemie studiert und 1891 bei Johannes Wislicenus (1835–1902) promoviert. Er war danach zunächst als Betriebschemiker bei den Farbenfabriken Bayer & Co. und dann als Chefchemiker bei der Bradforder Dyers Association Ltd. (gegründet 1898) tätig. Die Dyers Assoc. in Bradford (Grafschaft West Yorkshire, England) erwarb verschiedene Unternehmen und Firmen inmitten des großen Textilindustriegebietes, die in der Stückfärberei in Bradford tätig waren. 1898 beschäftigte das Unternehmen etwa 7500 Mitarbeiter. Die gefärbten Waren aus Seide, Mohair, Wolle und Baumwolle wurden im gesamten Vereinigten Königreich Großbritannien verwendet und auch in alle Teile der Welt verschickt. Nachdem Krais nach Deutschland zurückgekehrt war, wurde er Leiter eines von ihm gegründeten Privatlabors für textiltechnische Untersuchungen in Tübingen und wurde 1918 zum Vorstand der Chemisch-Physikalischen Abteilung des Deutschen Textilforschungsinstitutes in Dresden sowie 1923 zum Direktor des Institutes und 1920 zum Titularprofessor ernannt. 1926 erhielt er die Leitung der wirtschaftlichen Abteilung der *Deutschen Werkstelle für Farbenkunde* in Dresden und lehrte von 1927 bis 1934 als Honorarprofessor für Textilchemie und Textilwarenkunde an der TH Dresden.

Anfang 1924 veröffentliche er eine ausführliche Analyse zum Stand der Farbenlehre und empfahl Untersuchungen zur Messung und Benennung von Farben, wozu ihm die *Die Brücke* entsprechende Möglichkeiten bot.[8]

1.2.2.2 Die Brücke und der Deutsche Werkbund

Die Brücke (Internationales Institut zur Organisation der geistigen Arbeit *Die Brücke*) wurde 1911 von Karl Wilhelm Bührer (1861–1917; Schweizer Autor und Unternehmer) und Adolf Saager (1879–1949, Schweizer Journalist und Schriftsteller) mit maßgeblicher Unterstützung durch Ostwald in München gegründet (Abb. 1.3). Sie hatte sich zum Ziel gesetzt, Probleme der Internationalisierung der Wissenschaften sowohl theoretisch als auch organisatorisch in der Praxis zu lösen. Ostwald konnte berühmte Zeitgenossen wie Rudolf Diesel, Selma Lagerlöf, Marie Curie, Ernest Rutherford oder Georg Kerschensteiner zur Mitarbeit gewinnen. Als Organisationshilfen wurden die *Dewey-Dezimalklassifikation* (Klassifikation zur Sacherschließung von Bibliotheksbeständen, von dem US-amerikanischen Bibliothekar Melvil Dewey 1876 entwickelt)

---

[7]Albrecht, C., R. Huwe, R. Jahn: Zuordnung des Munsell-Codes zu einem Farbnamen nach bodenkundlichen Kriterien, in: J. Plant Nutr. Soil Science 167 (2004), 60–65.

[8]Reschetilowski, Wladimir: Dresdner Gelehrte und Unternehmer im Briefwechsel mit Wilhelm Ostwald, in: Mitt. Ges. Dtsch. Chem./Fachgruppe Geschichte der Chemie 25 (2017), S. 262–263.

Abb. 1.3 Signet „Die Brücke". (Aus: Karl W. Bührer und Adolf Saager: Das Brückenarchiv, Ansbach 1911)

und Karteikarten eingesetzt. 1913 jedoch wurde *Die Brücke* wieder aufgelöst, da der Vorsitzende Bührer sich in Nebensächlichkeiten verfangen haben soll.[9,10]

Ostwald und Krais setzten trotzdem ihre gemeinsamen Arbeiten fort und berichteten 1916 auf mehreren Veranstaltungen über ihre Arbeitsergebnisse. Im Oktober 1916 beschloss eine Vorstandstagung des *Deutschen Werkbundes* in Berlin, den von Ostwald entwickelten Farbenatlas mit 680 Farben (durch ein Farbzeichen eindeutig definiert) in einer vorläufigen Auflage von 100 Stück herauszugeben.[8]

Der *Deutsche Werkbund e.V. (DWB)* wurde 1907 als eine wirtschaftskulturelle „Vereinigung von Künstlern, Architekten, Unternehmern und Sachverständigen" auf Anregung von Hermann Muthesius (1861–1927; Architekt und preußischer Baubeamter in Berlin), dem Politiker Friedrich Naumann (1860–1919; Theologe und liberaler Politiker im deutschen Kaiserreich) und Henry van der Velde (1863–1957; flämisch-belgischer Architekt und Designer) in München (mit Sitz in Darmstadt) gegründet. Als Ziel wurde die Veredelung der gewerblichen Arbeit im Zusammenwirken von Kunst, Industrie und Handwerk durch Erziehung, Propaganda und eine gemeinsame Stellungnahme zu einschlägigen Fragen genannt. Ein moralisch fundierter Qualitätsbegriff sollte zu einer neuen *Warenästhetik* für die kunstgewerbliche Industrieproduktion führen. 1909 erfolgte durch den Kunstmäzen Karl Ernst Osthaus (1874–1921) die Gründung des *Deutschen Museums für Kunst in Handel und Gewerbe* für vorbildliches Kunstgewerbe in Hagen.[11]

1919 wurde Krais vom Deutschen Werkbund beauftragt, in allen offiziellen Publikationen die Ostwald'schen Farbkoordinaten zu verwenden. Im Oktober 1919 wurde in Dresden eine private *Werkstelle für Farbkunde* zur Weiterentwicklung und Nutzung der Ostwald'schen Farbenlehre eingerichtet.

---

[9] Krajewski, Markus: Restlosigkeit. Wilhelm Ostwalds Welt-Bildungen, in: Hedwig Poppe und Leander Scholz (Hrsg.): Archivprozesse – Die Kommunikation der Aufbewahrung (Mediologie, Band 5), DuMont, Köln 2002, S. 173–185.

[10] wikipedia.org/wiki/Die_Brücke_(Wilhelm_Ostwald) (eingesehen18.06.2023).

[11] Nerdinger, Winfried (Hrsg.): 100 Jahre Deutscher Werkbund 1907–2007, Prestel, München 2007.

Abb. 1.4 „Werkstelle"-Titel
zu „Farbtongleiche Dreiecke"

1.2.2.3 Die Werkstelle für Farbkunde

In einer Denkschrift formulierte Ostwald im Oktober 1919 seine Vorstellungen zur einer *Werkstelle für Farbkunde*,[12] von denen einige Kernaussagen zitiert werden sollen (Abb. 1.4).

Zur „*Sachlage*" schrieb Ostwald u. a.:

> „*Durch die Forschungen der letzten Jahre ist das alte Problem der Farbe grundsätzlich gelöst worden. Es ist dem ganzen Bereich der Farbe zunächst eine vollkommene O r d n u n g hergestellt worden, so daß man gegenwärtig von jeder irgendwo und wie erscheinenden Farbe angeben kann, wohin sie gehört und wie sie definiert werden kann.*
>
> *Diese eindeutige Ordnung beruht darauf, daß die Farbe m e ß b a r geworden ist, und zwar in a b s o l u t e m Maße, d. h. unabhängig von einem aufbewahrten Muster. Eine jede Farbe läßt sich mit anderen Worten gegenwärtige mit wissenschaftlichen Hilfsmitteln so herstellen, daß die von verschiedenen Personen zu verschiedenen Zeiten hergestellten Farben identisch sind.*

---

[12] Ostwald, Wilhelm: Die Werkstelle für Farbkunde. Eine Denkschrift von Wilhelm Ostwald 1919. (Original im Archiv „Wilhelm Ostwald Park", Großbothen).

Auf dieser Grundlage ist endlich auch das Problem von der H a r m o n i e d e r F a r b e n weitgehend gelöst worden. Man kennt gegenwärtig eine Anzahl allgemeiner Harmonie-gesetze und kann mit ihrer Hilfe harmonische Zusammenstellungen aller Art erzeugen, wie man auf einer Orgel durch sachgemäße Berührung der Tasten Tonharmonien erzeugen kann. Dadurch sind dem Farbkünstler unerschöpfliche Möglichkeiten geboten, von denen die bisherige Praxis nur den kleinsten Teil kannte.

Alle diese Fortschritte sind in den letzten fünf Jahren gemacht worden. [...]

So ist es gekommen, daß die vollständige Kenntnis und Beherrschung der neuen Farbenlehre sich auf eine einzige Person, die ihres Entdeckers [W. Ostwald], beschränkt findet. Da er seine Arbeiten ohne wissenschaftliche Assistenz oder Mitarbeit hat ausführen müssen, konnten insbesondere die zahlreichen experimentellen Handgriffe und technischen Einzelheiten, die nur durch persönlichen Unterricht übertragbar sind, von denen aber die erfolgreiche und wirksame Weiterführung der Arbeiten ganz wesentlich abhängt, keinem Zweiten mitgeteilt werden. Sie stehen also bei dem vorgerückten Alter ihres Inhabers [66 Jahre] in Gefahr, ganz verloren zu gehen, wenn nicht baldigst für die Möglichkeit der Übermittelung gesorgt wird. "

Ostwald betont die wirtschaftliche Bedeutung, „*Farben ganz allgemein zu normieren*", für die wichtigen Gebiete der Gewerbetätigkeit: Textilindustrie mit Färberei, Druckerei, Weberei, Kleider- und Modewarenindustrie, Keramik, Tapeten- und Buntpapierfabrikation, Buchgewerbe, Reklamewesen, Farbstoffindustrie, Bauwesen und Kunstgewerbe. „*Hier überall besteht die Möglichkeit, für Deutschland einen bedeutenden Vorsprung vor allen anderen Ländern zu gewinnen.*"

Die *Werkstelle für Farbkunde* definiert er mit den Einzelaufgaben „*1. Forschung; 2. Ausbildung eines Stabes von dauernden Mitarbeitern bis zur vollen Leistungsfähigkeit in den verschiedenen Gebieten der Farbkunde; 3. Ausbildung von Lehrern; 4. Ausbildung von Praktikern; 5. Chemische und physikalische Untersuchung von Farbstoffen, Färbungen usw.; 6. Beratung der Industrie; 7. Entwicklung von Arbeitsmitteln und Methoden für den Unterricht und die Praxis.*"

Ostwald sieht ein, dass diese Aufgaben nicht alle sofort in Angriff genommen werden könnten, macht eine Kostenaufstellung und teilt unter *Persönliches* mit: „*Da die Werkstelle zunächst die Aufgabe haben wird, die von mir geschaffenen Grundlagen der neuen Farbenlehre zu übernehmen und zu entwickeln, entsteht ein besonderes Verhältnis, das vollständig geklärt sein muß, bevor eine Bindung nach irgendeiner Richtung Platz greifen kann. Es werde deshalb ausgesprochen, daß ich grundsätzlich keine besoldete Stellung an der Anstalt zu bekleiden wünsche. (...)*".

Ostwald schlägt abschließend die Gründung von *Tochteranstalten* vor, die auch in Chemnitz und Dresden (s. zu Krais Abschn. 1.2.2.2) eingerichtet wurden. 1920 wurde der bei Emil Fischer in Berlin promovierte Chemiker Eugen Ristenpart (1873–1953), seit 1912 Professor für Textilchemie an der Königlichen Färbereischule zu Chemnitz, mit der Einrichtung und Leitung der Chemnitzer *Werkstelle für Farbkunde* in enger Zusammenarbeit mit Ostwald beauftragt. Er veranstaltete bis 1931 regelmäßig öffentliche Abendkurse. Das Fach Farbenlehre wurde auch an der Färbereischule und in der Textilingenieurabteilung der Technischen Staatslehranstalten, die 1929 in *Staatliche Akademie für Technik* umbenannt wurden, vermittelt. 1934 beendete Ristenpart aus gesundheitlichen Gründen seine Lehrtätigkeit und lebte danach in Wiesbaden (s. auch in Abschn. 1.3.2). 1929 wurde die wissenschaftliche Abteilung in das *Deutsche Forschungsinstitut für Textil-Industrie* (1921 in Reutlingen gegründet) integriert. Unter dem Namen *Deutsche Institute für Textil- und Faserforschung* (DIFT) in Denkendorf (Landkreis Esslingen) ist es heute eines der größten Textilforschungsinstitute in Europa.

1.2.2.4 Ostwalds Produkte zur Farbenlehre

In dem von Ostwald 1921 veröffentlichten Werk *Die Farbschule*[13] (Abb. 1.5) befinden sich folgende Angaben zur *Verkaufsstelle der Energie-Werke G.m.b.H., Groß-Bothen, Sachsen.*

„Die Energie-Werke, Groß-Bothen, haben den Zweck, die Lehr- und Arbeitsmittel für die neue Farblehre genau nach den Angaben des Entdeckers W i l h e l m O s t w a l d herzustellen. Sie sind bisher die einzige Firma, deren Erzeugnisse unter ständiger Kontrolle des Laboratoriums Ostwalds stehen. Es wird dadurch gewährleistet, daß sie den Normen so genau entsprechen, als sich dies unter den gegenwärtigen Verhältnissen erreichen läßt. Gemäß den Fortschritten der Lehre werden nicht nur die nachstehend beschriebenen Gegenstände hergestellt, sondern je nach Bedarf und Möglichkeit neue erprobt und der Öffentlichkeit zugänglich gemacht.

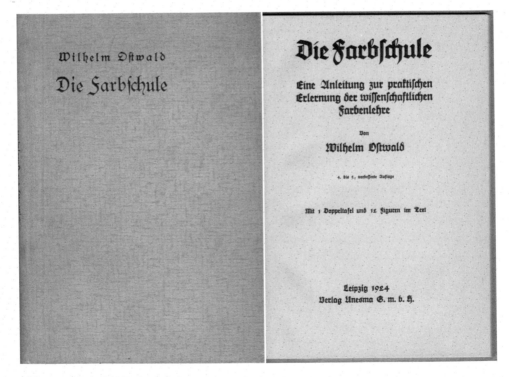

Abb. 1.5 Titel „Die Farbschule"

---

[13] Ostwald, Wilhelm: Die Farbschule. Eine Anleitung zur praktischen Erlernung der wissenschaftlichen Farbenlehre, 2. bis 3. umgearb. Aufl., Verlag Unesma, Leipzig 1921.

Die Vorzüglichkeit eines Fabrikats pflegt sich alsbald durch m i n d e r w e r t i g e N a c h a h m u n g e n z u e r w e i s e n. In diesem Zusammenhang darf darauf hingewiesen werden, daß bereits von anderer Seite Lehrmittel in den Handel gebracht werden, die sich (ohne jegliche Autorisation) wohl nach Ostwald benennen, im übrigen aber dem Ostwaldschen System keineswegs entsprechen. Wir warnen hiermit ausdrücklich vor Ankauf derartiger Fabrikate, die, soweit sie gegen Autoren- und Patentrechte verstoßen, auch Gegenstand gerichtlicher Verfolgung sein werden.

(...)"

In dem genannten Werk [13] werden folgende Produkte beschrieben:

Farborgel (oder Fladenorgel): A „Die große Farborgel" aus 21 Tafeln mit je 24 Farben (*Wasserdecktünchen*, Guaschfarben) [Guasch: wasserlösliches Farbmittel unter Zusatz von Kreide, mit dem Bindemittel Gummi arabicum] *„Die Fladenorgel dient für wissenschaftliche Harmoniestudien, sowie namentlich für die praktische Herstellung harmonisch gefärbter Muster. Sie ermöglicht, alle in diesem Werk beschriebenen Harmonien an beliebigen Formen unmittelbar o h n e j e d e Mischung auszuführen und ist daher das Universalinstrument des ernsten Praktikers wie des Forschers. "* D: „Die kleine Farborgel" mit 48 Buntfarben. *„Die kleine Orgel ist in erster Linie für den elementaren Farbunterricht bestimmt. Sie gewährt durch die weitgehende Vereinfachung einen leichten Überblick über die gesamte Farbwelt und ermöglicht die unmittelbare Herstellung einer Anzahl einfacherer Harmonien.* [Zum Begriff *Farbharmonien* s. Abschn. 1.4]

Ferner aber kann man aus den Farben der kleinen Orgel durch methodisches Mischen die fehlenden Zwischenfarben erzeugen, die in der großen Farborgel vorhanden sind. Es ist also, wenn auch unter größerem Arbeitsaufwand und mit etwas verminderter Sicherheit, möglich, die für die große Orgel unmittelbar lösbaren Aufgaben auch mittels der kleinen Orgel auszuführen. Sie kann also auch dem aufstrebenden Farbforscher und Farbkünstler, der sich die große Orgel noch nicht leisten kann, als erstes Hilfsmittel für seine Eigenschöpfungen dienen. "

Als Preise für die *Farborgeln* A und D werden (März 1921) *Mk. 1000,-* bzw. *Mk. 100,-* genannt. Die Herstellung der Farbmischungen wird von Ostwald in seinem Werk *Farbkunde* (S. 76 u. 77) unter *„Die Herstellung des Farbtonkreises"* beschrieben – s. auch Abschn. 1.4.2.

Pulverorgel B: *„Die große Pulverorgel besteht aus eingestellten Farbpulvern, die mittels eines besonderen Bindemittels (flüssiger Leim) augenblicks zu malfertigen Tünchen angerieben werden können. Diese sind in verkorkten Gläsern untergebracht und je 24 solcher Gläser, die einen wertgleichen Farbkreis* [zum „Farbkreis" s. Abschn. 1.4.1] *ergeben, befinden sich in einem Kasten. In 21 Kästen sind die 508 Buntfarben der 21 normalen Kreise bis n enthalten. "*

Außerdem wird auch eine *Kleine Pulverorgel E* mit 6 × 24 Gläser genannt.

Gestrichene Malpapiere (in Vorb.) *„Wasserdeckfarben neigen bekanntlich sehr zum Abspringen, zumal bei starkem Auftrag und auf hartem, gut geleimtem Zeichenpapier. Am besten sitzen sie auf Papier, das mit zäher Tünche vorgestrichen ist".*

Es werden deshalb zur Verwendung mit der Faden- und der Pulverorgel Malpapiere hergestellt, welche in den unbunten Farben [von Weiß, Grau bis Schwarz – s. Viertes Kapitel, Die unbunten Farben, S. 56–68 in der *Farbkunde*] *vorgestrichen sind. Das Bindemittel ist unlöslich gemacht, so daß der Anstrich unter dem nassen Pinsel nicht aufweicht und die aufgetragene Deckfarbe rein darauf steht. Wählt man für das zu malende Muster den zugehörigen Untergrund – (…) – so erzielt man mit größter Leichtigkeit eine saubere und geschlossene Wirkung, und verbraucht viel weniger Tünche als bei gewöhnlichem, nicht gestrichenen Papier.* "

Dieser Text macht deutlich, dass sich hier der praktische Chemiker auch mit den Erfahrungen des Malers, des Künstlers, verbindet.

Buntpapiere: *„Die Buntpapiere sind ähnlich wie die Normalpapiere auf Normen eingestellt und durchgefärbt, jedoch gemäß ihrer Anwendung von geringerer Genauigkeit und entsprechend niedrigem Preis. Man kann aus ihnen alle Harmonien bilden, welche in diesem Werk beschrieben worden sind und sich so auf dem kürzesten Wege eine ,Harmonie' beschaffen, welche die verschiedenen Arten der Farbharmonie zur Anschauung bringt.*

Für den Unterricht gewähren die Buntpapiere unerschöpfliche Möglichkeiten. Da sie die Farben fertig gebildet enthalten, entfallen alle Schwierigkeiten der Maltechnik, die durch das viel einfachere Ausschneiden ersetzt wird. Da die weibliche Hälfte der Menschheit die Schere viel leichter und sicherer handhabt als den Pinsel [sic!]*; so finden Buntpapiere hier besonders bereitwillige Verwendung, zumal sie sich auch zur Herstellung gegenständlicher Modelle (Puppen u. dergl.) unmittelbar eignen.*

Das Aufkleben erfolgt am besten nur an einigen Stellen mit ganz wenig Klebmittel. Dadurch vermeidet man das lästige Werfen und Krumziehen und erzielt eine saubere Arbeit. "

Die nasse Orgel: *„Diese Orgel besteht aus eingestellten Farbstofflösungen, die in verkorkten Gläsern von 10 ccm Inhalt untergebracht sind* [aus synthetischen Farbstoffen, den *Teerfarben* seiner Zeit, zusammengestellt im Abschn. 1.4.2 bzw. von Ostwald beschrieben in seiner *Farbkunde* S. 230–237]. *Je 24 Gläser, einem wertgleichen Kreise entsprechend, sind in einem Kasten, wie bei der Pulverorgel, angeordnet.*

Die nasse Orgel hat den Vorzug, daß man aus ihr unmittelbar malen kann, ohne Zeit durch Anreiben der Tusche zu verlieren. Sie wird also dort Verwendung finden, wo Muster auf weißem Zeichenpapier in den Farbnormen auszumalen sind. Gemäß den allgemeinen Eigenschaften der Lasurtünchen fallen die Farben klarer aus als mit den stumpfen Decktünchen der Fladen- oder Pulverorgel.

(…) "

Farbpillen (in Vorb.): *„Jede Pille ergibt, in 10 ccm Wasser gelöst, eine bestimmte Farbe gemäß der Normen.*

Diese Ausführungsform macht es unnötig, alle Farben in flüssiger Gestalt aufzubewahren, da man jede gewünschte Farbe durch Auflösen einer Pille augenblicklich herstellen kann. Die Farbpillen finden vorwiegend dort Anwendung, wo man oft und viel mit der gleichen Farbe zu arbeiten hat. "

Ein besonderes Anliegen verband Ostwald mit der Entwicklung seines Wasserfarbenkastens, den er

Kleinchen nannte und wie folgt beschrieb:

> „*K l e i n c h e n ist ein Wasserfarbenkasten (Aquarellfarbenkasten) in Weltformat VI, also nur 57 × 80 mm groß, der in der Westentasche Platz findet. Er enthält 12 Farben von leuchtender Schönheit, die so ausgiebig sind, daß man mit ihnen 10 Quadratmeter und noch mehr bemalen kann.*
> *Welche Farben enthält Kleinchen? ‚Kleinchen' ist der erste Farbenkasten, der nach den Grundsätzen der wissenschaftlichen Farbenlehre von Wilhelm Ostwald eingerichtet ist. Demgemäß enthält er zunächst die 8 Hauptfarben: Gelb, Kreß [Orange], Rot, Veil [Violett], Ublau [Ultramarinblau], Eisblau, Seegrün, Laubgrün. Da diese Farben von solcher Reinheit sind, wie sie in der Natur nur ausnahmsweise angetroffen werden, so sind noch zwei schwarze Farben zugefügt, nämlich: Reinschwarz, Braunschwarz. Mit diesen lassen sich die erstgenannten reinen Farben trüben oder brechen, schattieren und nach dem zartesten Grau oder tiefsten Schwarz hinüberführen.*"

Ostwald erwähnt an diesen Text anschließend die *Deutsche Tusche* (*Deckschwarz*), das heute verwendete *Scriptol* ist eine wässrige Lösung von Ruß und Naturharzen.

Als Werbetext kann folgender Ausschnitt aus den ausführlichen Beschreibungen des Farbmalkastens *Kleinchen* verstanden werden:

> „‚K l e i n c h e n' ist der erste Farbenkasten, welcher außer Deckweiß und Deckschwarz grundsätzlich nur Saftfarben (Lasurfarben) enthält. Dadurch gewinnen die mit ‚K l e i n c h e n' hergestellten Bilder ein ganz besonders reines und frisches Aussehen, das sie sehr zu ihrem Vorteil von gewöhnlichen Aquarellen unterscheidet.
> Aus dem gleichen Grunde ermöglichen die ‚K l e i n c h e n'-Farben auch ein besonders flüssiges und gleichförmiges Auftragen. Der Fachmann wird auf die angenehmste Weise überrascht sein, wie leicht er die größten Flächen gleichförmig eindecken kann, und der Schüler hat sich nicht erst lange zu plagen, bis ihm ein glatter Auftrag gelingt. Beiden ermöglicht Kleinchen, mit der geringsten Anstrengung die beste Arbeit zu leisten."

Ostwald nennt als Anwender Schüler, Kunstgewerbler, Techniker, Liebhaber-Künstler, „ernste" Künstler.

1927 veröffentlichte Ostwald in den „Mitteilungen der Pelikan-Werke Günther Wagner Hannover & Wien" einen Beitrag zur „Ordnung und Messung der Farben in geschichtlicher Entwicklung".[14] Bereits im Juli 1921 gab es Werbung der Firma Günther Wagner mit der Überschrift „Günther Wagner's Farben, Farbkasten und Kreiden für Ostwalds Farbenlehre" – u. a. auch einen Farbkasten mit 12 Farben für 4 Mark. Und in einem Werbeprospekt aus dieser Zeit ist zu lesen: „Unter dem Namen *Original Ostwald* und *Nach Ostwald* sind mancherlei Farben im Handel. Nach einem Vertrage mit Herrn Professor Wilhelm Ostwald ist mir die Fabrikation von Original-Ostwaldfarben übertragen worden. Um Verwechselungen mit anderen Farben zu vermeiden, nenne ich diese Farben ‚Pelikan-Normfarben'. Ich bitte, sich nicht irre leiten zu leiten, sondern nur ‚Pelikan-Normfarben'

---

[14] Ostwald, Wilhelm: Ordnung und Messung der Farben in geschichtlicher Entwicklung, in: Mitteilungen der Pelikan-Werke Günther Wagner Hannover & Wien, Nummer 26 (1927), S. 14ff. (Archiv Wilhelm Ostwald Park, Großbothen).

zu verlangen. Sie bekommen dann die richtigen der Ostwaldschen Farbenlehre angepaß-
ten Farben geliefert. ‚Pelikan-Normfarben' sind Original-Ostwaldfarben.“[15]

Als *Deutsche Tusche* könnte Ostwald das heute als „Scriptol: Schwarze Tusche als
wässrige Lösung aus Ruß und Naturharzen“ der Pelikan-Werke im Handel befindliche
Produkt gemeint haben.

Die Firma Günther Wagner bot im Juli 1921 auch Wasserfarben als „runde Farbtafel“ und
als „runde Farbpillen“ an. Die heutigen Pelikan-Farbmalkästen enthalten 12 oder 24 Farben.

Bunte Kreiden wurden von Ostwald als in Vorbereitung angekündigt: *„Für die schnelle
Herstellung bunter Zeichnungen auf der Schulwandtafel werden bunte Kreiden in den acht
Hauptfarben hergestellt. "* – Auch die Firma Günther Wagner nennt in ihrer Anzeige im
Juli 1921 „Farbige Wandtafelkreiden“ – „für Ostwalds Farbenlehre“.

Der Musterschmidt-Verlag (Göttingen, heute Northeim) vertrieb von Ostwald dessen
Farbkreis/Farbtonharmonie, von dem der Autor dieses Kommentares noch ein Exemplar
aus den 1960er-Jahren als Diplomand der Chemie im Anorganisch-chemischen Institut
der Universität Göttingen besitzt, als er die Farben mit Reagenzien imprägnierter Cellulose-
produkte bezeichnen musste. Die Tafel mit der Bezeichnung „Farbton-Harmonie nach
Ostwald“ enthält im Farbenkreis 24 Farben und im Inneren einen schwarzen und einen
hellgrauen Stern:

> „Wird eine Spitze des hellgrauen Sterns auf einen bestimmten Farbton eingestellt, so weisen
> die drei anderen Spitzen auf diejenigen Farbtöne hin, welche zusammen mit dem ersten einen
> Vierklang bilden.
>   Wird eine Spitze des schwarzen Sterns auf einen bestimmten Farbton eingestellt, so wei-
> sen die anderen Spitzen auf diejenigen Farbtöne hin, welchem zusammen mit dem ersten
> einen Dreiklang bilden.“

Im Katalog der Verlagsgesellschaft Musterschmidt ist auch noch das *„Ostwald-
Graustufenmaß"* aufgeführt.

In der Ausstellung im *Haus Energie* im Wilhelm Ostwald Park (s. Abschn. 1.6.1.) ist
„Ostwald's Doppelkegel“ ausgestellt, der im Begleitheft zum „Ausstellungsrundgang“
wie folgt beschrieben wird:

> *„Eine der wichtigsten Anwendungen aus der Farbenlehre Ostwalds ist der Doppelkegel. Es
> besteht aus 24 jeweils farbtongleichen Dreiecken, auf denen sich jeweils außen die Vollfarbe
> befindet. Nach innen wird diese Vollfarbe mit weiß bzw. schwarz in 28 Abstufungen gemischt.
> Ganz im Inneren des Doppelkegels ist immer die Graureihe in 8 Stufen. So entstehen ins-
> gesamt 680 unterschiedliche Farbquadrate, die in reiner Handarbeit bestrichen, aus-
> geschnitten und aufgeklebt werden. Alle Farbabstufungen enthalten eine Kennzeichnung aus
> einer Zahl-Buchstaben-Kombination. So können die Farben des Doppelkegels als Grundlage
> für genaue Farbbestimmungen in Bereichen wie der Textilindustrie, Pflanzen- und Tierzucht
> oder auch bei Lebensmitteln benutzt werden. (…)*

---

[15] Zitiert nach X-Rite (Hrsg.): Die Ostwaldsche Farbenlehre und ihre Anwendung in der Praxis
(Autor: Andreas Schwarz) – Kalender 2003, Monat April.

Für die Farbforschung und Herstellung von Anschauungs- und Schulungsmaterial lässt Ostwald 1916 auf seinem Grundstück das Haus Werk *bauen und gründet die Energie-Werke GmbH sowie den Verlag UESMA. (…)"*

Abschließend ist außerdem die Sammlung normierter Farben auf Farbkarten zu nennen, die im Archiv im Haus Werk in Großbothen aufbewahrt wird. Eingesehen wurde *Der Farbnormenatlas* mit ca. 2500 Farben, *„mit Gebrauchsanweisungen und wissenschaftlicher Beschreibung"* im Begleitheft, 3. Auflage, 7 Register (1925).

In der Datenbank https://sachsen.museum-digital.de/(Museum: Wilhelm Ostwald Park) sind 127 Objekte verzeichnet (eingesehen am 06.05.2023). Eine weitere Quelle bietet die Webseite des Wilhelm Ostwald Parks, wo unter „Museum" Objekte des Monats zu finden sind und dort auch ausführlich beschrieben werden.

Von den hier beschriebenen Produkten findet man noch heute zahlreiche Varianten in jedem Kaufhaus – von Buntpapieren bis zu den Tuschkästen.

1.3   Zu seinem Gesamtwerk in der Farbenlehre

Wie in Abschn. 1.2.2 berichtet, begann Ostwald bereits 1904 seine Arbeiten zur Farbenlehre mit den *Malerbriefen*. In den ersten Kapiteln berichtet er über die *„Physicochemische Seite der malerischen Technik"*, *„Warum Bleistiftzeichnungen glänzen und Kohlezeichnungen nicht"*, über die *„Eigenschaften des Pastells"* und über *„Farbstoffe"*.[5]

In der Einführung zur Bibliographie der Ostwald'schen Werke zur Farbenlehre ist zu lesen, dass Wilhelm Ostwalds Beschäftigung mit dem Phänomen Farbe 1914, im Alter von 61 Jahren, mit dem Auftrag des Deutschen Werkbundes begonnen habe, einen Farbenatlas als Grundlage für den allseitigen Umgang mit Farben auszuarbeiten.[16] Die Autoren sind der Meinung, dass für die Erteilung des Auftrages entscheidend gewesen sei, dass Ostwald schon mehrere Arbeiten zur physikalischen Chemie der Malerei (s. in [5]), über die Untersuchung von Gemälden und auch über rationale Malverfahren veröffentlicht hatte.

In der ersten Phase seiner Arbeiten entwickelte Ostwald zusammen mit Paul Krais bis 1917 eine messende Farbenlehre, die er 1919 auf der Tagung des Werkbundes in Stuttgart auch vorstellte. In Folge entstand eine große Zahl von Büchern, Aufsätzen und Anwendungsschriften sowie auch eine spezielle Zeitschrift *Die Farbe*.

In einem Brief an Svante Arrhenius (Abb. 1.6) vom 4. Januar 1919 ist die persönliche Beurteilung seiner Farbenlehre zu lesen (zitiert nach [16], S. 4–5):

„Ich habe inzwischen die Farblehre von Grund aus neu bearbeitet und bin jetzt so weit in der quantitativ begründeten Chromatik gelangt, daß ich auch das alte Problem der Harmonie der Farben grundsätzlich gelöst habe. – Ich habe ungefähr fünf Jahre unausgesetzt und mit aller Anspannung an dieser Sache gearbeitet und glaube, es ist das beste geworden, was ich in meinem Leben gemacht habe."

---

[16] Brückner, Jobell u. Karl Hansel: Wilhelm Ostwald – Bibliographie zur Farbenlehre, Wilhelm-Ostwald-Gesellschaft zu Großbothen e.V., 2000.

Abb. 1.6 Svante Arrhenius.
(Aus Zschr. Physik. Chem.
Band 69/1909)

Dazu äußern die Herausgeber der Bibliographie Brückner und Hansel (2000): „*Diese Aussage wird durch Bücher, Aufsätze, Anwendungsbeispiele und Prospekte, die zum Teil als ungehobene Schätze im Wilhelm-Ostwald-Archiv in Großbothen/Sa. lagern, belegt und unterstrichen.*"

Die erste Bibliographie stellte 1936 Grete Ostwald (s. auch in Abschn. 1.4.4) zusammen, die als Grundstock für die Farbenlehre-Bibliographie im ersten Heft der Mitteilungen der Wilhelm-Ostwald-Gesellschaft 1996 diente. Die Bibliographie aus dem Jahr 2000 enthält das „Schriftenverzeichnis zur Farblehre" von 1936 mit den Arbeiten zur Farbentheorie und farbchemische Beiträge ab 1903, ergänzt durch Prospekte, Farbatlanten u. a., und als weiterer Teil nachgelassene Schriften Ostwalds aus dem Bestand des Akademie-Archivs der Berlin-Brandenburgischen Akademie der Wissenschaften.[16]

Zum 75. Geburtstag von Wilhelm Ostwald 1928 erschien in der „Hauszeitschrift der Farbenwerke Springer & Möller Leipzig" mit dem Titel „Aus der Welt der Farben" eine Würdigung von Ostwalds Arbeiten zur Farbenlehre, in der u. a. heißt:[17]

---

[17]Anonym: Wilhelm Ostwald zum 75. Geburtstag, in: Aus der Welt der Farben, Hauszeitschrift der Farbenwerke Springer & Möller Leipzig, Nummer 7, S. 73–74 (1928) (Original im Wilhelm-Ostwald-Archiv, Großbothen).

„„… 1914 hatte er sich mit dem Werkbund verständigt, um eine brauchbare *Farbenordnung* zu schaffen. Die Systematik aller Farben war für ihn, den Ordnungswissenschaftler und Künstler-Gelehrten, eine reizvolle Aufgabe. Ostwald hat, das sei eingeflochten, Hunderte überraschend schön und modern gemalter Bilder in Öl, Pastell und Aquarell gefertigt. Die Freude am Zeichnen und Malen hat ihn durch sein ganzes Leben hindurch begleitet. (…) Im Gegensatz zur Musik zeigt sich nun bekanntlich in der gesamten Farbenkunst eine nicht zu leugnende Rückständigkeit im Hinblick auf die Kennzeichnung und Mitteilungsmittel. Da gelang Ostwald die *Messung der Farben* und damit war Maß, Zahl und Ordnung in das Farbensystem gebracht. Auf Grund weitestgehenden jahrelangen Quellenstudiums, durch grundlegende Begriffsbildungen, eine höchst fruchtbare Forschertätigkeit, unterstützt durch seinen eminenten Ordnungssinn und seine umfassenden mathematischen, chemischen und physikalischen Kenntnisse, hat Geheimrat Prof. Dr. Wilhelm Ostwald eine Reihe folgenreicher Entdeckungen gemacht und die neue Wissenschaft der *messenden Farbenlehre* geschaffen. Daß er im weiteren Verfolg seiner Arbeiten die Grundtatsachen der „Farbenharmonie" und damit eines der Grundgesetze der Schönheit erkannte, spricht für die schnelle Entwicklung und Reife seiner neuen Lehre." – s. *Messende Farbenlehre* im Buch *Farbkunde*, Kap. „Messung der Farben" S. 139–169.

In der „Zeitschrift für technische Physik"[18] ordnete er den Farben auch die Wellenlängenbereiche (Durchlässigkeit in nm) zu: 1 Gelb 560–580, 2 Rot 605–690, 2a Dunkelrot 635–690, 3 Blau 420–485, 3a Dunkelblau 420–465, 4 Seegrün 490–540, 5 Laubgrün 520–565. (s. auch in *Farbkunde* S. 84–87 „Farben und Wellenlängen")

1.3.1 Aus dem Spektrum seiner Publikationen

Der Katalog der Deutschen Nationalbibliothek in Leipzig verzeichnet 21 Monographien Ostwalds, zum Teil in mehreren Auflagen. Besonders zahlreich sind die Auflagen seiner *Farbfibel*, die insgesamt mit 16 Auflagen (bis 1944) angegeben ist. Die dem Autor vorliegenden zwei unterschiedlichen Ausgaben von 1944 unterscheiden sich darin, dass dem einen Buch ein Zusatz eingeklebt ist mit der Angabe „Die Farbtonmuster sind von ‚Muster-Schmidt', KG, Göttingen, hergestellt". Dieses Buch hat einen Einband mit Titel und Verlagsangabe (Unesma/Berlin), das andere hat einen mazerierten Leineneinband ohne Titel.

Es enthält nach einer *Einleitung* zu *Farbe* und *Einteilung* 6 Kapitel zu folgenden Themen:

Die unbunten Farben – Die bunten Farben – Hellklare und dunkelklare Farben – Die trüben Farben (hier auch zur *Normung des farbtongleichen Dreiecks*) – *Der Farbkörper* (hier auch über *Die Normen im Farbkörper*) – *Die Harmonie der Farben*. Insgesamt enthält das Buch 10 Zeichnungen und 252 Farben und ist in der genannten 16. unveränderten Auflage im 16. bis 21. Tausend 1944 erschienen.

Im Zweiten Weltkrieg hat es offensichtlich verschiedene Hersteller ein und derselben Auflage gegeben.

---

[18] Ostwald, Wilhelm: Die Grundlagen der messenden Farbenlehre, in: Zeitschrift für technische Physik, Nr. 9 und 12 (1920) und Nr. 6 (1921) (Sonderdruck im Wilhelm-Ostwald-Archiv, Großbothen).

Der Erfolg der *Farbenfibel* spiegelt sich in den Vorworten zu den verschiedenen Auflagen. Im Oktober 1916 ist zur ersten Auflage zu lesen:

> „Der Name Farbenfibel drückt aus, daß das vorliegende Werkchen nur die allgemeinsten Tatsachen und Gesetze der Farbenlehre und zwar in rein lehrhafter Form enthält. Demgemäß ist jeder Satz nach Inhalt und Tragweite sorgsam überlegt. Die Abweichungen der Darstellung von der bisher gebräuchlichen beruhen auf den eigenen Forschungen des Verfassers, von denen bisher nur ein kleiner Teil hat veröffentlicht werden können.
>
> Die Farbenbeispiele wurden teils vom Verfasser persönlich, teils unter seiner unmittelbaren Aufsicht in Handarbeit hergestellt und sind deshalb viel genauer, als gedruckte es sein können. Großbothen Oktober 1916."

Der Benutzer dieses Werkes heute wird diese Aussage des Verfassers besonders hoch schätzen und bewundern.

Im Vorwort zur zweiten und dritten Auflage wird berichtet, dass die 1200 Exemplare der ersten Auflage in „*dem Maße Abnehmer gefunden* [haben], *wie sie geliefert werden konnten, was wegen der schwierigen Handarbeit beim Einkleben der Farbenproben nur mit mäßiger Geschwindigkeit möglich war. So ist trotz der Kriegszeit wenige Monate nach der Ausgabe des Werkchens eine zweite Auflage erforderlich geworden: ein anschauliches Zeichen dafür, mit welcher Stärke das Bedürfnis nach einer wissenschaftlichen Farbenlehre empfunden wird.*" (Februar 1917).

Im Vorwort zur vierten und fünften Auflage wird darauf hingewiesen, dass nun „*die Erfassung und Ausarbeitung des Begriffs der Farbnormen* [erfolgt sei], *durch welchen gleichzeitig die Aufgabe der technischen und künstlerischen Organisation der Farbe gelöst wurde.*" (Mai 1920).

Und im Vorwort zur elften bis fünfzehnten Auflage stellte Ostwald fest: „*Während die vierte bis zehnte Auflage, die in etwa vier Jahren vergriffen wurden, im wesentlichen unverändert bleiben konnten, sind durch die 1924 erfolgte Einführung der vereinfachten Farbtonbezifferung von 1–24 (statt 0–96) entsprechende Änderungen des Textes notwendig geworden, die indessen nur formaler Natur sind ...*" (November 1924 und April 1930).

Die Erfolgsgeschichte dieses Buches beinhaltet in den Vorworten auch einen kleinen Einblick in die Entwicklungsgeschichte von Ostwalds *Farbenlehre*, die in seinem Werk *Farbkunde* alle Aspekte mit einem deutlich naturwissenschaftlichen Schwerpunkt beinhaltet.

Dem Buch in der Bibliothek des Autors dieses Kommentars liegt der Ausgabe von 1944 ein Zettel bei – mit der Aufschrift DANK und „Abschrift!", dessen Text hier vollständig (mit Erläuterungen) zitiert wird:

> „Die vorliegende 16. Auflage entstand während des bisher hitzigsten Fiebers der Menschheitskatastrophe unter Bombenhagel und Tieffliegerbeschuß, – zugleich unter unerhörten Schwierigkeiten jeder nur erdenkliche Art. Die Herstellung eines Werkes mit gemessenen Originalfarben stellt an sich schon an Fachkunde und liebevolle Exaktheit ganz besondere Ansprüche und gilt in Friedenszeiten als verlegerisches Meisterwerk. So mag der Leser den

erkennbaren Unvollkommenheiten dieser 16. Auflage die Zuverlässigkeit des Textes und die Farbrichtigkeit und Sauberkeit der 250 Farbblättchen gegenüberstellen.
  Die verlegerische Leistung ist Herrn Verlagsbuchhändler Friedrich B l a u, Berlin, z. Zt. Camburg-Saale, zu verdanken. Die Herstellung der Farbblättchen ist das Verdienst von Muster-Schmidt, Göttingen. Die textliche und wissenschaftliche Seite überwachten Grete O s t w a l d vom Wilhelm-Ostwald-Archiv und Schulrat S t r e l l e r.
  Heppenheim/Bergstraße
  Baracken am Tonwerk. WALTER OSTWALD,
  zugleich für die noch lebenden anderen Kinder Wilhelm Ostwalds, nämlich Grete Ost-wald, Großbothen/Sa., Haus Energie, Els[Elisabeth]
  Brauer, geb. Ostwald, Großbothen/Sa., Haus Energie, Carl Otto
  Ostwald,
  Großbothen/Sa., Haus Energie."

Im Staatsarchiv Leipzig ist in einer Archivale des Börsenvereins der Deutschen Buch-händler zu Leipzig aus der Zeit von 1946–1949 verzeichnet, dass aus dem „Blau-Verlag, Inhaber Friedrich und Florena Blau, Buchverlag, Görlitz, späterer Inhaber Anton Weiss, Großschönau und Leipzig" nun „Der Neue Geist Verlag", Buchverlag, Ladislaus Somo-gyi, Berlin" entstanden sei.
  Unter dem Namen Werner Streller konnte nur ein Direktor der Friedrich-Engels-Oberschule in Riesa als „verdienter Lehrer des Volkes" 1964 ermittelt werden.
  Walter Ostwald (Riga 1886–1958 Freiburg im Breisgau) war der jüngere Bruder des Chemikers Wolfgang Ostwald (1883–1943), der ebenfalls Chemie studierte. Er war vor allem als Wissenschaftsjournalist tätig. 1906 bis 1914 leitete er die Redaktion der Zeit-schrift *Der Motorfahrer* des ADAC. Danach wirkte er bei der Hansa-Lloyd Werke AG in Bremen, einem Zusammenschluss von 1914 aus der *Hansa-Automobil GmbH* in Varel und der *Norddeutschen Automobil und Motoren AG* (NAMAG) in Bremen-Hastedt, und wurde später Leiter der wissenschaftlich-technischen Abteilung des *Benzol-Verbandes* (später Aral AG). 1898 hatten 13 Bergbauunternehmen die *Westdeutsche Benzol-Ver-kaufsvereinigung* in Bochum gegründet, und 1906 schloss sich der Verband mit der *Ost-deutschen Benzol-Verkaufsvereinigung* zur *Deutschen Benzolvereinigung* zusammen. Nach Umstrukturierungen entstand 1918 der *Benzol-Verband,* der hauptsächlich Farbenfabriken mit Benzol belieferte. In diesem Unternehmen wurde ein Benzin-Benzol-Gemisch „von sechs Teilen Benzin und vier Teilen Benzol" als Ottokraftstoff entwickelt, dem Walter Ostwald den Namen BV-Aral aus **A**romaten und **Al**iphaten für Benzinkohlenwasserstoffe gab. 1910 veröffentlichte Walter Ostwald bereits seine Ideen zur Entgiftung von Auspuffgasen mit Katalysatoren, zu denen ihn auch sein Vater an-geregt haben könnte. Darin ist u. a. vorausschauend zu lesen: „[Es] steht zu befürchten, dass [der Katalysator] durch die nitrosen und schwefligsauren Gase, welche unvermeid-liche Begleiter der Auspuffgase sind, bald unbrauchbar gemacht wird." (Autler-Chemie, Autotechnische Bibliothek Band 36, Kap. 3, Berlin 1910.) Ab 1927 war er als Wissen-schaftsjournalist und auch freier Mitarbeiter bei den I.G. Farben tätig und an der Ent-wicklung von *Motalin*, einem durch den Zusatz von Eisenpentacarbonyl „kompressions-festen Betriebsstoff" (Antiklopfmittel) von der Deutschen Gasolin AG entwickelten

Otto-Kraftstoff, beteiligt. 1956 veröffentlichte er sein Buch über „Rudolf Diesel und die motorische Verbrennung".[19]

Der Katalog der Deutschen Nationalbibliothek gibt die Auflagen der *Farbenfibel* in kurzen Zeitabständen wie folgt wieder: von 1917, 4./5. Aufl. 1920, 6. Aufl. 1921, 7. Aufl. 1922, 10. Auf. 1924, 11. Aufl. 1925, 12. Aufl. 1926 – bis dahin als Titel *Die Farbenfibel* –, dann *Die Farbfibel* 13. Aufl. 1928, 16. Aufl. 1944.

Mehrmals wird auch der Musterschmidt-Verlag in Göttingen mit der *Farbton-Harmonie* nach Ostwald (1952) und der *Farbmeßtafel* (1939) genannt.

Das Spektrum der Arbeiten Ostwalds zur Farbenlehre wird vor allem auch an speziellen Themen deutlich:

1918: *Goethe, Schopenhauer und die Farbenlehre* (Unesma, Leipzig). s. auch Eckhard Bendin 2019[20]

1930: *Die Maltechnik jetzt und künftig* (Akadem. Verlagsges., Leipzig).

Und seine *Farbenlehre* erschien in drei Bänden mit den Untertiteln *Buch 1: Mathematische Farbenlehre* (1918, 2. Aufl. 1921), *Buch 2: Physikalische Farbenlehre* (1919, 2. Aufl. 1923)*, Buch 3: Chemische Farbenlehre* (1939, 2. Aufl. 1951) – im Blau-Verl. in d. Arbeitsgemeinschaft Thür. Verleger, Berlin und Camberg/S.

Der *Werkstelle für Farbkunde* widmete Ostwald eine spezielle Monographie, die in Großbothen 1920 in der 4. Auflage erschien.

Über *Die Harmonie der Farben* (Unesma, Leipzig 1922), den *Farbnormen-Atlas* (Unesma, Leipzig 1923, 3. Aufl. 1926) und *Die Farbtonleitern* (Unesma, Leipzig 2. Aufl. 1924) gab er spezielle Monographien heraus.

1.3.2   Eine Einführung in seine Farbenlehre

Als Reclam-Heft in der Reihe „Bücher der Naturwissenschaft" veröffentlichte Ostwald selbst eine *Einführung in die Farbenlehre*.[21] Die lesenswerte und auch auf seine Person bezogene Einleitung sei hier zitiert:

> *„Das Bedürfnis, aus welchem G o e t h e, der Dichter sich den scheinbar so fernliegenden Problemen der Farbenlehre gerade in der Zeit seiner höchsten poetischen Leistungen zuwandte, um ihnen fast ein halbes Leben zu widmen, war von rein künstlerischer Beschaffenheit. Er wollte über die Grundgesetze und die aus ihnen fließenden Grundmittel der Dichtkunst allgemeine, d. h. wissenschaftliche Klarheit gewinnen und hoffte dies dadurch zu er-*

---

[19] Seher-Thoß, Hans Christoph von; Ostwald, Walter in: Neue Deutsche Biographie (NDB), Band 19, S. 633–634, Duncker & Humblot, Berlin 1999.

[20] Bendin, Eckhard (Hrsg.): Schopenhauer-Gedenkschrift 2016. Über das Sehn und die Farben … Mit ausgewählten Beiträgen zum Gedenkkolloquium des 10. Dresdner Farbenforums 2016, Beitrag: „Arthur Schopenhauer. Biografische und bibliografische Hinweise zur Farbenlehre S. 68–72, edition bendin, Dresden 2019.

[21] Ostwald, Wilhelm: Einführung in der Farbenlehre. Mit 1 unbunten und 2 bunten Tafeln und 17 Zeichnungen im Text, Verlag von Philipp Reclam jun. Leipzig, Zweite verbesserte Auflage, 1919.

reichen, daß er die Gesetze studierte, welche der Schwesterkunst, der Malerei, ihre technischen Regeln gaben. Hierbei stellte sich heraus, daß zwar für die anderen Teile der Malerei solche Gesetze bekannt waren, für deren wichtigsten Teil, die Lehre von den F a r b e n, aber keinerlei Ordnung und Gesetz auffindbar erschien.

Es entsprach dem berechtigten Hochgefühl seiner schöpferischen Kraft, daß er es alsbald unternahm, die fehlenden Gesetze selbst ausfindig zu machen und aufzustellen. Dabei wurde, wie das ja immer wieder geschieht, aus einem Mittel ein Zweck, der ihn durch ein halbes Leben in Anspruch nahm. Aber obwohl er mit der Sicherheit des Genius alsbald den geraden Weg zu seinem Ziele einschlug, indem er nämlich die Aufgabe w i s s e n s c h a f t l i c h von ihren ersten Elementen, der Lehr vom Licht ab in Angriff nahm, blieb es ihm doch versagt, sein Ziel zu erreichen. Er setzte sich nicht nur in unlösbaren Widerspruch mit den Vertretern der Wissenschaft seiner Zeit, sondern auch mit dem, was die Wissenschaft seitdem zutage gefördert hat, und wendete sich schließlich enttäuscht und mißmutig von der unabgeschlossenen Arbeit ab.

Es hat der Arbeit zahlreicher hervorragender Forscher über mehr als ein Jahrhundert bedurft, um den Stein zu heben, den der Geistesriese G o e t h e nicht hatte bewegen können. Immer wieder wurde vergeblich der Hebel angesetzt, bis zuletzt die Gesamtheit der Arbeiten groß genug dazu geworden war. Jetzt endlich sind wird soweit. Jetzt ist der Weg gebrochen und gebahnt, dessen Richtung G o e t h e uns zwar gewiesen hat, den er selbst aber noch nicht betreten konnte. Von den ersten Anfängen bis zum letzten Zielpunkt der ‚sinnlich-sittlichen Wirkung der Farben' liegt nun die Farbenlehre übersichtlich und zusammenhängend vor unseren Augen. [Zu Goethes Wirken in Zusammenhang mit der Farbelehre s. in Ostwalds Farbkunde in „Erstes Kapitel. Geschichte der Farbenlehre. Allgemeines" S. 1 sowie „Farbstoffe und Farben" S. 3 und „Goethes Farbenlehre" S. 15–17.]

Nicht daß nunmehr alles erledigt und fertig wäre [Jahr der Reclam-Ausgabe 1919]. Das ist ein Zustand, der auch bei der ältesten und entwickeltsten Wissenschaft nicht erreicht wird, also bei einer eben erst gereiften auch nicht annähernd vorhanden sein kann. Aber die drängenden Haupt- und Grundfragen sind soweit beantwortet, daß man überall die Zusammenhänge der Tatsachen und Aufgaben erkennen kann. Und auch die Arbeitsmittel sind soweit geschaffen und erprobt, daß grundsätzlich überall die Möglichkeit erkennbar ist, die noch ausstehenden Einzelfragen zu erledigen. Was da fehlt, sind zurzeit nur die Hände und Köpfe, um diese einzelnen Aufgaben eingehender zu bearbeiten.

Denn es muß berichtet werden, daß die letzte Arbeit, um die Farbenlehre aus dem ungeordneten und unzulänglichen Zustande, in dem sie sich noch vor wenigen Jahren befand, in den gegenwärtigen Zustand einer geordneten Wissenschaft überzuführen, die auf exakt definierten meßbaren Größen beruht, von einem einzigen, dem Verfasser dieses Büchleins, hat geleistet werden müssen.

Kurz vor dem Ausbruche des Weltkrieges, im Sommer 1914, wurde die Arbeit begonnen, zunächst nur zu dem Zwecke, die wissenschaftlichen Grundlagen für einen Farbenatlas klarzustellen. Es erwies sich (gegen die allgemeine Voraussetzung), daß die damals von allen angenommen Grundsätze(n) der Farbenlehre für diesen Zweck nicht ausreichend, ja in wichtigen Punkten überhaupt nicht brauchbar waren. Unter dem Dröhnen des hernach ausbrechenden Krieges und als friedliche Zuflucht gegen seine niederdrückend seelische Last wurde die Arbeit aufgenommen, die Fundamente der Farbenlehre neu zu legen. Manches von dem vorhandenen Material konnte gebraucht, vieles mußte neu beschafft werden. Mitarbeit war durch den Krieg ausgeschlossen, der alle verfügbaren Kräfte in Anspruch nahm. So stand die ganze Arbeit auf zwei Augen und steht noch heute so, soweit sie nicht durch die inzwischen erfolgten Veröffentlichungen (die gleichfalls durch den Krieg überall behindert waren) der Allgemeinheit mitgeteilt worden ist.

Diese Augen beginnen zu versagen, und das ist die wichtigste Veranlassung zu dem vorliegenden Werkchen, das bestimmt ist, die Kenntnis der neuen Farbenlehre in möglichst weite Kreise zu tragen."

Im 11 Kapiteln stellte Ostwald 1919 (in der bereits zweiten Auflage) seine wichtigsten Erkenntnisse allgemeinverständlich einem breiten Leserkreis vor, die dann in der *Farbkunde* 1923 ihre wissenschaftliche Darstellungsform erhielten.

Wesentliche Kapitel sind: *Die Physik der Farben* (Kap. II – in der *Farbkunde* „Das Licht" S. 33–43) – *Die unbunten Farben* (Kap. IV – in der *Farbkunde* „Die unbunten Farben" S. 56–73 und „Messung der unbunten Farben" S. 139–150) – *Die bunten Farben* (Kap. V. – in der *Farbkunde* z. B. in „Physikalische Chemie der Farbstoffe: Bunte Farbstoffe" S. 217–237 – s. hier auch in Abschn. 1.4.2) – *Messung der Farben* (Kap. VI. – in der *Farbkunde* „Messung der Farben" S. 139–169) – *Die Ordnung des Farbkreises* (Kap. VII. in der *Farbkunde* sowohl in „Geschichte der Farbenlehre" S. 1–138 als auch in „Der Farbtonkreis" S. 74–90) – *Farbnormen* (Kap. X – in der *Farbkunde* u. a. in „Die farbtongleichen Dreiecke: Normung der farbtongleichen Farben" S. 100–105) – *Die Harmonie der Farben* Kap. XI. – in der *Farbkunde* „Die Harmonie der Farben" S. 271–313.

Die hier genannte Veröffentlichung zeigt, dass Ostwalds Farbenlehre bereits nach dem Zweiten Weltkrieg einen so hohen Stellwert erreicht hatte, dass der Reclam-Verlag ein Heft darüber herausgab.

1.4 Vom Farbenkreis, den Farbharmonien bis zu genormten Farben

Die drei Schwerpunkte von Ostwalds Entwicklungsarbeiten lassen sich mit seinem *Farbtonkreis* („Der Farbtonkreis" in der *Farbkunde* S. 74–90), den *Farbharmonien* („Die Harmonie der Farben" in der *Farbkunde* S. 271–306) und den Normungen („Normen und Harmonien" und „Normung der farbtongleichen Farben" in der *Farbkunde* S. 68–69 bzw. 100–101) bezeichnen.

1.4.1 Farbenkreise von Newton bis in das 20. Jahrhundert

In seiner „Geschichte der Farbenlehre" (*Farbkunde* S. 1–32) stellte Ostwald folgende Farbenkreise, -dreiecke, -kugeln und -pyramiden vor, die hier nach dem Werk von Silvestrini/Fischer[5] bis in unsere Zeit ergänzt werden:

1704 Isaac Newton (1643–1727, Physiker): Entdecker des Farbenspektrums; Farbkreis aus sieben Farben: Violett, Indigo, Blau, Grün, Gelb, Orange, Rot in Segmenten, orientiert an den Intervallgrößen einer dorischen Tonleiter (Abb. 1.7).

1745 Tobias Mayer (1723–1762; Astronom, Mathematiker, Geograph; Abb. 1.8): Farbendreieck (erst 1775 durch Georg Christoph Lichtenberg publiziert) mit drei Grundfarben Zinnober, Königsgelb und Bergblau, mit Mischungen aus mindestens einem Zwölftel der Ausgangsfarbe, Schwarz und Weiß werden bereits berücksichtigt.

1772 Johann Heinrich Lambert (1728–1777; Mathematiker, Physiker, Philosoph; Abb. 1.9): dreieckige Pyramide als erstes dreidimensionales Farbmodel; es sollte Händ-

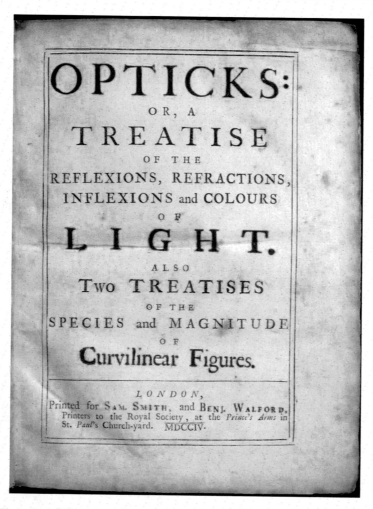

Abb. 1.7   Titel „Opticks" von Newton

lern und Kunden den Umgang mit Farben erleichtern: *„Beschreibung einer mit dem Ca-lauschen Wachse ausgemalten Farbenpyramide".*

(Calauscher Wachs, ähnelt Bienenwachs). An der Unterkante der Pyramide sind zwölf gebräuchliche Malerfarben dargestellt: Neapolitanisches Gelb, Königsgelb (Aurum), Rauchgelb, Bergblau, Smalte, Indigo, Lampenschwarz, Saftgrün, Berggrün, Grünspan, Zinnober, Florentinerlack (roter Lack: Cochenille). An den Eckpunkten der jeweiligen Dreiecke befinden sich die Grundfarben Rot (Carmin), Blau (Berliner Blau), Gelb (Pflanzensaft Gummigutt).

1809 Philipp Otto Runge (1777–1810; Maler; Abb. 1.10): Farbenkugel mit den reinen Farben (Primärfarben Rot, Gelb und Blau) entlang des Äquators in gleichen Abständen mit jeweils drei Mischfarben; die Pole enthalten Weiß bzw. Schwarz; Ziel von Runges Farbkugel war die Darstellung von *Harmonien.*

Abb. 1.8 Porträt Tobias
Mayer 1799 – Kupferstich von
Conrad Westermeyer
(1769–1834)

Abb. 1.9 Johann Heinrich
Lambert. (Lithographie von
Godefroy Engelmann 1829)

1810 Johann Wolfgang von Goethe (1749–1832; Dichter): Entwicklung einer Farben-
lehre und eines Farbenkreises als kreisförmiges Diagramm mit den Primärfarben Rot,
Blau, Gelb und den Sekundärfarben Orange, Violett, Grün – mit dem Versuch, Newtons
System zu überwinden durch Einsichten in die sinnlich-sittliche Wirkung von Farben.

   Goethes Farbenlehre wird in Ostwalds „Geschichte der Farbenlehre" in der *Farbkunde*
speziell auf den Seiten 15–17, auch in Verbindung mit dem Philosophen Artur Schopenhauer, beschrieben (S. 17–19) – s. auch Ostwalds Schrift *Goethe, Schopenhauer und die
Farbenlehre* 1918).

Abb. 1.10 Philipp Otto
Runge – Selbstbildnis
um 1801/02

Abb. 1.11 Michel Eugéne
Chevreul – Stich nach einem
Gemälde von Nicolas Eustache
Maurin (1799–1850)

1839 Eugène Chevreul (1786–1889; Chemiker; Abb. 1.11): Entwicklung einer hemisphärisch-chromatischen Konstruktion; 72-teiliger Farbenkreis, dessen Radien neben den drei Primärfarben Rot, Gelb und Blau auch drei primäre Mischungen Orange, Grün und Violett und sechs weitere Mischungen enthalten. Die Sektoren sind in jeweils fünf Zonen und die Radien in 20 Abschnitte mit den verschiedenen Stufen der Helligkeit unterteilt.

Abb. 1.12 Porträt
Ewald Hering

1878 Ewald Hering (1834–1918, Physiologe; Abb. 1.12): Farbenkreis mit vier Grundfarben Blau, Rot, Gelb und Grün als elementare Farbempfindungen bzw. psychologische
Primärfarben.

Im Folgenden seien noch einige Beispiele von Autoren zur Farbenlehre genannt, die
ähnliche Farbdarstellungen (Farbkreise u. Ä.) entwickelten.

1856–1867 Hermann von Helmholtz (1821–1894; Mediziner, Physiologe, Physiker):
Die Ergebnisse seiner Farbenforschungen fasste er im zweiten Bande seiner Physiologischen Optik zusammen. (*Farbkunde* S. 19–24) Die von Ostwald beschriebene *Dreifarbenlehre* (Farbkunde S. 8–10) wird heute als Young-Helmholtz-Theorie bezeichnet, die ab
1850 im Wesentlichen von Helmholtz entwickelt wurde. Thomas Young (1773–1829,
engl. Augenarzt und Physiker) veröffentlichte 1802 erstmals eine Dreifarbenlehre.

1919–1923 Johannes Itten (1888–1967; Schweizer Maler, Kunstpädagoge und Kunsttheoretiker): Zwölfteiliger Farbkreis, entwickelt währende seiner Lehrtätigkeit am Bauhaus in Weimar – mit den Primärfarben Rot, Gelb und Blau, den Sekundärfarben Orange,
Violett und Grün sowie aus der jeweiligen Mischung von zwei Primärfarben sechs Tertiär-
farben. Als Vorteil seines Farbkreise wird genannt, die Grundprinzipien des Farben-
mischens in einem einfachen geometrischen Modell darzustellen.

1976 Harald Küppers (1928–2021; Drucktechniker und Dozent): Er hielt Ittens Farbkreis in vielen Punkten für falsch und entwickelte ein Farbensechseck aus den additiven
Primärfarben (Lichtfarben) Rotorange, Grün und Blauviolett und den subtraktiven Primärfarben (Druckerfarben) Cyan (Türkis: Übergang von Blau zu Grün), Magenta (Purpur:
beim Sehen additiv aus Rot und Blau wahrgenommen) und Gelb und stellte sie in einem
Sechseck dar, womit er die Mediengestalter ansprechen wollte.

1994 Roman Liedl (1940–2019; österreichischer Mathematiker): Er ordnete die bei Küppers genannten Farben Cyan, Magenta und Gelb in einem gleichseitigen Dreieck. Er selbst bezeichnete sein Rhomboeder-System als geometrische Darstellung der Gesetzmäßigkeit des Sehens und sein Urfarben-Grundfarben-Kennzahlensystem als die mathematische Form. Er baute damit auf den verschiedenen Farbtheorien auf und schuf eine weitere Harmonielehre. In der Sprache verwendete er Farbnamen wie *Lind* für Gelbgrün oder *Dotter* für Gelborange.

Eckhard Bendin (s. auch in Abschn. 1.6.2) schrieb in seiner Broschüre „Schnittstelle Farbe"[22] u. a.:

> „Der 150. Geburtstag Wilhelm OSTWALDS bot 2003 den Anlaß für eine Sonderausstellung, in der die Serie der Tafeln erweitert wurde, die sich insbes. dem Schaffen von Systematikern und Farbkünstlern widmeten, deren Leben und Werk durch Ostwalds Farbenlehre beeinflußt worden war: Aemilius MÜLLER, Rudolf WEBER, Hans HINTERREITER, Jakob WEDER und Wolfram JAENSCH."

Diese Personen werden im Folgenden ebenfalls kurz vorgestellt.

Rudolf Weber (1889–1972; Schriftsteller und Maler) nutzte als einer der Ersten Ostwalds Farbenorgel, setzte sich mit Ostwalds Farbenlehre auseinander und legte sie seinen geometrischen Abstraktionen zugrunde.

Aemilius Müller (1901–1989; promovierter Volkswirt – nannte sich Maler und Schriftsteller): Er arbeitete an didaktischen Verbesserungen von Ostwalds Farbenlehre und schuf sechseckige Anordnungen von Farben zu einer „Ästhetik der Farbe" sowie einen 68-teiligen Farbkreis.

Hans Hinterreiter(1902–1988; Schweizer Maler): E. Bendin bezeichnet ihn als einen künstlerischen Kronzeugen für den von Ostwald offengelegten Zusammenhang der Farben und der Formen.

Jakob Weder (1906–1990; Lehrer und Bildhauer): Seine künstlerischen Arbeiten waren ebenfalls von Ostwalds Farbenlehre beeinflusst, und er schuf ein *Farbenklavier*, ein 133-teiliges, abgestimmtes Pigment-Instrument.

Wolfram Jaensch (Jg. 1940; Studium von Kunstgeschichte und Malerei; Designer) arbeitete 1981 bis 1990 mit Jakob Weder bei der Entwicklung des *Farbenklaviers* zusammen.

1.4.2 Übersicht zur Ostwalds Farbpigmenten und Farbstoffen

Im Kapitel „Physikalisch-chemische Verhältnisse" (in der *Farbkunde* S. 170–248) stellte Ostwald in Zusammenhang mit seiner Farbentheorie bzw. Normung im Abschnitt „Physikalische Chemie der Farbstoffe" (S. 198–237) zahlreiche historische Pigmente und Teerfarbstoffe (Anilinfarben) vor, die hier in einer ergänzenden Übersicht aufgeführt werden.

---

[22] Bendin, Eckhard: Schnittstelle Farbe. Lehrtafeln zu Leben und Werk von Personen der Geschichte. Eine Auswahl. Begleitheft, edition bendin, Dresden 2022.

I. Gelbe, kresse [orange] und rote Farbstoffe Chromgelb: Bleichromat $PbCrO_4$ – ab 1818 fabrikmäßig hergestellt, von van Gogh häufig verwendet

Chromrot: basisches Bleichromat $PbCrO_4 \cdot x\ PbO$, auch Türkischrot, Wiener Rot oder Chromzinnober genannt; im 19. Jahrhundert in der Malerei gebräuchlich

Cadmiumgelb: Cadmiumsulfid CdS – 1818 von Friedrich Stromeyer (1776–1835) in Göttingen nach der Entdeckung des Cadmiums (1817) im Laboratorium hergestellt

Barytgelb oder *Gelb-Ultramarin*: Bariumchromat $BaCrO_4$

Zinkgelb: Zinkchromat $ZnCrO_4$ oder basisches $K_2Zn_4(CrO_4)_4(OH)_2$ bzw. $KZn_2(CrO_2)_2(H_2O)$ (OH) als Hydroxid-Hydrat des Zinkkaliumchromats angegeben; seit Anfang des 19. Jahrhunderts als Farbpigment bekannt

Neapelgelb: Bleiantimonat $Pb(SbO_3)_2$ oder $Pb_3(SbO_4)_2$; durch Erhitzen von Bleioxid und Antimonoxid herstellbar; im 17. Jahrhundert erstmals in der Tafelmalerei nachgewiesen

Ocker (Terra de Siena, Umbra; Roter Ocker, Eisenrot, Englischrot, Ventianischrot, Indischrot, Caputmortuum): Naturprodukte mit Eisen(II,III)-hydroxid bzw. Eisen(III)-oxid. Die Firma Kremer Pigmente [21] bietet heute als „Orange und rote Eisenoxidpigmente" 17, als „Gelbe Eisenoxidpigmente" 6 und als „Braune und schwarze Eisenoxidpigmente" 26 Produkte an, die letzteren als Mischoxid.

Mennige: Blei(II,III)-oxid, $2\ PbO\text{-}PbO_2$ (Pb_3O_4)

Zinnober: Quecksilbersulfid (HgS) (rote Modifikation) – wurde seit der Antike als Malerfarbe, im Mittelalter in der Buchmalerei (lat. *minium*, daher Miniatur) verwendet und in Venedig im 16. Jahrhundert fabrikmäßig hergestellt.

II. Veile [blaurote, violette], blaue und grüne Farbstoffe Manganviolett: Ammonium-mangan(III)-diphosphat $NH_4MnP_2O_7$; das Pigment wurde 1868 von dem Chemiker Thomas Leykauf (1815–1871) in Nürnberg entdeckt[23] und wird heute in Kosmetika eingesetzt.

Kobaltviolett: Kobaltphosphat $Co_3(PO_4)_2$; als intensivstes Violett-Pigment 1859 entdeckt und bis heute in Gebrauch.

Kobaltgrün: Kobaltzinkat $CoZnO_2$; Rinnmans Grün; heute auch als Kobalt-Zink-Titanat-Pigmente.

Berliner Blau: Eisen(III)-hexacyanidoferrat(II,III); vermutlich 1706 von dem Berliner Farbenhersteller Diesbach entdeckt, erster schriftlicher Bericht 1708.[24]

Ultramarinblau: schwefelhaltiges Natrium-Aluminium-Silikat; Verfahren zur synthetischen Herstellung 1828 fast gleichzeitig von dem franz. Chemiker Jean-Baptist Guimet (1795–1871) und Christian Gottlob Gmelin (1792–1860) in Tübingen entwickelt; zuvor als dem Stein Lapislazuli hergestellt: s. auch in [23].

Ultramaringrün: Vorstufe des Ultramarins – „schwefelreduziert"

Chromoxyd: Chrom(III)-oxid

---

[23] Kremer Pigmente: Katalog 2022/2023, S. 49–51.

[24] Schmauderer, Eberhard: Die Entstehung der Ultramarin-Fabrikation im 19. Jahrhundert, in: Tradition: Zeitschrift für Firmengeschichte und Unternehmerbiographie 14 (H.3/4), 127–152, 1969.

Schweinfurter Grün: Kupfer(II)-arsenitacetat $Cu(CH_3COO)_2 \cdot Cu(AsO_3)_2$; 1805 von dem österreichischen Chemiker und Techniker Ignaz Edler von Mitis (1771–1842) entdeckt.

Zinkgrün, Chromgrün, Grüner Zinnober: Gemische aus Eisen-Blaupigmenten (Berliner Blau) und Bleichromat (Chromgelb)

Grüne Erde: Eisen(II)-silikate; „Grüne Erde sind mit zweiwertigem Eisen grün gefärbte, höchst lichtechte Eisen-(II)-Silikate. (…) Veroneser Grüne Erde. Die Fundstellen nördlich von Verona sind seit dem Altertum bekannt. Die blaustichige, beste Qualität von Verona ist seit dem Erdrutsch von 1922, in der Folge des großen Erdbebens, nicht mehr zugänglich …" – genannt werden vergleichbare, heute zugängliche Grüne Erden wie *Bayerische, Russische Grüne Erde*.[25]

Teefarbstoffe (zu den Strukturformeln und chemischen Bezeichnungen s. ausführlich in[26,27])

1.   *Basische Farbstoffe*

Viktoriablau: Phenyl-Naphthyl-Farbstoffe; *Auramin*: Diphenylmethin-Farbstoff; *Chrysoidin*: 2,4,-Diaminoazobenzen, 1875 von Henrich Caro (1834–1910; Chemiker der BASF) entdeckt; *Safranin*: Phenazin-Derivat; *Rhodamin*: Xanthen-Farbstoff (um 1905 synthetisiert); *Malachitgrün*: Triphenylmethan-Farbstoff – 1877 von Otto Fischer (1852–1932) synthetisiert; *Methyl-/Ethylgrün*: ebenfalls Triphenylmethan-Farbstoffe.

2.   *Saure Teerfarbstoffe*

Pikrinsäure: 2,4,6-Trinitrophenol (als Salz verwendet) – 1771 erstmals durch Peter Woulfe (1727–1803, irischer Chemiker und Mineraloge, bekannt durch *Woulfesche Flasche*) hergestellt; *Saturngelb*: Anilinfarbstoff; *Chinolingelb*: Chinophthalon E 104; *Tartrazin*: Azofarbstoff E 102; 1884 vom Schweizer Chemiker Johann Heinrich Ziegler (1857–1936; CIBA) entwickelt; Gruppe von Carbonsäuren: *Eosin* (Xanthenfarbstoff), *Erythrosin* (Tetrajodfluoreszein), *Phloxin* und *Bengalrosa* (halogenierte Fluoreszeine); *Orange II* (Acid Orange 7 oder 2-Naphtholorange); *Tropäolin* (Trivialbezeichnung für einige Azofarbstoffe); *Ponceau, Scharlach* (Azofarbstoff – Biazofarbstoff); *Säurefuchsin, Säureviolett* (Triphenylmethanfarbstoffe); *Wollblau* (ebenfalls Triphenylmethanfarbstoff); *Wasserblau* (Sulfosäure des Viktoriablaus); *Patentblau* (Triphenylmethanfarbstoff E 131), *Neptunblau* (ähnlich dem Patentblau), *Indicarmin* (Indigotin E 132); *Nigrosin* (Diaminophenazinfarbstoff).

---

[25] Kraft, Alexander: Berliner Blau. Vom frühneuzeitlichen Pigment zum modernen High-Tech-Material. GNT-Verlag, Diepholz 2019.

[26] S. in [21] S. 45 „Grüne Erden".

[27] Ristenpart, Eugen: Die Ostwaldsche Farbenlehre und ihr Nutzen, Technischer Verlag Herbert Cram, Berlin W 35, 1948.

Sowohl die anorganischen Pigment- als auch die synthetischen organischen Farbstoffe spielen noch heute eine wichtige Rolle sowohl im Bereich der Malerei als auch der Restaurierung. Viele dieser Substanzen werden beispielsweise von der Farbmühle Georg Kremer in Aichstetten (Kreis Ravensburg) angeboten. Auch finden sie in den Tuschkästen und Malfarben Verwendung.

Aus nur fünf „Teerfarben" beschrieb Ostwald die Herstellung seines Farbtonkreises (*Farbkunde* S. 76/77).

1.4.3 Meinungen und Urteile zu Ostwalds Farbenlehre

Von den Autoren der Ostwald-Bibliographie[16] ist zu lesen:

> „(…) Bis etwa 1917 entwickelte Ostwald zusammen mit dem Tübinger Chemiker Paul Krais [s. Abschn. 1.2.2.1] eine messende Farbenlehre, die er 1919 auf der Tagung des Werkbundes in Stuttgart vorstellte. In den Folgejahren baute er die Lehre weiter aus und bemühte sich mit Unterstützung eines kleinen Kreises interessierter Spezialisten aus der Industrie und dem Bildungswesen um eine praktische Anwendung in allen Farbe nutzenden Bereichen. (…)
>
> Das Echo der potenziellen Nutzer war differenziert. Die Industrie und Teile der Dienstleistungsbereiches erkannten in der Ostwaldschen Farbenlehre ein effektives Rationalisierungsmittel. In Dresden, Chemnitz und Meissen entstanden privat und öffentlich finanzierte Werkstätte bzw. Fachschulen zur Klärung von Anwendungsproblemen, für Schulungen und zur Weiterentwicklung der wissenschaftlichen Basis. In Sachsen fand die Ostwaldsche Farbenlehre breite Anwendung im schulischen und vorschulischen Bereich. Andere deutsche Länder untersagten die Anwendung der Farbenlehre in der Schule. Aus Künstlerkreisen kam hartnäckige Ablehnung."

Die Autoren stellen daran anschließend fest (im Jahr 2000), die politische Entwicklung habe die Ostwald'schen Arbeiten weitgehend in Vergessenheit geraten lassen. Und trotzdem gehöre Ostwald aus heutiger Sicht zu den wichtigsten Pionieren der Farbwissenschaft. Er sei einer der wenigen Forscher gewesen, der das Thema Farbe ganzheitlich betrachtet und alle Aspekte bis zur praktischen Anwendung in seine Untersuchungen einbezogen habe.

Auch Eckhard Bendin (2022) berichtet,[22] dass Ostwald für die Farbenlehre Außerordentliches geleistet habe. „Neben einer aus der physikalischen Chemie her motivierten Aufarbeitung der Farbkunde gelang ihm auch der grundlegende Ansatz, eine ‚**Quantitative Farbenlehre**' mit dem Anspruch der Messung, Systematisierung und Normung der Körperfarben zu schaffen. (…) Den meisten heute gebräuchlichen Farbsystemen liegen wesentliche Elemente seiner Systematik zugrunde, wie empfindungsgerechte Stufungen, farbtongleiche Dreiecke oder wertgleiche Farben."

Und N. Silvestrini und E. P. Fischer[6] schreiben: „Es steht uns nicht an, Ostwalds Harmonielehre zu kritisieren, aber es scheint, daß sie nicht sehr überzeugend wirkt. Vermutlich muß man sich mit der Tatsache abfinden, daß die Wissenschaft keinerlei Informationen über harmonische Kombinationen von Farben – anders als von Tönen – liefert. (…)".

Ostwald habe mit seinen Forschungen „eine nach seinen Maßstäben ausgerichtete neue Farbgebung" vorgeschlagen. „Wenn sich Ostwald mit diesem Anspruch auch einen zweifelhaften Ruf in der Kunstwelt verschaffte, so hat sein System doch Spuren hinterlassen, und die holländische Gruppe „De Stijl" um Piet Mondrian hat sich zum Beispiel an ihm orientiert. Mondrians Umgang mit Farben in den Jahren 1917 und 1918 jedenfalls weist deutliche Parallelen mit Ostwalds Theorien auf."

Piet Mondrian (1872–1944) war ein niederländischer Maler der sogenannten Klassischen Moderne. Sein Werk ist u. a. von van Gogh, Braque und Picasso beeinflusst. Er war Mitbegründer der niederländischen Künstlervereinigung *De Stijl* in Leiden 1917, Kunsttheoretiker und schuf geometrische Gemälde aus einem schwarzen Raster, verbunden mit rechteckigen Flächen aus den Grundfarben.

Eugen Ristenpart (s. Abschn. 1.2.2.3) beschrieb 1948 in seiner Schrift *Die Ostwaldsche Farblehre und ihr Nutzen* in „§. 15. Die gelöste Aufgabe. Wilhelm Ostwald hatte mit seinem Farbkörper die ihm vom deutschen Werkbund gestellte Aufgabe, eine wissenschaftlich begründete Farbordnung zu schaffen, gelöst. Die allgemeine Anerkennung wurde ihm durch den Krieg 1914–1918 erschwert. Die praktische Brauchbarkeit wurde durch die Nutzanwendungen erwiesen, von denen in den folgenden Kapiteln die Rede sein soll."

Die Nutzanwendungen teilte Ristenpart in folgende Bereiche ein: „Mathematische Nutzanwendungen. (Die ordnungswissenschaftlichen Nutzanwendungen führen zur Farbbezeichnung, Farbordnung und Farbnormung.) – Physikalische Nutzanwendungen. (Zu der physikalischen Nutzanwendung gehören Farbmessung, Feinheits- und Oberflächenmessung und additive Farbmischung (Lichtmischung).) – Chemische Nutzwendungen. (A. Die Bestimmung der wirksamen Azidität und Alkalinität. [mit Farbindikatoren], B. Die photographische Grauleiter, C. Die Bestimmung des Bleichgrades, D. Die Messung der Lichtechtheit, E. Die Messung des Farbstoffbereiches, F. Die Messung der Farbstoffergiebigkeit, G. Die subtraktive Farbmischung (Farbstoffmischung), V. Physiologische Nutzanwendungen (Helligkeit, Weiß und Schwarz u. a.), VI. Psychologische Nutzanwendungen (A. Farbe als Darstellungsmittel, B. Das Mustern, C. Der empfindungsgemäße (psychologische) Buntkreis, D. Der empfindungsgemäße Glanz, E. Der empfindungsgemäße Farbkörper, F. Die zulässigen Farbabweichungen (‚Farbtoleranzen'), G. Die Farbharmonien)." – Zur Tätigkeit von Eugen Ristenpart s. auch im folgenden Abschnitt.

Im Archiv des Wilhelm Ostwald Parks befindet sich eine maschinengeschriebene Aufstellung von Ostwalds Tochter Grete mit der Überschrift „Wo wird schon mit Farbnormen gearbeitet" (aus der Zeit vor dem Zweiten Weltkrieg – zu den genannten Firmen und Einrichtungen s. Abschn. 1.5) und darin auch über „Widerstände und Schwierigkeiten", deren Zusammenstellung hier als ein sehr persönliches Zeugnis vollständig zitiert wird (mit den Unterstreichungen im Original):

„1. *Der leere Raum*, d. h. die Unkenntnis der vorhandenen Möglichkeiten.

2. Der alte, oft getreue *Fachmann*, soweit er nichts Neues lernen will oder kann, in Handwerk, Industrie, Schule, Kunst und Wissenschaft.

3. Es ist *keine öffentliche* oder *Hochschulanstalt* vorhanden, welche sich als *zuständig* für die *lebendige* Farblehre erklären will und kann. Die *Physikalische Reichsanstalt* erklärte sich für *unzuständig*, da die neue, praktische Farblehre nur zum kleinsten Teile der Physik und vorwiegend der *praktischen Psychologie* angehört.Eine *Reichsanstalt für praktische Psychologie* steht noch aus, soweit ich unterrichtet bin.

4. Die beiden von Wilhelm Ostwald gegründeten *Werkstellen für Farbkunde* in Dresden und Chemnitz, 1920, hatten es besonders schwer durch Zeitungunst. Von der Dresdner Werkstelle, 1935 aufgelöst, jetzt persönliches Unternehmen des von Wilhelm Ostwald wegen persönlicher Mängel abgelehnten Leiters, hatte sich Wilhelm Ostwald nach wenigen Arbeitsjahren ganz zurückgezogen. Der Werkstelle in Chemnitz stand er zeitlebens nahe. Sie arbeitet noch heute, nach wie vor ehrenamtlich vertreten durch Prof. E. Ristenpart, seit 1935 i. R. Als Schriftsteller und Lehrer im Textilgewerbe (Färberei) und als überzeugter Vorkämpfer für die Anwendung der Ostwaldschen Farbforschungsergebnisse in der Färberei genießt er über Deutschland hinaus besten wissenschaftlichen Ruf. Uneigennützig und treu erfüllt er sein Ehrenamt trotz Alter und Kränklichkeit. Er ist fraglos der erste Sachverständige.

5. Wilhelm Ostwalds Farbforschungen konnten keine Gemeinschaftsarbeit werden, da sie während der Kriegs- und Nachkriegsjahre geleistet wurden von einem über Sechzigjährigen im Privatlaboratorium, ohne Assistenten und ohne öffentliche Mittel. Der Stolz und der Wille, deutsche Kulturarbeit zu leisten, während eine Welt uns zu vernichten versuchte, ließ ihn fast Übermenschliches erreichen. Aber es machte ihn in der sowieso schwach besetzten Wissenschaft der praktischen Farblehre fast ganz einsam.So kommt es, daß alle von der Lebenskraft der neuen Farblehre Erfaßten*Autodidakten* sind und bis heute sein müssen. Es ist dies zwar eine erfolgreiche Auslese, aber eine schlechte Ausnutzung eines einzigartigen deutschen Geistesgutes.

6. Wilhelm Ostwald, herzenshöflich, pflegte viele sonst unverständliche Widersacher mit der deutschen Untugend zu entschuldigen, die Bismarck zuerst auffiel: ‚für den durchschnittlichen Deutschen genügt es, daß jemand einen Gedanken mit Eifer vertritt, um ihn zu einem ebenso eifrigen Gegner dieses Gedankens zu machen, auch wenn er bisher sich überhaupt nicht um die Sache gekümmert hatte." – so weit der Text aus der maschinengeschriebenen Kopie (Durchschrift) im Ostwald-Archiv Großbothen.

2010 legte Albrecht Pohlmann (Jg. 1961) seine Dissertation (635 S.) über „Farbenlehre und Ästhetik bei Wilhelm Ostwald (1853–1832)" vor – mit der Überschrift *Von der Kunst zur Wissenschaft und zurück*, in der ein auch umfangreiches „Verzeichnis der Schriften Wilhelm Ostwalds" enthalten ist.[28]

1.4.4   Ostwalds Tochter Grete über die Arbeiten ihres Vaters zur Farbenlehre

Direkt anschließend an den vorherigen Abschnitt sollen hier aus Grete Ostwalds Buch *Wilhelm Ostwald. Mein Vater*[29] aus dem Kapitel „Im Zeichen der Farblehre", einige wesentliche Bewertungen dargestellt bzw. zitiert werden (Abb. 1.13).

---

[28] Pohlmann, Albrecht: Von der Kunst zur Wissenschaft und zurück. Farbenlehre und Ästhetik bei Wilhelm Ostwald (1853–1932), Dissertation Leipzig 2010.

[29] Ostwald, Grete: Wilhelm Ostwald. Mein Vater, Berliner Union, Stuttgart 1953, „Im Zeichen der Farblehre" S. 179–216.

Abb. 1.13 Foto Grete Ostwald. (Gerda und Klaus Tschira Stiftung 2023)

Sie zitiert zu Beginn aus einem Brief an Svante Arrhenius (1859–1927; Chemie-Nobelpreis 1903) vom 4. Januar 1919:

„Ich habe inzwischen die Farbenlehre von Grund aus neu bearbeitet und bin jetzt so weit in der quantitativ begründeten Chromatik gelangt, daß ich auch das alte Problem der Harmonie der Farben grundsätzlich gelöst habe. – Ich habe ungefähr fünf Jahre unausgesetzt und mit aller Anspannung an dieser Sache gearbeitet und glaube, es ist das beste geworden, was ich in meinem Leben gemacht habe.“ – Diese Aussage erinnert an die gleiche Meinung Goethes über seine Farbenlehre.

Zu den *Voraussetzungen* stellte Grete Ostwald fest: „Alle Lebenslinien meines Vaters mit ihren Erfahrungen halfen ihm bei der Bearbeitung des beinahe berüchtigten Problems F a r b l e h r e (die Naturphilosophie seinerzeit war wohl noch berüchtigter), und seine schönste Kraft, die Synthese, entfaltete sich noch einmal an einem würdigen Objekt.“

Lebenslinien war auch der Titel von Wilhelm Ostwalds Selbstbiographie in drei Bänden.[30]

Die Zwischenüberschriften der einzelnen Kapitel im Buch von Grete Ostwald beschreiben den Entwicklungsgang der Arbeiten an Ostwalds Farbenlehre – in eckigen Klammern die Verweise auf die Abschnitte in Ostwalds *Farbkunde*:

„19. Kapitel. *Wie es anfing*

---

[30] Ostwald, Wilhelm: Lebenslinien. Eine Selbstbiographie, Klasing, Berlin 1926/27–3. Teil: 12. Kap. zur Farbenlehre.

Voraussetzungen – Vorkommission und internationale Kommission zur Schaffung einer Farbkarte – Krieg – Statt der internationalen eine deutsche Arbeitsgemeinschaft.

20. Kapitel. *Der graue Weg*

Die fruchtbare Ordnungslehre[31] – Das Weber-Fechner'sche Gesetz [*Farbkunde* S. 46–51] – Die Messung unbunter Farben [*Farbkunde* Viertes Kapitel, Die unbunten Farben, S. 56–73] – Die Grauleitern [*Farbkunde* S. 73–76].

21. Kapitel. *Ins Reich der Buntfarben*

Wie sieht eine reine Buntfarbe aus? [*Farbkunde* S. 74f] – Ein farbhistorischer Briefwechsel – Der erste gemessene Farbkreis [*Farbkunde* S. 85; s. auch „Messung der Farben" S. 139–169] – Alles wird bunt auf der „Energie" – Über die Leitsätze von 1914 hinaus.

22. Kapitel. *Bahnbrecherarbeit*

Los von den klassischen Variablen – (…) – Die Farbfibel[32] – Die aufregenden farbtongleichen Dreiecke [*Farbkunde* S. 91–104] – (…) – Der erste Farbenatlas – (…)

23. Kapitel. *Die Harmonie der Farben*

Die künftige Forschung hat hier alles noch zu leisten – Ist Ordnung = Schönheit? – Das Buch und die Hauptabschnitte – Lehrmittel sind nötig – Unglückliches Kriegsende – Die Farbnormen [*Farbkunde*: „Normen und Harmonien" S. 68, „Normung des Farbtonkreises" S. 81, „Normung der farbtongleichen Farben" S. 100] – Organisationsversuche und eigenes Lehren.

24. Kapitel. *Ordnungslehre überall*

Chemischer Gedankeneinbruch – Brücken- und DIN-Format – Immer wieder: Selbermachen! – Die Lehrerwelt – Gegnerschaft – Farbnormen und Farborgeln – Ordnung der Flächenformen – Ein wandernder Scholar.

Im Abschnitt „Lehrerwelt" schrieb Grete Ostwald u. a.: „Auch an den Leipziger Berufsschulen und an der vorzüglichen Mäser'schen Lehranstalt für Buchdrucker wurde die neue Lehrbarkeit der Farbe energisch und erfolgreich ergriffen."

Heinrich Julius Mäser (1848–1918) war Buchdrucker und Verleger. Er gründete 1897 das Technikum für Buchdrucker als staatlich genehmigte Lehranstalt für die Ausbildung von Buchdruckern. Innerhalb von 15 Jahren wurden dort mehr als 500 Buchdrucker aus Deutschland und vielen europäischen Ländern weitergebildet.[33]

Unter „Gegnerschaft" nannte Grete Ostwald vor allem die „Münchner Feindlichkeit, deren Mittelpunkt Professor Dörner hieß …". Max Wilhelm Dörner (1870–1939) war Maler und Restaurator und Professor an der Akademie der Bildenden Künste in München. Er veröffentlichte 1921 sein Buch „Malmaterial und seine Verwendung im Bilde".[34] 1937

---

[31] Ball, Philip u. Ruben, Mario: Ostwald und das Bauhaus – Farbentheorie in Wissenschaft und Kunst, in: Angew. Chem. 116 (2004) 4948–4953.

[32] Ostwald, Wilhelm: Die Farbfibel. Mit 10 Zeichnungen und 252 Farben, 16. unveränd. Aufl. 16. bis 21. Tausend, Verlag Unesma, Berlin 1944.

[33] Mäser's Farbenlehre für Buchdrucker auf Grund langjähriger praktischer Erfahrungen zusammengestellt mit einem Farbenkreise und acht Farbentafeln, Verlag Julius Mäser, Leipzig o. J.

[34] Doerner, Max Wilhelm: Malmaterial und seine Verwendung im Bilde, 21. Aufl., Hrsg. Thomas Hoppe, Urania, Stuttgart 2006.

übernahm er die Leitung der „Staatlichen Prüf- und Forschungsanstalt für Farbentechnik" (als „Reichsinstitut für Maltechnik" gegründet).

Aber auch die I.G. Farbenindustrie wird als Gegner genannt: „Die I. G. Farbenindustrie z. B. veranlaßte ihre Vertreter, die Kundschaft vor der Ostwald'schen Farbenlehre zu warnen. Professur Dr. E. Ristenpart von der Chemnitzer Färbereischule an der Akademie der Technik wußte es zum Glück besser. Aber ihre Farbkarten ordnete die I. G. doch nach Ostwald, der Kundschaft sehr zu Dank. Die Entwerfer wurden vor der „Einengung durch Normen und Harmoniegesetze" freundlich gewarnt."

Als Gegner wird ein weiterer Kunstprofessor in Stuttgart, Hans Hildebrandt (1878–1957; Kunsthistoriker) genannt: „Frühjahr 1921 versandte er seine „Verwahrung" mit der Bitte um Unterschrift an alle Ministerien, Schaffenden, Sachverständigen und Kunstfreunde. Ich zitiere daraus wörtlich: „Wir legen Verwahrung ein, daß Wilhelm Ostwalds Farb- und Harmonielehre zur Grundlage des Farbunterrichts an Kunst- und anderen Schulen gemacht wird. – Ist eine Förderung des künstlerischen Schaffens und eine Förderung des Kunstverständnisses von ihrer Einführung zu erwarten? Diese Frage muß unbedingt verneint werden. Die Einführung der Farb- und Harmonielehre würde eine Knebelung des freien Schaffens und damit eine gar nicht wieder gutzumachende Schädigung der heranwachsenden Generation bedeuten.""

Als Befürworter von Ostwalds Farbenlehre nennt dessen Tochter u. a. Prof. Peter Jessen (1858–1926; Kunsthistoriker und erster Direktor der Staatlichen Kunstbibliothek in Berlin) und Dr. Walter Gräff (1876–1934; Kunsthistoriker, Konservator an der Pinakothek in München), der das anschauliche Ostwald-System als erste Möglichkeit bezeichnete, „der Farbe in der Kunstwissenschaft überhaupt beizukommen".

In dem bereits genannten maschinengeschrieben Dokument im Wilhelm Ostwald Archiv sind unter „Widerstände und Schwierigkeiten – Wo wird schon mit Farbnormen gearbeitet? (Unvollständige Aufstellung)" u. a. die Firma Zeiss, Abt. Meß., Jena, das Staatl. Materialprüfungsamt, Berlin-Dahlem. Abt. Faserstoffe, die Meißner Porzellanmanufaktur, die Druckfarbenfabriken Springer und Möller, Leipzig, die Vereinigten Druckfarbenfabriken in Berlin und von der I. G. Farbenindustrie in Leverkusen Dr. P. Wolski und die Fa. Ernst Benary, Erfurt (gegründet 1843 durch Ernst Benary [1819–1893], dessen Söhne und Enkel das Unternehmen bis zur Enteignung 1952 weiterführten). 1929 wurde auch die Firma J. C. Schmidt („Blumenschmidt") gekauft, die von Grete Ostwald in Bezug auf Blumenfarbtafeln (s. Abschn. 1.5.5) genannt wird.

1.5   Zu den Anwendungen von Ostwalds Farbenlehre in der Praxis

In einer Mitteilung des Informationsdiensts Wissenschaft (idw) vom 21.12.2001 ist zu einem Geschenk von Arbeiten und Gegenständen zur Ostwald'schen Farbenlehre aus Privatbesitz an die Universität Leipzig (Volker Schulte, Stabsstelle Universitätskommunikation/Medienredaktion) zu lesen:

„… Durch seine Messungen gelang es, mathematisch genau bestimmbare und damit unverwechselbare Farbbezeichnungen einzuführen. Den verschiedenen Nutzern stellte er auf dieser Grundlage spezielle Arbeitsmaterialien zur Verfügung, so z. B. einen großen Farbenatlas mit über 2500 eingestellten Farben, einen Kunstseidenatlas, Woll- und Seidenkataloge für die Textilindustrie, Messstreifen für das Himmelsblau für Meteorologen, Messvorlagen für die Herstellung künstlicher Augen, einen Haut- und Gewebefächer mit über 1000 Farbproben für die Gerichtsmediziner bis zu Farbtafeln für Kanarienvogel- und Blumenzüchter. Für die Schulen wurden nach den Ostwaldschen Normen eingerichtete Malkästen mit Deck- und Aquarellfarben hergestellt.“

1.5.1   Zur Färbung von Wolle, Kunstseide und Leder

Auf den Blättern eines Kalenders zur Ostwald'schen Farbenlehre und ihren Anwendungen in der Praxis aus dem Jahr 2003 (März und April) sind folgende Zitate lesen:[15]

Ristenpart (1926): „Der Wollatlas besteht aus 24 farbtongleichen Dreiecken, ausgeführt auf Wolle und drehbar angebracht auf 24 Elektronplatten um eine Metallmittelachse. Das Ganze umgibt ein Schrank mit Rolltürverschluß. Die einzelnen mit den Ostwaldschen Farbenteilchen versehenen Wollsträhnchen sind leicht herauszunehmen und wieder an ihre Stelle zu hängen.“

Die gefärbten Wollfäden zeigen die Farben des Farbkreises von 1 bis 24.

Als Anwender wird die Firma *E. Kamman & Co.* in Barmen genannt – mit dem Zitat: „In Anlehnung an die Farbenlehre von Professor Ostwald haben wir die bisherigen Anordnungen der Musterkarten fallen lassen und neue Wege beschritten.“ Die Wollproben sind auf einer Werbetafel im Kreis ebenfalls mit den Ziffern 1 bis 24 dargestellt. Sie trägt den Hinweis „Sämtliche Farben sind echt mit ‚Indanthren‘ auf Zehlendorf Kunstseide gefärbt.“

Ein weiteres Zitat stammt von dem Journalisten Ferdinand Grautoff (1871–1935; nach 1922 Chefredakteur technischer Blätter, zuvor Hauptschriftleiter der *Leipziger Neuesten Nachrichten*): Nun liefert Wilhelm Ostwald gerade in dem Moment, da jetzt der Normenatlas mit seiner letzten Lieferung vollendet vorliegt, den Beweis, mit welcher Energie und Folgerichtigkeit er seine Schöpfung für die Praxis weiter ausgebaut hat. Neben dem Normenatlas mit seinen Papierblättern hat er nämlich in unermüdlicher Arbeit einen ‚Wollatlas‘ begonnen, dessen erste Proben auf der bevorstehenden Leipziger Herbstmesse zeigen werden, wie dieser Forscher der Textilveredlung und der Färberei die Arbeit weiter erleichtert und vereinfacht und ihr eine rationellere, materialerhaltende und sparende Arbeitsweise ermöglicht.“ (1924)[35]

Zur Lederfärberei zitiert A. Schwarz[15,35] Hans Wacker: „Die Lederfärberei ist in viel höherem Maße abhängig von dem zu färbenden Material wie jedes andere Gebiet der Färberei. (…) Abgesehen von der Möglichkeit der klaren Farbzeichnung, wird die technische Anwendung der Ostwald'schen Farbenlehre auch der Lederfärberei die gleichen Vorteile bringen, die sie der Textilfärberei gebracht hat.“ (1928) Hans Wacker wird als Autor im *Handbuch der Gerbereichemie und Lederfabrikation. 3. Band: Das Leder* (Springer, Wien 1936) unter Freiberg/Sa. genannt.

---

[35] www.dr-andreas-schwarz.de/ostwaldsche-farbenlehre-und-anwendung.html (eingesehen 05.05.2023).

1.5.2   Für „Pelikan-Normfarben"

Die bis heute bekannte Firma *Pelikan* in Hannover entstand aus *Carl Hornemann's Tinten-fabrik* 1838, die 1871 der promovierte Chemiker *Günther Wagner* (1842–1930) übernahm und die Schutzmarke *Pelikan* 1873 als Bildmarke für die „Kleinen Honigfarben" (mit Honig versetzte Wasserfarben) entwarf. In einem Werbeprospekt der Firma Günther Wagner, Hannover und Wien um 1920, ist zu lesen: „Unter dem Namen ‚Original Ostwald' und ‚Nach Ostwald' sind mancherlei Farben im Handel. Nach einem Vertrage mit Herr Professor Wilhelm Ostwald ist mir die Fabrikation mit Original-Ostwaldfarben übertragen worden." [s. auch in Abschn. 1.2.2.4].

Die „Pelikan-Farben. Öl-Aquarell-Tempera nach der Ostwaldschen Farbenlehre" werden ebenfalls als „24teiliger Farbkreis höchster Reinheit" und der „Grau-Leiter" dargestellt, wobei die Ziffern aus dem 100teiligen Farbenkreis von 00 bis 96 verwendet werden. „Günther Wagner's Farben, Farbkasten und Kreiden für Ostwalds Farbenlehre" kosteten zwischen 0,20 Mark (Wasserfarben, als runde Farbtafel bzw. runde Farbpillen), 4,40 Mark (Farbkasten mit 10 Farben) und 5,50 Mark (farbige Wandtafelkreiden im Holzkasten).

1.5.3   Für Gartenbau und Bienenzucht

Der Oberlehrer und Bienenzüchter Richard Nussbaum (1868–1935)[35,36] veröffentlichte 1921 seine Schrift *Ostwalds Farbenlehre und ihre Beziehungen zu Gartenbau und Bienenzucht. Gemeinverständliche Anleitung zum farbenharmonischen Anstrich von Bienenbeuten, Bienen- und Gartenhäusern*[36] bei Fritz Pfenningstorff, Verlag für Naturliebhaberei, Tierzucht und Landwirtschaft in Berlin. Darin ist u. a. zu lesen: „Hinfort darf es in Deutschland kein unschön oder unharmonisch gestrichenes Bienen- und Gartenhaus mehr geben! Wem die reinen Farben zu leuchtend wirken, und das sind fast alle reinen Ostwald'schen Farben, der kann sie nach seinem Geschmack durch Weiß, Schwarz oder Grau entsprechend ändern.

Weiß macht freundlich, Schwarz dämpft, Grau trübt die Farben; aber alle wirken bei richtiger Zusammenstellung harmonisch und schön. (…) Auf Bienenausstellungen müßten farbenharmonisch gestrichene Beuten und Pavillons stets höher bewertet werden wie solche, denen diese Eigenschaft fehlt." (zitiert nach[15])

Als *Beuten* bezeichnen Bienenzüchter die Behausung von Honigbienen; der Begriff wurde von Nickel Jacob (1505–1576) 1573 im Buch *Gründlicher und nützlicher Unterricht von der Wartung der Bienen* geprägt. Seit dem 19. Jahrhundert sind Beuten die beweglichen Holzrähmchen in Bienenwaben. In „Praktischen Vorschlägen zu harmonischen Anstrichen" schlug Nußbaum für „Zweibeuten" z. B. für Beute 1 Gelb-Kreß-Veil, für Beute 2 Rot-Ublau-Seegrün und für die Umrahmung Eisblau-Seegrün-Gelb vor, mit der Bemerkung: „Nach Geschmack mit Weiß, Schwarz oder Grau vermischen".[37]

---

[36] Mitteilung auf der 25. Tagung der Wanderbienenzüchter im Jahr 1935 in Eberbach, in: Die Bienenzucht 43/44 (1935), 59.

[37] Nußbaum, Richard: Der Bien muß – Kurzgefaßte, allgemeinverständliche Anleitung zum Betriebe neuzeitlicher, gewinnbringender Bienenzucht, für Kriegs- und Friedenszeit, Fritz Penningstorff, Berlin 1918.

In seiner Schrift *Der Bien muß weg* empfahl Nußbaum seinen „*deutschen Imker-brüdern*" auch den Neuanstrich für Pavillons, d. h. für ganze Bienenstöcke mit fünf Beuten: Gerüst Rot – Fenster Grün – Beute 1 Ublau – Beute 2 Grün – Beute 3 Rot – Beute 4 Grün – Beute 5 Ublau – Verschalung Ublau – Verzierung Gelb oder Gerüst Laubgrün – Beute 1 Kreß – Beute 2 Laubgrün – Beute 3 Veil – Beute 4 Kreß – Beute 5 Laubgrün – Verschalung Veil – Verzierung Laubgrün.

(„*Die Bien muß*" ist eine Redewendung mit der Bedeutung: … dass etwas unter allen Umständen zu erledigen sei.[37,38])

1.5.4   Für *Urtinkturen* der Fa. Madaus

Die Firma *Madaus* wurde 1919 von dem Arzt Gerhard Madaus (1890–1942) und dessen Brüdern Friedemund und Hans in Bonn gegründet. Gerhard Madaus' Mutter Magdalene Johanne Marie (1857–1915) hatte bereits seit 1897 Naturheilmittel hergestellt und ihren Sohn zur Gründung eines Betriebes angeregt.[39] Die Arzneimittelfabrik *Dr. Madaus & Co.* vertrieb homöopathische und biologische Naturheilmittel. 1929 wurde der Hauptsitz nach Radebeul verlegt.

In Radebeul wurde auch die „Urtinkturen-Farbtafel ‚Madaus'. Zusammengestellt nach der Wilh. Ostwald'schen Farbelehre" gedruckt. Dort sind auf elf senkrecht und 28 waagerecht angeordneten Reihen von 308 Kreisen die Farben mit den Bezeichnungen nach Ostwald angeordnet. Auf der Farbtafel ist folgende Anmerkung enthalten: „Die jeweils ersten Buchstaben den Kreisfeldern (z. B. c in ca) bezeichnen von r bis c den zunehmenden ‚Weißgehalt' der Farben, die zweiten von a bis n den zunehmenden ‚Schwarzgehalt'. Der Farbton der 24stufigen Farbreihe wird durch die an den Seiten stehenden Ziffern bezeichnet." – zitiert nach [15] Monat Juni.

Emil Schlegel (1852–1934) in Tübingen, der zu bedeutendsten homöopathischen Ärzten des 19. Jahrhunderts zählt, schrieb 1926: „Wir danken Geheimrat Ostwald, daß er wiederholt seine Aufmerksamkeit und seine Studien unserem Gebiet zugewandt hat." (zitiert nach[15]). Schlegel veröffentlichte 1933 *Religion der Arznei. Das ist Gottes Apotheke. Erfindungsreiche Heilkunst. Signaturenlehre als Wissenschaft* im Verlag Dr. Madaus, Radebeul.

Zur Farbtafel der Fa. Madaus wurde sogar ein Farbkomparator vertrieben, zu dem ein geschliffenes Tinkturenfläschchen gehörte (10,- Reichsmark), in [15].

1.5.5   In der Rosenzucht

Eine ähnliche Farbtafel, jedoch mit Farbrechtecken (13 × 28), wurde von dem Unternehmen Ernst Benary in Erfurt entwickelt: *Farbtafel nach Ostwald, bearbeitet von der Deutschen Werkstelle für Farbkunde.* Ernst Benary (1819–1893) stammte aus Hessen, war Sohn des

---

[38] Karikatur im *Gespräch über Bienenzucht*, in: Düsseldorfer Monatshefte 3 (1850), Tafel 8.

[39] Eyll, Klara van: Gerhard Madaus, in: Neue Deutsche Biographie (NDB) Duncker & Humblot, Berlin 1987, S. 626–627.

jüdischen Bankiers Salomon Levy, der in der Zeit der jüdischen Emanzipation durch Jérôme Bonaparte (1807–1813 König des Königreiches Westphalen) den Namen Benary (Sohn des Löw) angenommen hatte. Er ließ sich zum Gärtner ausbilden, ging zunächst auf Wanderschaft und gründet 1843 in Erfurt eine Kunst- und Handelsgärtnerei. 1887 veröffentlichte er sein Buch *Die Anzucht der Pflanzen aus Samen im Gartenbau*, dessen 3. Auflage 1923 erschien. Nach seinem Tod wurde das Unternehmen von Söhnen und Enkeln als GmbH weitergeführt. 1946 verließ sein Urenkel Friedrich Ernst Benary Erfurt und baute die Firma in Hann. Münden neu auf. 1952 wurde die Familie Benary in Thüringen enteignet.

Friedrich Glindemann (1866–1934), in der Lehr- und Forschungsanstalt für Wein-, Obst- und Gartenbau in Geisenheim von 1896 bis 1931, zuletzt als Gartenbaudirektor, tätig, veröffentlichte *Die Rose im Garten* als „Kurze Anleitung zur Vermehrung und Pflege der Edelrosen und ihrer Verwendung in Gärten und Parkanlagen nebst einer Liste von auserwählten Sorten (2. Aufl. 1915, 3. Aufl. 1932). Im Untertitel der 3. Auflage ist zu lesen: „Ein Nachschlagebuch für den Rosenliebhaber und Praktiker, ein Lehrbuch für Gartenbauschulen mit zahlreichen Abbildungen, Plänen und zwei Farbtafeln nach *Ostwald* bearbeitet von der deutsche Werkstelle für Farbekunde."

Im deutschen Börsenblatt vom 18. Juli 1932 (Umschlag zu Nr. 165) ist eine Anzeige von *Rud. Bechtold & Co./Wiesbaden, Volksbücher-Verlag für Obst- und Gartenbau* mit folgendem Text enthalten:

> „Jeder Rosenzüchter und jeder Rosenfreund ist Käufer!
> Zur Rosenzeit gehört ins Fenster (reihenweise Ausstellung ermöglichen wir durch Lieferung in Kommission bis 15. Oktober d. J.)
> Gartenbaudirektor Friedrich Glindemann
> Die Rose im Garten
> 3. Auflage/Oktav, 111 Seiten mit 75 Abbildgn. und Plänen, sowie 2 Farbtafeln nach Ostwald bearbeitet von der deutschen Werkstelle für Farbenkunde. Mit farbigem, künstlerischen Umschlag. Preis RM 3.80 ord.
> (…)
> Neu ist in dem Buch die Aufnahme der Ostwaldschen Farbtafeln. Es wird damit eine genaue Bestimmung der Blütenfarben ermöglicht und die Feststellung der Sortenechtheit erleichtert. Besonders wertvoll ist die Zusammenstellung von Rosensorten unter Berücksichtigung des Farbenspiels der Blüten und des Zweckes, für den sie sich empfehlen.
> Interessenten: alle Rosenfreunde, sowohl Liebhaber wie auch Züchter von Beruf, Gartenarchitekten, Privat- und Obergärtner, Gartenbaubetriebe und Landschaftsgärtnereien."

Rudolf Bechtold (1842–1919) war Buchdrucker und Gründer des Verlages in Wiesbaden mit seinem Namen.

1.5.6 Zur Beurteilung der Himmelsfarben

1922 wurde Ostwald von dem Geophysiker und Meteorologe Franz Linke (1878–1944) die Frage gestellt, wie man aufgrund der absoluten Farbmessung eine Stufenleiter für die Himmelsfarben entwickeln könnte.

Linke promovierte 1901 in Berlin, kam 1902 an das Geophysikalische Institut in Göttingen, wurde 1908 Dozent zum Physikalischen Verein in Frankfurt am Main und wurde Leiter des Meteorologischen Instituts.[40] 1928 führte er nach den Arbeiten von Ostwald eine Blauskala zur Abschätzung der Himmelsfärbung ein.

Zur Anwendung schrieb Linke wie folgt (zitiert nach [15] Monat August):

> „Man stellt sich mit dem Rücken gegen die Sonne und beobachtet mindestens eine halbe Minute lang den blausten Punkt des Himmels, der sich auf dem Sonnenmeridian etwa 70 bis 90° von der Sonne entfernt befindet. Ohne die Augen vom Himmel abzuwenden, entfaltet man die Skala beliebig und bringt sie schnell in den Gesichtskreis der Augen, so daß sie von der Sonne beschienen wird.
>
> Nach einiger Übung bildet man sich dann, auch wenn die genauere Färbung des Himmels nicht nur Weiß und Blau enthält, ein Urteil, ob die Blautönung der Skala heller oder dunkler gegenüber dem Himmelsblau ist. Man wendet dann die buchförmig angelegte Blauskala solange um, bis man entweder einen bestimmten Farbton in genügender Übereinstimmung mit der Himmelfärbung findet, oder man sich überzeugt, daß die Blaufärbung des Himmels zwischen zwei aufeinanderfolgenden Farbtönen liegt. Einige Übung und guter Wille sind nötig, besonders wenn wie schon angeführt am Himmel grüne, rote und schwarze Töne neben dem Gemisch aus Weiß und Blau vorhanden sind. Man gewöhnt sich jedoch bald daran, bei der Beurteilung den Gesichtssinn nur auf Blaufärbung einzustellen und etwaige Nebentöne zu vernachlässigen."

1.5.7   Farbnormentafel für Kanarien-Züchter

Der Ornithologe Julius Henniger (1878–1971), Autor und Nestor der deutschen Farbenkanarienzucht, studierte zunächst an der Handelshochschule in Leipzig mit dem Abschluss Diplomkaufmann, ging 1901 als Kolonialbeamter nach Samoa (damals deutsches Schutzgebiet), wurde zu Beginn des Ersten Weltkrieges auf Neuseeland zivilinterniert und war ab 1920 bis 1935 als selbstständiger Kaufmann in Auckland tätig. Schon als Schüler beschäftigte er sich mit der Vogelzucht und setzte diese Tätigkeit auf Samoa und in Neuseeland fort, wo er u. a. Finkenmischlinge sowie Farbenkanarien züchtete. 1930 entwickelte er ein System von 18 Kanarienvogelfarben. 1935 kehrte er nach Deutschland zurück und lebte in Leipzig. Ab 1939 war Henniger Obmann der deutschen Farben- und Mischlingskanarienzüchter. 1938 veröffentlichte er in der Zeitschrift *Kanaria* [40] die Anleitung zu seiner „Farbnormentafel für aufgehellte Kanarien der Gelb-Kress-Rot-Reihe und für Graue in 3 Tiefen. Zum Gebrauch für Züchter, Preisrichter u. Händler."[41,42,43] Als Preis nannte er „RM. 1,- postfrei." Und dazu ist zu lesen, dass die fertigen Farbentafeln für den

---

[40] Keil, Karl: Franz Linke, in: Neue Deutsche Biographie (NDB) 14, Duncker & Humblot, Berlin 1985, S. 629–630.

[41] Kanaria Heft 38 (1938), S. 448–449 – Die Zeitschrift „Kanaria" wurde später in „Der Kanarienfreund" umbenannt und erscheint heute als „Der Vogelfreund".

[42] Henniger, Julius: Farbenkanarien – Ein Lehrbuch für Farbenkanarienzüchter, insbesondere über Farbvererbung (erschienen im Eigenverlag 1962).

[43] Hintze, Arthur: Der Hautfarbenfächer und das Hautfarbendiagramm, I. Teil: Der Hautfarbenfächer, in: Zeitschrift f. Ethnologie 59 (H. 3/6) (1927), 254–278 (speziell S. 263 f.).

Durchschnittszüchter immer noch zu kostspielig gewesen seien und er sich daher 1936 entschlossen habe, „aus echt Otswaldschem Material meine bereits beschriebenen Farbentafeln für die gelb-kreß-roten und die grauen Kanarienfarben herzustellen".

Und weiter ist zu lesen: „Es bleibt uns daher vorläufig nichts anderes übrig, als uns mit dem Hauptzweck meiner Farbentafel zufrieden zu geben, d. i. die unzweideutige Feststellung der augenblicklich wirklichen Farbe eines Vogels an seiner schönsten Körperstelle (zumeist an der Brust) zum Zwecke der mündlichen oder schriftlichen Verständigung über die diese Farbe mit einem anderen Farbtafelbesitzer und zur Bewertung eines aufgestellten Farbenvogels durch den Preisrichter."

1.5.8 Ein Farbenfächer für Körperfarben

Auf dem Kalenderblatt für den Monat Oktober 2003 [15] zu „Die Ostwaldsche Farbenlehre und ihre Anwendung in der Praxis" wird aus dem Deutschen Reichspatent von 1926 zu einem „Generalfächer" für Körperfarben zitiert: „Die Erfindung betrifft eine Einrichtung in Fächergestalt, um in einer infolge der Art der Anordnung und Vergleichsfarben bequemen Weise rasch die Farbe irgendeines Gegenstandes, insbesondere von Teilen der menschlichen Körperoberfläche und von freigelegten Teilen des Körperinneren nach dem von Wilhelm Ostwald ausgebildeten Farbennormensystem zu bestimmen." Genannt wird die Firma *Reiniger, Gebber & Schall, Akt.-Ges.* (RGS).

Die Firmengeschichte von RGS führt uns bis in das heutige *Siemens Healthineers MedMuseum* in Erlangen.

1886 entstand das Unternehmen als Hersteller von feinmechanischen, physikalischen, optischen und elektromedizinischen Apparaten aus dem Zusammenschluss der Erlanger Werkstatt Erwin Moritz Reiniger (1854–1909; Universitäts-Mechaniker) und des Stuttgarter Betriebes von Max Gebbert (1856–1907; Mechaniker) und Karl Friedrich Schall (1859–1925; Feinmechaniker). Karl Schall schied 1887 aus dem Betrieb aus und gründete in London ein Geschäft, das die Generalvertretung von RGS für Großbritannien und die Kolonien übernahm. Gebbert sorgte 1896 dafür, dass die Entdeckung von Conrad Röntgen zur Fabrikation von Röntgenröhren eingeführt wurde. Nach dem Ersten Weltkrieg wurde die Firma von *Siemens & Halske* (Berlin) 1925 übernommen und 1932 als *Siemens-Reiniger-Werke AG* in Erlangen weitergeführt – der heutige Unternehmensbereich Medizintechnik der Fa. Siemens.

Im *Siemens Healthineers MedMuseum* in Erlangen wird der Besucher zu einer Reise durch die Geschichte der Medizintechnik – u. a. auch zur Labordiagnostik – von den Anfängen der Röntgentechnik bis zu modernen Technologien eingeladen.

Der 1926 patentierte Farbenfächer wurde von Arthur Hintze (1881–1946; Chirurg und Radiologe; ab 1927 Leiter des Röntgen-Radium-Instituts der Chirurgischen Universitätsklinik in Berlin und ab 1935 des Allgemeinen Instituts gegen Geschwulstkrankheiten im Rudolf-Virchow-Krankenhaus) beschrieben [42] und schon damals für die „Rassenforschung" empfohlen.

Hintze schrieb:

„Um ein allen Anforderungen genügendes Meßinstrument zu schaffen, ließ ich zunächst bei zahlreichen sich dem Arzte bietenden Gelegenheiten eine große Anzahl von *Aquarellwiedergaben verschiedener Haut-* und *Schleimhautbezirke* herstellen, teils mit, teils ohne Nachahmung der Einzelheiten des natürlichen Hautreliefs. Um diese Farbproben mit der Haut anderer Individuen gut vergleichen zu können, wurden die Kartonblättchen von vornherein in *Gestalt von Ringen*, also mit einem Durchblickfenster, hergestellt. Es zeigte sich nun als erforderlich, die Farbproben, welche einerseits im spektralen Sinne, andererseits hinsichtlich der Klarheit der Farbe, schließlich auch bezüglich der helleren bzw. dunkleren Tönung variierten, in ein *System* zu bringen, um eine *richtig abschätzende Vergleichsmöglichkeit* zwischen Objekt und Farbproben zu ermöglichen. Am zweckmäßigsten erschien es, die Hautfarbenskala an ein bereits vorhandenes, auf solchen Variationen aufgebautes System anzuschließen. Das einzig derartige System von Farben, welches auf wissenschaftlicher Grundlage beruht, ist das von Wilhelm *Ostwald* aufgestellte. Herr Geheimrat Ostwald hatte die Güte, eine größere Anzahl meiner damaligen Ringe mit seinem System messend zu vergleichen; es ließ sich ersehen, daß einige Hundert Farbnüancen erforderlich sein würden, um die Mannigfaltigkeit der Hautfärbungen in ausreichender Weise wiederzugeben. Der *Ostwaldsche ‚Farbnormenatlas'* enthielt aber trotz seiner zahlreichen Farbproben nur eine kleine Auswahl der in dem Bereiche der menschlichen Hautfarben zu findenden Tönungen, so daß die Stufen für den Farbvergleich erheblich zu groß waren. Ferner war der Atlas in der vorliegenden Form als Meßinstrument nicht praktisch verwendbar, da die Anordnung sämtlicher Farbproben in eindimensionaler Reihe die für den Farbvergleich notwendigen Zusammenhänge unterbricht, indem nicht sämtliche zueinander gehörenden Farben beieinander gefunden werden.

Um eine solche sinngemäße, räumliche Zusammenordnung zu erzielen, wurde der weiterhin zu beschreibende *Hautfarbenfächer* konstruiert; für die in ihm erhaltenen Farbproben wurden die Ostwaldschen Farbnormen als Grundlage gewählt. Herr Geheimrat Ostwald hatte die Güte, die große Anzahl der nach meinen Messungen erforderlichen Farbtönungen, welche sich als Zwischenstufen zu den Farben seines Normenatlas darstellten, eigens für den Fächer nach seinen Herstellungsgrundsätzen anfertigen zu lassen. Der Farbfächer hat also unmittelbaren Anschluß an ein wissenschaftlich begründetes Farbnormensystem.

(…) – Das Ostwaldsche Farbsystem leitet die natürlichen Farben streng folgerichtig voneinander bzw. von den Grundfarben ab, es zeigt die Farben in ihrem natürlichen inneren Zusammenhange, – demgemäß ist auch *durch die Benennung einer Farbe deren Stellung* im System gegeben. Da die Ostwaldsche Nomenklatur zusammen mit dem Ostwaldschen Farbnormensystem allein für absehbare Zeit die Anwartschaft haben, allgemeingültig zu werden, war es geboten, für den Hautfarbenfächer mit dem Anschluß an dieses System auch seine Nomenklatur zu übernehmen."

Im daran anschließenden Abschnitt IV. wird das natürliche System der Farben nach Ostwald mit Bezug auf „W. Ostwald, Physikalische Farbenlehre Unesma, Leipzig 1923 und derselbe, **Farbkunde** Hirzel, Leipzig 1923" ausführlich beschrieben. Und zum Schluss dieses Abschnittes ist zu lesen (S. 267): „Für die *beim Menschen vorkommenden Farben* haben wir es nur mit den Klarfarben 2,0 (Gelb) bis 8,0 (Purpurrot), allenfalls bis 10,0 (Bischofsviolett) ausgehenden Trübungsfarben zu tun und zwar nur mit den Trübungsfarben der 4. und 12. Trübungsreihe, bei den eigentlichen *Hautfarben* nur mit der 6. und 12. Reihe, von der Klarfarbe pa aus gerechnet."

Im Abschnitt V. wird dann der *Hautfarbenfächer* in allen Einzelheiten beschrieben. Die ersten Sätze lauten: „Das *Gesamtgebiet* der beim *Menschen zu beobachtenden Hautfarben* umfaßt, wenn man die Nüancierung bis in die Nähe der psychologischen Unterscheidungsschwelle führt, mehrere Hundert Farbtöne. Die *äußere Umgrenzung dieses Gebietes* ist dadurch gegeben, daß als Farbton von spektralem Charakter im wesentlichen nur die Farbe des Blutes in Betracht kommt, während die Gewebe ohne Blutgehalt als verschiedene Abstufungen von Weißtrübungen erscheinen und die Pigmente verschiedene Grade von Schwarztrübungen erzeugen. (...)"

Ungeachtet seiner Verwendung in der sogenannten Rassenlehre ist diese Publikation ein beeindruckendes Beispiel für die Umsetzung der Ostwald'schen Farbenlehre in die Praxis, die sich auch auf das Buch *Farbkunde* bezieht.

1.5.9   Zur Beurteilung der Farbe von Kakaobohnen

Der Lebensmittelchemiker Heinrich Fincke (1879–1965) wurde vor allem durch seine Arbeiten über Kakao, Kakaoprodukte und Süßwaren bekannt. Er war zunächst Apotheker geworden, studierte ab 1901 in Münster Pharmazie und Lebensmittelchemie und in Rostock Chemie, wo er 1909 auch promovierte. Zunächst war er an der Nahrungsmittel-Untersuchungsanstalt in Köln tätig und leitete dann das Laboratorium der Kakao- und Zuckerwarenfabrik Stollwerck, wo er zum Kakao-Experten wurde.[44,45]

1952 gründete der *Verband der deutschen Süßwarenindustrie e.V.* in Köln die *Süßwarenwissenschaftliche Zentralstelle* unter der Leitung von Heinrich Fincke. 1958 erfolgte die Gründung des *Bundesverbandes der Deutschen Süßwarenindustrie*, der 1959 die 1950 eingerichtete Wissenschaftliche Forschungsstelle (mit Laboratorium) erwarb. Sie erhielt den Namen *Lebensmittelchemisches Institut des Bundesverbandes der Deutschen Süßwarenindustrie*. Die Süßwarenwissenschaftliche Zentralstelle wurde mit der Verabschiedung des 81-jährigen Fincke 1960 aufgelöst.

Fincke bezieht sich ebenfalls auf die Farbtafeln von Ostwald: „Für die Beurteilung und Beschaffenheitsangabe von Kakaobohnen, Schokolade, Kakaopulver und Kakaopulververmischungen ist es wünschenswert, die Farbe in einem einfachen Zeichen anzugeben und so mittelbar und vergleichbar machen zu können. (...) Eine Farbmessmöglichkeit auf Grund welcher Farbtafeln herstellbar sind, hat W. Ostwald angegeben."

Die „Kakao-Farbenbestimmungstafeln" im Verlag von Julius Springer in Berlin enthielten „Mittelstufen zwischen 3. Gelb und 1. Kreß" bis „1. Rot".[44]

[44] Fincke, Heinrich: Handbuch der Kakaoerzeugnisse. Ihre Geschichte, Rohstoffe, Herstellung, Beschaffenheit, Zusammensetzung, Anwendung, Wirkung, gesetzliche Regelung und Zählberichte, dargestellte für Gewerbe, Handel und Wissenschaft, Springer, Berlin 1936.

[45] Fincke, Heinrich: Kleines Fachbuch der Kakaoerzeugnisse. Eine kurze Übersicht über Rohstoffe, Herstellung, Eigenschaften und Nahrungswert von Kakaopulver und Schokolade, Springer, Berlin 1936.

Fincke beschrieb die Anwendung der Kakao-Farbenbestimmungstafeln wie folgt:

„Man bringt eine Probe des Pulvers zwischen zwei dünne Glasplatten oder schüttet etwas Pulver auf weißes Papier aus, legt ein dünnes Blatt Zellglas darüber und streicht dieses glatt. Alsdann stellt man die Farbe derart fest, daß man die Farbentafel darüber hinwegschiebt, bis man den Farbenton getroffen hat, der der Pulverfarbe am nächsten kommt. Man wählt bei Tafelschokoladen die mattere Rückseite zur Prüfung und vergleicht damit die Farbentafel, indem man diese darüber hinwegschiebt."

1.5.10 Im Druckgewerbe

Von Buchdrucker Rudolf Engel-Hardt wird in [15] Monat Dezember zitiert:

„„Heute ist die Bedeutung der Ostwaldschen Farbenlehre so allgemein anerkannt, daß selbst Fernstehende, Laien usw. auf sie Bezug nehmen, und da bereits große Massen farbig Schaffender sich ihrer mit Fleiß bedienen, so kann es nur als Rückständigkeit gedeutet werden, wenn heute ein gebildeter, der Kunst, dem Kunstgewerbe oder den farbig gestaltenden Gewerben nahestehender das System der Ostwaldschen Farbenlehre nicht kennt." (1925)"

Rudolf Engel-Hardt – eigentlich Rudolf Albert Engelhardt (1886–1968) – war Grafiker, Illustrator und Schriftsteller. Er war der Sohn eines Oberlehrers aus Leipzig, besuchte das Technikum für Buchdrucker und auch daran anschließend die Staatliche Akademie für graphische Künste in Leipzig. Er war freiberuflich als Grafiker, Maler, Radierer, Stempelschneider und auch als Schriftsteller tätig.[46]

Der österreichische Schriftsteller Theodor Heinrich Mayer (1884–1949; Schriftsteller und Apotheker) veröffentlichte 1922 seinen Roman *Prokop der Schneider*, der u. a. vom Versandantiquariat Gebraucht und Selten in Mülheim a. d. Ruhr mit dem Hinweis „Umschlagzeichnung Robert Habé, Wien; Farbenharmonie von Wilhelm Ostwald" angeboten wird. Der Roman erschien 1922 im Verlag Staackmann in Leipzig. Mayer hatte Pharmazie und Chemie an der Universität Wien studiert, 1910 promoviert und war in der väterlichen Apotheke tätig, deren Leitung er 1914 übernahm, und die er 1924 verkaufte. Danach widmete er sich der Schriftstellerei.

Johann August Ludwig Staackmann (1830–1896; Buchhändler und Verleger) hatte den Verlag 1896 in Leipzig gegründet. Die Söhne führten nach seinem Tod den Verlag fort.

Zur Anwendung der Farbenharmonie im genannten Roman teilte der Verlag mit:

„Der Umschlag dieses Bandes stellt den ersten Versuch dar, den geistigen und Stimmungsgehalt des eingeschlossenen Kunstwerkes durch die bewußte Anwendung der von Wilhelm

---

[46] Engel-Hardt, Rudolf: Sammlung Harmonie und Schönheit im Druckwerk, Band 2: Der Farbenreiz im Druckwerk (Ein Ratgeber für alle, die im graphischen Gewerbe farbig schaffen. Zugleich Versuch einer Systematik der Farbenharmonie und der Werbekraft der Farben), Verlag Julius Mäser, Leipzig 1921 und 1926.

Ostwald begründeten wissenschaftliche Farbharmonik zum Ausdruck zu bringen. Für das Titelblatt lag eine Zeichnung von Robert Habé vor, die von W. Ostwald in Farbe gesetzt wurde. Die Frau, welche der Autor als treibende Grundkraft der von ihm geschilderten Wiener Welt im guten wie im bösen Sinne darstellt, erscheint in leuchtender Farbenpracht auf dem grauen Hintergrund des dämonischen Schneiders."

1.5.11 In der Geologie und Bodenkunde

1922 veröffentlichte der Geologe und Bodenkundler Hermann Harrassowitz (1885–1956), seit 1920 o. Prof. für Geologie und Paläontologie an der Universität Gießen, seine Arbeit über *Die Anwendung der Farbnormen Ostwalds in der Geologie*.[47] Die Arbeit gliedert sich in:

* die praktisch wichtigen Grundzüge der Farbenlehre Ostwalds,
* die Anwendung der Farbnormen auf geologische Karten,
* die Farbenbeschreibung in Gestein- und Bodenkunde.

Der tschechische Geologe Rudolf Sokol (1872–1927) berichtete 1925 in seiner Arbeit *Die geologische Methodik* (Geolog. Rdsch. 16, 212–240) auch über diese Anwendung der Ostwald'schen Farbenlehre.

Im 19. Jahresbericht des Niedersächsischen geologischen Vereins zu Hannover (Geologische Abteilung Der Naturhistorischen Gesellschaft zu Hannover) ist im Bericht *Die atlantischen Grundproben der Forschungsreise S.M.S. ‚Planet' 1906* von R. Wohlstadt in Hamburg, erschienen 1927, zu lesen:

> „Farbe der Grundproben. Die Bezeichnung von Gesteinen und Bodenarten geschieht heute leider immer noch mehr oder weniger gefühlsmäßig. Bei einem Vergleich der Angaben verschiedener Autoren über die Farbe eines bestimmten Objektes ergeben sich bisweilen überraschende Unterschiede. HARRASSOWITZ hat auf die Unhaltbarkeit der subjektiven Farbenbestimmungen hingewiesen und die Verwendung der OSTWALD'schen Farbnormen in der Geologie empfohlen. Die Farben der vorliegenden Grundproben mußten in Ermangelung einer Ostwald'schen Farbenorgel noch in der bisher üblichen Weise angegeben werden ..."

Insgesamt vermitteln die Zitate eine weite Verwendung der von Ostwald entwickelten Farbnormen in Wissenschaft und Praxis. Sie verdeutlichen, dass trotz kritischer Einwände, die vor allem von Künstlern gemacht wurden, die intensiven Bemühungen Ostwalds in vielfältigen Anwendungen Erfolg hatten.

---

[47] Harassowitz, Hermann: Die Anwendung der Farbnormen Ostwalds in der Geologie, in: Zschr. f. prakt. Geologie, S. 85–93 (1922).

1.6 Orte zu Ostwalds *Farbkunde*

1.6.1 Der Wilhelm Ostwald Park in Großbothen und das Vermächtnis von Grete Ostwald

In Grete Ostwalds Buch über ihren Vater (1953) ist am Ende eine Art von *Vermächtnis* als *Vision* enthalten[29]:

„D e r   N a c h w e l t übergebe ich noch meinen Wunschtraum. Ich habe schon die Siebzig überschritten und werde eine Erfüllung schwerlich erleben. Dieser Traum sieht auf dem großen Gelände der „Energie" das in Deutschland noch fehlende F a r b f o r s c h u n g s i n s t i t u t entstehen, welches nicht nur Grundlagenforschung in erforderlicher Breite durchführt, sondern auch die praktischen Farbnormen ausarbeitet, erprobt und verantwortet bis zum übernationalen Farbatlas, der am Anfang von Wilhelm Ostwalds Farbarbeit stand. Ich sehe besonders auch die farbharmonische Abteilung, in der niemand mehr zweifelt, daß Harmonie = Gesetzlichkeit ist und sehe ihren Vorführungsraum für die kommende bewegte Lichtkunst. Ein Bildband wird „Wilhelm Ostwald" heißen, aus dem grauen Chaos in die harmonischen Graunormen führen, die allmählich erbunten zu der prachtvollen Ordnung der farbtongleichen Dreiecke bis zur fast augensprengenden Lichtenergie der Vollfarben. Ich sehe den Vollfarbenkreis sich schließen, sich zu Weiß und zu Schwarz zusammenziehen. Ich sehe ihn aus zartester Helle in den tiefsten Schatten fallen und ich sehe ihn wieder neutrales Grau werden. Das wäre der mathetische Spaziergang auf dem Wilhelm-Ostwald-Pfad in die Farbwelt. Auf dem physikalischen Spaziergang wird man vielleicht erleben, wie jede der 24 Vollfarben aus den Lichtern ihres Farbhalbs im Spektrum entsteht – zum Erstaunen der Zuschauer auch die Purpurfarben der spektralen Lücke – und wieder in die purpurlosen Lichter des Spektrums auseinanderfällt. Man wird nachdenklich erleben, wie die das Spektralband entlang wandernde Blende aus der F a r b r e i h e mit Anfang und Ende einen sprunglosen F a r b k r e i s macht. Der Zuschauer wird erleben, wie jeweils stets nur e i n e Farbe, die Gegenfarbe, die Fähigkeit hat, mit der anderen zu einem Unbunt zusammenzufließen usw.
Der chemische Spaziergang wird vielleicht ins mikrochemische Innere der Farbstoffe führen und an ihren Schluckbanden zeigen, warum es wenige reingrüne Farbstoffe gibt.
Der physiologische Spaziergang wird hoffentlich überraschend anschaulich machen, wieso die sogenannten kalten Farben Blau und Grün ihren unabtrennbaren Schwarzanteil haben müssen.
Und der psychologische Spaziergang wird nicht nur zu den verblüffenden Überraschungen b e z o g e n e r   u n d   u n b e z o g n e r Farben führen, er wird vor allem gesicherte Farbharmonien, d. h., solche aus bezeichneten und immer wiederholbaren Farbnormen, in berückender Farb- u n d Formgesetzlichkeit und unerschöpflicher Fülle vorführen.
Wird es auch ein Hans-Hinterreiter-Filmband geben, dessen künstlerisch gesteuerter, gesetzlicher Farbformenwandel ein ganz neuartiges Augen- und Gefühlserlebnis sein wird? Wie wird es heißen? „Das Leben", oder „Die Sonne", oder „Abendwanderung", oder „Zu Zweit", oder „Sieg des Lichts", oder „Die Gotik"?
Die ordnende Wissenschaft der Farbe wird endlich eine Heimstätte und eine Zeitschrift haben, in der sie leben und blühen kann. Wilhelm Ostwalds Arbeitshefte mit seinen Erfahrungen, seine Rezepturen, seine Maßapparate, seine Farborgeln, seine Bücher und Handschriften, seine Harmonieversuche, seine große Bücherei, seine Häuser, sein Garten, seine Gedankenwege im Urwaldgelände der „Energie", wem sollten sie lieber dienen als der menschenbeglückenden Farbe?"

1954 veröffentlichte der Physiker Eberhard Buchwald (1886–1975) seine Arbeit *über Ostwalds Farbenlehre im heutigen Blickfeld*,[48] in der er Ostwalds Besitztum in Großbothen wie folgt beschrieb:

„Wenn man von Leipzig aus eine knappe Autostunde nach Südosten fährt, noch ein kurzes Stück über Grimma hinaus, kommt man in die liebliche Hügel-, Wald- und Wiesenlandschaft des Muldetals. Hier liegt am Rande von Großbothen, Dutzende Morgen groß, das Besitztum, das sich W i l h e l m O s t w a l d nach und nach zusammengekauft hat, seine Zuflucht, als er sich 1906 von seinem Leipziger Lehrstuhl löste. Alles dort hat unversehrt beide Kriege überstanden. Im Erdgeschoß des Haupthauses betreut noch immer G r e t e O s t w a l d, seine bewundernswerte, langjährige getreue Helferin, das ‚Ostwald-Archiv‘; im oberen Stockwerk wohnt seine andere Tochter mit ihrer Familie. Unweit steht das Laborgebäude, ein paar hundert Meter weiter, versteckt das ‚Waldhaus‘, wo sein jüngster Sohn C a r l O t t o haust. Er leitet jetzt im Auftrag der Berliner Akademie, die bei Ostwalds hundertstem Geburtstag am 2. September des vorigen Jahres das ganze Besitztum in ihre Obhut übernommen hat, ‚Wilhelm-Ostwald-Archiv und -Forschungsstätte‘ und wird hier d a s Gebiet zu neuem Leben erwecken, mit dem sich Wilhelm Ostwald seit den Jahren des ersten Krieges bis an sein Lebensende 1932 beschäftigt hat: die Farbenlehre – beschäftigt hat mit einer kaum vorstellbaren Arbeitsfreudigkeit und -zähigkeit. Allein sein Schriftenverzeichnis zur Farbenlehre weist 17 Druckseiten auf, von der Farbfibel des Jahres 1916 an bis zu den vielen Schaumitteln: Farbatlas, Farborgeln, Farbkreisen, Farbdreiecken usw.

Bewundert viel und viel gescholten ist Ostwalds Farbenlehre durch die Jahrzehnte gegangen. Bewundert mit Recht, denn sie birgt eine Fülle guter Ideen und nicht minder eine Riesenleistung von trefflichem Handwerk des kenntnisreichen Farbenchemikers, hat außerdem das Verdienst, im Deutschland der zwanziger Jahre das Interesse für Farben neu geweckt und lebendig erhalten zu haben. Gescholten ebenso mit Recht, denn Ostwald hat sich wenig um Gleichstrebende gekümmert und manche seiner Ergebnisse in anfechtbarer und angefochtener Form in die Welt hinausgehen lassen. Vom heutigen Blickpunkt aus glauben wir gerecht abwägen zu können.“[49]

Buchwald hatte nach dem Zweiten Weltkrieg bis 1954 die Ernst-Abbe-Professur an der Friedrich-Schiller-Universität in Jena und war u. a. auch für das Wilhelm-Ostwald-Archiv tätig.

1.6.1.1 Und heute

Der Autor war am 6. und 7. Februar 2023 im Archiv und im Museum vom *Wilhelm Ostwald Park* zu Recherchen über Ostwalds „Farbkunde“ (1923), wo er umfangreiche Materialien sowohl in gedruckter Form als auch in den Farbensammlungen einsehen konnte.

Museum und Archiv befinden sich im *Haus Energie* am Eingang zum Park.

Auf einem Ausstellungsrundgang erfährt der Besucher Details zu folgenden Themen aus Ostwalds Leben und Wirken:

---

[48] Buchwald, Eberhard: Oswalds Farbenlehre im heutigen Blickfeld, in: Physikalische Blätter 10 (H. 6), 263–270 (1954).

[49] Buchwald, E.: Über Ostwalds Farbenlehre, in: Die Farbe 2 (1953), (69–90).

Kindheit und Jugend – Studentenjahre – Der Familienmensch – Der Chemiker – Der Universalgelehrte – Malerei – Die Farbenlehre – Die Nobel Preis-Verleihung – Die Brücke – Ostwald's Bibliothek – Die Katalyse – Inventar [Labor] *– Die Kollonmalerei – Ostwald's Doppelkegel – Ostwald's gute und schnell arbeitende Apparate im Labor – Kurze Historie des Nobelpreises – Albert Einstein und Wilhelm Ostwald – Vom Wäschezimmer zum Archiv.*

(Broschüre „Ausstellungsrundgang Wilhelm Ostwald Park", Hrsg. Gerda und Klaus Tschira Stiftung)

Die Ausstellung im Erdgeschoss von *Haus Energie* ist in den Räumen Biografieraum – Brückenraum – Große Bibliothek – Kleine Bibliothek – Laboratorium und Archiv zu finden.

Im heutigen *Wilhelm Ostwald Park* lebte der spätere Chemie-Nobelpreisträger mit seiner Familie von 1906 bis zu seinem Tod 1932. Das Anwesen war Wohnsitz und Wirkungsstätte zugleich. 1901 war das Anwesen erworben worden, 1906 wurde das mitgekaufte Haus als Wohnstätte ausgebaut, 1912 und 1914 wurden für die Söhne Wolfgang und Walter weitere Häuser erbaut. Bis 1921 vergrößerte sich das Areal auf eine Fläche von sieben Hektar aus Park und Wiesen.

Nach dem Tod von Ostwald verzichteten die Erben auf eine Teilung des Nachlasses. Die älteste Tochter Grete Ostwald (1882–1960) verwaltete und ordnete trotz ihrer Erkrankung an einer Gelenkentzündung, die sie an einen Rollstuhl fesselte, das Werk ihres Vaters und gründete 1936 das *Ostwald-Archiv*. Den Zweiten Weltkrieg überstanden die Gebäude ohne Schaden, und trotz finanzieller Notlage der Familie wurde keinerlei Inventar veräußert. 1953 schenkten die Erben den Nachlass von Wilhelm Ostwald der *Akademie der Wissenschaften der DDR*, welche es als *Ostwald-Archiv und -Forschungsstätte* einrichtete. Teile des Nachlasses wurden jedoch in den 1960er- und 1970er-Jahren nach Berlin ausgelagert. 1973 wurde im *Haus Energie*, wo sich Ostwalds Arbeitsräume befanden, eine *Ostwald-Gedenkstätte* eingerichtet. 1994 erhielt der Freistaat Sachsen das gesamte Anwesen zugesprochen. Die Errichtung eines Hotels durch einen Investor 1995 konnte durch eine Unterschriftenaktion verhindert werden.

Heute befinden sich im *Haus Energie* Ausstellung, wissenschaftliche Bibliothek, Archiv und eine historische Laboratoriumsausstattung, im ehemaligen Laboratoriumsgebäude im *Haus Werk* Tagungsräume (dort finden auch Sonderausstellungen statt), im *Haus Glückauf* (einst Wohnsitz des Sohnes Walter) kleine Seminarräume und Übernachtungszimmer. 2005 wurde der *Landsitz Energie* durch die Gesellschaft Deutscher Chemiker mit einer Gedenktafel als *Historische Stätte der Chemie* gewürdigt.

Seit dem 1. September 2009 ist die gemeinnützige Gerda und Klaus Tschira Stiftung Eigentümerin des Anwesens *Wilhelm Ostwald Park* und unterhält neben Archiv und Museum hier auch eine Tagungsstätte für Wissenschaftler.

Das Gelände liegt etwa sieben Kilometer von der Altstadt von Grimma entfernt am Rand des heutigen Ortsteiles Großbothen. An der Zufahrt befindet sich das *Hausmannshaus* (1905/06 erbaut), südlich davon Stallungen und ein Göpel für die Wasserversorgung. Am Hauptweg liegen das *Haus Energie* (1905/06 erbaut und später umgebaut sowie erweitert, mit einem Turm versehen), das *Haus Glückauf* (erbaut 1914) und das *Haus Werk* (von 1916). Weiter westlich steht auf einer kleinen Lichtung das *Waldhaus* von 1912 und davon südlich ist in einem Steinbruch die Grabstätte von Wilhelm und Helene Ostwald.[50]

Aus der Pressemitteilung des Sächsischen Staatsministeriums der Finanzen vom 17. Dezember 2008 ist zu erfahren:

> „Im Rahmen einer Feierstunde haben heute Sachsens Finanzminister Prof. Dr. Georg Unland und Dr. h.c. Klaus Tschira den Kaufvertrag über die Wilhelm-Ostwald-Gedenkstätte (WOG) in Großbothen (Landkreis Leipzig) unterzeichnet. Damit wird zum 1. Januar 2009 die neue rechtskräftige und gemeinnützige ‚Gerda und Klaus Tschira Stiftung' (GKTS) Eigentümerin der Liegenschaft, die sich bislang im Besitz des Freistaates befand. Die Stiftung hatte im Rahmen einer internationalen Ausschreibung mit zahlreichen Interessenten durch ihr Nutzungskonzept überzeugt.
>
> Der neue Träger wird den Landsitz ‚Energie' im Sinne Wilhelm Ostwalds weiterführen. So wird auch in Zukunft das Wilhelm-Ostwald-Museum über das Schaffen und Wirken des Chemie-Nobelpreisträgers informieren. Darüber hinaus soll das Gelände weiterhin als Schulungs- und Begegnungsstätte dienen. Zudem ist u. a. geplant, ein Refugium für Tagungen und ‚Denkzeiten' hochkarätiger Wissenschaftler entstehen zu lassen. Durch ihr Engagement in Großbothen möchte die Stiftung vor allem jungen Menschen den Zugang zu den Naturwissenschaften vermitteln und deren Interesse für die Wissenschaften wecken. (...)"[51]

1.6.2   Farbensammlungen mit Bezug zu Ostwalds Farbkunde

1.6.2.1 Die Farbstoffsammlung der TU Dresden

Die Geschichte der historischen Farbstoffsammlung im König-Bau der TU Dresden lässt sich bis auf den Liebig-Schüler Wilhelm Stein (1811–1889) zurückverfolgen, der 1850 die Professur für Technische Chemie in Dresden erhielt. Er war Apotheker, ab 1839 Vorsteher der Struveschen Mineralwasseranstalt in Dresden. Er beschäftigte sich insbesondere mit der Untersuchung von natürlichen Farbstoffen sowohl mineralischer als auch pflanzlicher Herkunft, die er von ausgedehnten Reisen mitbrachte, und begründete eine Lehrsammlung an der damaligen Technischen Lehranstalt. 1853 wiesen die chemischen Sammlungen der Königlichen Polytechnischen Schule (seit 1851) unter ihrem Direktor Julius Ambrosius Hülße (1812–1876; Mathematiker und Techniker) 297 Präparate für den Vortrag der theoretischen und 783 Gegenstände für die technische Chemie auf. Von den Farbstoffen aus der Zeit von Wilhelm Stein sind einige auch heute noch in der Sammlung vorhanden.

1886 wurde in Dresden die Farbenchemie als erstes Sondergebiet der chemischen Abteilung durch die Berufung von Richard Möhlau (1857–1940), Sohn eines Düsseldorfer Unternehmers, der 1879 in Freiburg/Breisgau promoviert hatte, 1881 Assistent im

---

[50] Informationen im Internet: www.wilhelm-ostwald-park.de; Wilhelm-Ostwald-Park – Wikipedia; und: www.grimma.de/infi/poi/wilhelm-ostwald-park-900015982-2790.html.

[51] Schwedt, Georg: Wilhelm Ostwald und seine Farbkunde (1923) im Spektrum der Farbkreise von Newton bis Goethe, Kid-Verlag, Bonn 2023.

Chemisch-Analytischen Labor am Dresdener Polytechnikum geworden war und sich
1882 in Dresden habilitiert hatte. Der Titel seiner Antrittsvorlesung lautete: „Die Entwicklung und nationalökonomische Bedeutung der Teerfarbenindustrie". 1891 wurde er
zum Direktor des von ihm begründeten „Laboratoriums für Farbechemie und Färberei-
technik" ernannt.

1913 wurde Walter König (1878–1964) zum Professor für Farbenchemie und Färberei-
technik ernannt. Nach ihm ist das Gebäude benannt, in dem sich die Räume der heutigen
Farbstoffsammlung befinden. König hatte ab 1898 in Leipzig und Dresden studiert (Pro-
motion 1903, Habilitation 1906) und arbeitete danach bei Carl Duisberg in der Farben-
fabrik Bayer & Co. in Elberfeld. Dort machte er einige Erfindungen auf dem Gebiet der
Farbenherstellung. Sein Institut erhielt 1926 ein neuerbautes Gebäude.

König erweiterte die Sammlung von Möhlau, aus der der größte Teil der ältesten Teer-
farbstoffproben stammt. Sie enthält heute über zehntausend Proben, Handelsmuster von
ca. 80 Herstellern, von technisch produzierten Farbstoffen und Farbpigmenten, vor allem
Teer- und Anilinfarben, in Originalflaschen oder -dosen, eine Sammlung von etwa 500
Proben verschiedener Naturfarbstoffe sowie mehr als 800 Musterbücher und -karten euro-
päischer Farbstoffproduzenten.

Die Farbstoffsammlung wird von der Fakultät Chemie und Lebensmittelchemie der TU
Dresden betreut und kann besichtigt werden. Sie befindet sich in den historischen
Sammlungsräumen mit der Ausstattung von 1926 mit dem historischen Hörsaal und dem
farbchemischen Labor.[52]

Die von Ostwald beschriebenen Pigmente und Farbstoffe (s. Abschn. 1.2.2.4) sind hier
mit zahlreichen Anwendungsbeispielen vertreten.

1.6.2.2 Die Sammlung Farbenlehre TU Dresden

Der Initiative von Eckhard Bendin, von 1983 bis 2007 Dozent für Gestaltungslehre am Institut für Grundlagen der Gestaltung der Fakultät Architektur, ist die Entstehung der
Sammlung Farbenlehre zu verdanken. Sie ging als Lehr- und Forschungssammlung zur
Geschichte der Farbenlehre im Mitteldeutschen Raum 2005 aus der interdisziplinären Ta-
gungs- und Publikationsreihe *Dresdner Farbforum* hervor – Anfang der 1990er-Jahre zur
Unterstützung von Lehre und Forschung am Lehrstuhl Gestaltungslehre gegründet. In die-
ser Sammlung wurden verstreute universitäre Bestände, Nachlässe, Dauerleihgaben und
Schenkungen zusammengeführt – mit Bendins Privatsammlung als Grundstock.

Sie ist auch als Bindeglied zur *Historischen Farbensammlung* und zu den Studien-
gängen Architektur, Landschaftsarchitektur, Berufspädagogik und Design integriert.

In der Sammlung befindet sich u. a. der Nachbau von *Oswalds Doppelkegel* von 1923:
„Originalgetreuer Nachbau von Ostwalds Doppelkegel mit 2520 Mustern unter Verwendung der originalen Farbaufstriche: 24 farbtongleiche Dreiecke mit je 105 tongleichen

---

[52] Hartmann, Horst und Kirsten Vincenz: Die Farbstoffsammlung, Sammlungen und Kunstbesitz
Technische Universität Dresden 2015.

Abkömmlingen. Ausführung Fritz Rausendorf, Leisnig 1965 (NL Streller u. Rausendorf/ Schenkung Hönle)."[53]

Die Forschungssammlung bewahrt Zeit-, Sach- und Personenzeugnisse historischer Entwicklungen auf dem Gebiet der Farbenlehre – interdisziplinär in Wissenschaft, Bildung, Kultur und Kunst. Zu den Sammlungsobjekten zählen u. a. das Instrumentar zur Erzeugung, Messung und Referenz von Farbe sowohl als Erscheinung als auch Gestaltungselement mit optischen Geräten, Messinstrumenten und Farbnormen, Farbkollektionen, Farbkarten und -atlanten, Farbmodellen, Farborgeln sowie Lehrmitteln,

Zur *Ostwalds Farbenorgel*, Leipzig 1923, ist zu lesen: „Pulverorgel, 2. Aufl., Leipzig 1923, mit 680 wiss. Farbnormen aus dem Besitz des sächsischen Konstruktivisten Rudolph Weber, Annaberg (Dauerleihgabe Ralf Weber, Dresden). Ostwald wie später auch sein „Farborgelwart" Adam waren bestrebt, analog zur Musiktradition auch bildenden Künstlern Instrumente zu Komposition und Reproduktion an die Hand zu geben."

Bendin berichtete:

„Das „Dresdner Farbenforum", eine interdisziplinäre Tagungs- und Publikationsreihe am Institut für Grundlagen der Gestaltung und Darstellung der TU Dresden, nahm sich seit seiner Gründung 1992 in einer Reihe von Tagungen und Ausstellungen der verschiedensten übergreifenden Themen an und verband unterschiedlichste Fachleute und Interessierte durch Wissensaustausch und persönliche Begegnung. (...) Der ersten Begegnung folgten im Zweijahresrhythmus weitere Tagungen, darunter auch in Zusammenarbeit mit der Wilhelm-Ostwald-Gesellschaft das Symposium „Zur Bedeutung und Wirkung der Farbenlehre Wilhelm Ostwalds" 2003 in Großbothen bei Leipzig anlässlich des 150. Geburtstages des sächsischen Nobelpreisträgers und Farbenforschers."[53]

Die *Wilhelm-Ostwald-Gesellschaft* wurde nach dem Beitritt der DDR zur Bundesrepublik Deutschland 1990 als Verein „Freunde und Förderer der Wilhelm-Ostwald-Gedenkstätte *Energie* Großbothen" gegründet – mit dem Ziel, das wissenschaftliche und kulturelle Erbe Ostwalds zu pflegen und auch zu popularisieren. 1996 wurde der Verein in „Wilhelm-Ostwald-Gesellschaft zu Großbothen e.V." (seit 2015 ohne den Zusatz Großbothen) umbenannt. Bis 2018 befand sich die Geschäftsstelle im Hausmannshaus am Eingang zum Wilhelm Ostwald Park, seit April 2018 im Wilhelm-Ostwald-Institut für Physikalische Theoretische Chemie der Universität Leipzig.

---

[53] Bendin, Eckhard: Die Sammlung Farbenlehre, Sammlungen und Kunstbesitz Technische Universität Dresden 2015.

Wilhelm Ostwald – Farbkunde

2

Ab hier folgt der Text *Farbkunde* des Autors Wilhelm Ostwald.

Chemie und Technik der Gegenwart

herausgegeben von

Dr. Walter Roth in Coethen

I. Band.

Verlag von S. Hirzel in Leipzig ∕ 1923

Farbkunde

Ein Hilfsbuch für Chemiker, Physiker, Naturforscher, Ärzte, Physiologen,
Psychologen, Koloristen, Farbtechniker, Drucker, Keramiker, Färber, Weber,
Maler, Kunstgewerbler, Musterzeichner, Plakatkünstler, Modisten

von

Wilhelm Ostwald

Mit 40 Abbildungen im Text und 4 Tafeln.

Verlag von S. Hirzel in Leipzig ∕ 1923

Vorwort.

Die Sammlung „Chemie und Technik der Gegenwart" bringt eine Reihe von Einzelschriften, die, von hervorragenden Spezialforschern bearbeitet, den Lesern einen umfassenden Überblick über das behandelte Gebiet geben sollen. Neben den neuesten wissenschaftlichen Problemen werden vor allem die wichtigsten Zweige der chemischen Technik, die heute im Vordergrund stehen, eingehend geschildert und kritisch besprochen werden. Vereint werden diese Monographien ein anschauliches Bild von dem chemischen Wissen, Können und Schaffen der Jetztzeit liefern und eine handliche chemische Bücherei bilden, die jedem Studierzimmer, Laboratorium, Institut, Betrieb und Kontor von Wert sein dürfte.

Denn wenn auch vornehmlich für Chemiker bestimmt, sollen doch die Monographien allen an der chemischen Wissenschaft und Industrie Interessierten — Naturwissenschaftlern, Technikern, Fabrikanten, Volkswirtschaftlern, Kaufleuten usw. — Gelegenheit bieten, sich schnell und umfassend über ein Einzelgebiet zu unterrichten. Es ist daher auch Wert darauf gelegt, daß die Monographien an-

VI

schaulich und nicht nur ausschließlich für den Fachmann geschrieben sind. Sie werden, ohne auf jedem der behandelten Gebiete Spezialkenntnisse vorauszusetzen, streng wissenschaftlich, aber doch allgemein verständlich gehalten sein.

So hoffen wir, daß die Sammlung „Chemie und Technik der Gegenwart" mit dazu beitragen wird, chemische Kenntnisse zu verbreiten und Zeugnis davon abzulegen, daß trotz der Not der Zeit sich Forscher und Verleger finden, die hohe geistige Kultur Deutschlands zu pflegen und zu verbreiten.

C ö t h e n , im Juli 1923.

Der Herausgeber
Dr. W a l t e r R o t h .

Inhalt.

VIII

X

Verbesserungen.

S. 41 Z. 8 von unten statt **bereits** lies **breite**.
S. 42 Z. 13 von unten hinter **bunt** einschalten **sind**.
S. 67 Z. 7 von unten statt **Fig. 5** lies **Fig. 4**.
S. 75 Z. 1 von unten hinter **sich** einschalten **mehr**.
S. 100 Z. 15 von oben statt **Schwerz** lies **Schwarz**.
S. 150 Z. 5 von unten statt **der Buntfarben** lies **des Farbtons**.
S. 205 Z. 4 von oben statt **log 2** lies **log z**.
S. 286 Z. 10 von oben statt **Geweben** lies **Gewerben**.
S. 302 Z. 9 von oben statt **gleichmäßig** lies **gleichzeitig**.

      Ferner ist auf S. 5, 6, 84, 161 statt **Schwingungszahl** überall
Schwingzahl zu lesen.

Einleitung.

Farbenlehre und Chemie. Da die Farbenlehre als Wissenschaft weder der Chemie noch etwa der Physik angehört,
sondern der Psychologie, so bedarf es einer Rechtfertigung,
daß sie in einer Sammlung auftritt, welche diesen Wissenschaften vorwiegend und ihren Anwendungen gewidmet ist.
Daß ein enger Zusammenhang zwischen ihr und der Chemie
besteht, lehrt die allgemein bekannte Tatsache, daß eines
der größten und erfolgreichsten Gebiete der chemischen
Industrie sich mit der Herstellung von Farbstoffen, mineralischen und organischen, befaßt.   Doch dem wissenschaftlichen Denker genügt nicht das Vorhandensein einer solchen
Tatsache.   Er forscht weiter und tiefer nach der Begründung des Zusammenhanges und findet Antwort, wenn er die
allgemeinen gegenseitigen Verhältnisse aller Wissenschaften
ins Auge faßt.

Der Aufbau der Wissenschaften. Die Gesamtheit aller
Wissenschaften zerfällt in drei große Gebiete, welche man
als die Wissenschaften der O r d n u n g , der A r b e i t und
des L e b e n s kennzeichnen kann. Diese Gebiete stehen aber
nicht etwa unabhängig und gleichwertig nebeneinander,
sondern sie bauen sich in bestimmter Reihenfolge übereinander auf. Die Gesamtwissenschaft stellt sich so als eine
Pyramide dar, die auf der breiten Grundlage der Ordnungswissenschaften (die ihrerseits wieder aus mehreren Schichten
bestehen) aufruht, indem auf diese zunächst die Arbeitswissenschaften folgen; die Lebenswissenschaften krönen
endlich das Gebäude.

I*

XII

Die Ordnungswissenschaften bestehen aus Mathetik
(oder Ordnungswissenschaft im engeren Sinne), Mathematik, Geometrie und Kinematik. Sie behandeln das ge-
dankliche, räumliche und zeitliche Nach- und Nebeneinander
der Dinge, und ihre Begriffe sind: Gruppe, Reihe, Größe,
Zahl, Raum, Zeit, Bewegung. Sie dienen, wie man alsbald
erkennt, als Grundlage für alle weitere wissenschaftliche
Arbeit, denn sie befassen sich mit den allgemeinsten Eigenschaften der Dinge, unserer Erlebnisse. Sie sind nicht alle
gleich weit entwickelt, denn während die Mathematik oder
Größenlehre von jeher eine überaus eingehende Pflege erfahren und ein entsprechendes Wachstum gezeigt hat, sind
die anderen Gebiete nicht so eifrig gepflegt worden. Insbesondere ist die allererste Grundlage, die Ordnungslehre
im engeren Sinne, sehr vernachlässigt worden. Die formale
Logik bildet nur einen kleinen und nicht den wichtigsten
Teil der Mathetik. Die mittelalterliche Scholastik war ein
großartiger Versuch, eine allgemeine Ordnungswissenschaft
als Voraussetzung für alle anderen Wissenschaften zu begründen; da sie aber kein wissenschaftliches Material zu
ordnen vorfand, verlor sie sich in unwissenschaftliche
Spielereien. Die für unsere Zeit kennzeichnenden Bemühungen der N o r m u n g aller willkürlich bestimmbaren
Größen ist die moderne Form, in welcher sich das Bedürfnis
nach einer exakten und anwendungsfähigen Ordnungswissenschaft kundtut. Und die vermeidbaren Fehler, welche
vielfach bei diesen Bemühungen gemacht und von den Fach-
und allgemeinen Ausschüssen nicht entdeckt und beseitigt
werden, lassen erkennen, wie erstaunlich unentwickelt diese
Grundlage aller wissenschaftlichen und technischen Arbeit
in unserem wissenschaftlichen Jahrhundert noch ist, und wie
wenig sich die Erkenntnis verbreitet hat, daß es für diese
Fragen eine allgemeine Wissenschaft, die Mathetik, gibt.

Es darf hier gleich eingefügt werden, daß die neuere
Farbenlehre in vollem Bewußtsein dieser Bedürfnisse ent-

XIII

wickelt worden ist. In ihr konnte daher eine rationelle Normung restlos durchgeführt werden.

Die Arbeitswissenschaften. Als zweite Hauptgruppe bauen sich auf der Unterlage von Mathetik, Mathematik, Geometrie usw. die Arbeitswissenschaften auf. Ihr Grundbegriff ist die A r b e i t oder die E n e r g i e (im physikalischen Sinne), und sie zerfallen demgemäß in so viele nebengeordnete Sonderwissenschaften, als es Arten der Energie und Kombinationen zwischen ihnen gibt. Die traditionelle Unterteilung in Mechanik, Physik und Chemie ist daher nur entwicklungsgeschichtlich, nicht methodisch gerechtfertigt. Unter Mechanik verstehen wir den Teil der Energetik, der die mit dem Ort veränderlichen Energien (Kräfte, Bewegungsenergie, Schwere) umfaßt; er ist der einfachste und daher theoretisch am meisten entwickelt. Unter Physik faßt man dann alle anderen Energien (thermische, elektrische, magnetische, optische) mit Ausnahme der chemischen zusammen; meist wird auch die Mechanik einbezogen. Die chemische Energie und ihre Umwandlungen mit anderen Energiearten, die besonders verwickelt sind, bilden dann den Inhalt der Chemie.

Es ist besonders hervorzuheben, daß für den Betrieb der energetischen Wissenschaften die Kenntnis des in der Pyramide der Wissenschaften darunterliegenden Gebiets, der Ordnungswissenschaften unentbehrlich ist. Man kann kein Physiker sein ohne gute Kenntnisse aus der Mathematik und Geometrie, und die Zeiten sind endgültig vorüber, wo infolge des primitiven Zustandes seiner Wissenschaft der Chemiker seine mathematische Ausrüstung auf die Handhabung der Regeldetri beschränken durfte.

Das Umgekehrte trifft dagegen nicht zu. Man kann ein ausgezeichneter Mathematiker sein, ohne viel Physik zu wissen, und daß ein solcher jemals sich eingehende c h e - m i s c h e Kenntnisse erworben hätte, hat die Geschichte noch nicht zu berichten Gelegenheit gehabt.

XIV

Die Lebenswissenschaften. Die neuartige Erscheinung
des Lebens hat zwar den ganzen Umfang der von den beiden
ersten Gruppen der Allgemeinwissenschaft behandelten Tatsachen zur Voraussetzung, wird aber durch sie und ihre
Gesetze nicht erschöpfend dargestellt. So kennzeichnet sie
die dritte und höchste Gruppe, welche die Spitze der Pyramide bildet.

Wir teilen die Lebenswissenschaften ein in Physiologie,
Psychologie und Kulturologie. Die Physiologie behandelt
die räumlich-zeitlichen sowie die energetischen Verhältnisse
der Lebewesen: Morphologie, Anatomie, Stoff- und Energie-
wechsel, Ernährung, Fortpflanzung, Entwicklung. Gegenstand der Psychologie sind die besonderen Erscheinungen,
die man unter dem Namen des geistigen oder Seelenlebens
zusammenfaßt: Empfindung und Reaktion, Erinnerung, Zuordnung und Voraussicht. Zur Kulturologie endlich gehören alle Tatsachen und Gesetze, welche sich auf den
Menschen als soziales Wesen beziehen; sie umfaßt u. a. die
sämtlichen sogenannten Geisteswissenschaften, geht aber
methodisch wie inhaltlich weit über das hinaus, was man
allzu beschränkt bisher unter diesem Namen zusammengefaßt hat.

So behandelt die Kulturwissenschaft zunächst die Ordnungen der menschlichen Gesellschaft (Familie, Volk, Staat),
sodann ihre energetischen Bedingungen (Technik, Wirt-
schaft, Verkehr) und endlich ihre psychologische Betätigung
(Religion, Recht, Kunst, Wissenschaft).

Sachgemäß erscheint bei dieser Ordnung die Wissenschaft als Krönung der Pyramide; sie stellt tatsächlich die
höchste Leistung der menschlichen Gesellschaft dar, in
welcher die Kulturideale, wenn auch bei weitem nicht restlos, verwirklicht sind, doch den höchsten bisher erreichten
Grad der Verwirklichung gefunden haben *).

---

*) Es ist deshalb ein Zeichen unzweideutigster Barbarei, wenn, wie es
in den Kreisen des Feindbundes geschehen ist, der Krieg nach geschlossenem
„Frieden" auf das Gebiet der Wissenschaft übertragen wird.

XV

Die Stellung der Farbenlehre. Da die Farbe ebenso wie
der Ton, der Geschmack, der Geruch eine Empfindung
ist, so gehört die Farbenlehre ganz zweifellos der Psychologie an. Nach dem allgemeinen Gesetz, daß alle unteren
oder allgemeineren Wissenschaften in den darüber liegenden
Anwendung finden (S. XIII), werden wir demgemäß in der
Farbenlehre Unterabteilungen antreffen, welche diesen
Gruppen angehören. Es gibt m. a. W. einen mathetischen,
einen physikalischen, einen chemischen und endlich einen
physiologischen Teil der Farbenlehre. Gemäß der Abgren-
zung des vorliegenden Sammelwerkes wird daher die chemische Farbenlehre einen wesentlichen Inhalt dieses
Bandes bilden. Da aber die allgemeine Farbenlehre zufolge
der Neuheit ihrer Entwicklung noch nicht Allgemeingut der
Gebildeten ist (was sie zweifellos künftig sein muß und sein
wird), so ist es nötig, auch sie in genügendem Umfange hier
zur Darstellung zu bringen.

Über die Wichtigkeit der Farbenlehre, die ihr jene be-
vorzugte Stellung innerhalb des allgemeinen Wissens sichert,
kann kein Zweifel sein, sobald man nur einen Augenblick
nachdenkt. Denn das, was wir als Elemente alles Gesehenen
vorfinden, sind ja Farben und immer wieder Farben. Unser
Gesichtsfeld enthält, wenn wir von allem Hinzugebrachten
(Erinnerungen und Deutungen) absehen, primär nichts als
Farbenflecken aller Art, die zum Teil scharf aneinander
grenzen, zum Teil stetig ineinander gehen. Durch die
gegenseitige Begrenzung dieser Flecken bilden sich erst die
Formen, aus denen wir auf die Anwesenheit der Dinge
schließen, die wir „sehen". Überlegen wir nun, daß von
allen Sinnen der Gesichtssinn bei weitem der wichtigste ist,
weil er uns die weiteste und mannigfaltigste Kenntnis der
Außenwelt vermittelt, so erkennen wir die ganz ungewöhn-
liche Bedeutung, welche die Wissenschaft dieses Sinnes, die
Farbenlehre, notwendig haben muß.

Daß sie sich bisher nicht ihrer Bedeutung gemäß entwickelt hat, ja daß es eine wirklich wissenschaftliche

XVI

Farbenlehre nicht gab — ich kann mich nicht erinnern, je im Vorlesungsverzeichnis einer Hochschule Farbenlehre angezeigt gesehen zu haben — hat seinen Grund in den besonderen Schwierigkeiten, die sich der wissenschaftlichen Erfassung der Farbenwelt entgegengestellt haben. Es wird deshalb gut sein, in einem schnellen Gang durch die Entwicklungsgeschichte der Farbenlehre zunächst diese Schwierigkeiten und das Ringen um ihre Überwindung kennen zu lernen. Der Geist wird dadurch auf die vorliegenden Probleme eingestellt und gewinnt die Unterlagen zu eigener Beurteilung, ob ihm ihre weiterhin vorgelegte Überwindung ausreichend erscheint.

Das besonders nahe Verhältnis der Farbenlehre zur Chemie entsteht aus der Tatsache, daß bei weitem die meisten und wichtigsten Farben auf der Wirkung bestimmter chemischer Stoffe beruhen. Schauen wir unsere Umgebung im Zimmer an, so liegen überall derartige Farbwirkungen vor. Im Freien hat die blaue Farbe des Himmels eine physikalische, nicht speziell chemische Ursache. Alle irdischen Gegenstände hingegen zeigen „chemische" Farben.

ERSTER TEIL.
Allgemeine Farbenlehre.

Erstes Kapitel.
Geschichte der Farbenlehre.

Allgemeines. Ein eingehendes Werk über die Geschichte der Farbenlehre besitzen wir noch nicht. G o e t h e , der viele Jahre hindurch Materialien zu einer solchen Geschichte gesammelt hatte, um sie zu einer zusammenhängenden Darstellung zu verarbeiten, gab diesen Plan auf, als er ihn auszuführen versucht hatte, und begnügte sich mit der Herausgabe der Materialien. Er erkannte, daß sich hier zwar ein höchst wertvolles Stück Kulturentwicklung darstellen würde, sah aber gleichzeitig ein, daß hierzu ein eingehenderes fachliches Einzelwissen erforderlich war, als er besaß oder sich zu erwerben getraute. Ähnlich haben bis heute die verschiedenen Forscher auf diesem Gebiete in ihren Werken fortgefahren, solche Materialien zu sammeln und mitzuteilen; zu einer zusammenfassenden Darstellung erwies sich das Gebiet noch nicht als reif.

Erste Anfänge. Die Versuche griechischer und römischer Schriftsteller, das Erlebnis der Farben begrifflich zu erfassen, sind sehr unvollkommen. Die älteren Autoren nennen nur Weiß, Schwarz, Gelb und Rot als unterschiedene Farben. Die auf den Werken der Ägypter daneben erscheinenden Farben Blau und Grün finden keine begriffliche Berücksichtigung, sondern werden dem Schwarz zugeordnet.

Aus den Beschreibungen der Farbstoffe sowie an den übriggebliebenen Farbwerken wird indessen ersichtlich, daß

2

den Alten blaue Farbstoffe bekannt waren. Vermutlich war
das lebhaft eisblaue Kupfernatriumsilicat, das noch heute
Ägyptisch Blau heißt, der erste künstlich hergestellte Farbstoff. Daneben kannten sie noch Indigo, Kupferlasur und
später Ultramarin. Zu gelben und roten Farben dienten die
entsprechenden Ockerarten, die sich häufig in der Natur
finden. Als Schwarz wurde gepulverte Kohle benutzt.
Bindemittel waren Gummi und Wachs.

Ebenso wie die Geschichte der älteren Musik dadurch
gekennzeichnet ist, daß der eine und andere Künstler zu
den ursprünglichen fünf Tönen der Tonleiter noch einen
hinzufügt, so geht auch durch die Geschichte der praktischen
Farbenlehre die Erweiterung der Mittel durch die Ent-
deckung oder Erfindung neuer Farbstoffe. Zwar scheiterte
der unzählige Male angestellte Versuch, die Farbstoffe der
Blumen technisch zu verwerten, an ihrer überaus großen
Unbeständigkeit. Doch wurden auf diesem Wege einige
Farbstoffe aus dem Pflanzen- und Tierreich im Laufe der
Zeit gefunden, welche höheren Ansprüchen genügten. Dem
Altertum gehört noch die Entdeckung des Purpurs gewisser
Schnecken an; das Mittelalter brachte das Grün der Kreuz-
beeren, die gelben, roten und veilen Farbhölzer, Carmin,
Safran. Ebenso kannten die Alten bereits Mennige und
Zinnober, die sie freilich nicht genau unterschieden. Das
Mittelalter fügte die blauen Kobaltfarbstoffe hinzu.

Der Aufschwung der Chemie seit dem 18. Jahrhundert
hat dann diese Liste schnell vermehrt. Berlinerblau,
Schweinfurtergrün, die verschiedenen Abkömmlinge des
Chroms, die künstliche Herstellung des Ultramarins kennzeichnen die Stufen dieser Entwicklung. Ebenso vermehrt
sich die Anzahl der organischen Farbstoffe durch den zunehmenden Weltverkehr. Eine ganz plötzliche Sturzsee
neuer Farbstoffe ergoß sich dann über die Menschheit durch
die Erfindung der künstlichen Farbstoffe aus den Bestandteilen des Steinkohlenteers in der zweiten Hälfte des 19. Jahrhunderts. Wir befinden uns noch heute in dieser Entwick-

lung. Nachdem zunächst Vertreter für alle Teile des Farbkreises in basischen und sauren Farbstoffen gesucht und gefunden waren, ist jetzt die Arbeit dahin gerichtet, die neben
der Farbe wünschenswerten Eigenschaften, namentlich die
Haltbarkeit gegen Licht, Reibung, Waschen, Schweiß und
Schmutz usw. auf den höchsten Betrag zu steigern, der technisch erreichbar ist.

Farbstoffe und Farben. Die vorstehende Skizze der Entwicklung unserer Kenntnis der F a r b s t o f f e war mitgeteilt worden, da sie für die Erkenntnis der F a r b e n die
notwendige Unterlage bildet. G o e t h e s großartiger Versuch einer methodischen Farbenlehre mußte u. a. daran
scheitern, daß zu seiner Zeit das Gebiet der grünen und
veilen Farben in der Anschauung nur sehr unvollkommen
bekannt war, da die vorhandenen Farbstoffe an Reinheit
sehr viel zu wünschen übrig ließen.

Wir müssen nämlich auf das bestimmteste F a r b e n
und F a r b s t o f f e unterscheiden. Farbe heißt die Empfindung, welche, durch Licht verursacht, durch das Auge vermittelt und durch den Sehnerv dem Gehirn übertragen,
durch die Betätigung dieses Organs erzeugt wird. Man
kann ja auch Farben ohne Farbstoffe erleben, wenn man
die Augen schließt und auf die Augäpfel einen sanften
Druck ausübt; es stellen sich dann bald mannigfaltige
Farben- und Lichterscheinungen ein. Es gibt sogar Menschen, und zwar nicht eben selten, die durch eine dahin ge-
richtete Willenstätigkeit allein Farben in ihrem Bewußtsein
erzeugen können, auch ganz ohne äußere Reizung des Sehnervs, in tiefster Dunkelheit. Wir müssen also daran festhalten, daß das Wort Farbe nur für jene bestimmte Klasse
seelischer Erlebnisse anzuwenden ist, die uns normalerweise
durch das Auge vermittelt werden, indem dieses durch strahlende Energie oder Licht gereizt wird, die wir außerdem
aber noch auf anderem Wege, durch anderweitige Reizung
des Sehnervs, oder auch durch innere Tätigkeit erzeugen
können.

4

Jene chemischen Stoffe aber, deren Anblick in uns das Erlebnis „Farbe" hervorruft, heißen F a r b s t o f f e oder Pigmente. Die Energie, welche normalerweise diesen Reiz bewirkt, heißt L i c h t.

Newtons Farbenlehre. Es ist sehr bemerkenswert, daß trotz der Kenntnis zahlreicher Farbstoffe, die in der inzwischen hochentwickelten Malerei ihre Anwendung fanden, eine übersichtliche Ordnung in der Farbenwelt sehr lange Zeit nicht versucht wurde. Selbst eine so seltene Verbindung hoher künstlerischer Begabung mit wissenschaftlich-technischer Denkweise, wie sie bei L i o n a r d o d a V i n c i (1452 bis 1519) vorlag, und die zu so vielen Vorausnahmen späterer Fortschritte geführt hatte, ergab ihm auf diesem naheliegenden Gebiet keinen wesentlichen Gedanken. Es bedurfte des Eingreifens der Wissenschaft von ganz anderer Seite, nämlich von der Physik her, um die Möglichkeit einer durchgreifenden Ordnung der Farben überhaupt zu zeigen.

Dieser Fortschritt geschah durch I s a a c N e w t o n (1643 bis 1727), dessen erste wissenschaftliche Leistung die Entdeckung des Zusammenhanges zwischen Lichtbrechung und Farbe war. Er zeigte, daß das bis dahin für einheitlich gehaltene weiße Licht sich durch Brechung in einem Prisma in eine unbestimmt große Anzahl verschiedener Lichtarten sondern läßt, die durch die Verschiedenheit ihrer Brechung gekennzeichnet sind. Ist die Sonderung einmal erfolgt, so behält jede Lichtart ihre Besonderheit bei, vor allem ihre eigene Lichtbrechung.

Mit dieser rein physikalischen Mannigfaltigkeit geht nun eine rein p s y c h o l o g i s c h e parallel, nämlich die der F a r b e n , welche derart gesonderte Lichtarten im Auge hervorrufen. Und zwar bilden diese Farben ebenso eine stetige Reihe, wie die Brechungen. Das Licht kleinster Brechung bewirkt die Empfindung des Rot, dann folgt Kreß (Orange), Gelb, Laubgrün (Gelbgrün), Seegrün (Blaugrün), Eisblau (Grünblau), Ublau (Ultramarinblau) und endlich

5

Veil (Violett), welches die stärkste Brechung hat. Die
spätere Forschung hat gezeigt, daß es beiderseits noch „un-
sichtbares Licht", d. h. strahlende Energie gibt, die im Auge
keine Farbenempfindung bewirkt und daher nicht gesehen
wird. Sie wird uns daher weiter nicht beschäftigen.

Durch eine naheliegende Gedankenverbindung hat man
seitdem diese beiden Erscheinungen für enger verbunden
angesehen, als sie sind. Da den durch ihre Brechzahlen
(die später auf Lichtwellenlängen oder Schwingungszahlen
zurückgeführt wurden) gekennzeichneten Lichtern jene Farben sich als gesetzmäßig zugeordnet erwiesen, wurde der Zusammenhang zwischen der physikalischen und der psychologischen Erscheinung für unmittelbar gehalten, und man
hat immer wieder versucht, zwischen den Schwingungszahlen
und den Farben ähnliche enge Gesetzmäßigkeiten zu finden,
wie sie in der Tonwelt zwischen Schwingungszahlen und
Tonhöhen bestehen. Keiner dieser Versuche hat einen Erfolg gehabt, und wir werden weiterhin erkennen, weshalb
diese Mißerfolge grundsätzlich unvermeidlich waren.

Der Widerspruch. Während nämlich die Tonhöhen den
Schwingungszahlen so zugeordnet sind, daß beide gleichzeitig steigen und fallen, wobei die einer geometrischen
Reihe $a \, 2^n$ entsprechenden Töne (wo a eine beliebige Zahl
bedeutet und für n die Reihe der ganzen Zahlen 1, 2, 3, 4 . . .
einzuführen ist) die Reihe in psychologisch gleichwertige
Abschnitte (Oktaven) zerlegten, verhalten sich die Farben
ganz anders. Mit wachsender Schwingungszahl entfernen
sich zwar anfangs die Farben zunehmend von der Anfangs-
farbe Rot, ganz wie bei den Tönen. Dieses Entfernen setzt
sich aber nicht beständig fort, denn über Seegrün hinaus
n ä h e r n sich die Farben wieder dem Rot und kommen ihm
im Veil recht nahe, ohne es ganz zu erreichen.

Dies ist eine unerhörte Erscheinung, die uns nur deshalb nicht immer wieder in Bestürzung setzt, weil wir sie
von Jugend auf kennen. Aber es gibt sonst wirklich keine
ähnliche Beziehung zwischen Reiz und Empfindung, daß,

während der Reiz stetig in einem Sinne anders wird, die Empfindung zwar anfangs sich gleichsinnig ändert, dann aber umkehrt und sich der anfänglichen Empfindung nähert. Während also Rot und Veil bezüglich ihrer Schwingungszahlen oder Wellenlängen so verschieden wie möglich sind, da sie an den äußersten Enden der Reihe stehen, welche das sichtbare Licht umfaßt, finden sich diesen möglichst verschiedenen Reizen Empfindungen zugeordnet, die sich ganz nahe stehen und auf dem Wege sind, identisch zu werden.

Es wird sich später der Anlaß finden, auf dieses Problem zurückzukommen und den Widerspruch zu lösen. Zunächst sei es hier als Warnungstafel aufgerichtet, um den Leser vor einem Irrweg zu schützen, in den bis heute so viele ernsthafte Forscher eingelenkt haben, um sich für immer zu verirren.

Der Farbkreis. Zunächst war allerdings N e w t o n s Entdeckung sachlich so interessant und fruchtbringend, daß jene Schwierigkeit nicht gefühlt wurde. Vielmehr benutzte N e w t o n die Erscheinung unmittelbar zu einer ersten Ordnung der Farbenwelt, indem er die Farben seines „Spektrums", des mittels eines Prismas auseinandergelegten weißen Lichts durch die im Spektrum nicht vorhandenen, aber von der Malerei und Färberei her bekannten Purpurfarben ergänzte und so zu einem in sich zurückkehrenden Bande, dem F a r b e n k r e i s schloß. Dies ergab eine ganz eindeutige Ordnung der „Farbtöne" (wie wir diese Eigenschaft der Farben nun stets nennen wollen), in welches jeder Farbton mit seinem Nachbarn durch s t e t i g e Übergänge verbunden ist.

Die Stetigkeit besagt, daß man von jedem Farbton zu jedem anderen durch unmerklich kleine Übergänge, ohne Sprung oder Stoß, gelangen kann. Die in sich zurückkehrende oder kreisartige Ordnung besagt, daß hierfür stets z w e i Wege offen stehen, von denen einer kürzer, der andere länger ist. So kann man z. B. von Gelb nach Veil stetig

entweder über Kreß und Rot gelangen oder über Laubgrün,
Seegrün, Eisblau, Ublau; letzteres ist der längere Weg.

Diese Entdeckung der kreisförmigen Ordnung der
Farbtöne ist grundlegend für ihre Ordnung im allgemeinen.
Nur geschah hier ein naheliegendes Versehen. Darum, daß
die Farbtöne geordnet waren, glaubte man, daß nun die
Farben überhaupt geordnet seien, was ein schwerer, tat-
sächlicher und mathetischer Irrtum war, der seine schäd-
lichen Folgen noch in unsere Tage hinein erstreckt.

Einteilung des Farbkreises. Newton hatte bereits sach-
gemäß hervorgehoben, daß der Farbkreis wegen des stetigen
Überganges aller Farben zwar unbestimmt viele verschiedene Farben enthält, daß diese sich aber zu einer kleinen
Anzahl natürlicher Gruppen ordnen. An solchen unterschied
er sieben, in bewußtem Anschluß an die sieben Töne der
diatonischen Tonleiter; er ist also der Vorgänger auf dem
Irrwege der unmittelbaren Vergleichung von Farben und
Tönen. Diese sieben Farben waren Rot, Kreß, Gelb, Grün,
Eisblau, Ublau, Veil. Mit den 8 Farben, die wir heute zu
unterscheiden pflegen, stimmen diese bis auf einen Punkt
überein. Wir zerlegen das Grün in zwei Stufen, das kalte
Seegrün und das warme Laubgrün. Beide sind für die unbefangene Empfindung ebenso verschieden, wie etwa Rot
und Veil.

Die sieben Farben Newtons sind ungemein populär
geworden. Auch nachdem die Wissenschaft und Praxis
einige Jahrhunderte lang eine andere (ungenügende) sechs-
stufige benutzt hat, spielen die sieben Farben des Regen-
bogens (in dem man tatsächlich nur drei sieht) und die
sieben Farben des weißen Lichts bei den Dichtern ihre Rolle
ungestört weiter, wie denn bei diesen sich überwundene
wissenschaftliche Irrtümer noch lange als poetische Wen-
dungen zu halten pflegen, wenn sie einmal dort aufgenommen sind.

Der erste, welcher den siebenteiligen Newtonschen
Farbenkreis praktisch zu benutzen versuchte, war der

8

Frankfurter Kupferstecher L e B l o n d , der um 1730 bunt-
farbige Drucke herstellte, für die er zunächst die sieben
Farben N e w t o n s verwendete. Er kam sehr bald dahinter,
daß er ungefähr dasselbe mit nur d r e i Farben, nämlich
Gelb, Rot und Blau erreichen konnte. Auf die gleiche Lösung
gelangte um dieselbe Zeit ein Konkurrent G a u t i e r in
Paris, mit dem er darüber in einen Prioritätsstreit geriet.

Die Dreifarbenlehre. Dieses Dreifarbenverfahren, das
seitdem trotz seiner grundsätzlichen Unvollkommenheit unzählige Anwendungen gefunden hat, wurde sehr bald auf
andere Techniken übertragen. Um 1737 beschrieb D u f a y ,
wie man mittels der gleichen drei Farben Gelb, Rot, Blau
in der Zeug- und Garnfärberei Mischfarben von allen Farbtönen herstellen kann. Das Verfahren ist bis heute grundsätzlich dasselbe geblieben, nur die Farbstoffe, mit denen
man Gelb, Rot und Blau färbte, haben im Laufe der Zeit
entsprechend der Entwicklung der Technik gewechselt.
Selbst in unseren Tagen hat ein Mann namens B e c k e , der
zwar Kenntnisse von der Färberei, aber keine von der
Farbenlehre besitzt, diese bald 200 Jahre alte Sache als eine
von ihm entdeckte „natürliche" Farbenlehre der Wissenschaft und Technik angeboten, nachdem er die alte Unzulänglichkeit mit neuem Aufputz von noch minderer Beschaffenheit zuzudecken versucht hatte. Die Zeit ist bereits
darüber hinweggeschritten.

Da der in Rede stehende Irrtum auch heute noch sehr
verbreitet ist, soll auf seine Quelle schon hier hingewiesen
werden, wenn auch die genaue Untersuchung erst später
wird vorgenommen werden können. Wir schicken zunächst
den Satz voraus, daß durch Mischung zweier Farben alle
zwischenliegenden dem Farbton nach hergestellt werden
können. Ordnen wir also nach N e w t o n die Farben in
einem Kreise, so entstehen aus irgendwelchen zwei Farben
a und *b* (Fig. 1) durch Mischung alle Farbtöne, welche
zwischen *a* und *b* liegen. Ergänzt man den Farbkreis durch
alle Mischungen jeder Farbe mit Weiß, das im Mittelpunkt

9

des Kreises liegt, so daß von der reinen Farbe, die im Kreisumfang liegt, alle ihre Weißmischungen auf dem zugehörigen Halbmesser stufenweise angeordnet sind, so stellt
die Gerade ab alle Mischfarben von a und b dar. Man erkennt alsbald, daß die Mischfarben nicht so rein sind, wie
die Bestandteile, da durch die Mischung gleichzeitig Weiß
entsteht, und zwar um so mehr, je weiter a und b von einander entfernt sind.

Nun folgt aus der geometrischen Anschauung unmittelbar, daß jede Gruppe von drei Farben $c\,d\,e$ (Fig. 1), die so
liegen, daß ihr Dreieck den
Mittelpunkt umschließt, Mischungen ergibt, welche allen
Farbtönen des ganzen Kreises entsprechen. Denn jeder
Halbmesser, den man von
irgendeinem Punkte des Umfanges nach der Mitte zieht,
trifft eine der drei Mischlinien. Gleichzeitig sieht man,
daß drei die kleinste Anzahl
der Farben ist, die dies ermöglicht, denn zwei Farben
ergeben nur eine Linie, die möglicherweise durch den
Mittelpunkt geht, aber keine Fläche, die ihn umschließt. Wohl aber kann man dasselbe mit vier und mehr
Farben erreichen. Hierauf beruht die Tatsache, daß man
mit drei passend gewählten Farben alle Farbtöne erreichen kann; keineswegs aber kann man alle Farben
erreichen. Selbst im günstigsten Fall, wenn die drei Farben
gleichabständig im Umfang liegen, also „rein" sind (Fig. 2),
werden von der Kreisfläche, die alle möglichen Farben enthält, welche aus Spektralfarben entstehen können *), durch
das Mischungsdreieck nur etwa $^2/_5$ gedeckt; die übrigen,

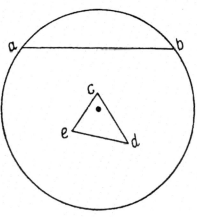

Fig. 1.

*) Dieser Zusatz ist von großer Wichtigkeit und sollte nicht über-
sehen werden.

10

in den äußeren Kreisabschnitten liegenden Gebiete sind unerreichbar *).

Von den vielen praktischen Folgen, welche sich hieraus
ergeben, sei nur die eine erwähnt, daß es grundsätzlich unmöglich ist, durch Dreifarbenphotographie nach Art des
Autochromverfahrens farbrichtige Bilder zu erzeugen. Günstigere Verhältnisse bieten jene anderen Verfahren da, bei
denen statt der additiven Mischung subtraktive verwendet
wird, wo also z. B. drei verschiedenfarbige Schichten übereinander gelegt werden. Aber auch hier sind nicht drei,
sondern fünf Schichten nötig,
um allen Anforderungen zu
genügen.

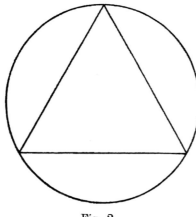

Fig. 2.

Andere Ordnungsversuche.
Unabhängig von der Ord-
nung der Spektralfarben hatten Maler und andere Farb-
stoffkundige versucht, die gesamte Farbenwelt zu erfassen und übersichtlich aufzubauen. Ganz primitiv, nämlich nur eine Sammlung des
Vorhandenen, war die 1680
in Stockholm herausgegebene Farbentafel von J. B r e n n e r ,
die älteste bekannte. Ein kleiner Fortschritt liegt bei
R. W a l l e r (1689) vor, der die beiden anstoßenden Ränder
eines Quadratnetzes mit den Farben Spanischweiß, Bergblau, Ultramarin, Smalte, Lackmus, Indigo, Tusche einerseits und Bleiweiß, Bleiglätte, Gummigutt, Ocker, Auripig-
ment, Umbra, Mennige, gebrannter Ocker, Zinnober,
Carmin, Lack, Drachenblut, Eisenrot, Ruß andererseits ver-
sah. In die Quadrate wurden die Mischungen der entsprechenden Paare gesetzt. W a l l e r hat, wie man sieht,

---

*) Dies gilt streng nur für additive oder physikalische Mischung. Die
subtraktive Mischung, die u. a. beim Färben eintritt, ergibt etwas günstigere
Verhältnisse, die später klargelegt werden sollen.

11

die blauen Farbstoffe von den gelben und roten getrennt
und daher nur Gemische aus solchen Paaren erhalten. Er
hat also übersehen, daß eine vollständige Tabelle erst entstanden wäre, wenn er an jeder Seite alle Farbstoffe angebracht hätte. Auch hat er von jedem Paar nur eine
Mischung (zu gleichen Teilen) vorgesehen, da sonst die
Tafel eine zu große Ausdehnung erhalten hätte. Dann hätte
er allerdings mit den zwei Abmessungen der Tafel sein Auskommen nicht gefunden.

Mayers Dreiecke. Die Schwierigkeiten, welche hier um-
gangen, aber nicht überwunden waren, sind zwei Menschenalter später von dem ausgezeichneten Mathematiker T o b i a s
M a y e r in Göttingen (1745) in erster Stufe erledigt worden.
Er ging von der Dreifarbenlehre aus und stellte aus den
drei Grundfarben Gelb, Rot, Blau nach Abstufungen von
je $^1/_{12}$ zunächst alle zweifaltigen, sodann alle dreifaltigen
Mischungen her, so daß alle möglichen Kombinationen
innerhalb der 12 Stufen entstanden. Diese ordnete er zu
einem Dreieck, in dessen Ecken die drei reinen Farben
stehen, dessen Seiten von den zweifaltigen und dessen Inneres
von den dreifaltigen Gemischen gebildet werden. Außer
diesem Dreieck bildete er noch eine Anzahl andere, welche
in gleicher Weise aus Grundfarben gemischt waren, die
einen bemessenen Zusatz von Weiß oder von Schwarz erhalten hatten. So glaubte er alle denkbaren Farben untergebracht zu haben.

Dies war nicht zutreffend, denn für seine Grundfarben
hatte er keine ideal reinfarbigen Farbstoffe zur Verfügung.
Außerdem entstanden in der Mitte des ersten Dreiecks trübe
Mischungen, die sich in den anderen Dreiecken wieder-
holten. M a y e r hatte seine Arbeit nicht veröffentlicht,
vielleicht weil er diese Unzulänglichkeit selbst bemerkt
hatte; sie wurde nach seinem Tode von L i c h t e n b e r g
herausgegeben.

Lamberts Pyramide. Einen erheblichen Fortschritt über
M a y e r hinaus tat J. H. L a m b e r t, der gleichfalls Phy-

12

siker und Mathematiker, dabei aber auch ein tüchtiger
Philosoph war, der insbesondere die Bedeutung der Ordnungswissenschaft klar erkannt hatte. L a m b e r t ging zunächst experimentell vor, indem er die drei Farbstoffe er-
mittelte, mit denen er die reinsten Mischfarben herstellen
konnte. Er fand Gummigutt, Carmin und Berlinerblau.
Sodann stellte er deren Äquivalente fest, d. h. die Mengen-
verhältnisse, welche die genaue Mittelfarbe gaben; diese
konnte freilich nur geschätzt, nicht gemessen werden. Diese
ergaben die Einheiten, nach denen er die Mischungen be-
reitete. Endlich stellte er fest, daß seine Farbstoffe im äqui-
valenten Dreigemisch Schwarz ergaben. Er brauchte dies
also nicht besonders zuzufügen. Die zunehmenden Mengen
Weiß erzielte er dadurch, daß er seine Mischungen stufenweise dünner auftrug, so daß das weiße Papier durchschien.
Auch machte er die weißhaltigen Dreiecke stufenweise
kleiner, weil man die Farben um so weniger unterscheiden
kann, je mehr Weiß sie enthalten. Die Dreiecke wurden
übereinander aufgebaut und ergaben insgesamt eine drei-
seitige Pyramide.

Wie man sieht, enthält diese Arbeit*) eine Fülle richtiger und wichtiger Gedanken. Sie wird deshalb, da die
alte Ausgabe von 1772 nur noch in wenigen Abdrücken vorhanden ist, in der Sammelschrift „Die Farbe" (Leipzig,
Verlag Unesma) von neuem abgedruckt und allgemein zugänglich gemacht.

Runges Farbenkugel. Der Pyramide L a m b e r t s ähnlich
ist die Anordnung, welche der Maler P h. O. R u n g e in
seiner Farbenkugel gefunden hatte**). Ein Fortschritt liegt
darin, daß nun Weiß und Schwarz ganz übereinstimmend
behandelt werden, was bei den früheren Anordnungen noch
nicht ausgeführt war. R u n g e legte Weiß in den einen
Pol einer Kugel, Schwarz in den anderen, in die Achse

---

*) J. H. L a m b e r t, Beschreibung einer mit dem Calauschen Wachs
ausgemalten Farbenpyramide. Augsburg 1772.

**) Ph. O. R u n g e, Die Farbenkugel, Hamburg 1809.

13

zwischen beiden das Grau, die reinsten Farben als Kreis in
den Äquator und die übrigen Farben als Mischungen der
reinsten Farben mit Weiß, Schwarz oder Grau in die entsprechenden Zwischengebiete. Ein Rückschritt lag insofern
vor, als er nicht die bestimmten Stufen M a y e r s und L a m -
b e r t s beibehielt (er hat ihre Arbeiten vermutlich nicht .ge-
kannt), sondern überall die stetigen Zusammenhänge bestehen ließ. Dadurch hat er sich von dem Gedanken der
N o r m u n g , der sich bei den älteren Forschern bereits geltend gemacht hatte, wieder entfernt. Im übrigen darf seine
Darstellung als eine nahezu vollkommene Lösung der Aufgabe bezeichnet werden.

Chevreuls hemisphärisch-chromatische Konstruktion. Wieder zwei Menschenalter später (1861) veröffentlichte der
Chemiker C h e v r e u l sein Farbensystem. Es würde in
dieser kurzen Geschichte der Farbenlehre keine Stelle beanspruchen können, wenn es sich nur um die Aufzeichnung
der wesentlichen Fortschritte handeln sollte, denn es stellt
einen erheblichen Rückschritt hinter das dar, was L a m -
b e r t und R u n g e längst erreicht hatten. Aber die äußere
Stellung des Erfinders und seine Unterstützung durch die
Pariser Akademie der Wissenschaften hatten seinem System
vorübergehend so viel Beachtung verschafft, daß es sich aus
der inzwischen erfolgten Entwicklung nicht ausschalten
läßt. Denn fast alle seitdem ausgeführten Versuche praktischer Farbordnungen gingen von C h e v r e u l s Aufstel-
lungen aus und sind denn auch naturgemäß an dessen
Mängeln zugrunde gegangen.

Diese Mängel bestehen darin, daß bei seiner Anordnung, ähnlich wie bei der ältesten von M a y e r , gleichartige
(schwarzhaltige) Mischungen zweimal wiederkehren, so daß
die erste Bedingung jeder Farbordnung, daß jeder Farbe
nur e i n Ort entspricht und umgekehrt, hier verletzt wird,
während sie bei L a m b e r t und R u n g e sich erfüllt zeigt.
So erklärt es sich, daß er sogar in der Anstalt, deren chemischer Abteilung er als Direktor vorstand, der staatlichen

14

Gobelinmanufaktur in Paris, die Herstellung seiner Farbordnung in gefärbten Wollen nur teilweise erreichen konnte.
Eine vollständige Verwirklichung von C h e v r e u l s Farbordnung ist daher nie zustande gekommen, zum Zeichen
ihrer praktischen Unbrauchbarkeit.

Erreichtes und Verfehltes. Der wesentlichste Gedanke
zur Farbordnung, der bereits durch T. M a y e r gefunden
war, ist die D r e i f a l t i g k e i t der Farbgesamtheit, zufolge deren sich diese nicht in der Ebene, sondern nur im
Raume mit seinen drei Abmessungen darstellen läßt. Diese
wurde von L a m b e r t , R u n g e , C h e v r e u l und den
Nachfolgern festgehalten und bildet einen dauernden Bestandteil aller Ordnungen. Ein zweiter wesentlicher Gedanke, der auch bereits bei M a y e r auftritt, dort aber noch
ungenügend betätigt wird, ist die Einbeziehung von Weiß
und Schwarz als selbständiger Farben neben den Buntfarben. Während M a y e r und L a m b e r t ihm nicht ganz
gerecht werden, hat R u n g e ihn mit voller Klarheit erfaßt.
Bei C h e v r e u l verkrüppelt er wieder.

Eine Unzulänglichkeit dagegen, die allen Ordnungen
bis auf die neueste gemeinsam ist, besteht in dem Mangel
an M e s s u n g e n . Der Farbkreis wird überall willkürlich
und falsch eingeteilt, und zwar so, daß Gelb, Rot und Blau
einen gleichabständigen Dreier bilden. Dadurch erscheinen
als Gegenfarben Gelb-Veil, Kreß-Blau, Rot-Grün, welche
falsch sind. Weder der zu Anfang des 19. Jahrhunderts
erfolgte Nachweis von W ü n s c h , noch der in dessen zweiter
Hälfte wiederholte Hinweis von H e l m h o l t z , daß die
Gegenfarbe von Gelb Ublau ist, da nur diese die Mischfarbe
Grau ergeben (Gelb und Veil gibt Rot), konnte diesen Irrtum beseitigen, der erst in unserer Zeit zu verschwinden
beginnt, wenn auch nicht ohne böse Rückfälle. Ebenso fehlt
es an einem Grundsatz, nach welchem die grauen und bunten
Reihen richtig abzustufen sind.

Andere Seiten der Farbenlehre. Die bisherige Geschichts-
darstellung bezog sich auf das erste Problem der rationellen

15

Farbenlehre, die O r d n u n g der Farben. So weit man ohne
Messung gelangen kann, hatte R u n g e die Angelegenheit
geführt. Nach seinem Auftreten (er starb sehr jung) verging mehr als ein Jahrhundert, das großenteils mit Irr-
tümern angefüllt war, bis der nächste Schritt über R u n g e
hinaus durch die Entdeckung der Farbmessung geschehen
konnte. Wir haben also nach dieser Richtung nichts mehr
zu suchen und zu finden.

Von der Entwicklung der physikalischen und chemischen
Farbenlehre ist nicht allzuviel zu melden. Das 19. Jahrhundert brachte in der Lehre vom Licht den Sieg der Wellenlehre über die Körperchenlehre, dies hatte aber auf die
Farbenlehre keinen sachlichen Einfluß. Ebensowenig be-
wirkten die chemischen Entdeckungen neuer Farbstoffe, die
seit der zweiten Hälfte des 19. Jahrhunderts einen stür-
mischen Verlauf angenommen hatten, einen erheblichen
Fortschritt. Dagegen hatte die Entwicklung der Physiologie seit der Mitte des 19. Jahrhunderts einen stark be-
lebenden Einfluß auf unsere Wissenschaft.

Goethes Farbenlehre. Eingeleitet wurde diese Entwicklung durch G o e t h e s Bemühungen, eine vollständige Lehre
von den Farben zu schaffen. Mit vollem Recht beanstandete
er die bisherige Auffassung, die durch N e w t o n s, des
Physikers, grundlegende Entdeckungen nahe gelegt war,
daß die Farbenlehre der Physik angehöre, und betonte den
Anteil der Chemie und insbesondere den der Physiologie an
dieser Wissenschaft. Die Mitwirkung des Auges und der
zugehörigen Organe an der Entstehung der Farbe wurde
von ihm auf das nachdrücklichste hervorgehoben, und darin
liegt ein unvergeßliches Verdienst.

Wie es aber bei solchen Fortschritten oft geht, wurde
die Bedeutung des Neuen gegenüber dem Vorhandenen stark
überschätzt. G o e t h e unternahm nicht nur eine Ausarbeitung der neuen physiologisch-psychologischen Gebiete,
wo er Hervorragendes geleistet hat, sondern auch den Ersatz
der von ihm als unzulänglich angesehenen physikalischen

16

Farbenlehre durch ein neues System, das er auf die Farben
trüber Mittel als das „Urphänomen" zu begründen versuchte. Hier scheitert er, weil ihm sowohl die Kenntnisse
wie die besondere Begabung fehlten, die für solche Arbeit
notwendig sind. Er hat sich selbst wiederholt die Neigung
und Fähigkeit abgesprochen, die Natur in analytisch-
mathematischer Weise zu zergliedern; ja er hat Zeit seines
Lebens einen ausgesprochenen Widerwillen gegen solche
Arbeit gehabt und ihn kräftig geäußert. Seine starke
visuelle Begabung, welche ihm im Gebiete der Morphologie
der Pflanzen und Tiere ermöglichte, wertvollste Ver-
allgemeinerungen zu finden, reichte nicht in die subtileren
Aufgaben der Farbenlehre hinein, zu deren Lösung zudem
noch physiologische und psychologische Fortschritte (es sei
nur an das Weber-Fechnersche Gesetz erinnert) gehörten, die
erst späteren Geschlechtern zugänglich wurden.

Durch G o e t h e wurde die falsche Lehre von den drei
Urfarben Gelb, Rot, Blau, die durch Mischung zunächst die
drei Farben zweiter Ordnung Kreß, Veil, Grün, und dann
die weiteren Mischfarben ergeben, überaus populär gemacht,
so daß sie sich fast unausrottbar bei Fachmännern und
Laien eingewurzelt hat. Die grundlegende Bedeutung der
Gegenfarben — er nannte sie geforderte Farben — und ihr
freiwilliges Erscheinen bei Nachbildern und Kontrasten hat
er ausführlich und sachgemäß bearbeitet. Hier liegen die
wertvollsten Ergebnisse seiner Unternehmung; sie konnten
und mußten zunächst rein als Erscheinungen, phänomenal,
aufgefaßt werden, und das wurde bestens geleistet.

Das Endergebnis dagegen, die Harmonielehre der
Farben, wegen deren er die ganze Arbeit übernommen hatte,
blieb ungenügend, und zwar wieder wegen Unterlassung der
Analyse. G o e t h e hatte als selbstverständlich angenommen,
daß die Harmonie durch den F a r b t o n erschöpfend bestimmt
sei, und sein Schlußkapitel „über die sinnlich-sittliche Wirkung der Farben" enthält demgemäß nur Angaben über die
gegenseitigen Verhältnisse der Farbtöne vom künstlerischen

17

Standpunkt. Er hatte sich gar nicht gefragt, ob der Farbton allein genüge, die Harmonie völlig zu bedingen, wie er denn überhaupt die trüben, d. h. Weiß und Schwarz neben Bunt-farbe enthaltenden Farben gar nicht untersucht hatte; er schob sie als schönheitlich minderwertig ganz beiseite. Nun hat aber die Erfahrung der Farbkünstler aller Zeiten er-wiesen, daß jene anderen Bestandteile der Farben sehr wesentlich bei den Harmonien mitwirken. Rot und Seegrün sind genaue Gegenfarben und müßten daher unter allen Um-ständen harmonische Verbindungen ergeben, wenn jene allzu einfache Lehre richtig wäre. Jeder Künstler weiß, daß die meisten Verbindungen beider Farben unschön wirken, und daß nur ganz vereinzelte Paare eine wirkliche Harmonie ergeben. Es ist aber unserer Zeit vorbehalten geblieben, die Bedingungen zu finden, unter denen solche Harmonien ent-stehen und den „Generalbaß der Farbenlehre" aufzustellen, den G o e t h e bei späterem Rückblick auf sein Werk als noch nicht geleistet erkannte und von der Zukunft forderte.

Schopenhauer. Einen wichtigen Fortschritt über G o e t h e hinaus machte S c h o p e n h a u e r, den G o e t h e persönlich in seine Lehre eingeführt hatte, um ihr einen jungen und rüstigen Vorkämpfer zu sichern. Er ging den noch aus-stehenden Schritt über G o e t h e s physiologischen Stand-punkt hinaus und faßte die Farbenlehre p s y c h o l o g i s c h auf, indem er den großen Anteil der Gehirntätigkeit beim Farberlebnis sachgemäß betonte. Allerdings erkannte er die Bedeutung seines eigenen Fortschrittes nicht, indem er trotz seiner Betonung des geistigen Anteils, den er im ersten Kapitel seiner Arbeit sachgemäß darlegt, seine Lehre immer eine physiologische nennt und die entsprechende Funktion ausschließlich in die Netzhaut des Auges verlegt, ohne die hochentwickelte Verbindung dieser mit dem Gehirn zu be-rücksichtigen.

Die Tätigkeit der Netzhaut beruht nach ihm auf einer dreifachen Art der Teilung: einer intensiven (Weiß, Grau, Schwarz), einer extensiven (Formen) und einer qualitativen

18

(Farben). So erklärt er die Nachbilder dahin, daß beim Betrachten der ersten Farbe nur ein Teil der Tätigkeit der Netzhaut eingetreten sei; der andere Teil mache sich hernach im gegenfarbigen Nachbilde selbsttätig geltend. Diese Teilungen versucht er dann quantitativ zu erfassen, indem er für Rot: Grün das Verhältnis 1 : 1, für Kreß : Blau 2 : 1, für Gelb : Veil 3 : 1 annimmt. (Wie man sieht, macht auch er den üblichen Fehler bezüglich der Gegenfarben.) Den Gedanken der Zahlenverhältnisse hat er von einem frühverstorbenen Forscher V o i g t übernommen, ohne seinen Vorgänger zu nennen.

Aus diesem Gedanken erklärt S c h o p e n h a u e r zunächst die „schattige" Natur der Farbe, daß nämlich jede farbige Fläche dunkler erscheint als eine weiße. Worin der Unterschied der ersten, intensiven Teilung, die nur Grau ergibt, von der dritten, qualitativen, die Buntfarbe ergibt, eigentlich liegt, kann er freilich nicht nachweisen; er behilft sich hier mit Gleichnissen. Sachgemäß ist dagegen der von G o e t h e , der größtes Gewicht darauf legte, übernommene Hinweis, daß je zwei Gegenfarben p o l a r e Eigenschaften (warm : kalt, hell : dunkel) aufweisen. Ebenso vermag er die Beimischung von Weiß und Schwarz zu den meisten Farben darauf zurückzuführen, daß jene qualitative Teilung unvollständig sein und der Rest sich in voller Tätigkeit (Weiß) oder Ruhe (Schwarz) befinden kann. Beide Gegenfarben zusammen bewirken volle Tätigkeit, also Weiß, der Erfahrung entsprechend. An diesem Punkte geriet er in vollen Widerspruch zu G o e t h e , der die Entstehung von Weiß aus den Gegenfarben als Newtonisch unbedingt leugnete und daher in der Folge auch S c h o p e n h a u e r s Theorie ablehnte.

Durchaus zutreffend und ganz zu Unrecht übersehen ist der Hinweis S c h o p e n h a u e r s , daß die Erklärung der Körperfarben als halbwegs homogener Lichter mit den Tatsachen im schärfsten Widerspruch steht. Jeder weiß, daß Gelb die hellste Farbe ist, die an Helligkeit dem Weiß nahe

19

kommt; die Messung ergibt sie zu 0.9 des Weiß. Die gelben
Lichter im Spektrum betragen aber nicht mehr als $^1/_{20}$ des
ganzen Spektrums. Flächen, welche nur $^1/_{20}$ des auffallenden Lichtes zurücksenden, nennen wir schwarz; gute Buch-
druckerschwärze hat etwa diese Rückwerfung. Es kann also
auch nicht entferntest davon die Rede sein, die Farbe der
gelben Oberflächen auf das zurückgeworfene gelbe Licht
zurückzuführen.

S c h o p e n h a u e r s Lehre hatte nur den Erfolg, daß
sich G o e t h e von ihm lossagte; einen Einfluß auf die Entwicklung der Wissenschaft hat sie zunächst nicht gehabt.
Erst zwei Menschenalter später hat E w a l d H e r i n g ihren
physiologischen Teil wiederholt und in seiner Lehre ver-
wertet; ein ganzes Jahrhundert endlich verging, ehe der
wissenschaftlich haltbare Anteil seiner Theorie von der
qualitativen Teilung der Netzhauttätigkeit in der unserer
Zeit angehörigen Lehre vom Farbenhalb seine Wiedergeburt
feiern konnte. Die Ursache war wohl in erster Linie die,
daß S c h o p e n h a u e r es bei dieser einen Jugendarbeit bewenden ließ. Er hat unmittelbar nach ihrer Abfassung sich
an die Niederschrift seines Hauptwerkes begeben und seitdem alles tätige Interesse an der Farbenlehre verloren. So
ist es erklärlich, daß lange Zeit sich niemand finden wollte,
der sich des verstoßenen Kindes annahm. Und was von
Übereinstimmendem später aufgetreten ist, darf nicht als
Fortwirkung jener Lehre in Anspruch genommen werden,
sondern ist selbständig entstanden und wäre ebenso ans Licht
gekommen, wenn S c h o p e n h a u e r gar nichts zur Sache
gedacht und geschrieben hätte.

Helmholtz. Der durch G o e t h e und S c h o p e n h a u e r
eingeleitete Vorgang, durch welchen die Farbenlehre aus
der Pflege der Physiker in die der Physiologen übergeführt
wurde, fand einen Höhepunkt durch H. H e l m h o l t z , der
bei vorwiegend physikalisch-mathematischer Begabung durch
äußere Verhältnisse zur Medizin und damit zur Physiologie
geführt worden war. So erwählte er zum Gegenstande seiner

2*

20

Forschungen die Physiologie der Sinnesorgane, wobei ihm
seine ursprüngliche Begabung die wichtigsten Dienste
leistete, und bearbeitete nacheinander das Auge und das Ohr.

Es ist hier nicht der Ort, auf die vielen wichtigen Fortschritte einzugehen, welche die Wissenschaft ihm hier verdankt. Ihr Vorhandensein muß aber erwähnt werden, weil
gerade die Farbenfrage bei ihm etwas zu kurz gekommen ist,
und seine Arbeit daher in diesem Werk mehrfach im ab-
lehnenden Sinne erörtert werden muß. Dies ist großenteils
dem Umstande zuzuschreiben, daß bei Helmholtz das
Sehgebiet verhältnismäßig gering entwickelt war, so daß er
hier das Bedürfnis nach erschöpfender Klarstellung weniger
stark empfand, als in den Gebieten des abstrakt-mathe-
matischen Denkens. So sehen wir, daß die Farbenlehre von
dem Physiologen Helmholtz wieder mehr, als gut war, in
das physikalische Gebiet zurückgedrängt wurde.

Helmholtz ging nämlich von der Ansicht aus, die
bis in die neueste Zeit auch von allen Physiologen und
Psychologen geteilt wurde, daß die homogenen oder mit
Schwingungen gleicher Wellenlänge behafteten Lichter die
wahren Elemente alles Farbensehens und somit der Farbenlehre seien. Für den Physiker steht dies außer Frage. Der
Biologe aber muß sich fragen, ob und wie die homogenen
Lichter bei der Entwicklung des Auges vom Pigmentfleck
der Oberhaut bis zum feingebauten Linsenauge wirksam beteiligt gewesen sind. Und er muß antworten: in der Natur
hat das Auge überhaupt nie Gelegenheit, homogene Lichter
zu erleben, denn solche kommen ausschließlich in physikalischen Apparaten vor. In der Natur gibt es nur Lichter
aus großen Gruppen nebeneinanderliegender Wellen von
ziemlich verschiedener Schwingzahl. So lehrt uns u. a.
das Spektroskop, daß die reinsten gelben Oberflächen und
durchsichtigen Schichten bei der Analyse nicht nur gelbes
Licht zeigen, sondern alle längeren Wellen des Spektrums
bis zur Linie F, nämlich alles Rot, Kreß, Gelb, Laubgrün
und einen Teil des Seegrün. Daher ist auch die gelbe Farbe

21

so hell. Deshalb hat sich das Auge, das anfangs nur Hell und Dunkel unterschied (wie es das atavistische Auge der Total-farbenblinden noch heute zeigt), nur zur Unterscheidung solcher breiter Wellenmassen entwickeln können und ist keineswegs auf die Erfassung homogener Lichter als einer ausgezeichneten Klasse eingerichtet. Alle wissenschaftlichen Arbeiten auf der Grundlage der homogenen Lichter be-dürfen daher einer Überarbeitung von dem neuen physio-logischen Standpunkte aus.

Diese Darlegungen waren nötig, um von vornherein einen richtigen Standpunkt zu Helmholtz' Forschungen zu sichern. Das Physikalische an ihnen ist meisterhaft und einwandfrei; das Psychophysische dagegen bedarf vielfach der Neubearbeitung.

Die Ergebnisse seiner Farbenforschungen hat Helm-holtz im zweiten Bande seiner Physiologischen Optik zu-sammengefaßt. Er bringt zunächst eine genaue Beschreibung des Spektrums, d. h. des Zusammenhanges zwischen Wellen-längen und Farbempfindungen, wobei sich herausstellt, daß dieser keineswegs ganz eindeutig ist. Vielmehr ändert sich namentlich an beiden Enden des Spektrums der Farbton recht erheblich mit der Lichtstärke. Sodann geht er zu den gemischten Lichtern über und betont die Tatsache, daß man gleich aussehende Mischungen aus sehr verschiedenen Lich-tern erhalten kann, ohne daß das Auge imstande ist, die Bestandteile zu erkennen, was das Ohr bei Tongemischen allerdings kann. Namentlich beim Weiß ist es ganz un-möglich, die darin enthaltenen homogenen Lichter als Bunt-farben zu sehen.

Sehr wichtig ist sein Hinweis, daß die Mischung bunter Lichter wesentlich anderen Gesetzen folgt, als die Mischung von Farbstoffen. Die von ihm hier eingeführten Begriffe der additiven und der subtraktiven Mischung haben sich dauernd bewährt.

Ebenso ist seine Feststellung der richtigen Gegenfarben Rot : Seegrün, Kreß : Eisblau, Gelb : Ublau, Laubgrün : Veil

22

von Bedeutung. Sie waren zwar schon ein halbes Jahrhundert früher von W ü n s c h nachgewiesen worden; dies war aber ganz in Vergessenheit geraten. Auch der erneute Nachweis von H e l m h o l t z hat die falschen Paare bei den Malern, Färbern und Druckern bisher nicht verdrängen können. Zwischen den Wellenlängen der Gegenfarben stellte er eine hyperbolische Zahlenbeziehung auf. Die Mischfarben beliebiger Farbenpaare stellte er durch eine Tabelle dar.

H e l m h o l t z wendet sich nun zu der Frage der Ordnung aller Farben, nachdem er Schwarz, Grau und Weiß sachgemäß durch die Rückwerfung (Null, teilweise, vollständig) definiert hat. Er kommt zu folgender Aufstellung:

„Der Farbeneindruck, den eine gewisse Quantität x beliebig gemischten Lichtes macht, kann stets auch hervorgebracht werden durch Mischung einer gewissen Quantität a weißen Lichts mit einer gewissen Quantität b einer gesättigten Farbe (Spektralfarbe oder Purpur) von bestimmtem Farbton."

Dieser Satz ist die Ursache einer langdauernden Verzögerung in der Entwicklung der Farbenlehre geworden. Denn aus ihm entnahm man, wie das H e l m h o l t z auch selbst zum Ausdruck brachte, daß F a r b t o n , R e i n h e i t und H e l l i g k e i t die drei Elemente jeder Farbe seien, und hat durch ein halbes Jahrhundert vergeblich versucht, aus diesen Elementen einen Farbkörper, ein geordnetes System aller möglichen Farben aufzubauen.

Zunächst ist an jenem Satze die stillschweigende Voraussetzung zu beanstanden, daß „eine gewisse Quantität x beliebig gemischten Lichts" einen bestimmten, wohldefinierten Farbeneindruck macht. H e r i n g hat durch einen berühmt gewordenen Versuch gezeigt, daß eine und dieselbe Lichtmenge je nach der Umgebung, in der sie erscheint, weiß, grau bis schwarz aussehen kann, daß Gelb in Braun übergeht usw. Es ist also nicht zulässig, die Farbe als durch eine gegebene Lichtart und -menge bestimmt anzunehmen.

23

Ferner kann man aus Spektralfarbe und Weiß durchaus nicht Braun, Olivgrün, Graublau, kurz irgendeine trübe Farbe ermischen. Es ist also nicht möglich, auf solche Weise eine Ordnung aller Farben vorzunehmen, denn in jenen Mischungen fehlt das Schwarz.

Die Lösung dieser Widersprüche ergibt sich aus der begrifflichen Unterscheidung von b e z o g e n e n und u n - b e z o g e n e n Farben; erstere enthalten Schwarz, letztere nicht. H e l m h o l t z arbeitete in seinen Apparaten nur mit unbezogenen Farben; für diese trifft sein Satz zu. Nur erfaßt diese Lehre durchaus nicht die Farben unserer Umwelt, die bezogene sind.

Dies macht sich auch in seiner weiteren Darstellung alsbald geltend, denn er beschreibt den zweidimensionalen Farbenkreis mit Weiß in der Mitte (S. 10) als Inbegriff aller „gleich lichtstarken" Farben und fügt hinzu: „Wollte man noch die verschiedenen Grade der Lichtstärke der Körperfarben berücksichtigen, so müßte man, wie L a m b e r t es tat, noch eine dritte Dimension des Raumes zu Hilfe nehmen, und zwar kann man die dunkelsten Farben, bei denen die Zahl der unterscheidbaren Töne immer geringer wird, endlich in eine Spitze zusammenlaufen lassen. So erhält man eine Farbenpyramide oder einen Farbenkegel."

Hierin liegt tatsächlich ein Rückschritt hinter das bereits Erreichte, indem die psychologische Selbständigkeit des Schwarz als Farbe zu Unrecht aufgegeben wird. Die Folgen haben sich darin gezeigt, daß hernach alle Versuche, zum Teil von ernsthaften Forschern, nach H e l m h o l t z' Grundsätzen einen Farbkörper aufzubauen, gescheitert sind. Ich selbst war, als ich meine Arbeiten begann, der Meinung, es handele sich nur darum, die vorhandenen Begriffe in die Wirklichkeit zu übertragen. Erst die unüberwindlichen Schwierigkeiten, auf die ich hierbei stieß, belehrten mich, daß die Arbeit an früherer Stelle anzugreifen sei, und daß der Begriff der Elemente selbst untersucht und verbessert werden mußte.

24

Seine Gesamterfahrungen über die Farben faßte Helmholtz endlich in der Theorie zusammen, welche seinen
Namen neben der ihres ersten Urhebers Young trägt, der
sie 1807 veröffentlicht hatte, ohne irgendwelche Mitarbeit
hervorrufen zu können. Darnach befindet sich in der Netzhaut ein dreifaltiger Nervenapparat, durch den einzeln die
Empfindungen Rot, Grün, Veil vermittelt werden. Jedes
dieser Teilorgane ist aber nicht auf das homogene Licht
allein eingestellt, sondern wird in verschiedener Stärke
durch breite Gebiete von Lichtern gereizt. Für das erste
liegen sie bei den langen, für das zweite bei den mittleren
und für das dritte bei den kurzen Wellen.

Diese Young-Helmholtzsche Theorie der Farbenempfindungen hat die Forschung seit zwei Menschenaltern fast
völlig beherrscht, und es ist sehr viel mehr Arbeit auf die
Anpassung, Verteidigung und Widerlegung der Theorie verwendet worden als auf die unmittelbare Erweiterung
unserer Kenntnisse in diesem wichtigen Gebiete. Das allgemeine Ergebnis ist, daß sich eine glatte Anpassung
zwischen Theorie und Erfahrung nicht hat erzielen lassen,
wenn sie auch für viele Gebiete gute Rechenschaft gibt. Es
ist nötig gewesen, die Theorie zunehmend zu verwickeln,
um sie leidlich mit den Tatsachen in Einklang zu halten.
So hat sie sich auch nicht oft als Führer zu neuen wichtigen
Entdeckungen bewährt. Für die Lehre von den Farben,
die den Gegenständen der Außenwelt anhaften, den Körperfarben, hat sie keinerlei Fortschritt bewirkt, insbesondere keinen Weg zu ihrer Messung, ihrer zahlenmäßigen Bestimmung gewiesen. Dagegen hat sie gute Erfolge in der Lehre vom unvollkommenen Farbsehen, der
sogenannten Farbenblindheit erzielt.

Graßmann. In einer seiner ersten Veröffentlichungen
hatte Helmholtz irrtümlich angegeben, daß von den spektralen Gegenfarbenpaaren sich nur Blau und Gelb zu Weiß
mischen ließen. Dies veranlaßte den hervorragenden Mathe-
tiker H. G. Graßmann, der sich sonst nicht mit der

25

Farbenlehre beschäftigte, deren Grundsätze zu prüfen und aus ihnen die Notwendigkeit zu erweisen, daß auch alle anderen Gegenfarbenpaare sich zu Weiß müßten mischen lassen. Helmholtz bestätigte bald hernach die Richtigkeit dieses Schlusses. Jene Grundsätze lauten:

1. Es gibt nur drei Momente (Elemente) des Farbeneindruckes.

2. Wenn man von zwei zu vermischenden Lichtern das eine stetig ändert, während das andere unverändert bleibt, so ändert sich der Eindruck der Mischung stetig.

3. Zwei Farben, deren jede konstanten Farbton, konstante Farbintensität und konstante Intensität des beigemischten Weiß hat, geben auch konstante Farbenmischung, gleichviel aus welchen homogenen Farben sie zusammengesetzt seien.

Diese drei Sätze erschöpfen tatsächlich die Lehre von den additiven Mischungen. Für die subtraktiven sind, wie hier gleich vorausgenommen sei, die beiden ersten gültig, der dritte dagegen nicht. Während gleichaussehende Farben additiv stets gleich aussehende Mischungen geben, können subtraktiv die Mischungen sehr verschieden aussehen.

Maxwell. Ähnlich wie Graßmann hat auch Maxwell seinen wissenschaftlichen Namen sich auf ganz anderen Gebieten erworben und der Farbenlehre nur einen kurzen gelegentlichen Besuch gegönnt. Die Frage, welche Maxwell stellte und beantwortete, war die nach der Gültigkeit der von Newton angegebenen Mischungsregel. Nach dieser verhalten sich die Mengen zweier Mischbestandteile, welche eine irgendwo auf ihrer Verbindungslinie im Farbkreise belegene Mischfarbe ergeben, umgekehrt wie die Abstände des Mischpunktes von den Endpunkten. Maxwell zeigte, daß dieser Satz nur ein Sonderfall des allgemeinen Satzes ist, daß alle quantitativen Farbgleichungen linear oder ersten Grades sind, und stellte sich die Aufgabe, dessen Richtigkeit zu prüfen.

26

Hierzu war ein Verfahren der Farbmessung erforderlich, für welches er nach einem gelegentlichen Vorgange von Plateau die Drehscheibe benutzte. Bekanntlich mischen sich schnellwechselnde Farben, wie sie etwa auf einem Kreisel oder einer Drehscheibe angebracht sind, zu einer gleichförmigen Mischfarbe, und man kann die Winkelgröße der farbigen Sektoren als Maßzahlen für die Mengen der entsprechenden Farben ansehen. Hierdurch werden freilich die verschiedenen Farbmengen nicht in gemeinsamem Maße gemessen, denn jede dieser Winkelgrößen enthält als zweiten unbekannten, aber für dasselbe Papier konstanten Faktor die Zusammensetzung seiner Farbe. Aber auch mit diesen relativen Werten kann man jenen Satz prüfen.

Hierzu verfuhr Maxwell so, daß er auf derselben Achse große und kleine Scheiben anbrachte, die gegeneinander verstellbar waren. Die großen Scheiben enthielten z. B. die Farben Zinnober (Z), Ultramarin (U), Schweinfurtergrün (G); die kleinen Weiß (W) und Schwarz (S). Nun war es möglich, die großen Scheiben so einzustellen, daß ihre Mischung rein grau aussah, und dann aus den inneren kleinen dasselbe Grau zu mischen, dessen Gleichheit mit dem äußeren man leicht feststellen konnte, da beide unmittelbar aneinander grenzten. Drückt man die Winkel in Hundertsteln des Vollkreises aus, so entstanden Gleichungen von der Form

$$37\,Z + 27\,U + 36\,G = 28\,W + 72\,S.$$

Nimmt man noch einige Farbscheiben dazu, so kann man aus ihnen mehr Gleichungen erhalten, als Unbekannte, nämlich Farben, vorhanden sind, und kann sie darauf prüfen, ob sie miteinander stimmen. Maxwell fand dies durchgängig zutreffend, so daß damit der allgemeine Satz experimentell bewiesen war.

Er zeigte nun weiterhin, wie man Kennzahlen für jede beliebige Farbe auf dieser Grundlage finden kann, wenn

man von drei willkürlich gewählten Farben als Einheit ausgeht; dies ist eine Anwendung der S. 9 angestellten Betrachtung. Die Frage, ob man diese relative Farbmessung
zu einer absoluten entwickeln kann, hat er sich vermutlich
gestellt. Eine Antwort hat er aber nicht gefunden; ein Verfahren der absoluten Farbmessung wurde erst in unseren
Tagen entdeckt.

Eine zweite Arbeit erweitert die an Buntpapieren gefundene allgemeine Beziehung auch auf homogene Lichter.
Dabei fand er, daß die persönlichen Unterschiede der Farbempfindung bei Papieren sehr viel geringer sind als bei
homogenen Lichtern. Er hat diese sehr folgenreiche Bemerkung aber nicht weiter bearbeitet.

E. Hering. Wie auf vielen anderen Gebieten haben auch
Helmholtz' Arbeiten zur Farbenlehre eine reiche Anregung
zu weiteren Forschungen gegeben. Diese bezogen sich aber
ganz vorwiegend auf die Frage der Gültigkeit und Anwendbarkeit der Dreifarbenlehre und wurden auf Grund
der Voraussetzung durchgeführt, daß die homogenen Lichter
nicht nur die physikalischen, sondern auch die psychophysischen Elemente der Farben seien. Schon jene fundamentale Tatsache, daß man gleich aussehende Farben aus verschiedenen Lichtern mischen kann (z. B. aus jedem Gegenfarbenpaar dasselbe Weiß), beweist aber, daß beiderseits die
Elemente sicherlich nicht dieselben sind, denn sonst könnte
nicht auf der einen Seite Gleichheit bestehen, wo auf der
anderen Seite Verschiedenheit vorliegt. Jene Tatsache zeigt
vielmehr, daß die Mannigfaltigkeit der Farbempfindungen
viel kleiner ist als die der Lichter, und daß deshalb für jene
wesentlich andere Elemente gesucht werden müssen, welche
auch bei verschiedener Zusammensetzung bezüglich der
Wellenlängen gleich sein können.

Hierzu ist in erster Linie ein Zurückgehen von der physikalischen Analyse auf die psychophysische erforderlich.
Diesen wichtigen Schritt getan zu haben, verdanken wir

28

dem Physiologen E w a l d H e r i n g. Er fragte nicht nach
den Farben im Spektrum, sondern nach denen, die das Auge
täglich erlebt, und ordnete sie nicht nach Wellenlängen, sondern nach ihren unmittelbar empfundenen Ähnlichkeiten
und Gegensätzen. So kam er dazu, v i e r Urfarben anzunehmen, nämlich Gelb, Rot, Blau, Grün. Diese sind paar-
weise Gegenfarben, und er ordnete sie daher im Kreuz.

Gelb

Grün   Rot

Blau

Zwischen diesen vier Hauptpunkten, die im Farbenkreise um je einen rechten Winkel voneinander liegen,
lassen sich nun alle anderen Farbtöne stetig einordnen.

Außer diesen beiden Paaren bunter Farben gibt es noch
das Paar Weiß und Schwarz, die sich ebenso polar gegenüberstehen, wie die bunten Gegenfarben. Somit gibt es
drei Paare Grund- oder Urfarben von gegensätzlicher Beschaffenheit.

Soweit ist alles rein mathetisch und hypothesenfrei.
H e r i n g fügte unter Hervorhebung des hypothetischen
Charakters eine physiologische Annahme hinzu, daß nämlich
jedes Paar von Empfindungen der Vermehrung und Verminderung eines besonderen Stoffes in der Netzhaut ent-
spreche. Assimilation und Dissimilation dieser Stoffe seien
somit die stofflichen „somatischen" Voraussetzungen der
Farbempfindungen.

Wie es heute noch oft zu geschehen pflegt, hat man
über dieser zugefügten Hypothese den eigentlichen Fortschritt, der in der beschriebenen Ordnung der Farbwelt
liegt, in den Hintergrund treten lassen, und die wissenschaftlichen Erörterungen bezogen sich viel häufiger auf die un-
wichtige Hypothese als auf die wichtige Ordnung. H e r i n g
zeigte nämlich, wie von jeder reinen Farbe durch abgestufte
Zumischung von Weiß und Schwarz alle Abkömmlinge erzeugt werden können, die das Auge erleben kann. Diese

Abkömmlinge ordnen sich übersichtlich in einem Dreieck
an, in dessen Ecken Weiß, Schwarz und reine Farbe liegen.
Entwickelt man für jede reine Farbe ein solches Dreieck,
so hat man alle Farben, die überhaupt empfunden werden
können.

Ein anderer grundsätzlicher Fortschritt, den wir
Hering verdanken, ist der Nachweis der psychophysischen
Bedingtheit der Farbe. Folgender von ihm herrührende
Versuch zeigt dies deutlichst. Man legt auf einen Tisch,
der beim Fenster steht, ein weißes Blatt Papier und hält
darüber ein Stück weiße, unten geschwärzte Pappe mit
einem Loch von etwa 3 cm Weite. Solange beide parallel
gehalten werden, sieht das Loch, d. h. das Papier, welches
durch das Loch sichtbar wird, gleichfalls weiß aus. Jetzt
dreht man die Pappe um eine wagerechte Achse langsam
dem Fenster zu, so daß ihre obere Fläche immer heller beleuchtet wird. Alsbald erscheint das Loch grau und wird
immer dunkler; unter geeigneten Verhältnissen fast
schwarz. Dabei ist die Art und Menge des Lichts, welches
vom unteren Papier durch das Loch zum Auge gelangt,
immer genau dieselbe; es macht aber je nach der Lage des
oberen Papiers einen weißen, grauen oder schwarzen Eindruck.

Man erkennt alsbald, daß dies von unserem Urteil über
die Beleuchtung herrührt. Die Farbe im Loch der weißen
Pappe wird ohne jedes bewußte Urteil so empfunden, als
rühre sie von einer Fläche her, die in der Ebene der Pappe
das Loch bedeckt. Kommt nun ebensoviel Licht aus dem
Loch, wie von der Oberfläche der Pappe, was bei paralleler
Lage eintritt, so erscheinen beide gleich hell, also weiß,
weil die Pappe weiß ist. Wendet man diese aber so, daß sie
mehr Licht zurückwirft, als durch das Loch tritt, so müßte
dort eine graue Fläche sein, um in der Ebene der Pappe
dieses Verhältnis zu bewirken. Je größer der Unterschied
beider Lichtmengen wird, um so dunkler grau müßte die
Fläche im Loch sein, um diesen Unterschied hervorzurufen.

30

Beträgt das Licht von unten weniger als $^1/_{10}$ des Lichts von der weißen Pappe, so sieht das Loch schwarz aus.

Ganz dieselben Erscheinungen sieht man natürlich, wenn man die obere Pappe mit dem Loch still hält und das untere Papier vom Licht fortwendet. Es ist also für die Empfindung gleichwertig, ob man die Lichtmenge aus dem Loch unverändert läßt und die der Umgebung ändert, oder ob man die Lichtmenge des Loches ändert und die der Umgebung gleich läßt: es kommt immer nur auf das Ver-hältnis beider Lichtmengen an.

Setzt man aber ein innen geschwärztes Rohr von gleicher Weite wie das Loch darauf, so verschwinden alle diese Änderungen. Man kann sowohl die obere Pappe wie das untere Papier beliebig wenden: man sieht im Rohr immer nur Weiß, das bald heller, bald dunkler erscheint, aber nie grau.

Soweit die Versuche von H e r i n g. Für die Deutung schaltete er grundsätzlich alle psychischen Anteile aus und suchte die Erscheinungen auf die gegenseitige physiologische Beeinflussung der angrenzenden Teile der Netzhaut bei verschiedener Beeinflussung zurückzuführen. Da wir aber über diese Vorgänge objektiv noch nichts wissen, so kommt man auf diesem Wege nicht weiter, sondern muß auf die entsprechenden Empfindungen zurückgreifen. Es ergibt sich hieraus die Lehre von den bezogenen und den unbezogenen Farben. Sie ist seinerzeit H e r i n g vorgelegt worden, er wollte aber aus dem oben angegebenen Grunde nichts von ihr wissen.

Stäbchen und Zapfen. Die Anatomen hatten in der Netzhaut des Menschenauges schon lange zweierlei Arten von Endorganen bemerkt, die nach ihrer Gestalt Stäbchen und Zapfen genannt wurden. Der Gedanke, daß die anatomische Verschiedenheit mit einer funktionellen verbunden ist, wurde 1866 von M. S c h u l t z e ausgesprochen. Seine Untersuchungen an verschiedenen Tieraugen sowie die Verteilung (Zapfen in der Sehgrube, Stäbchen in den seitlichen Ge-

31

bieten) im Menschenauge führten ihn zu der Auffassung, daß die Stäbchen nur Hell und Dunkel unterscheiden, während die Zapfen die Empfindung der Buntfarben vermitteln.

Dieser weitreichende Gedanke fand anfangs so wenig Beachtung, daß selbst H e l m h o l t z, der sonst die Literatur der Farbenlehre sehr sorgsam bearbeitete, ihn in seinem Werk nicht angeführt hat. Später wurde die gleiche Lehre von v. K r i e s und P a r i n a u d aufgestellt und gegen mancherlei Widerspruch erfolgreich vertreten. Eine neuerdings von E. M ü l l e r bearbeitete Gesamtübersicht führt zu dem Ergebnis, daß sie unter Ergänzung durch geeignete Annahmen den Tatsachen allgemein gerecht wird.

Hiernach sind die Stäbchen als das ursprüngliche Organ aufzufassen, das sich für die Empfindung der strahlenden Energie ausgebildet hat, deren Mannigfaltigkeit es zunächst intensiv als heller und dunkler, sodann extensiv mit Hilfe der Linse räumlich zweidimensional auffaßt, während die Unterschiede der Wellenlänge nicht empfunden werden. Aus ihm haben sich dann die Zapfen entwickelt, bei denen vermutlich eine stufenweise Anpassung an die Farbenempfindung stattgefunden hat, indem zuerst der stärkere Unterschied Gelb-Blau oder Warm-Kalt sich ausgebildet hat, später der schwächere Rot-Grün. Dies spiegelt sich in der Statistik der Menschen mit anomalem Farbensinn wieder. Die Totalfarbenblinden, bei denen nur die Stäbchen tätig sind, kommen äußerst selten vor; etwas häufiger die mit unvollkommener Gelb-Blau-Empfindung, am häufigsten die Rot-Grün-Blinden, gemäß dem allgemeinen Gesetz, daß die entwicklungsgeschichtlich späteren Erwerbungen entsprechend leichter verloren gehen.

Die Stäbchen sind viel lichtempfindlicher als die Zapfen, und die Vorgänge an ihnen sind besser bekannt. Sie enthalten im lebenden Auge einen im Licht veränderlichen Stoff, den Sehpurpur (B o l l, K ü h n e), mit dessen jeweiliger Menge die „Adaptation" des Auges zusammenhängt, d. h. seine Einstellung auf die herrschende Beleuchtung.

32

Zusammenfassung. Die Entwicklung der Farbenlehre, die wir in ihren großen Linien eben an unserem Auge haben vorüberziehen sehen, ist der Entwicklung der Chemie bis zum Ende des achtzehnten Jahrhunderts vergleichbar. Es sind sehr viele und mannigfaltige Einzeltatsachen entdeckt worden, die immer wieder Versuche hervorriefen, sie durch ein übersichtliches System zu ordnen. Auch sind die Grundzüge des Systems durch die Arbeiten von M a y e r , L a m - b e r t , R u n g e , G r a ß m a n n , M a x w e l l , H e r i n g , richtig herausgearbeitet worden, so daß man ernstlich daran denken konnte, die gesamte Farbwelt sich in einer der gefundenen Ordnungen vorzuführen. Sobald man aber an die Ausführung des Gedankens ging, stellte sich ein Hindernis heraus, das nicht zu überwinden war, nämlich der Mangel an Maß und Zahl. Es war nicht möglich, für die Stufen einer solchen Ordnung Werte anzugeben, welche diese Stufen definierten, und so mußte jeder Versuch einer solchen Ordnung willkürlich bleiben und konnte sich nicht durchsetzen.

Aller weiterer Fortschritt war demgemäß von der Einführung von **Maß und Zahl** in die Farbwelt abhängig. Einzelne Vorstöße nach der Richtung waren gemacht worden; im Farbkreisel hatte man ein Mittel, bemessene Mengen gegebener Farben additiv zu mischen, und es liegen auch Versuche vor, derartige Messungen zu allgemeineren Schlüssen zu benutzen. Aber alle solche Messungen enthielten noch unbekannte Größen und ließen sich nicht auf eine gemeinsame Einheit zurückführen.

Hier nun greift die neue Farbenlehre ein, deren Darstellung diese Schrift gewidmet ist. Sie beruht in erster Linie auf der Klarstellung der wahren Elemente der Farben und sodann auf der Entdeckung der Hilfsmittel, durch welche diese Elemente gemessen und diese daher eindeutig und frei von Willkür definiert werden können. Schon haben sich in den wenigen Jahren, nachdem dieser Fortschritt geschehen ist, und durch die wenigen Köpfe, die in solchem

33

Sinne zu arbeiten begonnen haben, sehr erhebliche Ergebnisse erzielen lassen. Aber unvergleichlich viel mehr steht noch für jeden bereit, der die Hand daran legen will, und der künftige Geschichtsschreiber der Farbenlehre wird vom zweiten Jahrzehnt des zwanzigsten Jahrhunderts ab ebenso einen plötzlichen Aufschwung feststellen können, wie der Geschichtsschreiber der Chemie vom Ende des achtzehnten Jahrhunderts ab. Und in beiden Fällen wird ihm die Erklärung dieses Vorganges leicht fallen: handelt es sich doch um den Übergang aus der q u a l i t a t i v e n Epoche in die q u a n t i t a t i v e.

Zweites Kapitel.

Das Licht.

Allgemeines. Damit das Auge sich im Sehen von Farben betätigt, muß es entsprechend g e r e i z t werden. Denn alle unsere Sinnesorgane sprechen erst an, wenn eine äußere Energie auf sie einwirkt. So sind zum Hören Luftschwingungen erforderlich, zum Riechen und Schmecken chemische Reize, die Hautorgane werden durch mechanischen Druck und durch Wärme betätigt, das Auge endlich durch das L i c h t.

Wir müssen uns deshalb die Eigenschaften des Lichts oder der strahlenden Energie in das Gedächtnis zurückrufen. Zwar lernt jetzt jeder Schüler die Grundzüge der Lichtlehre oder Optik, und es ist nicht beabsichtigt, hier ein kurzes Lehrbuch dieser Wissenschaft einzuschalten. Wohl aber wird es zweckmäßig sein, an die für die Farbenlehre wichtigen Punkte kurz zu erinnern und den bekannten Stoff in einer Form darzustellen, die für den vorliegenden Zweck am geeignetsten erscheint.

Das Licht. Der normale Reiz, auf den das Auge eingerichtet ist, ist das Licht oder die strahlende Energie. Wir kennen es als eine Energieart, die an keinen wägbaren

34

Träger gebunden ist. Auch der Äther, den man in Ermangelung eines solchen hypothetisch angenommen hatte, stellt sich heute als entbehrlich oder unmöglich heraus.

Die Haupteigenschaft des Lichtes ist seine periodische Beschaffenheit. In ungemein schneller Wiederkehr, 400 bis 750 $\times$ 10^{12} Mal in der Sekunde vollziehen sich die Schwingungen des Lichts in dem Gebiete, in welchem es unser Sehorgan erregt. Es gibt noch große Gebiete langsamerer wie schnellerer Schwingungen, die aber keine Lichtempfindung bewirken und uns daher nicht beschäftigen werden. Was da schwingt, ist nach gegenwärtiger, gut begründeter Annahme elektrische und magnetische Energie, die sich regelmäßig ineinander umwandeln.

Das Licht pflanzt sich mit großer Geschwindigkeit durch den Raum fort. Im leeren Raume geht es am schnellsten, 3 $\times$ 10^{10} cm/sec., in Räumen, die wägbare Stoffe enthalten, geht es langsamer, und zwar in erster Annäherung nach Maßgabe der Dichte. Doch bestehen daneben noch starke Einflüsse chemischer Art. Und zwar handelt es sich um eine wesentlich additive Eigenschaft von elementarer Natur: die Stärke der Verzögerung wird von den Elementen in ihre Verbindungen ohne große Veränderung mitgenommen. Doch sind daneben konstitutive Beeinflussungen vorhanden, die besonders groß dort werden, wo die Schwingzahlen des Lichts und gewisse periodische Vorgänge in den Stoffen übereinstimmen. Alsdann erfolgt starke Schluckung (s. w. u.) und eine entsprechende Beeinflussung der Fortpflanzungsgeschwindigkeit.

Die Kennzeichen der Lichtstrahlen. Ein gegebener gleichartiger Lichtwellenzug ist durch seine Schwingzahl und seine Schwingebene gekennzeichnet. Von diesen beiden Eigenschaften nimmt das Auge nur die erste wahr, und zwar in solchem Sinne, daß den verschiedenen Schwingzahlen verschiedene Farbtöne (Rot, Kreß, Gelb usw.) zugeordnet sind. Auf diesen Zusammenhang wird später besonders eingegangen werden.

Die Schwingebene wird dagegen nicht wahrgenommen. Der biologische Grund dafür ist, daß uns in der Natur nur ganz selten geordnetes (polarisiertes) Licht von einheitlicher Schwingebene zu Gesicht kommt; auch ist solches Licht nicht mit anderen biologisch wichtigen Verhältnissen verknüpft. Es hat deshalb nie ein Einfluß bestanden, durch welchen sich am oder im Auge ein Organ zur Empfindung der Schwingebene ausgebildet hätte; die Einrichtung dazu hätten die Lebewesen ganz leicht, z. B. durch Lamellarpolarisation beschaffen können.

Überlegungen wie die eben angestellte leisten für das Verständnis der psychophysischen Tatsachen gute Dienste und werden auch weiterhin gegebenenfalls benutzt werden.

Spiegelung, Brechung, Schluckung. Wenn ein Lichtstrahl oder Wellenzug aus dem leeren Raum in einen stofferfüllten tritt oder aus einem solchen in einen andersartigen, so muß er plötzlich seine Geschwindigkeit ändern. Damit sind einige wichtige Vorgänge verbunden, die zwar jedermann aus der Physik kennt, deren Erwähnung unter den ganz bestimmten Gesichtspunkten dieser Darstellung aber nicht überflüssig sein wird. Sie heißen Biegung, Brechung und Schluckung.

Ein Teil des Lichts wird zurückgeworfen oder gespiegelt, wobei die Schwingzahl keine Änderung erleidet; die Schwingebene wird im allgemeinen dahin beeinflußt, daß die Wellen sich mehr in symmetrischer Lage zur Grenzfläche ordnen. Die Rückwerfung ergreift einen um so größeren Anteil des ankommenden Lichts, je verschiedener die beiden Lichtgeschwindigkeiten sind; er wächst außerdem schnell mit dem Einfallswinkel und wird bei streifendem Einfall Eins, d. h. es wird alles Licht zurückgeworfen.

Je nachdem die Grenzfläche geformt ist, fällt der Erfolg der Rückwerfung verschieden aus. Ist sie ganz eben (die molekularen Abmessungen sind sehr klein im Verhältnis zu den Lichtwellenlängen), so werden parallel auffallende Strahlen auch parallel unter einem Winkel zurückgeworfen,

36

der dem Einfallswinkel gleich ist. Beide Richtungen und
das Einfallslot liegen in einer Ebene. Man nennt diesen Vorgang S p i e g e l u n g .

Für das Sehen hat die Spiegelung die Bedeutung, daß
durch sie die Ordnung der Strahlen nicht gestört wird; nur
ihre Richtung wird geändert. Daher kann man im Spiegel
die Gegenstände erkennen, von denen die Strahlen ausgehen.

Der andere Grenzfall für die Form der Oberfläche ist
der, daß sie aus kleinen Flächen aller möglichen Richtungen
zusammengesetzt ist. Dann wird auch ein Teil des Lichts
zurückgeworfen, dieser bleibt aber nicht geordnet, sondern
wird nach allen Richtungen zerstreut. Oberflächen solcher
Art heißen m a t t .

Der Glanz. Die meisten wirklichen Oberflächen verhalten sich zwischen diesen Grenzen; vollkommene Spiegel und
vollkommen matte Flächen sind Ideale. Ist die Spiegelung
erkennbar entwickelt, so schreibt man den Flächen G l a n z
zu, um so mehr, je mehr sie spiegeln. Fettglanz, Glasglanz,
Diamantglanz, Metallglanz sind nach zunehmenden Stufen
der Spiegelung geordnet. Sehr häufig ist die Spiegelung
von der Richtung abhängig, z. B. bei Geweben, weil die Unebenheiten der Oberflächen ausgezeichnete Richtungen aufweisen. Diese Art Glanz nennt man Seidenglanz.

Man kann den Glanz zahlenmäßig ausdrücken oder
messen, wenn man die Lichtmengen mißt, welche von einer
bekannten Lichtquelle durch die glänzende Fläche zurückgeworfen werden, und sie mit der Lichtmenge vergleicht,
welche durch eine vollkommen matte Fläche an gleicher
Stelle zurückgeworfen wird. Der Glanz hängt als eine unvollkommene Spiegelung vom Ein- und Ausfallswinkel ab,
ist am stärksten, wenn beide gleich sind, und nimmt mit der
Größe beider Winkel zu. Als Normalwinkel zur Messung
des Glanzes gilt ein halber Rechter.

Brechung. Der Rest des an einer optischen Grenze auffallenden Lichts tritt in das zweite Mittel ein, wobei der

Strahl jedenfalls seine Geschwindigkeit und außerdem seine
Richtung ändert, wenn der Einfall nicht senkrecht zur ge-
troffenen Grenzfläche erfolgt. Der Winkel ist durch das
Brechungsgesetz von S n e l l i u s bestimmt, wonach sich die
Sinusse des Einfalls- und Brechungswinkels verhalten wie
die Lichtgeschwindigkeiten in beiden Mitteln. Das Verhältnis der Geschwindigkeiten heißt die Brechzahl. Auch
hier liegen beide Strahlen und das Einfallslot in einer
Ebene.

In Räumen, die mit wägbaren Stoffen gefüllt sind, ist
die Geschwindigkeit des Lichts nicht nur kleiner als im
leeren Raum, sondern auch von der Schwingzahl abhängig; die Verzögerung nimmt mit der Schwingzahl
zu. Deshalb verliert ein aus verschiedenen Lichtern zu-
sammengesetzter Lichtstrahl dabei seinen Zusammenhalt, da
jede Lichtart nach ihrer Schwingzahl eine andere Richtung annimmt. Dies ist das nächstliegende und einfachste
Mittel, um verschiedene Lichtarten voneinander zu trennen.
Es ist von N e w t o n entdeckt worden.

Fächerung. Wir nennen diesen Vorgang die F ä c h e -
r u n g (Dispersion) des Lichts. Fächerung ist stets mit der
Brechung verbunden und bewirkt, da die Lichtarten verschiedener Schwingzahl verschiedene Farbtöne haben, die
wohlbekannten bunten Ränder, welche auftreten, wenn
auf dem Wege der Lichtstrahlen vom Gegenstande zum Auge
Brechungen vorkommen.

Die Fächerung kann verschieden stark sein, je nachdem
das Verhältnis der Geschwindigkeiten verschiedener Lichter
mehr oder weniger von Eins abweicht. Im allgemeinen
nimmt sie mit der Brechung zu, doch ist sie außerdem von
der chemischen Beschaffenheit des Mittels abhängig. Gläser,
die Bor oder Fluor enthalten, betätigen eine auffallend
kleine, solche, die Blei oder Thallium enthalten, eine auffallend große Fächerung. Diese Verhältnisse sind aus praktischen Gründen genau untersucht worden, so daß man
Gläser beliebiger Fächerung herstellen kann.

38

Das Spektroskop. Um die Analyse einer gegebenen Lichtmenge durch Fächerung auszuführen, bedient man sich des P r i s m a s, eines Glases, das von zwei gegeneinander geneigten Ebenen begrenzt ist. Sieht man durch ein solches Glas nach der Lichtquelle, so wird diese scheinbar von ihrem Ort verschoben, und zwar in verschiedenem Winkel je nach der Schwingzahl. Man sieht also eine so große Anzahl verschieden gefärbter Bilder nebeneinander, als es verschiedene Schwingzahlen in dem Licht gibt. Meist sind innerhalb gewisser Grenzen alle möglichen Schwingzahlen vertreten; dann folgen die Bilder stetig aufeinander, und das Ganze ist zu einem bunten Band ausgezogen, in welchem die Lichtarten nach ihren Schwingzahlen nebeneinander liegen.

Damit die einzelnen Bilder sich möglichst wenig überdecken, gibt man der Lichtquelle am besten die Form einer Linie, die der Durchschnittlinie der beiden Prismenebenen parallel gestellt wird. Dies geschieht am einfachsten, indem man einen S p a l t vor die Lichtquelle stellt, der nur einen schmalen Streifen durchläßt.

Das Bild, welches derart aus dem untersuchten Licht entsteht, heißt sein S p e k t r u m, und das aus Prisma und Spalt bestehende Gerät demnach Spektroskop. Der bequemeren und genaueren Beobachtung zuliebe wird das Spektroskop häufig noch mit Linsen ausgestattet, die aber an der Haupterscheinung nichts Wesentliches ändern. Ebenso richtet man das Prisma gern so ein, daß es die mittleren Lichtarten geradlinig durchtreten läßt, um es leichter auf die zu untersuchende Lichtquelle richten zu können. Endlich ist es für viele Zwecke sehr erwünscht, eine Skala im Gesichtsfelde zu haben, aus der man die Schwingzahlen (oder Wellenlängen) ablesen kann. Alle diese Einrichtungen kann man an den heutigen Spektroskopen vorfinden.

Vollkommene Spiegelung. Zufolge des Brechungsgesetzes kann zwar ein Lichtstrahl unter jedem Winkel in ein Mittel eindringen, wo er langsamer geht (ein optisch dichteres

Mittel), nicht aber umgekehrt. Hier gilt es eine Grenze, wo
der Sinus des Brechungswinkels eben Eins erreicht, dieser
ein Rechter wird. Darüber hinaus ist keine Brechung möglich, und alles Licht fällt der Rückwerfung oder Spiegelung
anheim. Dies ist der Fall der v o l l k o m m e n e n S p i e g e -
l u n g (totalen Reflexion), die u. a. für das Verständnis der
Wirkungsweise deckender Farbstoffe von Belang ist.

Schluckung. Der in das zweite Mittel eingedrungene
Anteil des Lichts erfährt dort im allgemeinen eine zunehmende Umwandlung in andere Energiearten, vorwiegend
Wärme, und vermindert sich deshalb beständig. Das Gesetz
dieses Vorganges, der Schluckung, ist, daß für die Einheit
der Weglänge das Licht nur mit einem bestimmten Bruchteil
seiner Menge durchkommt. Dieser Bruchteil, die Durchlaßzahl, ist also stets ein echter Bruch. Er ist häufig sehr nahe
an Eins; solche Stoffe nennt man durchsichtig. Von der
Lichtstärke ist die Durchlaßzahl unabhängig, dagegen meist
in höchstem Grade abhängig von der Schwingzahl des
Lichts. Es gibt nur wenig Stoffe, welche alle sichtbaren
Wellen annähernd gleich stark schlucken; genau gleich tut
es kein Stoff oder Gemisch.

Ist d die Durchlaßzahl, die nach der Definition für die
Weglänge Eins (1 cm) gilt, so bedingt die Weglänge n den
Durchlaß d^n und die Schluckung $1-d^n$. Das ist der mathematische Ausdruck des oben ausgesprochenen Gesetzes; d ist
eine Funktion der Wellenlänge, aber keine der Lichtstärke.

Von der chemischen Natur der Stoffe ist die Schluckung
in hohem Maße abhängig, und zwar handelt es sich um eine
wesentlich konstitutive Eigenschaft. Elemente, die sich mit
verschiedener Valenz betätigen, zeigen in jedem dieser Zustände besondere Schluckung, die bei den einfacheren Verbindungen gleicher Art nicht selten gleich oder ähnlich ist;
verwickeltere und komplexe Verbindungen pflegen alsbald
besondere Schluckung zu betätigen. In ungewöhnlich mannigfaltiger Weise entwickelt sich die Schluckung bei den
aromatischen Kohlenstoffverbindungen, wenn diese daneben

40

noch Stickstoff und andere Elemente enthalten; die sehr
große und wichtige Industrie der Teerfarbstoffe beruht
hierauf.

Ferner erweist sich die Schluckung abhängig von der
Formart. Während bei Gasen oft ganz enge Schluckgebiete
neben Durchlaßgebieten auftreten und Linienspektren ergeben, sind solche bei Flüssigkeiten und Lösungen sehr
selten; dort dehnt sich vielmehr die Schluckung über
größere zusammenhängende Teile des Spektrums aus, innerhalb deren sie sich wenig und stetig ändert; an den Enden
vergrößern sich die Durchlaßzahlen bis in die Nähe der Einheit. An die Stelle der Linienspektren treten Bandenspek-
tren mit mehr oder weniger verwaschenen Enden.

Noch ausgeglichener und stetiger verlaufen die Schluckgebiete bei festen Stoffen. Enge Schluckstreifen sind sehr
selten, breite, verwaschene Bänder sind die Regel.

Diese Tatsachen sind für die biologische Entwicklung
des Farbensehens von grundlegender Bedeutung, wie bereits
an früherer Stelle (S. 20) angedeutet wurde. Weiter unten,
bei der Lehre vom Farbenhalb, werden die Gesetze dargelegt
werden, welche demgemäß das Farbensehen regeln.

Die Farben der Dinge. Auf den eben geschilderten Verhältnissen beruhen nun die Farben der Dinge, welche unsere
Umgebung bilden. Die durchsichtigen Körper nehmen wir
mittels der Lichter wahr, die zufolge der teilweisen Rückwerfung von ihren Oberflächen in unser Auge gelangen.
Sind die Brechungsunterschiede zu klein, wie z. B. zwischen
verschiedenen Gasen, so kann man sie nicht sehen. Besteht
außerdem noch eine mäßige Schluckung, so sind die Körper
buntfarbig durchsichtig wie gefärbtes Glas oder Wasser,
viele Edelsteine usw. Sind die Körper aus vielen kleinen
Teilen verschiedener Brechung gebildet, so kann das Licht
keine größeren Strecken geradlinig in ihnen zurücklegen.
Sie sind deshalb undurchsichtig. Besteht dabei keine merkliche Schluckung, so wird das Licht zerstreut und zurückgeworfen; solche Körper sehen weiß aus.

41

Der häufigste und wichtigste Fall ist hier, daß einer der Bestandteile solcher Gemenge Luft ist. Weiße Gewebe zeigen unter dem Mikroskop durchsichtige Fasern, weiße Pulver zeigen durchsichtige Kristalle oder Bruchstücke mit Luft dazwischen. Das gleiche gilt für alle anderen weißen Gegenstände. Insbesondere bestehen weiße Farbstoffe, wie Bleiweiß, Zinkweiß, Kreide usw. aus durchsichtigen Körnchen von höherem Brechungsvermögen. Sie decken um so besser, je größer dieses ist.

Bunte Körper unterscheiden sich von den weißen nur dadurch, daß die durchsichtigen Körnchen oder Fasern eine teilweise Schluckung ausüben; die nicht verschluckten Lichter werden zurückgeworfen und bedingen die Farbe. Undurchsichtige reine Stoffe gibt es nicht, wohl aber solche mit sehr kleiner Durchlaßzahl. Die Undurchsichtigkeit der meisten Stoffe beruht auf ihrer Zusammensetzung aus optisch verschiedenen Teilen von nicht zu kleinen Abmessungen (nicht viel unter 0,001 mm), durch welche starke Rückwerfung und damit Behinderung des Durchganges bewirkt wird. Bei den Metallen liegen besondere Verhältnisse vor, die ihren Glanz bedingen; auch sie werden bei genügend feiner Zerteilung durchsichtig.

Somit werden die meisten Farben der Außenwelt durch die Schluckeigenschaften der festen Körper bewirkt. Daher kommt es, daß man bei spektraler Untersuchung der Körper- und Oberflächenfarben fast immer findet, daß das von ihnen zurückgeworfene Licht, das ihre Farbe bedingt, aus breiten Massen nebeneinander liegender Wellenarten besteht, neben denen ebenso bereits dunkle oder Schluckgebiete liegen. Bei den lebhaft gefärbten Körpern nehmen diese Gebiete ungefähr die Hälfte des Spektrums ein. Sehr häufig liegt ein Schluckgebiet in der Mitte des Spektrums, im Grün. Dann wird Licht von beiden Enden des Spektrums zurückgeworfen, also rotes einerseits, veiles und blaues andererseits. Dies Gemisch wird, wie alle Lichtgemische, einheitlich empfunden und bildet die im Spektrum nicht vorhandenen rosenroten,

42

blauroten und Purpurfarben. Wir lernen sie bald und
gut kennen, weil natürliche wie künstliche Farbstoffe mit
Schluckgebieten im Grün überaus häufig vorkommen.

Beugung. Die bisher besprochenen Eigenschaften des
Lichtes betätigen sich in Abmessungen, welche groß im Vergleich zu der Länge einer Lichtwelle sind, bei denen deren
Beschaffenheit sich also nicht mitwirkend betätigte. Daneben gibt es noch eine Gruppe wichtiger Eigenschaften,
welche unmittelbar durch die Längen der Lichtwellen bestimmt sind. Die wichtigste unter ihnen ist die Beugung.

Läßt man Sonnenlicht durch einen Spalt in ein dunkles
Zimmer dringen und hält in den schmalen Strahl ein Haar
oder sonst einen dünnen Gegenstand, so wirft dieser keinen
einfachen Schatten. Sondern eine mittlere zu schmale
Schattenlinie wird begleitet von parallelen hellen und dunklen Streifen, die sich bei genauer Untersuchung als bunt erweisen. Das Licht läuft also hier nicht einfach geradlinig,
sondern wird sowohl in das geometrische Schattengebiet
hinein, wie aus ihm heraus „gebeugt“, woher der Vorgang
den Namen Beugung erhalten hat.

Ersetzt man das Haar durch einen zweiten Spalt, der
dem ersten parallel geht, so sieht man zunächst eine helle
mittlere Linie. Beiderseits schließen sich symmetrisch
dunkle und helle Streifen an, die bunt und immer schwächer
werden, je weiter sie von der Mittellinie abstehen.

Die Ursache dieser Erscheinung liegt in der Wellen
natur des Lichts. Wirken zwei Wellen so zusammen, daß
Tal und Tal, Berg und Berg an gleichem Orte sind, so ver-
stärken sie sich. Trifft umgekehrt Berg auf Tal und umgekehrt, so heben sie sich auf. Man nennt diesen Vorgang
Interferenz.

Fig. 3 gibt eine Anschauung davon, wie diese Streifen
zustande kommen. Ein lichterfüllter Spalt wirkt nach den
Gesetzen der Wellenlehre wie ein selbstleuchtender Körper.
Denkt man sich das in den Spalt ss eintretende Licht in d
und e zusammengefaßt, so hat das Licht längs do und eo

43

gleich lange Wege; es treffen also in *o* Berg auf Berg, Tal auf Tal, und die Lichtmengen addieren sich.

Seitlich von *o*, etwa in *c*, liegt aber ein Punkt, wo die Wege *dc* und *ec* gerade um eine halbe Wellenlänge verschieden sind. Dort treffen Berg und Tal, Tal und Berg zusammen, und die Wellen löschen sich gegenseitig aus. Dort besteht also **Dunkelheit**.

Noch weiter hinaus findet sich eine Stelle, wo der Wegunterschied eine ganze Wellenlänge beträgt. Dort tritt also wieder Summierung und also Helligkeit ein.

Und so folgen helle und dunkle Streifen, die aber immer schwächer werden, weil die zur Seite gelangenden Lichtmengen immer kleiner werden.

Ganz dieselben Verhältnisse bestehen auf der anderen Seite von *o*.

Diese Darlegungen gelten unter der Voraussetzung, daß dem Licht nur eine bestimmte Wellenlänge zukommt. Sind, wie im Tageslicht und auch sonst zumeist, viele verschiedene Wellen vertreten, so entwickelt jede Wellenart ihr eigenes Bild. Diese Bilder fallen aber

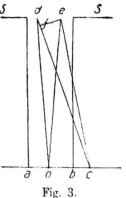

Fig. 3.

nicht zusammen, denn je länger die Wellen sind, um so weiter entfernt sich der Punkt *c* von der Mitte *o*. Den verschiedenen Wellen entsprechen verschiedene Farben; statt des bloßen Hell und Dunkel entstehen also bunte Streifen.

Das Gitterspektrum. Benutzt man statt des einfachen Spalts eine große Anzahl eng nebeneinanderliegender Spalten, ein „Gitter", so wird die Erscheinung entsprechend ausgebreitet. Es entsteht dann eine ganz ähnliche Zerlegung des Lichts wie durch Fächerung im Prisma, und man kann mit Hilfe von Gittern ganz ebenso Spektroskope bauen, wie mit Prismen. Doch sind die Gitterspektren von den prismatischen in mehreren Punkten verschieden. Erstens sind dort die kurzen Wellen am wenigsten, die langen am stärksten

44

abgelenkt, während es beim Prisma umgekehrt ist. Zweitens
sind die Farben im Gitterspektrum proportional den zunehmenden Wellenlängen geordnet, so daß dieses in solcher
Beziehung streng gesetzlich gebaut ist. Die Prismenspektren
zeigen dagegen alle eine Verzerrung in solchem Sinne, daß
gleichen Abständen der Wellenlängen um so größere Abstände im Spektrum entsprechen, je kürzer die Wellen sind.
Die Prismenspektren sind mit anderen Worten nach dem
blauen und veilen Ende hin stark ausgereckt, nach dem roten
hin stark zusammengeschoben im Vergleich mit den Gitterspektren und der Ordnung proportional den Wellenlängen.

Drittens sind die Prismenspektren viel lichtstärker als
die Gitterspektren, weil im Prisma das ganze eintretende
Licht gefächert wird, während beim Gitter nur ein Teil des
Lichts abgebeugt wird, und dieser nicht nur ein Spektrum
erzeugt, sondern mehrere, die im Raum aufeinander folgen.

Je nachdem die Vor- und Nachteile der beiden letzten
Punkte ins Gewicht fallen, zieht man für Apparate Prismen
oder Gitter vor. Letztere haben den Vorrang, wenn genügend
Licht vorhanden ist, weil sie leichter sehr hohe Beträge der
Fächerung erreichen lassen, also eine weitergehende Analyse
des Lichts ermöglichen, als Prismen. Diese haben den Vorrang, wenn es auf Lichtstärke ankommt.

Drittes Kapitel.

Der Vorgang des Sehens.

Allgemeines. Wie alle unsere Sinnesempfindungen, beruht auch das Sehen auf einer Reihe von Vorgängen, welche
sich nacheinander betätigen müssen, damit das Ergebnis
zustande kommt. Zunächst war der R e i z erforderlich.
Darunter verstanden wir eine Energie, hier das Licht, welche
in dem äußeren Sinnesorgan bestimmte Vorgänge hervorruft. Diese wirken dann auf die Endausbreitungen eines
geeigneten nervösen Organs, in dem die einwirkende Energie
einen im Wesen noch nicht erkannten Vorgang hervorruft,

den Nervenstrom, der sich mit mäßiger Geschwindigkeit durch den Nerv in das Gehirn ausbreitet. Dort werden wieder sehr verwickelte neue Nervenströme hervorgerufen, die endlich zur E m p f i n d u n g führen, die meist noch mit dem besonderen Vorgang des Bewußtseins verbunden ist. Ob es die ursprüngliche Energie des Reizes ist, welche den Energiebedarf dieses zusammengesetzten Vorganges bestreiten muß, oder ob jene Energie nur auslösend wirkt, indem für die weiteren Vorgänge biologische, d. h. chemische Energien bereitgehalten werden, ist wohl noch nicht eindeutig entschieden, wenn auch das zweite bei weitem wahrscheinlicher ist.

Empfindlichkeit und Trägheit. Die verschiedenen Sinnesorgane haben sich aus ursprünglichen Anlagen der Oberhaut dergestalt ausgebildet, daß zu ihrer Betätigung überaus kleine Energiemengen ausreichen; ihre absolute E m p f i n d l i c h k e i t ist mit anderen Worten sehr groß. Diese Empfindlichkeit gibt ihnen noch eine andere wertvolle Eigenschaft, die wir als ihre sehr geringe T r ä g h e i t kennzeichnen können. Jede Betätigung versetzt wegen des Energieaufwandes notwendig das Organ in einen neuen Zustand, in welchem es auf neue Reize anders gegenwirken würde, als nach vorangegangener Ruhe. Eine stets gleichartige Zuordnung zwischen Reiz und Empfindung ist aber eine sehr notwendige Eigenschaft des Sinnesorgans, da nur dann die Empfindungen als eindeutige und unmißverständliche Boten aus der Außenwelt gelten können. Die Rückkehr in den Ruhezustand kann nun um so schneller geschehen, je geringer die Energie- und Stoffmengen sind, welche durch das Organ bei einer Betätigung umgesetzt werden. So bedingt die große Empfindlichkeit, die das Organ bereits auf kleine Reize ansprechen läßt, auch die geringe Trägheit, welche es schnell in den normalen Zustand zurückkehren läßt.

Beim Auge sind beide Umstände wohlbekannt. Der erste bedingt die S c h w e l l e , der zufolge Reize oder Reizänderungen eine bestimmte, geringe, aber endliche Größe

46

überschreiten müssen, um wahrgenommen zu werden. Der zweite bedingt die N a c h w i r k u n g, die sich in Nachbildern u. dgl. offenbart. Der bekannte Zusammenschluß des Lichtes einer geschwungenen glühenden Kohle zu einem Bande rührt daher, ebenso aber auch die Entstehung additiver Mischungen auf der Drehscheibe. Auf solche Erscheinungen wird hernach näher eingegangen werden.

Das Weber - Fechnersche Gesetz. Die Tatsachen der Empfindlichkeit und Trägheit sind uns von wissenschaftlichen und technischen Vorrichtungen aller Art gut bekannt. Bei jedem Meß- und Zeigeapparat streben wir erstens tunlichst hohe Empfindlichkeit und zweitens tunlichst geringe Trägheit an, weil er so seinen Zwecken am besten entspricht.

Die absolute Empfindlichkeit ist hierbei weniger maßgebend, als die relative, d. h. auf den vorhandenen Meßbereich bezogene. Es werden jetzt Mikrowagen gebaut, welche 0,000 001 g zu wägen gestatten; sie vertragen aber nicht mehr als 1 g Belastung. Ebenso baut man Wagen, welche bei 1 kg Belastung 0,001 g erkennen lassen. Die erste hat eine tausendmal größere absolute Empfindlichkeit, dagegen haben beide die gleiche relative Empfindlichkeit, nämlich 1 Millionstel, und man betrachtet sie als gleichwertig vom Standpunkt des Mechanikers. Sie unterscheiden sich nur durch die Gebiete, welche sie beherrschen. Ebenso verhalten sich unsere Sinneswerkzeuge. Sie sind auf die „Belastung" eingerichtet, welche unter normalen Verhältnissen eintritt, und haben eine entsprechende Empfindlichkeit. In Fällen aber, wo diese Belastungen sehr stark wechseln, wo also der Techniker von Fall zu Fall verschiedene Wagen benutzen würde, finden sich ergänzende Einrichtungen, durch welche die Empfindlichkeit der jeweiligen Belastung angepaßt wird.

In sehr vollkommener Weise ist dies beim Auge vorhanden. Das Sonnenlicht wechselt mit der Tages- und Jahreszeit in weitestem Maße und für den primitiven Men-

47

schen war die Fähigkeit, auch bei Nacht beim sehr schwachen Mond- und Sternenlicht zu sehen, oft eine Lebensnotwendigkeit. So hat das Auge mehrfache Einrichtungen, um seine Empfindlichkeit auf das jeweils wirksame Licht einzustellen, und daraus ist eine allgemeine Gesetzlichkeit entstanden, dem seine Empfindungen unterliegen.

Solcher Anpassungseinrichtungen gibt es zwei. Bekanntlich ist das Auge eingerichtet wie die Kamera eines photographischen Apparates, indem es eine Linse enthält, welche ein Bild der Außenwelt auf die lichtempfindliche Netzhaut fallen läßt. Ebenso wie der Lichtbildner je nach den obwaltenden Lichtverhältnissen die Blende an seiner Linse weiter und enger stellt, so stellt sich die selbsttätige Blende des Auges, die Regenbogenhaut oder Iris, weiter oder enger ein, je nachdem das Licht schwach oder stark ist.

Außer dieser mechanisch-optischen Einrichtung besteht eine chemisch-physiologische von noch größerem Wirkungsbereich. Jedermann weiß, daß, wenn er plötzlich aus dem Sonnenlicht in ein halbdunkles Zimmer tritt, er in den ersten Augenblicken nichts sehen kann. Umgekehrt fühlt man sich beim Übergang aus dem Dunklen ins Helle zunächst geblendet und am Sehen verhindert. Bald aber paßt sich in beiden Fällen das Auge dem neuen Zustande an, und man kann gut sehen.

Dies beruht darauf, daß das im Dunklen ausgeruhte Auge bereits durch viel kleinere Lichtmengen gereizt wird als das im Hellen befindliche. Man kann sich leicht ein chemisches Bild hiervon mittels der sehr naheliegenden Annahme machen, daß durch die Lichtwirkung in der Netzhaut ein chemischer Vorgang hervorgerufen wird, dessen Produkte durch Diffusion und Blutumlauf langsam beseitigt werden. Wird durch starkes Licht eine große Menge der Umsetzungsprodukte erzeugt, die nicht so schnell fortgeführt werden können, so muß nach den Gesetzen der chemischen Dynamik der Vorgang gehemmt werden: die gleiche Lichtmenge erzeugt weniger Umsatz, wirkt also wie

48

ein schwächerer Reiz. Umgekehrt wird bei schwachem Licht
nur sehr wenig umgesetzt, die Produkte können also sehr
vollständig abgeführt werden, und es genügt bereits eine
kleine Lichtmenge, um die maßgebende Reaktion zu bewirken. In gleichem Sinne wirkt die Konzentrations-
verminderung der Ausgangsstoffe durch starke, ihre Vermehrung durch schwache Lichtwirkung bei gleich schneller
Nachlieferung durch den Stoffwechsel.

Man nennt diese Vorgänge Adaptation.

Im idealen Grenzfall stellt sich somit die Empfindlichkeit proportional der jeweiligen Beanspruchung ein oder
stellt einen konstanten Bruchteil des Reizes dar, der auf das
Organ wirkt. Diesem Zustande nähern sich nicht nur die
verschiedenen Sinnesorgane des Menschen (und der anderen
Lebewesen) an, sondern auch die anderen Gebiete des
geistigen Lebens sind auf den gleichen Grundsatz eingestellt, daß der jeweilige Zustand das Maß für
die Empfindung seiner Änderung ist. Mit
anderen Worten: die Empfindlichkeit ist proportional der
Betätigung.

Dies für unser gesamtes Seelenleben maßgebende Gesetz
ist zuerst von E. H. Weber (1851) aufgestellt und dann
von G. Th. Fechner (1858) in seiner ganzen Bedeutung
entwickelt worden. Für die Farbenlehre ist es in mehr-
facher Hinsicht grundlegend. Auch stellt die Farbenlehre
wohl auch den ersten Fall dar, wo das Gesetz praktische
Anwendung (zur Aufstellung von Normen) gefunden hat.

Formen des Fechnerschen Gesetzes. Im zweiten Bande
seiner „Elemente der Psychophysik" hat Fechner die verschiedenen Formen entwickelt, in denen sein Gesetz zum
Ausdruck kommt. Die allgemeinste von diesen ist die Diffe-
rentialgleichung, welche die Änderung des Reizes d r mit
der der Empfindung d e in Zusammenhang bringt. Da der
Reizzuwachs sich in demselben Verhältnis vermehren muß,
als der vorhandene Reiz größer oder kleiner ist, damit der-

49

selbe Zuwachs der Empfindung entsteht, so gilt die Gleichung

$$\frac{dr}{r} = k\, de.$$

Diese Gleichung stellt u. a. die S. 48 geschilderten Verhältnisse der Adaptation dar. Ist die allgemeine Beleuchtung stark, wie im Sonnenschein, so ist r groß; damit ein
bestimmter Wert von d e, z. B. die eben merkliche Empfindung der Helligkeitszunahme erzielt wird, muß auch d r,
die Zunahme des Lichtes, entsprechend groß sein. Umgekehrt ist im halbdunklen Zimmer r klein; daher genügt
auch eine geringe Lichtmenge, um eine merkliche Zunahme
der Empfindung zu bewirken. Die Größe k ist von der
Natur des Reizes und des Empfängers abhängig, sonst konstant.

Integriert man die Formel, so folgt, wenn r_0 und e_0
zwei zusammengehörige Werte von Reiz und Empfindung
sind:

$$\ln r - \ln r_0 = k_n (e - e_0) \quad \text{oder} \quad \log \frac{r}{r_0} = k (e - e_0)$$

Hier bedeutet ln den natürlichen Logarithmus. Man
kann für ihn den gewöhnlichen l o g nehmen; dadurch wird
nur der Zahlenwert des Faktors k_n in k geändert, den wir
ohnehin nicht in absolutem Wert bestimmen können.

Aus der letzten Formel $\log \frac{r}{r_0} = k (e - e_0)$ folgt, daß
für gleiche Empfindungsstufen $e - e_0$ die Reize nicht in
gleichen Stufen $r - r_0$, sondern in gleichem V e r h ä l t n i s
$\frac{r}{r_0}$ sich ändern müssen. Eine Reihe mit gleichen Unterschieden oder Stufen nennt man eine arithmetische, eine
solche mit gleichem Verhältnis eine geometrische Reihe.
D a m i t s i c h d i e E m p f i n d u n g e n u m g l e i c h e
S t u f e n o d e r i n a r i t h m e t i s c h e r R e i h e ä n d e r n,
m ü s s e n s i c h d i e R e i z e i n g l e i c h e m V e r h ä l t n i s

50

oder in geometrischer Reihe ändern. Eine
Empfindungsreihe 1, 2, 3, 4 ... würde also eine Reizreihe
$r\,a^1$, $r\,a^2$, $r\,a^3$, $r\,a^4$ ... erfordern, wo a der Faktor der Reihe
oder die Verhältniszahl für zwei aufeinanderfolgende Glie-
der und r eine Konstante ist.

In dieser Form findet das Fechnersche Gesetz am bequemsten Anwendung in der Farbenlehre. Um in der Reihe
der grauen Farben von Schwarz bis Weiß gefühlsmäßig
gleichabständige Stufen zu erhalten, muß man die Reize,
d. h. den Weißgehalt der grauen Farben, nach einer geometrischen Reihe, d. h. in gleichem Verhältnis zunehmen
lassen. Ist z. B. der Weißgehalt der dunkelsten Farbe
4 Proz., so würde eine graue Reihe, welche 4, 6, 9, 13,5, 20,3,
30,4, 45,6, 68,4 Proz. Weiß enthält, wo der Weißgehalt jeder
helleren Stufe also das 1,5fache des vorigen beträgt, den
Eindruck gleicher Abstände machen. Da man den Faktor a
frei wählen kann, so gibt es unendlich viele solche Reihen.

Die Schwelle. Wenn man einen Reiz beständig kleiner
werden läßt, so verkleinert sich die Empfindung nicht ebenso,
sondern bei einem bestimmten endlichen Werte des Reizes
hört sie ganz auf. Diese Grenze nennt man die S c h w e l l e.

Hieraus ergibt sich eine besonders einfache Gestalt der
Formel von S. 49. Nennt man r_0 jenen kleinsten Reiz, bei
welchem die Empfindung aufhört, so hat die entsprechende
Größe e_0 den Wert Null. Die Gleichung nimmt dann die
Gestalt an:

$$\log \frac{r}{r_0} = ke,$$

d. h. die Empfindung ist proportional dem Logarithmus des
auf den Schwellenwert bezogenen Reizes.

Hieraus ist bereits ersichtlich, welche Bedeutung die
Schwelle für die Messung der Empfindungen hat. Es ist
deshalb zweckmäßig, diesen Begriff genauer zu untersuchen.

Wir treffen diese Erscheinung bereits im Anorganischen
an. Jede Wage, ob fein oder grob gebaut, ist mit solch einer
Schwelle behaftet, d. h. es gibt ein kleines, aber endliches

51

Gewicht, welches nicht mehr durch einen Ausschlag angezeigt wird. Bei einer groben Wage ist diese Schwelle
groß, bei einer feinen klein, immer aber hat sie einen endlichen Wert.

Das gleiche gilt für jedes andere Meßgerät; jedes ist
mit einer Schwelle für seine Empfindlichkeit behaftet.

Die Ursache ist hier durchsichtig genug. Es gehört
eine gewisse Arbeit dazu, die Trägheits- und Reibungs-
widerstände des Geräts zu überwinden. Solange der „Reiz"
diese Arbeit nicht leisten kann, gibt es keinen Ausschlag;
es bleibt in Ruhe.

Man wird nicht fehl gehen, wenn man die Ursache der
psychophysischen Schwelle am gleichen Ort sucht. Auch
die Erzeugung einer Empfindung kann nicht ohne Arbeit,
allgemein Energieaufwand geschehen. Daher ist ganz allgemein ein solcher für jede Organbetätigung erforderlich.
Für jedes Organ ist ein Mindestaufwand durch seine Einrichtung gegeben, welcher die Schwelle bedingt; geringere
Arbeitsleistungen bleiben ohne Erfolg, d. h. bewirken keine
Empfindung. Es ist schon darauf hingewiesen worden, daß
die Lebewesen im Gange ihrer Entwicklung die Schwelle
für ihre Organe beständig zu verkleinern suchen. Bei den
Menschen zeigt sie sich je nach Begabung und Beschäftigung verschieden abgestuft. Der feinhörige Musiker
unterscheidet Tonhöhen als verschieden, die dem Laien
völlig gleich vorkommen. Der Ungeübte macht beim Vergleich von Lichtstärken Fehler von vielen Prozenten, die
unterhalb seiner Schwelle liegen, während der Geübte seine
Schwelle auf 2 bis 3 Tausendstel einschränken kann. Aber
auch seine Schwelle hat eine endliche Größe.

Allgemeine Bedeutung der Schwelle. Für die Beschaffenheit unseres geistigen Lebens ist die Tatsache der Schwelle
von größter Bedeutung. Ohne die Schwelle würden wir
überhaupt nicht zur Ruhe kommen können, denn irgendwelche kleine Reize sind stets für alle Empfindungsgebiete
tätig. Es gibt Zustände der Überreizung, wo gewisse

52

Schwellen fast verschwunden sind, weil die Hemmungen, welche sie bewirken, nicht mehr funktionieren. Man weiß, daß solche Zustände schwere Erkrankungen bedeuten, weil die für die unbeschädigte Fortdauer der Organe erforderliche Ruhe ausbleibt, und daß eine Genesung erst möglich wird, wenn man physiologisch oder psychologisch einen vorläufigen Ersatz für diese natürlichen Hemmungen betätigen kann.

Ebenso bedingt die Schwelle die Möglichkeit, zwei Dinge als g l e i c h anzusprechen. In letzter Genauigkeit gibt es keine zwei gleichen Dinge, und der unendlich fruchtbare Begriff des Dinges selbst, eines (einigermaßen) unveränderlichen Bestandteils in unserem Erleben hätte sich überhaupt nicht entwickeln können. Tatsächlich ermöglicht uns erst das Vorhandensein der Schwelle eine Gleichsetzung, die durch den Fortschritt der Wissenschaft, welcher die Schwelle zu verkleinern bestrebt ist, zwar beständig eingeschränkt, aber doch nicht aufgehoben wird. Auch die quälenden logischen Widersprüche, welche durch die Voraussetzung von unendlich kleinen oder großen Werten entstehen, und mit welchen sich schon die Griechen abmühten, können grundsätzlich nur überwunden werden, wenn man auf Grund der allgemeinen Tatsache der Schwelle die Wirklichkeit solcher unendlicher Begriffe entschlossen in Abrede stellt. Die neuesten Fortschritte der Physik, welche sogar für die Energie einen Aufbau aus endlichen Elementargrößen oder Quanten fordern, liegen durchaus in dieser Gedankenreihe.

Das Gesetz der Vereinfachung. Für alle Sinnesempfindungen gilt weiterhin ein ganz allgemeines Gesetz des Inhaltes, daß die M a n n i g f a l t i g k e i t d e r E m p f i n d u n g e n n u r g e r i n g e r s e i n k a n n, a l s d i e d e s R e i z e s, u n d i h r h ö c h s t e n s g l e i c h k o m m t. Wir haben bereits (S. 35) gesehen, daß zwar die Verschiedenheiten der Schwingzahlen empfunden werden (als Farbtonverschiedenheiten), nicht aber die Verschiedenheiten der

53

Schwingebene, und der Unterschied zwischen polari-
siertem und unpolarisiertem Licht. Auch bezüglich der
Mannigfaltigkeit der Schwingzahlen ist das Auge rück-
ständig, da es viele Mischungen aus verschiedenen Lichtern
als gleich empfindet, deren Zusammensetzung verschieden ist.

Hierbei besteht eine allgemeine Entwicklungsrichtung
in solchem Sinne, daß sich die Auffassungsfähigkeit der
Organe zu steigern strebt, so daß der Unterschied beider
Mannigfaltigkeiten sich langsam verkleinert.

Das Auge. Wenn wir entwicklungsgeschichtlich die Entstehung des menschlichen Auges verfolgen, so nehmen wir
den eben gekennzeichneten Aufstieg wahr. In seiner ersten
Anlage ist das Auge nur ein dunkler gefärbter Fleck der
Oberhaut, der vermöge seiner tieferen Färbung mehr
strahlende Energie aufnahm und daher stärker gereizt (er-
wärmt) wurde, als seine Umgebung. Durch die eintretende
Entwicklung wird nun der Unterschied zwischen dem primitiven Auge und seiner Umgebung gesteigert, die Reiz-
schwelle vermindert. Der Fleck wird dunkler, er versenkt
sich in das Innere, die Temperaturempfindung wird durch
feiner reagierende chemische Vorgänge abgelöst, es entstehen
die Organe (Röhren oder Linse), durch welche neben der
allgemeinen Energieempfindung auch Richtung und Entfernung aufgefaßt werden können. Das sind alles zunehmende Anpassungen an die Mannigfaltigkeit des Reizes.

Einen überaus wichtigen Schritt bedeutet für das Auge
die Erwerbung der Fähigkeit, Farben zu unterscheiden.
Sie ist für den Menschen etwas verhältnismäßig Neues.
Denn es gibt viele Tiere mit Linsenaugen, welche die Organe
und somit die Fähigkeit des Farbensehens nicht (oder noch
nicht) besitzen. Und auch unter den Menschen kommen
einzelne vor (die Total-Farbenblinden), deren Augen das
neue Organ fehlt: atavistische Rückschläge in eine frühere
Entwicklungsstufe.

Dieses neue Organ sind die Z a p f e n , kegelförmige
Gebilde, welche den Augenhintergrund in der Sehgrube, der

54

beim Sehen fast ausschließlich benutzten Stelle schärfster Abbildung durch die Augenlinse, auskleiden. Die seitlichen Gebiete des Aufnahmeorgans, die nur zur allgemeinen Ergänzung des Augenbildes dienen, tragen ein anderes, einfacheres Organ, die Stäbchen, dasselbe, welches allein in den Augen der Farbenblinden und jener Tiere vorkommt, von denen vorher die Rede war. Die Erfahrung lehrt, daß die Erkennung und Unterscheidung der Farben nur in der Sehgrube erfolgt, also durch die Zapfen bewirkt wird, während jeder Mensch in den seitlichen Gebieten farbenblind ist, d. h. nur Hell und Dunkel unterscheidet.

Es wird später ausführlich dargelegt werden, welche Vereinfachung das Auge an der Mannigfaltigkeit des Lichtes vornimmt, um sein Farbengebiet zu erfüllen. Hier soll nur auf das Nachdrücklichste die Tatsache dieser Vereinfachung hervorgehoben werden, weil sie für die ganze Farbenlehre maßgebend ist.

Im Lichte dieser Betrachtungen muß man die Frage stellen, ob nicht eine noch nähere Anpassung des Auges an die Mannigfaltigkeit der Lichter in Zukunft zu erwarten ist. Die Antwort muß grundsätzlich bejahend lauten. Auch sind bereits einige Anzeichen dafür vorhanden. Sie treten aber hinter den allgemeinen Erscheinungen zurzeit noch so weit zurück, daß sie noch nirgends praktische Bedeutung erlangt haben. Es mag also bei diesem Hinweis sein Bewenden haben.

Die Körperfarben. Vergegenwärtigt man sich die große Veränderlichkeit des Tageslichts einerseits, der Stimmung unseres Sehorgans andererseits und vergleicht mit diesen ewig schwankenden Bedingungen des Sehens die große Beständigkeit, welche die Farben unserer Umwelt zeigen, so muß man sich verwundert fragen, wie aus so veränderlichen Faktoren ein so konstantes Produkt entstehen kann. Tatsächlich sind es auch nicht jene Anteile am Sehvorgang, welche die Beständigkeit erzeugen, sondern diese beruht auf

55

einer anderen, rein physikalischen Tatsache, der wir unsere
Empfindungen gesetzlich zuzuordnen gelernt haben.

Diese physikalische Tatsache ist die R ü c k w e r f u n g
des Lichts von den Körperoberflächen. Wir haben gesehen,
daß jeder Körper von dem auffallenden Licht einen ganz bestimmten Bruchteil zurückwirft. Wird alles Licht zurückgeworfen und dabei zerstreut, so heißt der Körper w e i ß.
Wir sehen also nicht etwa einen Körper deshalb weiß, weil
er viel Licht zurückwirft. Ein weißes Papier erscheint auch
in der Abenddämmerung weiß, wo es sehr wenig Licht
zurückwirft. Aber es wirft auch am Abend fast alles Licht
zurück, das darauf fällt, und darum nennen wir es weiß.
Um zu dem Urteil „Weiß" zu gelangen, müssen wir also
wissen, welche Gesamtbeleuchtung soeben besteht; wir
müssen also die Farbe als b e z o g e n e (S. 29) sehen.
Schließen wir die Beziehung durch Benutzung des Dunkel-
rohrs aus, so können wir Weiß und Grau nicht unterscheiden.

Ob aber die Fläche alles Licht zurückwirft oder nicht,
hängt nur von ihrer Beschaffenheit, nicht aber von der Beleuchtung und der Stimmung des Auges ab. Daher rührt
also die Konstanz der Körperfarben. Weil die R ü c k -
w e r f u n g konstant, d. h. unabhängig von der Lichtstärke
ist, indem stets der gleiche Bruchteil zurückgeworfen wird,
das Licht sei stark oder schwach, sehen wir dieselbe Farbe
Weiß unabhängig von der Stärke der Beleuchtung. Hierfür
ist, wie man alsbald sieht, das Fechnersche Gesetz wesentlich,
das uns V e r h ä l t n i s s e, nicht absolute Werte empfinden
läßt.

Ebenso nennen wir eine Fläche mit der Rückwerfung
Null schwarz. Grau ist eine Fläche, welche gleichförmig
von allen Lichtern einen bestimmten Bruchteil zurückwirft,
bunt eine Fläche, welche von verschiedenen Lichtern verschiedene Bruchteile zurückwirft.

Alle diese Rückwerfungen sind ausschließlich Sache des
Körpers, dem die fragliche Fläche angehört, und hängen von

56

keiner anderen Ursache ab. Diesen Rückwerfungen ordnen
wir erfahrungs- und gewohnheitsgemäß unsere Farbempfindungen zu. Wie stark diese Gewohnheit wirkt, haben wir
an dem Versuch von H e r i n g (S. 29) gesehen. Man kann
sehr gut wissen, daß das untere Papier weiß ist, und daß in
der Öffnung keine graue Schicht liegt; trotzdem sieht man
die Öffnung mit Grau erfüllt. Macht man aber die obere
Pappe klein, nur wenig größer als das Loch, und das untere
Papier groß, so daß man es allseitig außerhalb der Pappe
sehen kann, so erfolgt die Zuordnung der Lochfarbe zu dem
ganzen Papierblatt unten und seine Farbe bleibt weiß. Es
gibt eine mittlere Anordnung, bei welcher man nach Be-
lieben das Loch weiß oder grau sehen kann, je nach der
Richtung der Aufmerksamkeit.

Die eben angestellten Betrachtungen sind grundlegend
für die messende Farbenlehre. Gäbe es nicht die konstante
Rückwerfung (Remission), so hätten wir keine Größe, die
unveränderlich genug ist, um eine Messung und eine zahlenmäßige Definition zu vertragen und zu ermöglichen. Das
subjektiv Veränderliche, das dem Farbwesen anhaftet, wird
gebändigt durch die Beziehung auf jene objektive Größe, und
die Entwicklung der geistigen Herrschaft über die Farbe ist
allgemein wie für den Einzelnen unmittelbar davon abhängig, wie sicher er die Zuordnung seiner Empfindung zu
der konstanten Remission ausführt. Tatsächlich erwerben
wir uns durch die tägliche Erfahrung auch ohne wissenschaftliche Schulung eine große Sicherheit hierin. Nur
wenn ganz ungewohnte Beleuchtung besteht (z. B. mit
Natriumlicht), gerät diese Zuordnung in Verwirrung.

Viertes Kapitel.
Die unbunten Farben.

Allgemeines. Das entwicklungsgeschichtlich älteste Gebiet unserer Farbenwelt nimmt noch immer eine ausgezeichnete Stellung in dieser ein, indem es sich zunächst als eine

57

in sich geschlossene und einfacher als das übrige gestaltete Gruppe aussondert, sodann sich aber als Rückgrat oder Achse des ganzen Farbenwesens erweist. Wir fassen diese Gruppe als die der u n b u n t e n F a r b e n zusammen, die von Weiß über Grau nach Schwarz gehen.

Daß wir auch diese Erlebnisse unseres Gesichtssinnes unter den Begriff Farbe fassen, ist nicht willkürlich, sondern notwendig. Zunächst erscheinen Weiß, Grau und Schwarz ebenso als Bestandteile unseres Gesichtsfeldes, wie Grün, Rot, Blau usw. Sodann aber wird es sich herausstellen, daß sie stets vorhandene Anteile aller in der Erfahrung gegebenen Farben sind. Es würde also zu unerträglichen Schwierigkeiten und Umständlichkeiten führen, wollte man auf ihre Einbeziehung unter den allgemeinen Begriff verzichten.

Auch haben Maler und Färber, Künstler und Tüncher niemals gezögert, ihnen den Namen Farbe zu geben. Vom griechischen Altertum ab, wo Schwarz und Weiß neben Rot und Gelb die einzigen unterschiedenen Farben waren, bis auf unsere Tage spielen beide auf der Palette wie im Farbbottich dieselbe Rolle wie die Buntfarben. Die Aberkennung ihrer Farbenwürde ist auch nicht von solchen Farbkundigen versucht worden, sondern von Philosophen, die dem Schwarz als negativem Begriff (Abwesenheit des Lichts) jene Würde nicht zusprechen wollten. Man braucht dieselbe Sache nur positiv als vollständige Schluckung aufzufassen, um diesen Einwand zu beseitigen.

So werden wir die Gruppe Weiß, Grau, Schwarz als selbständiges und wichtiges Gebiet der ganzen Farbwelt zu betrachten und zu behandeln haben. Der Umstand, daß es entwicklungsgeschichtlich das älteste ist, macht sich in seiner zentralen Stellung und allgemeinen Anteilnahme an den gesamten Farberscheinungen geltend. Daß man diese Stellung verkannt hat, ist einer der Hauptgründe dafür gewesen, daß die Farbenlehre seit H e l m h o l t z so viel geringere Fortschritte gemacht hat, als die anderen Gebiete der Wissenschaft.

58

Entstehung der unbunten Farben. Unbunt erscheinen uns
alle Lichter, welche ebenso zusammengesetzt sind, wie das
Licht der Sonne und das aus gleicher Quelle stammende zer-
streute Tageslicht. Wiewohl dessen Zusammensetzung beständig wechselt und z. B. bei klarem Himmel viel mehr
Blau enthält, als bei trübem Wetter, so haben wir nur eine
sehr geringe Empfindung für diese Unterschiede. Nur
wenn gegen Abend die gelben und roten Lichter infolge der
Schluckung durch die trübe Luft ganz besonders überwiegen, empfinden wir die entsprechende „warme" Beleuchtung als etwas Besonderes.

Die rätselhafte Tatsache, daß wir das Gemisch der
Lichter aller Schwingzahlen und Wellenlängen im Tageslicht als einfache Empfindung Weiß oder Grau erleben, hat seit N e w t o n wiederholt die Aufmerksamkeit
gefesselt. G o e t h e fand sie so widerspruchsvoll, daß er sie
für unmöglich hielt und daher N e w t o n s Analyse des
Lichts leugnete, indem er das Tageslicht für objektiv ebenso
einfach erklärte, wie die subjektive Weißempfindung.
H e l m h o l t z hob den scharfen Gegensatz hervor, der
zwischen einem Gemisch aus verschieden hohen Tönen und
einem aus verschiedenfarbigen Lichtern besteht. Aus dem
ersten kann unser Ohr seine Bestandteile heraushören, aus
dem zweiten kann das Auge aber nicht die Einzelfarben
heraussehen. Eine Lösung des Widerspruches gab er aber
nicht. Auch S c h o p e n h a u e r hat in seinem Begriff von
der qualitativen Teilung der Retina keinen Anhaltspunkt
zu einer psychophysischen Erklärung gegeben.

Eine solche findet sich auf entwicklungsgeschichtlichem
Wege. Wir haben gesehen (S. 53), daß das primitive Auge
nichts unterscheiden konnte, als stärkere oder schwächere
Strahlung, und daß die Stufen seiner Entwicklung dadurch
gekennzeichnet sind, daß eine Mannigfaltigkeit des Lichts
nach der anderen vermöge entsprechender Ausbildung wahrgenommen wird. So hat es eine Zeit gegeben, wo noch
kein lebendes Wesen die Mannigfaltigkeit der Schwing-

59

zahlen als etwas Besonderes (was wir jetzt Farbe nennen) zu empfinden fähig war. Unser heutiges Auge hat noch große Anteile an diesem Zustande behalten, und einer der wichtigsten dieser Anteile ist die übriggebliebene einheitliche Auffassung der gesamten Lichtmassen als unbunte Farben Weiß, Grau, Schwarz.

Faßt man diese demgemäß als eine Resterscheinung aus einem früheren einfacheren Zustande auf und nicht, wie dies unwillkürlich bisher geschehen ist, als ein synthetisches Ergebnis aus der vorgängigen Kenntnis der Buntfarben, so verschwinden alle begrifflichen Schwierigkeiten. Wir besitzen ja noch alle im Auge den Stäbchenapparat, der nur unbunte Empfindungen, unabhängig von der Schwingzahl, vermittelt. Dadurch wird dies Gebiet stets lebendig erhalten, und es ist nicht anzunehmen, daß in absehbarer Zeit hierin ein Wandel eintritt.

Begriffe. I d e a l e s   W e i ß schreiben wir einer Fläche zu, welche a l l e s Licht, das darauf fällt, zurückwirft und nach allen Seiten zerstreut. Es fehlt noch an einer Arbeit, durch welche die Weiße einer gewissen Fläche, die man in stets gleich bleibender Beschaffenheit beliebig herstellen kann, in absolutem Maße bestimmt worden ist *), doch darf man schon jetzt als sicher ansehen, daß eine aus reinem Bariumsulfat hergestellte, genügend dicke Schicht dem Ideal so nahe kommt, daß der mögliche Fehler nur wenige Hundertstel beträgt, also der Schwelle nahe ist.

I d e a l e s   S c h w a r z zeigt eine Fläche, welche gar kein Licht zurückwirft. Eine Öffnung in einem innen gut geschwärzten Kasten (K i r c h h o f f s absolut schwarzer Körper) verwirklicht dieses Ideal mit einer Annäherung, die weit unterhalb der Schwelle liegt.

---

*) Nachdem ich vor längerer Zeit auf diese Lücke hingewiesen hatte, ist an der Physikalisch-Technischen Reichsanstalt eine solche Arbeit unternommen worden, die auch schon zu Ergebnissen geführt hat. Den ausführlichen Bericht habe ich noch nicht zu Gesicht bekommen.

60

Neutrales Grau besteht in einer Fläche, die von allen Lichtern den gleichen Bruchteil zurückwirft. Mischungen aus schwarzen und weißen Farbstoffen sind kaum jemals neutral grau, sondern meist bläulich zufolge der Trübungsfarbe. Man muß sie dann mit einer geeigneten Menge eines dunkelgelben Farbstoffes (Goldocker) mischen, um die Farbe neutral zu machen. Ob dies gelungen ist, erkennt man, wenn man mittels der Drehscheibe oder auf andere Weise reines Weiß und Schwarz optisch vermischt und mit der fraglichen Farbe vergleicht, nachdem man beide gleich hell gemacht hat. Es läßt sich dann jeder Rest an Buntfarbe leicht erkennen, und man ändert die Mischung so lange ab, bis Gleichheit erreicht ist.

Weil wir an das bläuliche Grau der Farbstoffmischungen gewöhnt sind, erscheint uns das neutrale Grau anfangs bräunlich „mausgrau". Man lernt aber bald das reine Grau auswendig und erwirbt sich ein recht sicheres Urteil in der Einstellung. Durch den Anblick einer Buntfarbe wird allerdings vermöge der dann entstehenden Nachbilder dies Urteil leicht für einige Zeit verstimmt.

Kennzeichnung der unbunten Reihe. Wie alle Farbenreihen ist auch die unbunte stetig. Es lassen sich zwischen dem idealen Schwarz und Weiß unbestimmt viele Zwischenstufen einschalten, die man so eng nehmen kann, daß die Abstände überall unter der Schwelle liegen.

Die unbunten Farben bilden eine einfaltige Reihe von Dunkel nach Hell mit den Enden Schwarz und Weiß. Jedes Grau hat also einen ganz bestimmten Ort in dieser Reihe, so daß alle darunter liegenden Farben dunkler, alle darüber liegenden heller sind. Von einem Grau zum anderen kann man stetig nur auf einem Wege über die dazwischen liegenden Grau gelangen.

Vermöge der Schwelle für die Unterschiedsempfindlichkeit an grauen Farben ist die Anzahl der unterscheidbaren Stufen endlich. Sie beträgt für mittlere Augen etwa 300 bis 400.

Messung der unbunten Farben. Die unbunten Farben lassen sich eindeutig messen und auswerten, wenn man eine ideal weiße Fläche (oder eine Fläche, deren Weiße im Verhältnis zum Ideal man kennt) zur Verfügung hat. Dann vermindert man meßbar die Beleuchtung der weißen Fläche soweit, bis sie der grauen gleich aussieht. Diese wirft den gleichen Bruchteil Licht zurück, den man auf die weiße Fläche fallen läßt, und da man diesen kennt, so kennt man auch den Bruchteil Weiß, den die graue Fläche vermöge ihrer Natur zurückwirft.

Messungen solcher Art kann man mit jedem Photometer machen. Ein für diese Zwecke besonders eingerichtetes, das Halbschatten-Photometer oder Hasch habe ich an anderer Stelle beschrieben (Physikal. Farbenlehre, 2. Aufl., S. 80, Leipzig 1923, Verlag Unesma). Vgl. S. 142.

Jedes Grau ist somit durch seine Helligkeit oder seinen Weißgehalt, d. h. den Bruchteil weißen Lichts, den es zurückwirft, zahlenmäßig gekennzeichnet. Und zwar sind alle diese Zahlenwerte echte Brüche, die zwischen Null und Eins liegen. Für jedes Grau gilt die Gleichung $w + s = 1$, wo w den Gehalt an Weiß, s den an Schwarz darstellt. Ist $w = 0$, so liegt eine ideal schwarze, ist $s = 0$, eine ideal weise Fläche vor.

Die Maßgenauigkeit ist wegen der Schwelle im günstigsten Falle 0,2 bis 0,3 Proz. In der laufenden Praxis wird man sich mit einem Zehntel dieser Genauigkeit und weniger, je nach dem Falle, begnügen. Insbesondere für geschmackliche Anwendungen genügt meist schon eine Fehlergrenze von $^1/_{10}$ der vorhandenen Weißmenge.

Der Kürze wegen schreibt man die Maßzahlen der grauen Farben meist nicht wie Brüche (Dezimalbrüche) aus, sondern schreibt zweistellige Dezimalbrüche ohne die Null davor. So enthält das Grau 25, die Weißmenge 0,25, und das Schwarz mit 0,04 Weiß schreibt man 04.

Das Fechnersche Gesetz. Stellt man eine Reihe unbunter Farben her, welche 1,0, 0,9, 0,8, 0,7 … bis 0,1 und 0,0 Weiß

62

enthalten, so machen sie keineswegs einen gleichabständigen
Eindruck. Zwischen 1,0, 0,9, 0,8 usw. erscheinen die Stufen
so eng, daß man sie nicht unmittelbar unterscheiden kann;
zwischen 0,2, 0,1 und 0,0 bestehen dagegen ungeheure
Sprünge. Um gleiche Abstände zu erhalten, muß man am
weißen Ende die Stufen weit auseinander, am schwarzen
eng zusammenrücken.

Die Ursache ist das Fechnersche Gesetz. Als Reiz muß
hier der weiße Anteil der unbunten Farben angesehen werden, und das Fechnersche Gesetz verlangt, daß dieser eine
geometrische Reihe bildet, damit die Empfindung der grauen
Farbe gleichstufig geordnet wird. Man geht sachgemäß
vom Weiß aus und bildet eine absteigende geometrische
Reihe, indem man die Weißgehalte in gleichbleibendem
Verhältnis verkleinert.

Es entsteht nun die Frage, welche Verhältniszahl man
nehmen soll. Im Hinblick auf die später darzulegende
Forderung einer rationellen N o r m u n g ist folgender-
maßen zu verfahren.

Da alle unsere Zählung nach dem Zehnergesetz erfolgt,
so sind die Stufen der Graureihe zunächst durch die Weißgehalte 1,00, 0,10, 0,01, 0,001 usw. gegeben, die eine absteigende geometrische Reihe mit dem Faktor $^1/_{10}$ bilden.
Doch sind offenbar diese Stufen viel zu weit.

In folgerichtiger Anwendung des Zehnergrundsatzes
ist jede der Stufen in 10 Unterstufen zu teilen. Man findet
sie, wenn man die Numeri zu den Logarithmen 1,000, 0,900,
0,800, 0,700 ... 0,100 bis 1 aufsucht. Es sind die Zahlen
1,00, 0,79, 0,63, 0,50, 0,40, 0,32, 0,25, 0,16, 0,126, 0,100.
Schaltet man ebenso zwischen 0,100 und 0,010 zehn Stufen
ein, so findet man dieselben Ziffern, nur zehnmal kleiner.
Das wiederholt sich zwischen 0,010 und 0,001 usf. Da der
Unterschied je zweier Stufen rund 20 Proz. beträgt, so sind
sie erheblich oberhalb der Schwelle, man kann sie also gut
unterscheiden. Eine weitere Unterteilung in je 10 engere

Stufen würde diese unter die Schwelle treten lassen, ist also nicht angängig.

Die angegebenen Werte teilen die stetige Graureihe wie angegeben in empfindungsgemäß gleiche Stücke. Wir brauchen aber nicht Stücke, sondern Punkte, bestimmte graue Farben. Diese gewinnt man, wenn man sich die Farbe jedes Stückes durch Mischung ausgeglichen denkt. Die zugehörigen Zahlen sind die geometrischen Mittel der beiden Endzahlen. Man erhält so folgende Reihe, wobei die oben angegebene Schreibweise in abgekürzten Dezimalbrüchen benutzt wird, welche Prozente Weiß angibt:

89	71	56	45	35	28	22	18	14
a	b	c	d	e	f	g	h	i
11	8,9	7,1	5,6	4,5	3,5	2,8	2,2	1,8
k	l	m	n	o	p	q	r	s
	1,4	1,1	0,89	0,71	0,56	0,45	0,35	
	t	u	v	w	x	y	z	

Die Reihe ist bei 0.35 abgebrochen worden, weil es nur sehr wenig Oberflächen gibt, die so wenig oder weniger Weiß zurückwerfen. Doch kann sie theoretisch beliebig fortgesetzt werden.

Unter den Zahlen befinden sich die Buchstaben des ABC, welche zur kurzen Bezeichnung der Graustufen in Gebrauch gekommen sind, ebenso wie man die Tonstufen in der Musik mit Buchstaben bezeichnet. Jeder Buchstabe kann sowohl den darüber angeschriebenen Weißgehalt bedeuten, wie auch den Schwarzgehalt (in Prozenten), der jene Zahl zu 100 ergänzt. So bedeutet i je nach dem Zusammenhange 14 Proz. Weiß oder 86 Proz. Schwarz.

Für die meisten Anwendungen sind die angegebenen Stufen noch zu eng. Man läßt daher jede zweite aus und gewinnt so die p r a k t i s c h e G r a u r e i h e , die hier bei p abgebrochen ist, weil p die tiefste Farbe ist, die man auf Papier, z. B. mit Druckerschwärze, erreicht.

89	56	35	22	14	8,9	5,6	3,5
a	c	e	g	i	l	n	p

64

Auf der beigegebenen Tafel 1 sind die Stufen a c e g i
l n p durch Aufstriche mit guter Genauigkeit dargestellt.
Man tut gut, sie auswendig zu lernen, so daß man die grauen
Farben auf ihre Stufe beurteilen kann, ohne den Vergleichs-
maßstab zur Hand zu haben. Dem Unerfahrenen, nur mit
der bisherigen Unordnung in der Farbenwelt Bekannten erscheint dies absurd. Man braucht es aber nur zu versuchen,
um sich von der Ausführbarkeit zu überzeugen. Hernach
ist man in der unbunten Welt vollkommen zu Hause.

Unendlichkeit und Schwelle. Die geometrische Reihe der
eben festgelegten Graustufen hat ihren ganz bestimmten Anfang vermöge des idealen Weiß, das durch die Bedingung
der vollständigen Rückwerfung und Zerstreuung genau festgelegt ist. Obwohl bereits J. L a m b e r t im 18. Jahrhundert
diesen Begriff definiert hatte und er in anderen Gebieten
der Wissenschaft, z. B. der Astronomie, ständig Anwendung
findet, scheint er doch den Autoren der Farbenlehre bisher
fremd geblieben zu sein. Gibt doch selbst H e r i n g einen
sehr bekannt gewordenen Versuch an (Spiegelung des
Himmelslichts an einem versilberten Deckgläschen, das auf
einem weißen Papier liegt), der beweisen soll, daß man die
Weiße unbegrenzt steigern kann. Es liegt aber nur Ver-
wechselung von Weiß mit G l a n z vor, denn das versilberte
Deckgläschen zerstreut das Licht nicht, sondern spiegelt es;
es ist also nicht weiß, sondern glänzend.

Etwas anders verhält sich das schwarze Ende. Zwar die
zuerst beschriebene unbunte Reihe, die unmittelbar nach
den Helligkeitswerten geordnet war, und die wir deshalb
die a n a l y t i s c h e Reihe nennen wollen, hat ein endliches
schwarzes Ende bei der Helligkeit Null, die mit sehr guter
Annäherung durch den Dunkelkasten verwirklicht werden
kann. Es gibt aber keinen Farbstoff, der diesem optischen
Schwarz nahekommt, wie man sich leicht überzeugen kann,
wenn man schwarze Aufstriche neben das Loch des Dunkelkastens legt. Die geometrische Reihe nach dem Fechnerschen Gesetz trägt dieser Tatsache Rechnung, denn sie hat

65

nach der schwarzen Seite hin kein Ende. Wie weit man sie auch fortsetzen mag: es gibt immer noch ein folgendes endliches Glied, das in dem gleichen Verhältnis kleiner ist, als das bisher letzte.

Praktisch hat die Reihe allerdings ein bald erreichbares Ende zufolge der eben erwähnten Eigenschaft aller schwarzen Körper, noch meßbare Mengen weißen Lichts zurückzuwerfen. Dies Ende ist aber mehr zufällig und vertieft sich langsam durch den Fortschritt der Technik.

Man muß sich außerdem der Tatsache der S c h w e l l e erinnern, durch welche bei einer endlichen Lichtstärke die Empfindung aufhört, weil der Reiz unter den Schwellenwert gesunken ist. So wird man geneigt sein, auch auf diesen Umstand die Notwendigkeit eines endlichen Abschlusses der Reihe zu begründen.

Indessen ist hier folgendes zu erwägen. Eine nach der absteigenden geometrischen Reihe der Helligkeiten ausgeführte Grauleiter stellt nicht nur e i n e „Fechnersche Reihe" dar, sondern unbestimmt viele. Denn es sind an ihr ja nicht die Lichtstärken selbst eingestellt, sondern die Rückwerfungswerte. Je nach der Stärke der Beleuchtung betätigen die Stufen der Leiter also ganz verschiedene Lichtmengen. Insbesondere können bei schwachem Licht mehr oder weniger Stufen am schwarzen Ende bereits unter der Schwelle liegen und ununterscheidbar schwarz aussehen. Man findet es tatsächlich so, wenn man die Leiter im Dämmerlicht ansieht. Bei gutem Licht reichen dagegen auch die Stufen r und t gut über die Schwelle und lassen sich leicht unterscheiden.

Dies ist der Grund, weshalb bei der Einstellung der Leiter nur das einfache Fechnersche Gesetz benutzt worden ist, ohne Rücksicht auf die Schwelle am dunklen Ende. Denn diese Berücksichtigung könnte nur für eine ganz bestimmte Beleuchtung richtig sein, ganz abgesehen von den persönlichen Verschiedenheiten der Schwellenwerte. Die für den allgemeinen Gebrauch bestimmte Leiter muß also ohne Rücksicht auf diese Veränderlichkeit ausgeführt werden,

66

wenn sie allgemein brauchbar sein soll. Der Benutzer der Leiter hat seinerseits darauf Rücksicht zu nehmen, welche mittlere Helligkeit an dem Orte seines Werkes besteht, und darnach das Gebiet der Reihe zu wählen, welches er anwendet.

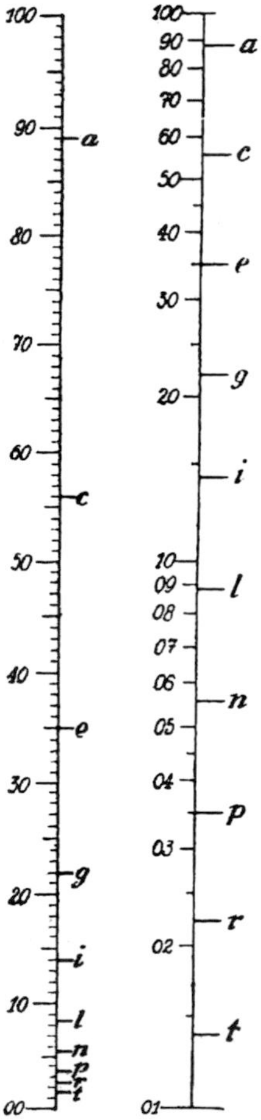

Räumliche Darstellung. Wenn auch die oben dargelegte Beziehung zwischen der analytischen und der psychologischen Ordnung der Grauleiter so einfach ist, daß sie einer Erläuterung durch eine Zeichnung nicht bedarf, so soll doch eine solche mitgeteilt werden. Dies geschieht, weil später in dem verwickelteren Falle des farbtongleichen Dreiecks eine ähnliche Umstellung an einer Figur der Ebene vorgenommen wird, deren Verständnis durch die Kenntnis des einfacheren Falles sehr erleichtert wird. In Fig. 4 stellt die linke Teilung die analytische Leiter in 100 Stufen dar. Rechts sind die Punkte a c e g i l n p r t der praktischen Grauleiter bei den entsprechenden Weißgehalten angegeben. Man sieht, wie groß die Abstände a c und c e sind, wie sie schnell kleiner werden und bei r und t sich so drängen, daß man die folgenden nicht mehr eintragen kann. Und doch müssen in dem engen Raum zwischen t und dem Fußpunkt, theoretisch gesprochen, unendlich viele weitere Stufen der Grauleiter untergebracht werden.

Fig. 4.

Wir können nun die Darstellung umkehren, indem wir die gefühlsmäßig gleichabständigen Stufen der Grauleiter auch räumlich gleichabständig machen, wie dies in der für den Gebrauch hergestellten praktischen Grauleiter (S. 67) auch geschehen ist. Dann müssen wir den Maßstab der Weißgehalte nicht mehr gleichabständig machen, sondern

67

müssen ihn so verzerren, daß die Teile in der Nähe des Weiß
eng beieinander liegen und nach unten immer weiter werden. Fig. 5 zeigt links eine solche Teilung, die den rechts
in gleichen Abständen aufgetragenen Stufen der Fechnerschen Reihe entspricht. Die linke Teilung ist dieselbe, wie
sie bei den logarithmischen Rechenschiebern angewendet
wird; sie entspricht von oben nach unten einer aufsteigenden geometrischen Reihe und wiederholt sich von 10 bis 01
ebenso, wie sie zwischen 100 und 10 verlief, nur daß der
Wertabstand auf ein Zehntel verkleinert ist. Theoretisch
setzen sich unbegrenzt viele solche Teilungen nach unten

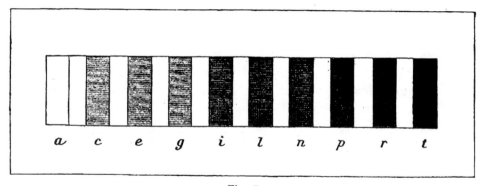

Fig. 5.

daran, die den Intervallen 01 bis 001, 001 bis 0001 usw. entsprechen. Doch kommen sie praktisch kaum je zur Anwendung, weil es nur sehr wenig Flächen gibt, die weniger als
ein Hundertstel Licht zurückwerfen. Hier findet man also
bildlich dieselben Verhältnisse wieder, die S. 65 gedanklich
dargelegt worden sind.

Man nennt Teilungen, wie sie in Fig. 5 benutzt sind,
l o g a r i t h m i s c h e und bezeichnet die Graureihe nach dem
Fechnerschen Gesetz demgemäß wohl auch als eine logarithmische Reihe oder Leiter. Solche logarithmische Teilungen
sind überall gefordert, wo sich das Fechnersche Gesetz betätigt. Dies gilt besonders für alle N o r m u n g, deren Bedeutung für Arbeit und Verkehr aller Art gar nicht hoch

5*

68

genug angeschlagen werden kann. Demgemäß ist es auch eine der wichtigsten Folgen der Einführung von Maß und Zahl in die Farbenlehre, daß nunmehr die gesamte Welt der Farben durchgreifend genormt werden kann.

Normen. Die oben durchgeführte Festlegung einer bestimmten, nicht zu großen Anzahl fester Punkte in der stetigen Graureihe, die empfindungsmäßig gleichabständig sind, hat eine sehr weitgehende Bedeutung. Zunächst gestattet sie die geistige Beherrschung der unbunten Welt. Es ist gar nicht schwer, (S. 64) die Stufen a c e g i l n p dem Gedächtnis so fest einzuprägen, daß man sie auch ohne unmittelbaren Vergleich mit einer fertigen Norm erkennen kann. Merkt man sich, daß a Weiß (etwa die Farbe von gutem Bleiweiß) bedeutet, c Weißgrau, e Hellgrau, g helles und i dunkles Mittelgrau, l Dunkelgrau, n grauliches und p tiefes Schwarz, so hat man für immer in diesem Gebiet Fuß gefaßt und kann sich stets zurechtfinden.

Es ist deshalb vorgeschlagen und bereits weitgehend durchgeführt worden, die oben definierten Stufen a c e g i l n p r t . . . als allgemein gültige Normen einzuführen. Dies bedeutet, daß in allen Fällen, wo man einigermaßen frei über die Wahl des Grau verfügen kann (und das sind praktisch so gut wie alle Fälle), man nicht ein willkürlich eingestelltes Grau anwendet, sondern diejenige von den Stufen a c e g . . . ., welche dem Zweck am besten entspricht.

Durch die Normung nimmt das Gebiet der unbunten (und weiterhin das der bunten) Farben an all den Vorzügen teil, die mit der Normung jedes willkürlichen Gebiets verbunden sind, und die deshalb überall die Industrie veranlaßt haben, weitgreifende Normungsarbeiten durchzuführen. Dabei haben sich gewisse Grundsätze herausgestellt, die bei der Normung der Farben genauer und konsequenter berücksichtigt worden sind, als in irgend einem anderen Gebiet. Dies konnte um so leichter geschehen, als hier keine älteren, eingeführten Bestimmungen zu beseitigen waren. Denn

wegen des Fehlens eines Meßverfahrens war es bisher nicht
möglich gewesen, objektiv definierte Normen aufzustellen.
Von den seit M a y e r und L a m b e r t mehrfach durchge-
führten Versuchen, gefühlsmäßig eine Farbenordnung in
Gestalt einer Sammlung von Aufstrichen oder Stoffproben
herzustellen, konnte sich keiner durchsetzen, weil alle willkürlich waren und keine Sicherheit für die Unveränderlich-
keit der gewählten Farben boten. Erst die Messung und
die auf ihr beruhende absolute, d. h. von aufbewahrten
Proben unabhängige Definition haben dies ermöglicht.

Farben und Töne. Der eben beschriebene Vorgang erinnert lebhaft an die im Laufe einer längeren Entwicklung
durchgeführte Festlegung der Töne in der Tonleiter. Denn
auch die Töne bilden eine einfaltige stetige Reihe vom tiefsten bis zum höchsten, aus der eine nicht große Anzahl von
festen Punkten, die Tonleiter, festgelegt worden sind. Doch
wird es nötig sein, hier, wo zum ersten Male ein Vergleich
zwischen Tönen und Farben gezogen wird, genau die
Punkte zu bezeichnen, wo Übereinstimmung, und die, wo
Verschiedenheit besteht.

Übereinstimmung besteht in der Stetigkeit, Einfaltig-
keit, Einseitigkeit (Schwarz : Weiß, tief : hoch) beider
Gruppen und ihrer Ordnung nach einer geometrischen Reihe
gemäß dem Fechnerschen Gesetz.

Verschieden sind sie dagegen darin, daß die Tonreihe
keine genau definierten tiefsten und höchsten Endpunkte
hat, wie die Graureihe im idealen Schwarz und Weiß; die
Enden hängen von der Beschaffenheit des Hörorgans ab und
sind bei verschiedenen Menschen ziemlich verschieden. Dafür hat die Tonreihe eine natürliche Einteilung in Oktaven,
innerhalb deren sich stets dieselben Verhältnisse der
Zwischentöne wiederholen. Das ist bei der Graureihe nicht
der Fall; sie hat natürliche Enden, dagegen keine natürliche Einteilung, besteht somit gleichsam aus einer einzigen
Oktave.

70

Ferner sind die Töne durch Schwingzahlen definiert, deren einfachste Zahlenverhältnisse die Tonleiter bestimmen. Im unbunten Licht sind aber alle Schwingzahlen gleichzeitig vertreten und die Stufen der Grauleiter werden durch die Helligkeit oder den Weißgehalt bestimmt, welche alle Werte zwischen 0 und 1 annehmen kann.

Hat somit die Graureihe keine natürliche Einteilung, so muß sie eine künstliche erhalten. Dies ist, wie S. 62 dargelegt wurde, unter Anwendung der Zehnerteilung geschehen, die dann ohne weitere Nebenannahme zu der Grauleiter a b c d ... geführt hat, deren Stufen vollkommen eindeutig bestimmt sind.

Hierbei stellte sich ein weiterer wichtiger Unterschied gegen die Töne heraus. Das absolute Tongedächtnis, d. h. die Fähigkeit, die Töne c, d, e usw. beim Anhören zu erkennen, ist eine sehr seltene Gabe. Das absolute Farbgedächtnis, d. h. die Fähigkeit, Weiß, Hellgrau, Dunkelgrau, Schwarz usw. zu erkennen, ist dagegen eine ganz allgemeine Eigenschaft. Das gilt nicht nur für die eben erwähnten unbunten Farben, sondern auch für die bunten. Kein Mensch verwechselt Gelb und Rot, Blau und Kreß, wenn er nicht zu der Minderzahl der Farbenblinden gehört. Daher haben wir eine viel größere Fähigkeit, uns in der Welt der Farben heimisch zu machen, als in der der Töne. Wenn es bisher nicht oder nur unvollkommen geschehen ist, so liegt das daran, daß bisher die Messung und zahlenmäßige Ordnung der Farben nicht bekannt war. Aber die eben gemachten Erfahrungen bezüglich der leichten Erlernbarkeit der unbunten Farben lassen erkennen, daß das Farbengedächtnis nur einer methodischen Stütze und Pflege bedarf, um bisher Ungeahntes zu leisten. Diese methodische Stütze und Pflege gewährt aber die neue Farbenlehre.

Harmonie. Die durch einfache Verhältnisse der Schwingzahlen bestimmten Töne der Tonleiter haben, wie bekannt, die Eigenschaft, daß sie und nur sie harmonisch sind, d. h. im Nach- und Nebeneinander angenehm wirken oder schön

klingen. Es sind mit anderen Worten nur Töne mit einfachen Verhältnissen der Schwingzahlen harmonisch, und
alle harmonischen Töne weisen solche einfache Verhältnisse auf. Läßt sich das hier auftretende Gesetz ver-
allgemeinern?

Die Antwort lautet Ja. Auch in allen anderen Gebieten
gilt es, daß einfache gesetzliche Beziehungen zwischen den
maßgebenden Werten harmonische Wirkungen bedingen.
Eine entsprechende Untersuchung zeigt, daß die Kunst in
all ihren Mannigfaltigkeiten auf dem Grundsatz beruht:
Gesetzlichkeit = Harmonie, und daß diese Beziehung umkehrbar ist: Harmonie = Gesetzlichkeit. Mit anderen
Worten: alles Harmonische ist gesetzlich, und alles Gesetzliche ist harmonisch.

Wir können gleich die Probe auf das Exempel machen.
Bisher hat man von grauen Harmonien nichts gewußt, weil
man nicht verstanden hat, die Graureihe gesetzlich einzu-
teilen. Dies ist oben zum ersten Male geschehen, und damit
ist der Zugang zum Neuland der grauen Harmonien eröffnet. Wir haben nur nach den einfachsten gesetzlichen
Beziehungen zwischen den grauen Farben zu fragen, um sie
zu finden.

Nun kann zwischen zwei grauen Farben keine Gesetzlichkeit bestehen, da sie nur einen Abstand oder ein Verhältnis haben. Das Gesetz aber bringt zwei (oder mehr)
Werte in gegenseitige Beziehung. Es sind also drei graue
Farben zu einer Harmonie erforderlich. Und die einfachste
Beziehung zwischen ihnen ist, daß ihre Abstände gleich
sind. Drei graue Farben mit gleichen Abständen ergeben
eine graue Harmonie.

Solche Farben gleichen Abstandes haben wir aber bei
der Normung der Graureihe erhalten; die praktische
Reihe a c e g i l n p besteht aus solchen gleichabständigen
Farben. Folglich müssen sich aus ihr eine ganze Menge
verschiedener Harmonien bilden lassen. Man kann den
gleichen Abstand benachbarter Farben benutzen und die

72

Harmonien a c e, c e g, e g i usw. bilden. Oder man kann je
eine Stufe überspringen und erhält die Harmonien a e i, c g l
usw. Oder man kann zwei Stufen überspringen und erhält
a g n, c i p. Weitere Schritte kann man nicht machen, wenn
man bei p abbricht, wohl aber mit einer längeren Reihe.

Wie verhält sich nun die Erfahrung zu dieser Deduk-
tion? Unbedingt zustimmend. Ich habe verschiedene Muster
in den möglichen grauen Harmonien (deren es bis p 12 gibt)
ausgeführt und sehr zahlreichen Beschauern vorgelegt. Sie
haben ohne Ausnahme das Vorhandensein von Harmonien
bestätigt und sehr häufig ihr Entzücken über diesen un-
geahnten Genuß ausgedrückt.

Dann habe ich den Gegenversuch gemacht, indem ich
die gleichen Muster in ungleichabständigen grauen Farben
ausgeführt habe. Wer ohne Vorbereitung solche Muster
sah, hatte nichts Besonderes einzuwenden, weil derartige
ungesetzliche Zusammenstellungen uns unaufhörlich und
überall vor Augen kommen, gesetzlich-harmonische dagegen
nicht. Hatte er aber vorher den gewinnenden Reiz der
grauen Harmonien aus der Anschauung kennengelernt, so
wandte er sich verletzt ab. Nur in einem Falle erklärte
mir ein Beschauer, das ungesetzliche Muster sei gerade so
schön wie die gesetzlichen. Es war ein „Kunstgelehrter".

Normen und Harmonien. Die gleichabständigen grauen
Normen waren ursprünglich deshalb so aufgestellt worden,
weil der Begriff der Normung verlangt, daß die Normen
nirgends zu dicht oder zu locker vertreten sind, also überall
(psychologisch) gleichen Abstand haben. Die Erfüllung
dieser rein praktischen Forderung geschah ohne jede Rücksicht auf Fragen der Schönheit. Als sie aber erfüllt war,
stellte sich heraus, daß damit auch die einzig mögliche
Grundlage schönheitlicher Wirkungen gewonnen war.

Dieser Tatbestand regt bei der gegenwärtigen Nor-
mungsbewegung, die nicht nur unsere Industrie, sondern
die der ganzen Welt ergriffen hat, lebhaft zu weiterem
Nachdenken an. Es ist hier nicht der Ort, diese Gedanken-

reihe zu verfolgen. Wohl aber können wir sicher sein, d a ß
w i r b e i w e i t e r e r D u r c h f o r s c h u n g d e r F a r b e n -
w e l t n u r d i e G e s e t z l i c h k e i t z u s u c h e n u n d z u
b e t ä t i g e n h a b e n , u m a l s f r e i e Z u g a b e d i e
S c h ö n h e i t z u f i n d e n.

Die Grauleiter als Meßwerkzeug. Der Gedanke der Normung, zunächst der grauen Farben, bedingt, daß alle willkürlich hergestellten grauen Farben (Tünchen, Papiere,
Webstoffe, Garne usw.) künftig nicht mehr nach zufälligen
und ungeregelten Gesichtspunkten hergestellt werden, sondern so, daß sie mit einer der Normen a c e g i l n p ... übereinstimmen. Dadurch wird eine ganze Reihe von Vorteilen
erzielt. Zunächst können die Vorschriften zur Erzeugung
der Tünchen, Färbungen usw. auf die wenigen eingeschränkt
werden, die für die Normen erforderlich sind. Dies bedeutet eine wesentliche Vereinfachung der Fabrikation. Sodann kann die gewünschte Farbe bei der Bestellung genau
bezeichnet werden. Die Zeichen a c e ... kann man schreiben, telegraphieren, telephonieren usw.; die Übersendung
von Mustern ist überflüssig geworden. Endlich ermöglichen
die Normfarben unmittelbar harmonische Zusammenstellungen. Läßt man z. B. eine Maschine mit Grau g streichen
und fügt Linien in c und l hinzu (die alle vorrätig sind), so
entsteht ein höchst gewinnender Anblick, der den Käufer
anzieht und dem Besitzer Freude macht.

Es ist deshalb notwendig, die Normen a c e g i l n p r t
zur Hand zu haben, namentlich solange ihre Anwendung
noch nicht allgemein verbreitet ist. Hierfür ist als allgemeines Hilfsmittel, vergleichbar dem Metermaß und
Thermometer, die kleine Grauleiter Fig. 5 hergestellt und
in den Verkehr gebracht worden. Sie besteht aus einem
Rahmen im Weltformat 40 × 113 mm, in welchem, vergleichbar den Sprossen einer Leiter, Papierstreifen aus-
gespannt sind, die die Farben a c e g i l n p r t tragen. Man
legt die Leiter auf das zu messende Grau, das zwischen den
Sprossen sichtbar wird, und kann nun mit Leichtigkeit er-

74

kennen, wo Gleichheit vorhanden ist, oder zwischen welche
Stufen das vorgelegte Grau fällt. Gleichzeitig sieht man,
ob neutrales Grau vorliegt, oder in welchem Sinne noch ein
Rest Buntfarbe vorhanden ist.

Außer in dieser unmittelbaren Anwendung kann die
Grauleiter noch als P h o t o m e t e r benutzt werden. Die
bisherigen Photometer beruhten auf der meßbaren Veränderung von Lichtquellen, bis optische Gleichheit im Gesichtsfelde eingetreten war; hierzu mußte jedesmal die entsprechende Vorrichtung betätigt werden. Stellt man sich
eine Reihe genau gemessener Graustufen her, so kann man
die Einrichtung zur Veränderung der Lichtquelle entbehren
und sie durch die Graustufen ersetzen, wodurch sich das
Gerät oft in hohem Maße vereinfachen läßt. Der Gedanke
hat schon mehrfache praktische Anwendung gefunden, läßt
sich aber noch weit mannigfaltiger verwerten.

Die wichtigste derartige Anwendung ist für uns die
zur Messung des Weiß- und Schwarzgehalts bunter Farben.
Hierauf wird weiter unten eingegangen werden.

Fünftes Kapitel.

Der Farbtonkreis.

Bunt und unbunt. Die zweite und größere Hälfte der
Farbwelt bilden neben den unbunten die bunten Farben.
Die Eigenschaft, welche hier neu hinzugekommen ist, heißt
der F a r b t o n. Während die unbunten Farben sämtlich
aus zwei Bestandteilen, Weiß und Schwarz, ermischt werden
können, ist bei den bunten Farben noch ein drittes Element
vorhanden, das Buntfarbe, gesättigte Farbe, reine Farbe usw.
genannt worden ist. Da die neue Farbenlehre den in Rede
stehenden Begriff wesentlich anders gefaßt hat als die ältere,
so ist auch ein neuer Name am Platze. Wir nennen V o l l -
f a r b e jede Farbe, bei welcher die Eigenschaft des Farbtons voll entwickelt ist, so daß sie keine Beimischung anderer Farben, nämlich keine von Weiß und Schwarz, ent-

hält. Hierbei ist das Wort Beimischung psychologisch, nicht physikalisch gemeint: keine empfindbare Beimischung. Vollfarben sind Ideale, wie absolutes Weiß und Schwarz; die wirklichen Farben enthalten alle drei Elemente: Vollfarbe, Weiß und Schwarz.

Alle erkennbare Mengen Vollfarbe enthaltenden Farben nennen wir b u n t, im Gegensatz zu den unbunten, die nur aus Schwarz und Weiß bestehen. Das Wort bunt hat, wie die meisten auf Farbe bezüglichen, einen unbestimmten und wechselnden Sinn. Einerseits spricht man von bunter Kleidung im Gegensatz zu schwarzer Trauerkleidung und meint damit auch einheitliche Farben, wie Blau, Rot usw. Andererseits nennt man eine blühende Wiese bunt, um auszudrücken, daß dort vielerlei Farben nebeneinander sichtbar sind. Der Fortschritt der Wissenschaft erfordert eine schärfere Herausarbeitung des eindeutigen Zusammenhanges zwischen Begriff und Wort. So werden wir eine der beiden verschiedenen Bedeutungen fallen lassen und das Wort auf die andere beschränken. Die Wahl fällt auf die erste. Bunt werden wir das nennen, was einen Farbton (Gelb, Rot, Grün usw.) hat. Der Gegensatz dazu: unbunt, ist uns bereits geläufig.

Der Farbtonkreis. Wir fragen nun nach den gesetzlichen Zusammenhängen der verschiedenen Farbtöne. Hier wissen wir seit N e w t o n, daß sich alle Farbtöne stetig zu einem Kreise oder sonst einer geschlossenen Linie ordnen lassen, dem Farbtonkreis.

Die Gruppe der Farbtöne ist somit e i n f a l t i g, wie die unbunten Farben. Während diese aber zwei wohlgekennzeichnete absolute Endpunkte haben, sind solche in der Farbtongruppe nicht vorhanden; diese hat überhaupt keine Endpunkte, sondern läuft in sich zurück. Sie wird also am einfachsten als Kreislinie dargestellt.

Diese Ordnung bedingt einige wesentliche Unterschiede gegenüber der unbunten Reihe. Während bei dieser die Endpunkte Weiß und Schwarz unter sich verschieden sind,

76

als jedes andere Paar aus der Reihe, liegt die Sache bei den
Farbtönen umgekehrt. Teilt man den Kreis an irgendeiner
Stelle, so sind die beiden so entstehenden Enden einander
immer zum Verwechseln ähnlich: eine Folge der Stetigkeit
der Farbtonreihe.

Schreitet man von irgendeinem Punkt der Reihe fort,
so werden die Farben der Ausgangsfarbe zunächst immer
weniger ähnlich. In der Graureihe gelangt man schließlich
zu einem der Enden, wo der Unterschied seinen Höchstwert
erreicht. Im Farbtonkreise werden die Farben zwar anfangs der ersten immer unähnlicher. Dies erreicht auch
einen äußersten Grad, darüber hinaus aber werden die Farbtöne dem ersten wieder zunehmend ähnlicher und zuletzt fast
gleich. Man kann daher die Farbtöne so ordnen, daß die
unähnlichsten Farben sich im Kreise immer gegenüberstehen. Wie diese zu bestimmen sind, wird später dargelegt
werden.

Die stetige Farbtonreihe fällt mit der Farbenreihe des
Spektrums zusammen, wie sie durch Nebenordnung der
Lichter nach wachsenden Schwingzahlen entsteht. Dies
ist notwendig, weil beide Reihen stetig sind, denn jede
andere Ordnung würde eine von beiden unstetig machen.
Der Farbtonkreis hätte somit sehr wohl vor Entdeckung des
Spektrums entdeckt werden können. Daß es nicht geschah,
zeigt, wie schwierig es ist, selbst eine einfaltige Gruppe
zum erstenmal zu ordnen. Ist es einmal geschehen, so erscheint die Ordnung „selbstverständlich".

Die Herstellung des Farbtonkreises. Aus den Farbstoffen
Chinolingelb, Eosin, Bengalrosa, Wollblau, Neptunblau in
Lösungen von 3 bis 5 Proz., mit denen man weißes saugendes
Papier tränkt, kann man durch Mischung einen so reinen
Farbtonkreis herstellen, als es die gegenwärtige Technik
erlaubt. Dazu darf man immer nur die nebeneinander-
stehenden Paare mischen, also Chinolingelb mit Eosin, dies
mit Bengalrosa usw.; zuletzt Neptunblau mit Chinolingelb.
Man färbt zuerst mit den reinen Lösungen. Dann mischt

man diese halb und halb. Darauf schaltet man Zwischenstufen
ein, indem man jede der 10 Lösungen (5 reine Farbstoffe
und 5 Gemische) mit ihren Nachbarn halb und halb mischt.
So fährt man fort, bis man an die Schwelle gekommen ist,
wo man zwei Nachbarn nicht mehr unterscheiden kann. Das
wird hier früher, dort später geschehen; man bearbeitet
jedes Gebiet so weit, bis man die Schwelle erreicht oder überschritten hat.

So erhält man einige hundert Farben, aus denen man
einen stetigen Farbtonkreis kleben kann. Wegen der Stetigkeit besteht bezüglich der R e i h e n f o l g e kein Zweifel.
Über den gegenseitigen Abstand der einzelnen Farben ist
aber noch keine bestimmte Auskunft vorhanden. Ist es geglückt, überall die Schwelle in übereinstimmender Weise
erreicht zu haben, so werden im fertigen Kreise sich Gelb
und Ublau, Kreß und Eisblau, Rot und Seegrün, Veil und
Laubgrün gegenüberstehen, wobei jeder Farbton die gleiche
Winkelbreite hat. Aber diese Bestimmung ist sehr unsicher,
und die Farbtöne verhalten sich noch wie Perlen, die man
an einem zu langen verknüpften Faden aufgereiht hat: die
Ordnung ist gesichert, aber die gegenseitigen Abstände sind
noch willkürlich.

Betrachtet man den Farbkreis ohne Voreingenommen-
heit, so wird man leicht und sicher die acht oben genannten
Hauptfarben unterscheiden. Am meisten Schwierigkeit
macht zuerst die Trennung von Eisblau und Seegrün, doch
läßt sie sich bald überwinden. Diese Farben gehen aber
stetig ineinander über, und es ist nicht leicht, ihre Grenzen
festzustellen. Am ehesten gelingt dies am Gelb, das weder
grünlich noch rötlich sein soll; es ist ganz wenig „grün-
stichiger" als Chinolingelb. Pikrinsäure (besser ein neutrales Pikrat) ergibt dies Gelb genau.

Das Prinzip der inneren Symmetrie. Sieht man sich nach
einem Grundsatz um, nach welchem man eine wohlbegrün
dete endgültige Ordnung im Farbtonkreis herstellen könnte,
so findet man sich vor einer ganz ähnlichen Aufgabe, wie

78

bei der Teilung eines Kreises. Diese bewirkt man so, daß man eine bestimmte Länge zwischen die beiden Spitzen eines Zirkels nimmt und diese Länge als Sehne im Kreise herum abträgt. Gibt man die Voraussetzung zu, daß bei dieser Übertragung der Abstand der Zirkelspitzen immer gleich bleibt, so darf man behaupten, daß auch die am Kreis abgetragenen einzelnen Winkel gleich sind. Wie man sich einrichtet, daß diese Winkel ganze Brüche des Vollkreises sind, ist eine technische Frage, die uns hier nicht zu beschäftigen braucht.

Es kommt also alles darauf an, ein Verfahren zu finden, durch welches wir gleiche Abstände im Farbtonkreis erkennen und bestimmen können. Ein solches Verfahren beruht auf dem Begriff der Mischung.

Es ist bereits angegeben worden, daß durch Mischung alle Farbtöne sich herstellen lassen, welche zwischen den Farbtönen der Ausgangsfarben liegen. Ferner daß der Farbton vom Mischungsverhältnis abhängt, und daß man die einfachste Ordnung bekommt, wenn man die Abstände der Mischtöne im umgekehrten Verhältnis zu den Mengen der Bestandteile ansetzt. Mischt man daher zwei Farben zu gleichen Teilen, so liegt der Farbton in der Mitte.

Damit haben wir den gesuchten Maßstab, den wir im Kreise herumführen können. Wir nehmen zwei ziemlich naheliegende Farben a und b willkürlich an und stellen uns die Aufgabe, alle anderen Farben zu finden, welche um den gleichen Abstand a—b voneinander entfernt sind. Dann haben wir die gesuchten gleichen Winkel im Farbkreise abgetragen.

Dies geschieht, indem wir eine dritte Farbe c aufsuchen, die, mit a zu gleichen Teilen gemischt, gerade den Farbton b ergibt. Dann liegt b in der Mitte zwischen a und c, d. h. $a-b = b-c$. Ist dies geschehen, so sucht man eine vierte Farbe d, die mit b zu gleichen Teilen gemischt den Farbton c ergibt. Dann ist $b-c = c-d$, also auch $a-b = c-d$, und wir haben schon drei gleiche Abstände abgetragen. Eine

79

fünfte Farbe e, die mit c gleichteilig gemischt d ergibt, steht wieder in demselben Abstand zu d, und so kann man fortfahren, bis man den ganzen Kreis zurückgelegt hat. Auch hier ist das Aufsuchen eines Abstandes, der ohne Rest im Kreise aufgeht, eine Aufgabe zweiter Ordnung, zu deren Lösung es mehrere Wege gibt.

Wir nennen den Grundsatz, der hier zur Anwendung kam, das Prinzip der inneren Symmetrie. Es ermöglicht grundsätzlich die rationelle und eindeutige Teilung des Farbtonkreises.

Allerdings ist hierbei stillschweigend eine Voraussetzung gemacht worden, die nunmehr ausgesprochen und erledigt werden muß, um die Ausführung des Gedankens zu sichern, ja zu ermöglichen. Um die Mitte zu treffen, mußte man g l e i c h e Mengen der betreffenden Farben vermischen. Wie findet man solche gleiche Mengen?

Offenbar kann es sich hier nicht um gleiche Gewichtsmengen der verschiedenen Farbstoffe handeln, denn deren Ausgiebigkeit ist bekanntlich sehr verschieden. Vielmehr müssen die Farben optisch oder psychologisch gleich sein. Erinnern wir uns, daß jede wirkliche Farbe aus Vollfarbe, Weiß und Schwarz besteht, so bedeutet die Forderung, daß man entweder reine Vollfarben mischen soll oder Farben, welche den gleichen Bruchteil Vollfarbe enthalten, oder endlich solche Mengen, die sich umgekehrt verhalten wie die Anteile Vollfarbe in ihnen. Dann allein wird man die richtige Mitte treffen.

Die Ausführung der Teilung nach dem Prinzip der inneren Symmetrie hängt also davon ab, daß man den Anteil Vollfarbe in einer gegebenen Farbe (z. B. der nach S. 76 gefärbten Papiere) messen kann. Denn reine Vollfarben, welche diese Messung entbehrlich machen würden, stehen leider nicht zur Verfügung.

Es wird weiterhin der Weg beschrieben werden, auf dem man zu solchen Messungen gelangt. Vorläufig nehmen wir

80

an, sie seien ausgeführt und der Farbtonkreis sei darnach
endgültig geordnet.

Gegenfarben. Einer ersten Prüfung konnte die gefundene Teilung dadurch unterzogen werden, daß sie den
Gegenfarben durchweg genau gegenüberliegende Punkte im
Kreise zuweisen mußte, wenn sie richtig war. Sie bestand
diese Prüfung vollständig.

Der Begriff der Gegenfarbe ist bereits früher definiert
worden. Es ist die Farbe, welche sich mit der gegebenen
optisch zu neutralem Grau mischen läßt. Solche Paare sind
nur bezüglich des Farbtons definiert, nicht bezüglich ihres
Weiß- und Schwarzgehaltes. Denn irgendwelche Mengen
dieser unbunten Farben, die an- oder abwesend sind, können
das neutrale Grau des Gemisches nicht bunt machen.

Im allgemeinen ergeben zwei Buntfarben bei der
Mischung eine dritte, dazwischenliegende Buntfarbe und
dazu Grau. Dieses entsteht um so reichlicher, je weiter die
beiden Farben im Kreise abstehen, und stehen sie sich gegenüber, so entsteht nur Grau, wenn beide in gleichen Mengen
anwesend sind, sonst ein Gemisch aus Grau und der vor-
wiegenden Buntfarbe. Mischt man z. B. zu Ublau steigende
Mengen Gelb, so wird das Ublau zunächst zunehmend grauer
oder trüber, ohne seinen Farbton zu ändern. Dann wird es
rein grau, und darüber hinaus tritt ein graues Gelb auf, das
zuletzt in reines Gelb übergeht, wenn die Menge des Ublaus
Null geworden ist.

Entsprechendes gilt für jedes andere Paar von Gegenfarben.

Der ganze Farbkreis ist also gebildet oder erfüllt von
solchen Gegenfarbenpaaren; wo man einen Durchmesser hin-
legt, bezeichnen seine Enden zwei Gegenfarben.

Prüft man einen der früheren Farbkreise auf das Zutreffen dieser Beziehung, die ja von allen ihren Vertretern
behauptet wird, so findet man sie nie erfüllt. Gelb und Veil
geben Rot, Kreß und Blau desgleichen. Rot und Laubgrün
geben Gelb (Braun). Es ist bedenklich für den wissenschaft-

81

lichen Sinn der Beteiligten, daß sich durch ein Jahrhundert Ansichten erhalten haben, die man mit den einfachsten Mitteln experimentell widerlegen kann. Schon S c h o p e n - h a u e r hatte durch Nachbilder festgestellt, daß die Gegenfarbe des Laubgrüns Purpur ist und nicht Rot.

Normung des Farbtonkreises. Die Unzähligkeit der Farbtöne des stetigen Kreises ist für seine geistige Beherrschung ebenso ein unbedingtes Hindernis, wie es die der stetigen unbunten Reihe war. Wir müssen hier wie dort eine endliche, nicht zu große Anzahl gleichabständiger Punkte im Farbtonkreise festlegen, die uns als N o r m e n in ganz demselben Sinne dienen sollen und können, wie dies mit den Normen a c e g i l n p... der unbunten Reihe der Fall ist.

Auch hier wenden wir zunächst das Zehnergesetz an. Da 10 Farbtonnormen entschieden zu wenig sind, gehen wir zu 100 über. Diese sind jedenfalls ausreichend, denn sie kommen bereits der Schwelle nahe, die nicht mehr als rund 400 unterscheidbare Farbtöne ergibt. Wir werden also den Farbkreis in 100 Punkte teilen.

Die Frage, ob diese Punkte etwa nach dem Fechnerschen Gesetz abzustufen wären, muß verneinend beantwortet werden. Das Fechnersche Gesetz kommt hier nicht zur Anwendung, weil seine Beziehung zwischen abgestuften Werten desselben Reizes und der Empfindung fehlt. Es handelt sich hier um qualitativ verschiedene Reize, die sich in eine stetige Reihe ordnen, und nicht um quantitativ abgestufte Stärken desselben Reizes. Das Psychophysische darin ist bereits durch das Mischungsverfahren zur Geltung gekommen, welches gleiche und als gleich empfundene Abstände herzustellen lehrte. So können wir die gefundene Einteilung auch insofern als endgültig betrachten, als sie einer Bearbeitung gemäß dem Fechnerschen Gesetz nicht unterliegt, wie dies in der unbunten Reihe der Fall war.

Es gibt einen quantitativen Beweis für die grundsätzliche Richtigkeit der nach dem Prinzip der inneren Symmetrie gefundenen Einteilung, der in dem Nachweis liegt,

82

daß tatsächlich, wie oben (S. 77) angedeutet, die Abstände
der gefundenen 100 Farbtöne überall gleich weit von der
Schwelle entfernt liegen. Diese Schwellenwerte sind bereits
vor längerer Zeit von König und Dieterici im Spektrum
gemessen worden, welche für die Unterschiedsempfindlichkeit bezüglich der Farbtöne einen sehr unerwarteten Gang
von auf- und absteigender Beschaffenheit fanden. Verschiebt
man die Wellenlängen im Spektrum so, daß überall die
gleiche Unterschiedsempfindlichkeit entsteht, so stimmen die
Abstände völlig mit denen des rationell geteilten Farbkreises
überein. Dies gilt natürlich nur für den Teil (rund vier
Fünftel), der beiden gemeinsam ist; für das Gebiet des
Purpurs konnten König und Dieterici ja keine
Messungen ausführen.

Dergestalt wurde nun ein hundertteiliger Farbtonkreis
aus den reinstfarbigen Farbstoffen ausgeführt, die ich mir
verschaffen konnte. Um ihn zu beziffern, ging ich von dem
oben (S. 77) gekennzeichneten Gelb aus, das zwischen grünlich und rötlich stehend als rein gelb angesprochen werden
kann. Die festen Farbstoffe Siriusgelb und Strontiumchromat kennzeichnen den Punkt eindeutig. Dieser Punkt
wurde zum Nullpunkt gewählt und mit 00 bezeichnet. Von
dort ging es über Kreß, Rot und Veil weiter nach Ublau,
welches dem Gelb 00 gegenüberliegt und daher die Zahl 50
hat. Ultramarin hat ungefähr diese Farbe, während dem
Zinnober die Nummer 25 zukommt. Die ganze zweite Hälfte
des Farbtonkreises wird von den blauen und grünen Farben
erfüllt, nämlich Ublau, Eisblau, Seegrün, Laubgrün. Das
letzte Laubgrün schließt sich mit 99 wieder an das erste
Gelb 00.

Ältere Farbkreise. Vergleicht man diesen rationell geteilten Farbkreis mit den bisher üblich gewesenen, auf
Augenmaß beruhenden, so findet man eine starke Abweichung darin, daß das Eisblau und Grün hier viel enger
zusammengeschoben sind, während die Farben Gelb, Kreß,
Rot, Veil einen viel größeren Raum einnehmen. Die Ursache

der mangelhaften Entwicklung jenes Gebietes liegt in der alten falschen Vorstellung von den drei Urfarben Gelb, Rot, Blau, die man „selbstverständlich" gleichabständig, also um je 120° entfernt im Kreise anordnete. Im richtigen Farbkreise stehen sich dagegen Gelb und Ublau gegenüber, und die ganze zweite Hälfte bleibt für Blau und Grün. So wirkt ein solcher Kreis zunächst befremdend auf den, der nur den alten kannte.

Aber auch ohne diese geschichtliche Beeinflussung ist das breit entwickelte Blau und Grün eine Überraschung. In einer großen Teppichfabrik sah ich einen gewebten Streifen, in welchem der Farbmeister alle Farben des Farbkreises so rein wie möglich nebeneinander hatte verweben lassen: Eisblau und Seegrün waren ganz verkümmert und das Gebiet viel zu summarisch abgetan. Das gleiche gilt für den vielgezeigten Farbkreis auf Seide einer der größten Teerfarbenfabriken. Diese Tatsachen zeigen, daß wirklich dies Gebiet der Farbe weniger bekannt und gepflegt war, als alle anderen.

Die Erklärung ergibt sich, wenn man sich erinnert, daß Eisblau und Seegrün in der Natur sehr selten zu sehen sind. Eisblau sieht man in Gletscherspalten; aber wieviele haben Gletscherspalten gesehen? Das Blaugrün, welches ich Seegrün genannt habe, sieht man allerdings an Seen, aber nur an solchen, die in Kalkstein liegen; die anderen Seen haben meist bräunliches Wasser. Und wieviel Seen liegen in Kalkstein? An Blumen kommen die Farben nicht vor, denn die Blumenfarben beginnen bei 00 und gehen bis 58, dem letzten Ublau. Das Grün des Laubes beginnt aber erst bei 88. Das ganze Zwischengebiet — eben das des Eisblau und Seegrün — bleibt uns vorenthalten. Auch heimische Schmetterlinge und Vögel zeigen nur selten diese Farben. Der Eisvogel hat sie, aber wer hat einen Eisvogel in der Natur gesehen?

Dazu kommt noch der merkwürdige Umstand, daß auch in der unzähligen Schar der künstlichen Farbstoffe jenes

84

Gebiet zwischen 58 und 88 nur sehr spärlich vertreten ist.
Ein reines Eisblau kommt fast nur bei Farbstoffen von der
Klasse des Patentblaus vor, und während wir im warmen
Gebiet uns einer reichen Auswahl gut lichtbeständiger und
dabei farbreiner Pigmente erfreuen dürfen, zeigt in dieser
Hinsicht das blaugrüne Gebiet große Lücken.

Selbst die Mode, die doch jeden Winkel des Möglichen
auszustöbern pflegt, hatte jenes Gebiet lange völlig vernachlässigt. Das muß um so mehr wundernehmen, als die Farben
um 67 bis 71 als Gegenfarben zum Farbton der Haut und
der Haare besonders wirksame Farbharmonien versprechen.
Erst in jüngster Zeit sind diese Farben plötzlich aufgetreten.
Man wird mir nicht verwehren, darin einen der ersten
praktischen Erfolge der neuen Farbenlehre zu sehen, welche
nachdrücklich auf jene Lücke aufmerksam gemacht hatte.

Farben und Wellenlängen. Die Ausführung einer Farb-
kreisteilung, wie sie eben grundsätzlich gekennzeichnet
wurde, ist wegen der vielen dazu erforderlichen Messungen,
zunächst der Reinheit, sodann der Mischfarben, eine sehr
mühsame und langwierige Arbeit. Es war deshalb wichtig,
das Ergebnis in einer Form festzulegen, welche ihm eine
unbegrenzte Dauer sicherte: In Gestalt von farbigen Aufstrichen und von Vorschriften zu ihrer Herstellung wäre die
Sicherung nur sehr unvollkommen gewesen. Denn die Aufstriche können im Lauf der Zeit ihren Farbton ändern, und
die käuflichen Farbstoffe, auf welche sich die Vorschriften
beziehen, sind meist Gemische, die von Fall zu Fall verschieden sein können. So war ein Anschluß an die Farben
des Spektrums dasjenige Mittel, welches die gewünschte
Unabänderlichkeit versprach. Konnte zu jeder Farbe des
Spektrums, wie sie durch die Schwingungszahl oder Wellenlänge definiert ist, die zugehörige Nummer des hundertteiligen Farbtonkreises angegeben werden, so war damit die
Einteilung für alle Zeiten ohne Aufbewahrung eines Musters
festgelegt. Allerdings stört hier die von H e l m h o l t z nach-
gewiesene Veränderlichkeit des Farbtons mit der Licht-

85

stärke, die besonders an den Enden des Spektrums auftritt, sowie die Lücke der Purpurfarben. Doch lassen sich diese Stellen zur Not mittels der Gegenfarben überbrücken, und das Verfahren ist deshalb nicht vor der Hand zu weisen. Weiter unten wird übrigens eine andere Art des Anschlusses

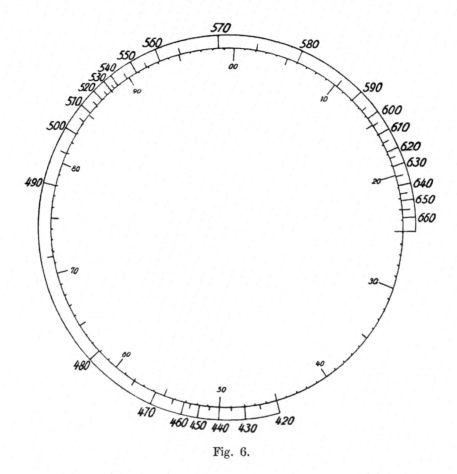

Fig. 6.

mitgeteilt werden (durch die Farbenhalbe), welches von diesen Mängeln frei ist.

Das Ergebnis dieser Messungen, an dem sich außer mir noch andere beteiligt hatten, ist übersichtlich in Fig. 6 dargestellt. Der Kreis ist im Innern gleichförmig in die 100 Punkte des rationellen Farbtonkreises geteilt. Außen

86

sind die Wellenlängen in Millionstel Millimeter verzeichnet,
welche den innen angegebenen Farbtönen entsprechen.

Beginnt man mit dem ersten Gelb 00, so entspricht ihm
die Wellenlänge 572,1. Bis zum Beginn des Kreß bei etwa
13 liegen die Wellenlängen weit voneinander entfernt. Das
heißt: in dem kleinen Gebiet von 572 bis 592 drängen sich
13 Farbtöne vom hellsten Schwefelgelb bis zum Kreß zusammen. Tatsächlich lehrt ein Blick in das Spektroskop,
daß das Gelb im Spektrum einen auffallend schmalen Raum
einnimmt. Umgekehrt entspricht den kressen Farben bis
zum Zinnoberrot 25 ein großes Gebiet von Wellenlängen,
nämlich 592 bis 670, dem Ende des sichtbaren Spektrums.
Im Spektrum sieht man demgemäß auch einen breiten
Streifen Gelbrot und Rot.

Nun kommen die Purpurfarben, für die es im Spektrum
keine Lichtarten gibt. Bei 45, einem bläulichen Veil, fangen
die Spektralfarben wieder mit dem kurzwelligen Ende an,
und es zeigen sich wieder eine ganze Menge Wellenlängen
in dem engen Gebiet des letzten Veil und ersten Ublau, entsprechend der großen Ausdehnung des Veil und Ublau am
anderen Ende des Spektrums. Eisblau und Seegrün müssen
sich wieder mit wenigen Wellenlängen, von 475 bis 500,
begnügen; sie sind im Spektrum demgemäß sehr schmal.
Dagegen verbraucht das Laubgrün nebst dem Rest des See-
grüns wieder eine große Menge Wellenlängen. Es dehnt
sich von 500 bis 572 aus, wo der letzte, stark gelbe Teil
bereits wieder an der Enge des Gelb teilnimmt.

Die eben geschilderten Mannigfaltigkeiten zeigen sich
viel deutlicher am regelmäßigen Beugungsspektrum als an
dem einseitig verzerrten Prismenspektrum. Ist jenes nicht
sehr ausgedehnt, so sieht man nur die drei Gebiete Hoch-
rot, Mittelgrün und Ublau, während das dazwischenliegende
Gelb und Eisblau fast unsichtbar sind.

Von einem einfachen Zusammenhang zwischen Wellenlängen (oder Schwingzahlen) und Farben kann also entfernt nicht die Rede sein. Man darf ihre gegenseitige Zu-

ordnung zwar nicht unregelmäßig nennen, denn sie ist
sicherlich gesetzlich. Der Zusammenhang ist aber so verwickelt, daß jeder Versuch, etwa Farbharmonien auf
Schwingzahlen zu begründen, von vornherein zum Scheitern bestimmt ist.

Diese merkwürdigen Verhältnisse sind zwar teilweise
schon früher bemerkt worden — so hat H e l m h o l t z auf
die besondere Ausdehnung der Endfarben Rot und Ublau
im Spektrum hingewiesen — sie haben aber keinen bestimmten Ausdruck finden können, weil bisher die rationelle
oder psychologische Ordnung der Farben im Farbtonkreise
nicht exakt durchgeführt war. Zwar hat H e r i n g die Lage
der Hauptpunkte gemäß seiner Vierfarbenlehre im ganzen
richtig (bis auf das Grün) angegeben, er besaß aber kein
Verfahren der genauen Unterteilung und konnte daher die
Zuordnung der Wellenlängen zu seinem Kreise nicht durch-
führen.

Bestätigung. Hier ist nun der Ort, auf die S. 82 erwähnte Arbeit von K ö n i g und D i e t e r i c i zurückzukommen. Ordnen sich psychologischer Farbtonkreis und
Wellenlängen in dieser wunderlich wechselnden Weise, so
müssen die Unterschiedsempfindlichkeiten bezüglich des
Farbtons abwechselnd groß und klein sein. Nämlich groß, wo
wenige Wellenlängen eine große Zahl von Farbtönen liefern
müssen, klein, wo der Farbton sich nur wenig mit der
Wellenlänge ändert. Umgekehrt liegen natürlich die
Schwellenwerte. Das ist nun genau, was jene beiden Forscher gefunden haben. Fig. 7 stellt unter I und II den
Verlauf der Schwellenwerte (wahrscheinliche Einstellungsfehler in Wellenlängen) in der Abhängigkeit von der Wellenlänge dar; die verschiedenen Kurven beziehen sich auf verschiedene Beobachter und Lichtstärken. Unter III ist der
Inhalt von Fig. 6 oder die Ordnung der Wellenlängen im
rationellen Farbtonkreise derart wiedergegeben, daß als
Ordinaten die Wellenlängenunterschiede zwischen zwei aufeinanderfolgenden Punkten des 100teiligen Farbtonkreises

88

dienen. Sie drücken sachgemäß die Beziehung in dem Sinne
aus, daß die Ordinaten mit den Schwellenwerten wachsen
und abnehmen. Die Übereinstimmung der drei Linienzüge
ist schlagend und fast besser, als die der gleichartigen Beobachtungen I und II untereinander.

Beziehung zur Dreifarbenlehre. Der Hinweis darf nicht
unterlassen werden, daß die oben beschriebenen Tatsachen

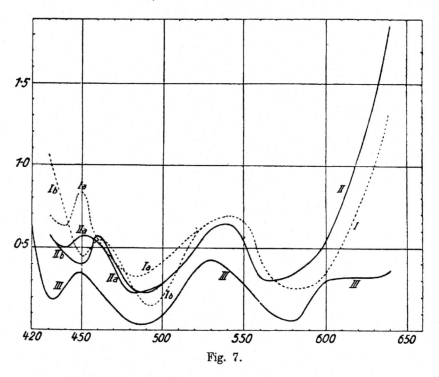

Fig. 7.

auf einen nahen Zusammenhang mit der Dreifarbenlehre
hindeuten. Sie drücken aus, daß im Auge ein Umstand dahin wirkt, daß viel größere Wellengebiete die Empfindungen
Gelbrot, Mittelgrün und Ublau hervorzurufen vermögen, als
die Empfindungen Gelb, Eisblau und Seegrün. Dies entspricht der Annahme von H e l m h o l t z , daß das Sehorgan
dreiteilig auf die Wellenlängen der genannten Farben besonders eingestellt ist, doch so, daß es auch, nur schwächer,
von den benachbarten Wellen gereizt wird.

89·

Während dieser Umstand für die Lehre von H e l m -
h o l t z spricht, läßt sich das unzweideutige Hervortreten
der rechtwinklig geordneten Gegenfarbenpaare Gelb-Ublau
und Rot-Seegrün im rationellen Farbkreis für die Lehre von
H e r i n g ins Treffen führen. Glücklicherweise ist der Fortschritt der Farbenlehre von einer Entscheidung zwischen
beiden Lehren oder einer Vereinigung beider unter einen
gemeinsamen Gesichtspunkt zurzeit kaum abhängig. Hat
sich doch gerade an der jüngsten Entwicklung gezeigt, daß
die Erforschung der unmittelbaren Verhältnisse, welche von
jenen Fragen unabhängig klargestellt werden können, unvergleichlich viel fruchtbarer ist als die Fortführung des
Streits. Umgekehrt wird sich herausstellen, daß eine zunehmende unbefangene Vertiefung in die tatsächlichen und
aufweisbaren Verhältnisse, welche durch jene unfruchtbaren
Fragepunkte arg in den Hintergrund gedrängt war, in
absehbarer Zeit selbsttätig zur Erledigung auch dieser Probleme führen wird. Wir haben in allen Wissenschaften Beispiele dafür, daß durch die Aufstellung von Hypothesen,
die zurzeit weder bestätigt noch widerlegt werden können,
deren Fortschritt eher gehemmt als befördert wird, während
doch der einzige Zweck der Hypothesen ist, die Forschung
zu erleichtern und zu befruchten.

Farbtonnormen. Es ist schon wiederholt hervorgehoben
worden, daß beim Anblick eines stetigen (oder auch eines
hundertteiligen) Farbkreises die vier Urfarben Gelb, Rot,
Ublau, Seegrün und die acht Hauptfarben Gelb, Kreß, Rot,
Veil, Ublau, Eisblau, Seegrün, Laubgrün unmittelbar ins
Auge fallen. Andere Farben melden sich nicht mit Ausnahme vielleicht von Purpur, das man noch etwa zwischen
Rot und Veil einschalten möchte. Diese Ur- und Hauptfarben sind gleichabständig im Kreise verteilt.

Dies streitet einigermaßen mit der ursprünglichen Hundertteilung, die uns durch den Zehnergrundsatz aufge-
zwungen war. Es tritt auch hier wieder einmal hervor, wie
schade es ist, daß wir, durch die Anzahl unserer Finger

90

verleitet, die Zehnergruppe als Gruppeneinheit der Zahlen
gewählt haben und nicht die viel bessere Zwölfergruppe.
Während jene nur die Faktoren 2 und 5 hat, enthält diese
die Faktoren 2, 3, 4 und 6. Wir gedenken mit Wehmut der
fernen Zukunft, wo die Menschheit genügend organisiert
und rationalisiert sein wird, um diese Verbesserung durch-
zusetzen, und finden uns so gut es geht mit dem Vorhandenen ab.

Wenn wir nämlich der Frage der Farbtonnormung
näher treten, so erkennen wir zunächst, daß wir jene natürliche Ordnung nach 8 Hauptfarben keinenfalls unberück-
sichtigt lassen dürfen. An diese müssen wir jede weitere
Entwicklung anschließen.

Nun sind 8 Farbtöne zu wenig; die Sprünge zwischen
ihnen sind zu groß. Andererseits sind 100 zu viel für praktische Zwecke, auch abgesehen von der Unteilbarkeit durch 8.
Da wir auf den Faktor 3 aus Gründen der Harmonie nicht
verzichten können, so stehen die Zahlen 24, 48, 72 und 96
zur Wahl. Die beiden letzten sind zu nahe an 100, d. h. zu
groß. Auch 48 Farbtöne stellen sich beim praktischen Versuch als überreichlich heraus. Die Wahl fällt also auf 24.

Dies bedeutet, daß man jede der 8 Hauptfarben in
3 Stufen spaltet, die man zweckmäßig als erstes, zweites,
drittes Gelb, Kreß, Rot usw. bezeichnet. Zwar geht auch 24
nicht in Hundert auf. Man kann aber die entstehenden
Brüche ruhig auf die nächsten ganzen Zahlen abrunden.
Denn da die 100-Teilung bereits der Schwelle nahe kam, so
fallen Bruchteile meist in sie hinein, würden also nicht oder
kaum unter besonderen Verhältnissen erkannt werden, geschweige beim praktischen Gebrauch. Dadurch entsteht folgende Übersicht der Namen und Nummern der Farbtonnormen:

	Erstes	Zweites	Drittes
Gelb	00	04	08
Kreß	13	17	21

91

	Erstes	Zweites	Drittes
Rot	25	29	33
Veil	38	42	46
Ublau	50	54	58
Eisblau	53	67	71
Seegrün	75	79	83
Laubgrün	88	92	96

Merkt man sich, daß jeder z w e i t e Farbton den mittleren Wert des betreffenden Gebietes darstellt, während der erste und dritte nach den beiden Nachbarn abweicht, so kann man die 24 Farbtonnormen leicht auswendig lernen. So schaut das erste Rot nach Kreß hin: Zinnoberrot. Das zweite ist das mittlere Rot: Karminrot. Das dritte endlich schaut nach Veil: das Purpur der dunkelroten Rosen. Das erste Ublau hat einen Stich ins Veil: ammoniakalische Kupferlösung, das dritte einen Stich ins Eisblau: das Blau des klaren Himmels. Das zweite hat die Farbe von hellem Ultramarin. Hat man unter diesem Gesichtspunkt einige Male die 24 Normen durchlaufen, so wird man sich bald in der Lage sehen, an vollen Farben den Farbton zu erkennen. Man kann nichts besseres tun, als diese Fähigkeit zu üben, bis sie sich zu voller Sicherheit gesteigert hat. Denn sie ist die Voraussetzung einer geistigen Beherrschung der Farbwelt.

Sechstes Kapitel.

Die farbtongleichen Dreiecke.

Allgemeines. Zur vollständigen Bestimmung einer Farbe gehört außer der Kenntnis des Farbtons noch die des Gehaltes an Weiß und Schwarz. Wie man diese mißt, wird in einem späteren Kapitel ausführlich dargelegt werden. Hier soll die Aufgabe als gelöst vorausgesetzt und die Mannigfaltigkeit untersucht werden, die daraus entsteht.

Die Zusammensetzung einer jeden Farbe wird durch eine Gleichung von der Gestalt $v + w + s = 1$ dargestellt,

92

wo v $=$ Vollfarbe, w $=$ Weiß und s $=$ Schwarz ist. Die
Gleichung selbst ist ein Ausdruck der allgemeinen, von
Maxwell nachgewiesenen Tatsache (S. 26), daß alle Farb-
mischgleichungen linear oder erster Ordnung sind. Doch
hat Maxwell selbst, so sehr er sich um die Erfassung der
Farbmischgesetze bemüht hat, diese einfache Gleichung
nicht gefunden. Man muß in seiner Abhandlung (die in absehbarer Zeit in meiner Sammelschrift „Die Farbe" in
deutscher Sprache herausgegeben werden soll) nachlesen,
wie er sich mit der Begriffsbildung für die Farbenwelt ab-
müht, um die Erlösung nachzuempfinden, welche mir die
Entdeckung dieser einfachen Gleichung seinerzeit gebracht
hatte. Sie ist vergleichbar der ungefähr ebenso einfachen
Gleichung des Ohmschen Gesetzes, ohne welches weder die
heutige Elektrotechnik noch die wissenschaftliche Elektrik
möglich gewesen wäre.

Für die vorliegende Aufgabe besagt die Gleichung folgendes. In einer gegebenen Vollfarbe (von irgendeinem bestimmten Farbton) kann man jeden Bruchteil sowohl durch
Weiß, wie durch Schwarz, wie durch beide ersetzen. Da für
die drei Veränderlichen v, w und s nur eine Gleichung besteht, so können zwei von den drei Werten willkürlich bestimmt werden; der dritte ist dann festgelegt. Jeder dieser
Werte liegt irgendwo zwischen 0 und 1; ihre Summe ist
immer gleich Eins. Negative Werte kommen nicht vor, da
solchen nichts Tatsächliches entsprechen würde. Es handelt
sich also um eine begrenzte zweifaltige Gruppe.

Man kann fragen, was die Eins in der Gleichung
$v + w + s = 1$ bedeutet. Sie besagt, daß jede Farbe einen
begrenzten Wert darstellt, der demgemäß sein Maß in sich
selbst trägt. Ich kenne außerdem nur noch eine solche Größe,
nämlich den Winkel. Seine Einheit und demgemäß sein
Maß ist der Vollwinkel gleich vier Rechten. Die Summe
aller Winkel w_1, w_2, w_3 .... um einen Punkt unterliegt einer
ähnlichen Gleichung $w_1 + w_2 + w_3 + ... = 1$. Doch besteht
der große Unterschied, daß bei den Farben drei verschieden-

93

artige Teilstücke v, w und s vorhanden sind, während sie bei
den Winkeln gleichartig sind und ihre Zahl beliebig ist.

Das Dreieck. Alle Gleichungen von der Gestalt
$x + y + z = k$ lassen sich durch die Gesamtheit aller Punkte
eines gleichseitigen Dreiecks mit der Seite k darstellen.
Zieht man nämlich von irgendeinem Punkte m im Dreieck
die Seitenparallelen $m\,a$, $m\,b$, $m\,c$, so ist ihre Summe immer
gleich der Dreieckseite, $\mathrm{m\,a} + \mathrm{m\,b} + \mathrm{m\,c} = k$. Macht man

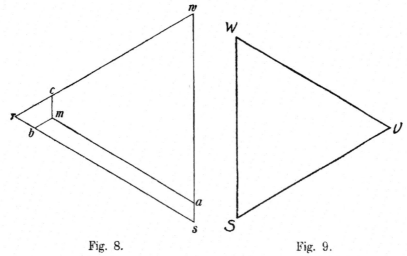

Fig. 8.   Fig. 9.

also diese Strecken zum Maß der Größen x, y, z, so stellen
alle Punkte des Dreiecks alle möglichen Kombinationen der
Werte von x, y, z dar.

Zeichnet man ein Dreieck mit der Seite 1 und nennt
die Linien ma, mb, mc nunmehr v, w, s, so geht die obige
Gleichung über in $v + w + s = 1$, die Farbengleichung und
bezeichnen alle Punkte innerhalb des Dreiecks alle denkbaren und möglichen Mischungsverhältnisse aus Vollfarbe,
Weiß und Schwarz. Das Dreieck ist also eine vollständige
Darstellung aller Abkömmlinge, die man aus einer gegebenen Vollfarbe durch Mischung mit Weiß und Schwarz
herstellen kann.

Um dies genauer zu übersehen, betrachten wir ein
solches f a r b t o n g l e i c h e s D r e i e c k (Fig. 9) näher.

94

Wir haben zunächst die drei idealen Farben: reines Weiß *w*, reines Schwarz *s*, Vollfarbe *v* in den drei Ecken.

In den Seiten liegen alle zweiteiligen Gemische aus je zweien dieser Ideale. Die Seite *ws* enthält die wohlbekannte unbunte Reihe mit allen grauen Farben zwischen Weiß und Schwarz. Die Seite *wv* enthält alle Gemische aus Vollfarbe und Weiß, wie man sie etwa bekommt, wenn man einen vollfarbigen Farbstoff mit zunehmenden Mengen Weiß mischt. Wir nennen sie die hellklaren Farben. Die Seite *vs* endlich enthält alle Gemische aus Vollfarbe und Schwarz. Da wir keine weißfreien schwarzen Farbstoffe besitzen, können wir solche Farben nicht im Aufstrich herstellen. Annähernd kann man sie kennen lernen, wenn man mittels der Drehscheibe möglichst vollfarbige Sektoren vor der Öffnung eines hinreichend großen Dunkelkastens (S. 59) umlaufen läßt; jedermann ist entzückt von der Schönheit dieser Farben, die wir die dunkelklaren nennen. Man sieht solche Farben auch an bunten Glasfenstern, namentlich alten Kirchenfenstern, wo der Schwarzgehalt natürlich durch den Staub der Jahrhunderte, technisch durch Einbrennen von Eisenoxyduloxyd oder Hammerschlag (Schwarzlot) bewirkt wird.

Im Innern ordnen sich alle Farben an, welche gleichzeitig Weiß und Schwarz, d. h. Grau enthalten. Wir nennen sie in Übereinstimmung mit dem Sprachgebrauch die trüben Farben. In der Nähe der Weißecke *w* finden sich die hellen trüben Farben, in der Nähe der Schwarzecke *s* die schwärzlich dunklen trüben Farben, in der Nähe von *v* die tiefen, an Vollfarbe reichen trüben Farben. Sie sind um so trüber, je mehr sie sich der unbunten Seite *ws* nähern, und zwar in deren Mitte am trübsten.

Ausgezeichnete Linien im Dreieck. Im Innern des Dreiecks verlaufen sechs Gruppen ausgezeichneter Linien, drei parallel den Seiten, drei von den Ecken nach der Gegenseite. Sie haben mehr oder weniger methodische Bedeutung.

95

Alle Linien, die parallel *vs*, der Gegenseite von *w* verlaufen, Fig. 10, stellen Farben gleichen Gehaltes an W e i ß

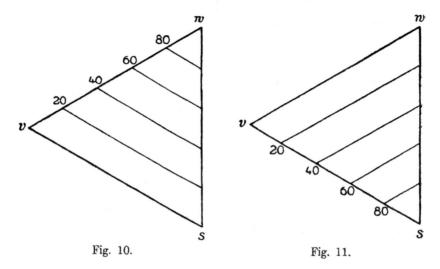

Fig. 10.   Fig. 11.

dar, denn die Seitenparallelen von allen Punkten einer
solchen Linie nach der Gegenseite *vs,* welche den Weißgehalt messen, sind gleich.
Wir nennen solche Linien daher W e i ß g l e i c h e. Die
unterste Weißgleiche ist die
Seite *vs* der dunkelklaren
Farben mit dem Weißgehalt
Null.

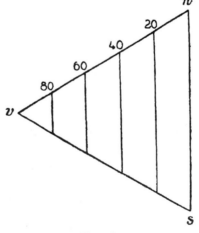

Fig. 12.

Alle Linien parallel *vw,*
der Gegenseite von *s,* stellen
Farben gleichen Schwarzgehalts dar, Fig. 11; es sind
die S c h w a r z g l e i c h e n.
Die oberste Schwarzgleiche
ist die hellklare Reihe *vw* mit
dem Schwarzgehalt Null.

Alle Linien parallel *ws,* der Gegenseite von *v,* Fig. 12,
sind Linien gleichen Anteils an Vollfarbe oder gleicher

96

Reinheit, die Reingleichen. Die äußerste Rein-
gleiche ist die unbunte Reihe mit der Reinheit Null.

Alle Linien, welche durch den Weißpunkt *w* gehen,
stellen Farben dar, in welchen das Verhältnis Vollfarbe:
Schwarz gleich ist. In allen Linien, die durch den Schwarz-
punkt *s* gehen, ist das Verhältnis Vollfarbe: Weiß gleich.
In allen Linien, die durch den Vollfarbpunkt *v* gehen, ist
das Verhältnis Weiß: Schwarz gleich; sie sind aus Vollfarbe und demselben Grau gemischt. Es hat sich keine Notwendigkeit gezeigt, sie mit besonderen Namen zu belegen,
doch ist es gut, ihre Sonderart zu kennen.

Das Fechnersche Gesetz bei den Buntfarben. Wenn man
im farbtongleichen Dreieck an der Seite *ws* die unbunten
Farben *w* abträgt, daß die Abstände dem Weißgehalt proportional sind, wie es die Darstellung in dem farbtongleichen Dreieck erfordert, so erhält man die S. 61 geschilderte verzerrte Grauleiter mit dem viel zu ausgedehnten Hell
und dem viel zu enggedrängten Dunkel. Ähnliches zeigt sich
an den beiden anderen Seiten *wv* und *sv*. Längs *wv* er-
strecken sich von *w* ab blasse Farben, die kaum den vorhandenen Farbton erkennen lassen, viel zu weit, und die
einigermaßen gesättigten sind bei *v* eng zusammengedrängt.
Längs *vs* endlich will sich die Farbe von *v* ab zunächst gar
nicht ändern; das Schwarz macht sich erst in der zweiten
Hälfte anschaulich geltend und bei *s* drängen sich die dunkleren Farben eng zusammen.

Für die Seite *ws* ist uns die Ursache wohlbekannt. Sie
liegt im Fechnerschen Gesetz (S. 61), demzufolge die Weißgehalte eine absteigende geometrische Reihe bilden müssen,
damit die Helligkeit der grauen Farben gleichmäßig, nach
einer arithmetischen Reihe abnimmt. Das übereinstimmende
Verhalten der beiden anderen Seiten zeigt, daß auch für die
Mischungen von Vollfarbe mit Weiß und mit Schwarz das
Fechnersche Gesetz gültig ist. Und zwar übernimmt in der
Reihe Weiß—Vollfarbe die Vollfarbe die Rolle des Schwarz,
denn das Weiß kann sie ja nicht übernehmen. In der Reihe

Vollfarbe—Schwarz muß aber die Vollfarbe die Rolle des
Weiß übernehmen, denn das Schwarz kann nicht Weiß
spielen.

Auch diese beiden Gesetze zu finden, war erst möglich,
nachdem die Farben meßbar geworden waren. So begegnen
wir auf jeden Schritt neuen Aufschlüssen, welche der qualitativen Periode der Farbenlehre noch verschlossen waren.

Das analytische und das logarithmische Dreieck. Teilt man
die Seiten des S. 93 beschriebenen farbtongleichen Dreiecks
nach dem Fechnerschen Gesetz derart ein, daß gefühlsmäßig
gleichabständige Farben gekennzeichnet werden, so erhält
man die in Fig. 13 dargestellte Ordnung, an der man die
eben gegebene Beschreibung wiedererkennt. Es entsteht aber
das Bedürfnis, die Farben im Dreieck so zu ordnen, daß
gleichen räumlichen Abständen auch gleiche psychologische
Abstände entsprechen. Dazu muß man das Dreieck nach unten
so ausrecken, daß die Abstände bc, cd, de usw. gleich werden.
Da diese logarithmische Einteilung (S. 66) theoretisch ins
Unendliche führt, so rückt die ganze Seite vs mit ihren
Endpunkten v und s in die Unendlichkeit hinaus. Praktisch
bleibt sie bald genug im Endlichen stehen, weil weder weiß-
freie Vollfarbe, noch weißfreies Schwarz, noch ideale dunkelklare Farben herstellbar sind.

Wir nennen das früher S. 93 beschriebene Dreieck das
a n a l y t i s c h e, weil es die unmittelbaren Ergebnisse der
Farbanalyse darstellt. Das neue, nach dem Fechnerschen
Gesetz geordnete soll dagegen das l o g a r i t h m i s c h e oder
F e c h n e r s c h e Dreieck heißen. Wir werden in der Praxis
das zweite fast ausschließlich benutzen, weil sowohl für die
Normen wie für die Harmonien psychologische Gleichab-
ständigkeit gefordert wird.

Es ist wichtig, sich die Veränderungen zu vergegenwärtigen, welche die beschriebene Verzerrung im Dreieck
bewirkt. Man sieht alsbald an Fig. 13, daß die Weißgleichen
und die Schwarzgleichen, von denen dort eine Anzahl eingetragen sind, ihre Richtung beibehalten. Sie rücken nur

98

parallel ihrer früheren Lage auf gleiche Abstände auseinander.

Analytische und psychologische Reingleichen. Anders verhält es sich mit den Reingleichen. Zieht man solche parallel

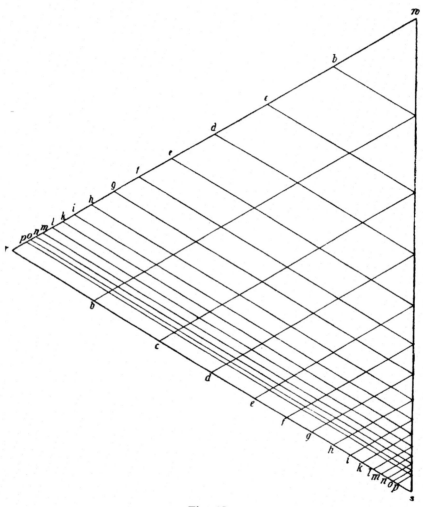

Fig. 13.

zu *ws,* so verbinden sie nicht die Durchschnittspunkte der Weiß- und Schwarzgleichen, wie es im analytischen Dreieck der Fall ist, sondern gehen unregelmäßig durch die Rauten der beiden anderen Gruppen. Verbindet man aber die ent-

sprechenden Durchschnittspunkte oder Rautenecken, so erhält man eine Linienschar, welche im analytischen Dreieck
nach der Ecke *s* zusammenläuft.

Bei der Umwandlung in das logarithmische Dreieck
werden die Abstände der Weiß- und Schwarzgleichen gleich,
die Rauten werden gleich groß und die entsprechenden Endpunkte liegen in Geraden, die parallel zu *ws* laufen. Das
muß so sein, denn der Punkt *s* wandert ins Unendliche ab,
und Linien nach dem unendlich fernen Punkt sind parallel.

Die Linien, welche sich im logarithmischen Dreieck dergestalt an die Stelle der Reingleichen setzen, sind uns bereits
bekannt. Sie wurden S. 96 als solche gekennzeichnet, deren
Farben ein gleiches Verhältnis von Vollfarbe und Weiß
haben, wobei der Schwarzgehalt von Null (in *vw*) bis Eins
(in *s*) zunimmt; in den Rest teilen sich Weiß und Vollfarbe.

Farben, deren Bestandteile in diesem Verhältnis stehen,
bietet uns die Natur unaufhörlich dar. Es sind nämlich die,
welche sich an jedem gleichförmig gefärbten Körper ausbilden, der an verschiedenen Stellen verschieden hell beleuchtet ist. Unabhängig von der Menge des auffallenden
Lichts wird ein bestimmter Bruchteil Weiß und ein bestimmter Bruchteil Vollfarbe aus diesem Licht zurückgeworfen; was nicht zurückgeworfen, sondern verschluckt
wird, ist der schwarze Anteil. Nun bezieht man aber die
verschiedenen Farben, die an dem Körper auftreten, auf die
vorhandene allgemeine Beleuchtung und schätzt demgemäß
das Schwarz ein. Wo wenig Licht hingelangt und daher
auch wenig Weiß und Vollfarbe zurückgeworfen wird, wird
der ganze große Rest als Schwarz empfunden: das ist der
Schatten. Je mehr Licht auffällt, um so kleiner wird der
Anteil Schwarz, während Weiß und Vollfarbe (in stets
gleichem Verhältnis untereinander) vorwiegen. Im günstigsten Falle verschwindet das Schwarz und es bleibt eine hellklare Farbe übrig, deren Punkt in der Dreieckseite *vw* liegt.

Die Linien, welche im analytischen Dreieck im Schwarz-
punkte *s* zusammenlaufen, im logarithmischen Dreieck aber

100

der unbunten Seite *ws* parallel laufen, sind also die
S c h a t t e n r e i h e n , die Reihen, welche durch Beschattung
(und Erhellung) einer gegebenen Farbe entstehen. Ihre
bequeme experimentelle Darstellung kennen wir bereits: die
Reihen, welche beim Heringschen Versuch (S. 29) entstehen,
sind Schattenreihen.

Es ist sehr bemerkenswert, daß die Schattenreihen,
welche im logarithmischen Dreieck geometrisch an die Stelle
der analytischen Reingleichen treten, tatsächlich auch die
p s y c h o l o g i s c h e n Reingleichen sind. Die analytischen
Reingleichen sehen nämlich nichts weniger als gleich rein
aus, sondern um so unbunter, je mehr das Weiß, und um so
bunter, je mehr das Schwarz überwiegt. Dies liegt auch am
Fechnerschen Gesetz, demzufolge die Buntfarbe ebenso wie
das Schwerz im Weiß ertrinkt. Es gehört viel Schwarz dazu,
damit das Weiß grau auszusehen anfängt, und ebenso gehört
viel Vollfarbe dazu, bis deren Farbton im Weiß erkennbar
wird. Dagegen sehen die Schattenreihen reingleich aus, weil
wir ja wissen, es ist „dieselbe" Farbe, nur mehr oder weniger
beschattet; wir setzen also die gleiche Reinheit voraus und
lernen ihr die Schattenreihe zuzuordnen.

Die Normung der farbtongleichen Farben. Wie alle natürlichen Farbreihen sind auch die des farbtongleichen Dreiecks stetig. Zum Behuf der Normung müssen sie ebenso in
psychologisch gleich große Gebiete geteilt werden, deren
Mittelwerte dann als Normen dienen, wie dies in der unbunten Reihe geschehen war.

Diese Teilung ergibt im logarithmischen Dreieck, das
ja nach dem Fechnerschen Gesetz geordnet ist, gleich große
Rauten, die durch gleichabständige Weiß- und Schwarzgleichen abgegrenzt werden. Gemäß dem allgemeinen Nor-
mungs-Grundsatz, daß man die Normung solcher Größen,
welche bereits genormt sind, in der von ihnen abgeleiteten
Beziehung streng aufrecht erhält, ist es nicht mehr statthaft,
an der unbunten Seite des Dreiecks eine andere Teilung
anzubringen, als sie bereits für die Graureihe selbst fest-

gelegt war. Man muß sie also dorthin übertragen, wie das
in Fig. 13 bereits stillschweigend gemacht worden ist, und
von den so festgelegten Punkten b c d e .... die erwähnten
Parallelen ziehen. Das Dreieck wird dadurch in eine entsprechende Anzahl Rauten geteilt, deren Anzahl mit dem
Quadrat der Teilpunkte anwächst, da sie sich in dem zweifaltigen Dreieck entwickeln. Ihre Anzahl ist unbestimmt
und hängt davon ab, wie weit man in das weißarme Gebiet
gelangen will und kann. Auf Papier kommt man mit Färben
und Drucken nicht wohl über p hinaus. Wolle, Seide und
namentlich Kunstseide gestatten tiefere Färbungen bis t und
zuweilen noch weiter. Wir werden weiterhin die Reihe bei
p abbrechen. Es soll hier ein für allemal gesagt werden, daß
grundsätzlich die Reihe beliebig weit fortgeführt werden
könnte, und daß nur aus praktischen Gründen und der Kürze
wegen künftig nur bis p gegangen wird. Es entstehen dann
in jedem farbtongleichen Dreieck aus der praktischen Reihe
a c e g i l n p je 36 Felder mit verschiedenen Farben, von
denen jedesmal 8 unbunt sind und die senkrechte Seite des
Dreiecks bilden, während die 28 anderen Felder bunt sind.

Die Farbzeichen. In dem derart geordneten Dreieck
laufen der unteren Seite die Weißgleichen parallel, der
oberen die Schwarzgleichen. Jedes Feld gehört gleichzeitig
einer Weiß- und einer Schwarzgleichen zu, die sich in ihm
kreuzen.

Nun erinnern wir uns der Feststellung, daß die Buchstaben a c e g i l n p sowohl die Weiß- wie die Schwarzgehalte
der entsprechenden grauen Farben bedeuten sollen. Da wir
eben weiterhin festgestellt haben, daß den Farbnormen des
Dreiecks die gleichen Weiß- und Schwarzmengen zugeteilt
werden sollen, wie sie in den unbunten Normen vorhanden
sind, so ergibt sich die Möglichkeit, ja Notwendigkeit, sie
mit denselben Buchstaben zu bezeichnen. Wir werden also
allen Farben der untersten Weißgleichen mit dem Weißgehalt p den gleichen Buchstaben p zuteilen, der folgenden
Reihe den Buchstaben n und so fort. Am unbunten Rande

102

endet jede dieser Weißgleichen mit dem Grau gleichen Buchstabens.

Ebenso wird allen Farben in derselben Schwarzgleichen
der entsprechende Buchstabe für das Schwarz zuzusprechen
sein. Die oberste Schwarzgleiche erhält somit den Buchstaben a, die folgende c und so fort.

Da jede Raute sowohl einer Weiß- wie einer Schwarzgleichen angehört, so erhält jede genormte Farbe zwei Buchstaben, einen für das Weiß und einen für das Schwarz. Bei
den unbunten Farben war die gesonderte Bezeichnung beider
unnötig, weil sie durch die Gleichung $w + s = 1$ verbunden
sind; ist das Weiß gegeben, so ist damit auch das Schwarz
durch $s = 1 - w$ festgelegt. Der Gleichförmigkeit wegen
hat man zuweilen Anlaß, beide anzugeben; sie müssen dann
mit demselben Buchstaben bezeichnet werden, wie ee oder nn.

Bei den Buntfarben sind dagegen beide Buchstaben
notwendig verschieden. Denn da wegen der Gleichung
$v + w + s = 1$ die Summe von $w + s$ stets kleiner als Eins
sein muß, damit v einen endlichen Wert hat (dies ist die
Definition der Buntfarben), so können beide nicht gleich
sein, weil dies den Wert 1 bedingen würde. Vielmehr muß
der Buchstabe für das Schwarz stets niedriger (früher im
ABC) sein, als der für Weiß, da in dem vom Weiß übrig
gelassenen Rest sich Vollfarbe und Schwarz teilen müssen.
Daran kann man immer erkennen, welcher von den Buchstaben, mit denen man eine trübe Normfarbe bezeichnet,
das Weiß bedeutet und welcher das Schwarz.

Um jede Zögerung in der Beurteilung auszuschließen,
gewöhnt man sich übrigens daran, den Weißbuchstaben
immer zuerst zu bringen. Dadurch folgen sich in den entsprechenden Farbzeichen die Buchstaben umgekehrt wie im
ABC. So gibt es das Zeichen ng, welches bedeutet: soviel
Weiß (5,6 Proz.) wie im Grau n, und soviel Schwarz
(78 Proz.) wie im Grau g. Das umgekehrte Zeichen gn hätte
keine Bedeutung, denn es verlangt soviel Weiß wie in g und
soviel Schwarz wie in n. Nun gibt bereits die Schwarz-

103

menge g mit der Weißmenge g die Summe Eins; die viel
größere Schwarzmenge n würde also mehr als Eins ergeben,
was keinen Sinn hat.

Man erkennt nun leicht, wie sich alle Farben eines
farbtongleichen Dreiecks genau und unwechselbar bezeichnen
lassen. Man gibt zuerst die Nummern des Farbtons (von 00
bis 99) an, aus dem das Dreieck entwickelt ist, und fügt dann
die beiden Buchstaben für Weiß und Schwarz hinzu. So
bedeutet 29 lg ein zweites Rot, mit dem recht kleinen Weißgehalt l (das Dunkelgrau l ist fast schwarz) und dem merk-
lichen Schwarzgehalt g (das Grau g ist das helle Mittelgrau), also ein ziemlich dunkles, etwas trübes mittleres Rot.

Diese Farbzeichen sind von der größten Wichtigkeit.
Sie ermöglichen auf die denkbar kürzeste Weise alle genormten Farben völlig unverwechselbar und unveränderlich
zu bezeichnen, ähnlich wie die Musiknoten die Tonhöhe
genau angeben. Sie sind notwendig verwickelter als die
Noten, weil die Tonhöhen nur eine einfaltige Gruppe bilden,
während die der Farben dreifaltig ist. Daher sind auch drei
Zeichen (für den Farbton, das Weiß und das Schwarz) erforderlich, um das Farbzeichen einer Buntfarbe zu bilden,
und es ist vollkommen ausgeschlossen, hieran eine Vereinfachung vornehmen zu können. In der unbunten Reihe,
welche einfaltig ist wie die Tonhöhen, genügt auch ein einfaches Zeichen, nämlich ein Buchstabe.

Fig. 14 stellt ein derart geformtes farbtongleiches Dreieck mit eingeschriebenen Zeichen für den Weiß- und
Schwarzgehalt dar. Da dieses Dreieck sehr häufig gebraucht
wird, ist es auf einem besonderen Blatt beigegeben.

Schattenreihen und Reinheitsstufen. Die parallel zu den
Dreieckseiten *vs* und *vw* liegenden Farben, nämlich die
Weiß- und die Schwarzgleichen, sind im Farbzeichen leicht
kenntlich daran, daß in ihnen der erste oder der zweite Buchstabe gleich bleibt. Die dritte Gruppe der Reihen läuft
parallel der *ws*-Seite, also senkrecht. Es sind die Schatten-

104

reihen oder psychologischen Reingleichen, die bekanntesten
und daher wichtigsten von allen.

Ihre Buchstabenpaare wechseln beide Bestandteile, diese
behalten aber gleichen Abstand. So grenzt an die unbunte
Reihe a bis p (die auch eine Schattenreihe ist) zunächst die
Schattenreihe ca, ec, ge, ig, li, nl, pn, deren Paare je einen
Doppelschritt aufweisen. Es folgt ea, gc, ie, lg, ni, pl mit je
zwei Doppelschritten usf. Da das Ausrechnen dieser Beziehung zeitraubend ist, hält man Fig. 14 dauernd auf dem
Arbeitstisch. Auch holt man sich daher Auskunft über alle
anderen Verhältnisse im farbtongleichen Dreieck.

Verfolgt man in einem ausgeführten Dreieck die aufeinanderfolgenden Schattenreihen mit den Augen, so erkennt man überaus deutlich, wie die R e i n h e i t der Farben
stufenweise mit jeder Reihe zunimmt, bis sie in der Vollfarbe (bzw. der Farbe pa) ihren Höchstwert erreicht. Es
erweist sich als nützlich, diese Reinheitsstufen ausdrücklich
zu bezeichnen. Dazu dienen die römischen Zahlen. Der
Graureihe kommt natürlich die Reinheit 0 zu, da sie überhaupt keine Buntfarbe enthält. Der Reihe ca, ec, ge usw.
geben wir das Reinheitszeichen II, weil dazwischen noch die
Reihe ba, cb, dc, ed usw. liegen würde, wenn wir nicht jeden
zweiten Buchstaben übersprungen hätten. Um der späteren
Einführung dieser Zwischenstufe (für welche bereits sich
Interessen geltend gemacht haben) kein vermeidbares Hindernis zu bereiten, lassen wir für sie die Reinheit I frei.
Es folgen die mit ea, ga, ia usw. beginnenden Schattenreihen, denen die Reinheiten IV, VI, VIII usw. zukommen.
Im ganzen haben wir die Übersicht

II   IV   VI   VIII   X   XII   XIV
ca   ea   ga   ia   la   na   pa

Man schreibt diese Zeichen in der Dreiecktafel über die
betreffenden Felder und sichert sich so auch für diese Zusammenhänge die Anschauung.

Um die drei Beziehungen gemäß den drei Parallelen-
gruppen der Rein-, Weiß- und Schwarzgleichen besser her-

105

vortreten zu lassen, als es bei der bisher geübten Teilung des
Dreiecks in Rauten geschieht, welche gerade die wichtigste
Beziehung, die der Schattenreihen, zurücktreten läßt, kann
man statt der Rauten Sechsecke einführen, bei welchen die
drei Gruppen gleichartig erscheinen. Oder man kann recht-
winklige Felder etwa wie versetzte Ziegelsteine aufbauen,
wobei die Schattenreihen sachgemäß stark bevorzugt erscheinen. Je nach dem Zweck wird man die eine oder andere
Anordnung wählen.

Siebentes Kapitel.

Der Farbkörper.

Der Farbkörper. Wir sind nun in der Lage, die gesamte
Farbwelt geschlossen darzustellen. Von jedem Farbton läßt
sich nämlich ein farbtongleiches Dreieck ableiten, das zunächst stetig ist, durch die Normung aber in eine endliche
Anzahl Felder zerlegt wird. Wir denken uns nun von jedem
Farbton das Dreieck hergestellt und befestigen alle diese
Dreiecke der Reihe nach an einer senkrechten Achse (welche
die unbunte Reihe trägt) so, daß die unbunte Seite jedes
Dreiecks sich an die Achse legt. Die einzelnen Dreiecke
lassen wir in den Raum hinausstreben, so daß sie die unbunte Achse umgeben und ihre freien Ecken mit den Vollfarben den Farbtonkreis bilden.

Die Gesamtform, welche auf solche Weise entsteht, ist
die eines Doppelkegels, Fig. 15, wie er sich bildet, wenn man
ein regelmäßiges Dreieck sich um eine seiner Seiten als
Achse drehen läßt. Die obere Spitze des Doppelkegels enthält das Weiß, die untere das Schwarz. Im äußersten Umfange liegen die Vollfarben, Die obere Grenzfläche trägt
alle hellklaren Farben, deren Reihen jeweils von der Vollfarbe im Umfange nach der weißen Spitze laufen. Die
untere Kegelfläche trägt in gleicher Weise die dunkelklaren
Farben. Im Innern des Doppelkegels liegen alle trüben
Farben. Und zwar sammeln sich die hellen um die obere

106

Spitze, die dunklen um die untere, während nach dem Umfange zu sich die reineren finden.

Je nachdem man als erzeugende Dreiecke die analytischen oder die logarithmischen wählt, erhält man den analytischen oder den logarithmischen Farbkörper. Für alle
praktische Arbeit findet der zweite ausschließlich Anwendung. Für gewisse theoretische Betrachtungen hat der analytische den Vorzug. Wir müssen daher beide kennen.

Der logarithmische Farbkörper ist ebenso wie die entsprechenden Dreiecke nach unten nicht geschlossen, sondern
er ist dort ziemlich unregelmäßig abgegrenzt, je nach dem

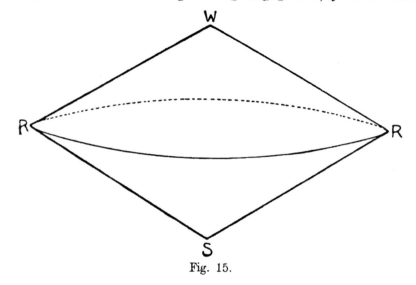

Fig. 15.

Stande der Technik und wächst langsam nach unten weiter,
deren Fortschritt entsprechend.

Der genormte Farbkörper. An die Stelle des stetig umlaufenden Dreiecks, das den Farbkörper erzeugt, indem es
mit jeder Drehung seinen Farbton ändert, treten bei dem
genormten Farbkörper die 24 getrennten Dreiecke, die den
Farbtonnormen entsprechen. Fig. 16 gibt eine angenäherte
Vorstellung von dieser Ordnung. Jedes Dreieck enthält,
wenn es bei p abgebrochen ist, seine 28 farbtongleichen
Buntfarben.

107

Indem man beim Umdrehen die Weiß- und Schwarzgleichen die entsprechenden Kegelmäntel beschreiben läßt,
die sich gegenseitig durchschneiden, zerlegt sich der ganze
Farbkörper in 28 Ringe von rhombischem Querschnitt, von
denen jeder einen Farbkreis darstellt, da er alle 24 Farbtonnormen enthält. Diese Ringe werden durch die 24 Ebenen
der farbtongleichen Dreiecke in je 24 gleiche Stücke zer-
schnitten, und jedes dieser Stücke entspricht einer der genormten Farben. Ihre Anzahl ist $28 \times 24 = 672$, wenn man

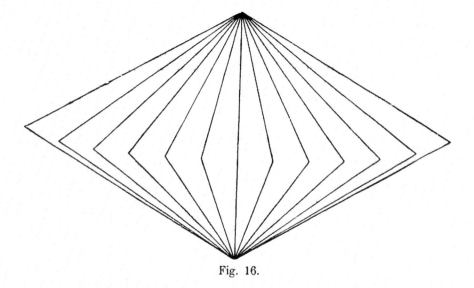

Fig. 16.

mit p aufhört. Dazu kommen noch die 8 unbunten Farben,
welche eine mittlere Säule oder Achse bilden.

Die wertgleichen Kreise. Die eben beschriebenen Ringe
haben für die Farbordnung eine große Bedeutung. Sie enthalten die „wertgleichen", d. h. mit gleichen Buchstaben versehenen Farben, die zusammen einen Farbkreis bilden, und
stellen somit die w e r t g l e i c h e n F a r b k r e i s e dar. Die
zugehörigen Farben zeigen eine besonders nahe Verwandtschaft, welche schon längst von den Künstlern gefühlt, wenn
auch nicht gewußt wurde; sie bezeichneten die zugehörigen
Farben als solche „gleicher Valör". Hieraus ist der Name

108

wertgleich genommen worden; dabei konnte wie überall die
unbestimmte und unsichere gefühlsmäßige Schätzung durch
eine genaue Definition und Normung ersetzt werden, zum
größten Vorteil der Sache. Wertgleiche Farben sind
solche gleichen Weiß- und Schwarzgehalts.

Solcher wertgleichen Kreise gibt es 28 in dem Farbkörper, der mit p abgeschlossen wird. Sie sind von verschiedenem Durchmesser, und zwar ist dieser proportional
der Reinheit. Alle Kreise mit der Reinheit II liegen
zunächst der Achse. Sie bilden zusammen einen engen,
langen Zylinder aus 7 Ringen, die den Buchstaben ca, ec, ge,
ig, li, nl, pn entsprechen. Dann folgt ein weiterer, aber kürzerer Zylinder mit den 6 Ringen ea, gc, ie, lg, ni, pl. Der
nächste besteht aus den 5 Ringen ga, ic, le, ng, pi. Es folgt
der Zylinder ia, lc, ne, pg, dann la, nc, pe, darauf na, pc und
zuletzt der Ring pa. Jeder wertgleiche Kreis kann also
durch einen Doppelbuchstaben bezeichnet werden, welcher
den gleichbleibenden Gehalt an Weiß und Schwarz in seinen
zugehörigen 24 Farben angibt. Die eben beschriebenen
Zylinder sind solche gleicher Reinheit, deren Farben je 24
Schattenreihen bilden.

Natürlich kann man die Ringe auch nach Weiß- und
Schwarzgleichen ordnen; dann sind ihre ersten oder zweiten
Buchstaben gleich. Solche Ringe bilden Kegelmäntel
parallel dem unteren oder oberen Grenzkegel des Farbkörpers. Doch haben diese Beziehungen eine geringere Bedeutung.

Die wertgleichen Kreise ergeben die Grundlage für die
Harmonien verschiedenen Farbtons, während in den farbtongleichen Dreiecken sich die Harmonien gleichen Farbtons vorfinden. Wir kommen aus diesem Anlaß später auf
sie zurück.

Ein Einwand. Es ist mehrfach ein Grundsatz der Normung ausgesprochen und angewendet worden: nämlich daß
die Normpunkte gleichabständig gewählt werden sollen, damit sie nirgend zu dicht und nirgend zu locker ausfallen.

Bei der Einteilung der Grauleiter, des Farbtonkreises und
der farbtongleichen Dreiecke ist diese Vorschrift streng ein-
gehalten worden, und man könnte denken, daß sie somit für
den ganzen Farbkörper durchgeführt sei. Dies trifft aber
nicht zu. Denn die Teilstücke der wertgleichen Kreise sind
um so größer und kleiner, je größer und kleiner die Reinheit
ist. In den wenigst reinen Kreisen ca, ec usw., welche die
kleinsten sind, liegen die 24 Farben viel enger nebeneinander als in den folgenden, und ihr Abstand wächst proportional der Reinheit.

Dies macht sich auch bei der Herstellung der Kreise,
z. B. für die Farborgel (s. w. u.) geltend. Während es keine
Mühe macht, die Farben des Kreises pa auf einen Punkt der
Hundertteilung genau einzustellen, und man Bruchteile
schätzen kann, bedingen die Kreise der Reinheit II, namentlich die dunkleren, eine erhebliche Anstrengung, und man
bringt es nur mit Mühe dahin, sie auf einen Punkt genau
zu haben.

Dies ist zweifellos ein Nachteil vom Standpunkt der
Normung aus, und es hat daher auch nicht an Vorschlägen
gefehlt, die Anzahl der Farbtöne in den minder reinen
Kreisen auf 12, 8, 6 und 4 herabzusetzen, um überall ungefähr gleich große Verschiedenheiten zu haben. Doch haben
sich die Nachteile solcher Ordnungen als so groß erwiesen,
daß man sie wieder verlassen hat.

Die Ursache ist, daß man nur auf die zuerst beschriebene Weise 24 vollständige farbtongleiche Dreiecke erhalten
kann, die man nicht nur wegen der Ordnung, sondern
auch praktisch zur Herstellung farbtongleicher Harmonien
braucht. Im anderen Falle würden nur 4 vollständige Dreiecke vorhanden sein, und die anderen würden aufhören, ohne
die graue Achse erreicht zu haben. Man würde also 4 Farbtöne besonders bevorzugen und die anderen benachteiligen,
ohne daß man anzugeben vermöchte, welchen Farbtönen diese
unterschiedliche Behandlung zugeteilt werden sollte. Dem
gegenüber nimmt man lieber die Nachteile der zu engen

110

Reihung in der Nähe der Achse in den Kauf, zumal die eben geschilderten Schwierigkeiten nur bei den Reinheiten II in den unteren Gebieten auftreten und schon die Reinheiten IV sich überall unschwer bearbeiten lassen.

Der Fall liegt ganz ähnlich wie die Gradeinteilung der Erdkugel, wo die Meridiankreise gleichfalls nach den Polen zu immer enger zusammenlaufen. Doch hat die übliche Einteilung im übrigen so große Vorzüge, daß man sich diesen Nachteil gern gefallen läßt. Ebenso steht es mit der Farbkörpernormung. Insbesondere die Harmoniemöglichkeiten würden durch Aufgeben der vollständigen farbtongleichen Dreiecke eine unerwünschte Minderung erfahren.

Metrische Eigenschaften des Farbkörpers. Der streng gesetzliche Aufbau des analytischen Farbkörpers fußt auf einer wichtigen Eigenschaft, die man kennen muß, um die allgemeine Mischungslehre, die später dargelegt werden soll, richtig zu verstehen. Es wurde bereits wiederholt betont, daß die additiven oder optischen Mischfarben, wie sie z. B. die Drehscheibe liefert, sich durch gerade Verbindungslinien zwischen den Punkten der Bestandteile darstellen lassen, wobei die Abstände der Mischfarbe von diesen Punkten sich umgekehrt verhalten, wie die Mengen der Mischbestandteile.

Es hat natürlich nicht jede beliebige Anordnung der Farben, nicht einmal eine jede stetige diese Eigenschaft, sondern es gibt umgekehrt unter allen möglichen stetigen Anordnungen nur eine einzige, für welche dieses besonders einfache Gesetz besteht. Diese ausgezeichnete Anordnung ist die des analytischen Doppelkegel-Farbkörpers.

Man muß deshalb von diesem Gesichtspunkte aus den Doppelkegel als die letzte und dauernde Lösung des Farbkörperproblems ansehen. Nach Lamberts Pyramide und Runges Kugel sind noch zahlreiche andere Formen des Farbkörpers vorgeschlagen worden, die sämtlich Weiß und Schwarz an den Polen und die Vollfarben im Äquator

tragen. Aber dieser Äquator erhielt die mannigfaltigsten
Formen, so daß Oktaeder, Rhomboeder, Oktanten usw. entstanden. Sie lassen sich alle aus dem Doppelkegel durch
Reckung und Stauchung herstellen, da in ihnen die stetigen
Zusammenhänge gewahrt geblieben waren. Nur Chevreuls „chromatisch-hemisphärische Konstruktion" schließt
sich auch aus dieser Klasse aus, da sie eine große Anzahl
Farben zweimal bringt. Sie erfordert daher zu ihrem Aufbau zwei deformierte Farbkörper.

Weger jener ausgezeichneten Eigenschaft ist somit der
Doppelkegel allen anderen Formen überlegen, und es ist
völlig unwahrscheinlich, daß er künftig einmal durch eine
bessere Form wird abgelöst werden können.

Während der analytische Farbkörper jene für die
Mischungslehre so wichtige Eigenschaft besitzt, kommt dem
logarithmischen eine andere zu, welche man als eine psychologische Gleichmäßigkeit bezeichnen kann.
Sie besteht darin, daß gleichen Abständen nach irgendwelchen Richtungen gleich große Empfindungsunterschiede
zugeordnet sind. Dieser Satz ist allerdings nicht streng zu
verstehen, da die Verschiedenheiten des Farbtons, welche die
Winkelabstände um die Achse regeln, und die des Weiß-
und Schwarzgehaltes, welche die Abstände in den Hauptschnitten (den farbtongleichen Dreiecken) regeln, nicht unmittelbar vergleichbar sind. Zur allgemeinen Orientierung
im Farbkörper kann er aber sehr gut benutzt werden. Insofern ist auch der logarithmische Doppelkegel den anderen
Formen überlegen. Farbkörper, bei deren Aufbau das Fechnersche Gesetz berücksichtigt worden ist, hat es übrigens bis
zur Veröffentlichung des logarithmischen Farbkörpers nicht
gegeben. An diesem Fundamentalgesetz ist die bisherige
Farbenlehre vorübergegangen, soweit sie sich nicht pole-
misch dagegen eingestellt hat.

Das Fechnersche Gesetz als ein Grenzgesetz. Statt sich
der gewaltigen Förderung ausgiebigst zu bedienen, welche
das Fechnersche Gesetz der gesamten Psychologie gewährt,

112

haben sich die Vertreter dieser Wissenschaft vielfach damit
beschäftigt, etwaige Grenzen, Unzulänglichkeiten, Widersprüche und sonstige Hindernisse seiner Anwendung geltend zu machen. Die richtige, weil fruchtbarste Einstellung ist hier ganz ähnlich zu finden, wie sie Chemie und
Physik dem Gasgesetz $pv = RT$ gegenüber einnehmen. Wir
wissen alle, daß kein Gas diesem Gesetz genau gehorcht, und
benutzen es dennoch ohne Zögern als Grundgesetz für die
weitgehendsten Schlüsse, z. B. in der Thermodynamik. Denn
es beschreibt tatsächlich das Verhalten der Gase in genügender Annäherung für die meisten Zustände und um so genauer, je kleiner der Druck und je höher die Temperatur ist.
Wenn wir in den Sonderfällen, wo es nötig ist, die erforderlichen Korrekturen anbringen, so können wir damit jeden
Genauigkeitsgrad erreichen, den wir erstreben. Sind doch
auf dieser Grundlage in den letzten Jahrzehnten sogar Atom-
gewichtsbestimmungen gemacht worden, die zu den genauesten gehören, die wir besitzen.

Ebenso haben wir uns zum Fechnerschen Gesetz zu verhalten. Es beschreibt die allgemeinen Verhältnisse zwischen
Reiz und Empfindung so zutreffend und sein Anwendungs-
gebiet ist so unabsehbar groß, daß wissenschaftlich viel mehr
dabei herauskommt, wenn man es möglichst vielseitig anwendet, als wenn man mühsam Versuchsumstände herstellt,
welche Abweichungen von seiner genauen Geltung erkennen
lassen, und dann auf seine Anwendung verzichtet. So hätte
ich beispielsweise meinen ersten Farbatlas von 2500 Farben
weder planen noch ausführen können, wenn ich nicht ohne
Sorge um jene Einzeleinwendungen einen grundlegenden
und durchgreifenden Gebrauch von dem Fechnerschen Gesetz gemacht hätte.

113

Achtes Kapitel.

Die Lehre vom Farbenhalb.

Ein Widerspruch. Der Gegensatz zwischen der linearen
Ordnung der Wellenlängen im Spektrum und der in sich
zurücklaufenden Ordnung der Farbenempfindungen ist bereits betont worden. Ebenso das Rätsel der Tatsache, daß
wir den verbindenden Purpurfarben, die im Spektrum ganz
fehlen, durchaus nicht diese Sonderstellung ansehen. Sie
gehören empfindungsgemäß ganz zu derselben Klasse, wie
die im Spektrum vertretenen Farben und zeichnen sich höchstens von ihnen durch ihre besondere elementare Schönheit
aus, die namentlich auf Kinder und andere primitive Menschen sehr stark wirkt. Diese und manche andere Tatsachen
stehen in so schneidendem Widerspruch zu der allgemein
angenommenen Auffassung, daß die homogenen Lichter, die
nur aus Wellen gleicher Schwingzahl bestehen, als Elemente
unserer Farberlebnisse anzusehen sind, daß es schwer fällt
zu begreifen, wie die vielen scharfsinnigen Forscher, die
sich mit der Farbenlehre beschäftigt haben, ihn haben er-
tragen können, ohne etwas zu seiner Beseitigung zu tun. Nur
die Tatsache, daß man diese Widersprüche gewöhnlich
kennen lernt und sich an sie gewöhnt, lange bevor man daran
denkt, wissenschaftliche Unebenheiten aus eigener Kraft
auszugleichen, macht dies begreiflich. Ist doch diese Wirkung so stark, daß es mir gelegentlich nicht glücken wollte,
einem der scharfsinnigsten Vertreter des Faches das Vorhandensein jenes Widerspruches zum Bewußtsein zu bringen.

Auch der Weg, der aus diesen Wirrnissen zur Klarheit
führt, wurde schon angedeutet. Er liegt in der Einsicht,
daß das Erleben homogener Lichter etwas ist, was nur verhältnismäßig wenigen Augen, und denen erst nach den Kin-
derjahren vorbehalten ist, nämlich denen, die durch ein auf
homogenes Licht eingestelltes Spektroskop sehen. Es kann
also davon gar nicht die Rede sein, daß homogene Lichter

114

bei der Entwicklung des Auges irgendeine Rolle gespielt
hätten. Die Farben homogener Lichter dürfen somit durchaus nicht als die Elementarform angesehen werden, auf
welche alles Farbsehen zurückzuführen ist. Sie sind vielmehr eine höchst abgeleitete und daher sekundäre Erscheinung, die für die Lehre vom Farbensehen auch nur eine entsprechende sekundäre Bedeutung haben kann. Man darf
hier nicht einwenden, daß auch Töne aus reinen Sinuswellen
nur unter besonderen Umständen in physikalischen Werk-
stätten entstehen, während sie doch unbestritten als die Elemente des Tonhörens gelten. Das Ohr bewerkstelligt durch
seinen Bau die physikalische Zerlegung jeder verwickelteren
Schwingung in die zugehörigen elementaren Sinuswellen,
die gesondert empfunden werden können. Durch Übung
kann man lernen, sie einzeln zu hören. Zu solcher Zerlegung
ist aber das Auge ganz außerstande; es faßt jede beliebige
Lichtmischung unausweichlich als e i n h e i t l i c h e Empfindung auf und ein Gemisch aller Schwingzahlen, das in der
Tonwelt ein widerwärtiges Geräusch bewirkt, wird vom
Auge als ruhiges und klares Weiß empfunden.

Die Lösung. Es liegt also wieder ein Fall vor, wo das
Gleichnis zwischen Ton und Licht mit seinem kranken Bein,
auf dem es hinkt, in Anspruch genommen wurde. Der Weg,
auf welchem die richtige Antwort zu finden ist, wurde schon
angedeutet: er liegt in der Erkenntnis, daß das Auge sich
an breiten Lichtmassen von verschiedener Schwingzahl biologisch entwickelt hat, und daß in den Gesetzlichkeiten
solcher Massen die Grundlagen für unser Farbensehen zu
suchen sind.

Bekanntlich beruhen die Körperfarben darauf, daß das
weiße, alle Schwingzahlen enthaltende Licht durch die
Schluckwirkung der betreffenden Körper einen Teil verliert, dessen Schwingzahlen nahe bei einem mittleren Wert
liegen. Ist diese Gruppe klein und schwach, wird, mit anderen Worten, nur wenig, nahe benachbartes Licht ge-
schluckt, so sieht der Körper vorwiegend weiß mit etwas

115

Buntfarbe aus. Und zwar ist der Farbton die Gegenfarbe
der verschluckten.

Wird die Schluckung stärker und breiter, so tritt in
der Körperfarbe das Weiß zurück und die Vollfarbe hervor:
die Farbe wird tiefer und reiner. Dies steigert sich, wenn
das Schluckgebiet einheitlich und die Schluckung in diesem
Gebiet annähernd vollständig ist, bis zu großer Reinheit der
Farbe. Aber nicht ins Unbegrenzte. Wird über einen gewissen Betrag hinaus die Schluckung noch stärker, so beginnt die Farbe schwärzlich zu werden, und hat sich endlich
die Schluckung über alle sichtbaren Lichtwellen erstreckt,
so liegt reines Schwarz vor.

Man kann diese Folge von Farben leicht beobachten,
wenn man die Lösung eines reingefärbten Teerfarbstoffes,
wie Bengalrosa, Patentblau, Äthylgrün, in ein keilförmiges
Gefäß gießt und dies gegen eine weiße Wand betrachtet. Am
scharfen Ende ist die Farbe ganz blaß, sie wird tiefer und
reiner, erreicht einen Höchstwert der Reinheit und geht
darüber hinaus stetig in Schwarz über. Betrachtet man
diese verschiedenen Stellen mit dem Spektroskop, so sieht
man jene Veränderung der Schluckbande vor sich gehen von
einem schmalen Schatten zu einem dunklen Feld, das breiter
wird und schließlich das ganze Spektrum bedeckt. Der
höchsten Farbreinheit, wie sie das Auge empfindet, entspricht jedesmal ein Schluckgebiet, das reichlich das halbe
Spektrum ausgelöscht hat.

Hier erinnern wir uns der bereits von S c h o p e n h a u e r
(S. 18) betonten Tatsache, daß Körper, die nur homogenes
Licht zurückwerfen, schwarz aussehen müssen, da jeder
homogene Anteil im weißen Licht nur einen verschwinden-
den Bruchteil des Gesamtlichts ausmacht. Die eben dargelegten Erfahrungen zeigen, daß zur Empfindung der
reinen oder Vollfarbe viel mehr Lichter zusammenwirken,
deren Schwingzahlen rund das halbe Spektrum einnehmen.

Dies ist die „qualitative Teilung der Tätigkeit der
Retina", welche S c h o p e n h a u e r als scharfsinniger Den-

8*

116

ker zwar zu fordern, aber nicht physikalisch-physiologisch
zu deuten und zu erläutern wußte. Die von ihm irrtümlich in
Stärkeverhältnissen gesuchte Ursache der Mannigfaltigkeit
der Körperfarben liegt ersichtlicherweise darin, daß die
Teilung des Spektrums an verschiedenen Stellen erfolgt; je
nach der Lage des nachbleibenden Anteils werden die Empfindungen der verschiedenen Farbtöne ausgelöst.

Es entsteht alsbald die Frage nach dem Umfang dieser
benachbarten Lichtmengen, bei welchem die Beimischung
von Weiß infolge zu schwacher Schluckung in die des
Schwarz infolge zu starker Schluckung übergeht. Hierüber
ist zunächst die Erfahrung zu befragen.

Die gelbe Körperfarbe. Die reinsten Farben stellt man
her, wenn man klare Lösungen von Farbstoffen in ein
parallelwandiges Gefäß gießt und dieses in durchfallendem
Licht betrachtet. Macht man den Versuch im Dunkel-
zimmer mit einem Lichtloch, das man mit jenem Gefäß zudeckt, so erhält man prachtvoll reine Farben, die an Schönheit den Spektralfarben nicht nachstehen, während die spek-
trale Untersuchung breite Lichtmengen von sehr verschiedenen Schwingzahlen erkennen läßt, denen man bei der gewöhnlichen Auffassung ihre Farbschönheit durchaus nicht
zugetraut hätte.

Eine gesättigte Lösung von Pikrinsäure in Weingeist
oder von Calciumpikrat (ihr löslichstes Salz) in Wasser,
sieht hierbei schon in dünner Schicht rein gelb aus und
ändert dies Aussehen nur sehr wenig, wenn man auch die
Schichtdicke auf viele Zentimeter vermehrt. Dieser Stoff
gehört zu denen mit reinster Farbe. Untersucht man das
gelbe Licht mit dem Spektroskop, so zeigt sich eine vollständige Auslöschung des blauen Endes, die bis zum mittleren Grün, etwa Linie F, geht. Dieses Grün ist die Gegenfarbe des äußersten Rot. Vermehrung der Schichtdicke bewirkt nur eine ganz geringe Verschiebung der Grenze nach
dem roten Ende zu. Das gesättigt gelbe Licht besteht also
nicht etwa aus homogenem Licht von der Wellenlänge 572

(wo das Reingelb des Spektrums liegt), sondern aus allen Lichtern von Rot durch Kreß, Gelb, Laubgrün bis Seegrün. Und obwohl die äußersten Lichter gerade Gegenfarben sind, die sich zu Weiß mischen, empfindet man dies Pikringelb durchaus als farbrein und frei von Weiß.

Ganz dieselben Beobachtungen kann man mit einer Lösung von neutralem (gelbem) Kaliumchromat machen. Die Erscheinungen hängen also nicht von einer besonderen Beschaffenheit der Pikrinsäure ab, sondern kommen allen gelben Stoffen zu. Nur gibt es nicht viele Stoffe, welche ein so gut abgeschnittenes Schluckgebiet aufweisen wie die genannten, das auch bei erheblicher Vermehrung der Schichtdicke sich nur wenig verschiebt. Bei den meisten wandert mit zunehmender Schichtdicke die Grenze merklich nach dem roten Ende zu, und ihre Farbe verschiebt sich dann zunehmend nach Kreß.

Auch an gelben Aufstrichen kann man dieselben Tatsachen beobachten und sich überzeugen, daß wirklich alle gelben Körperfarben ohne Ausnahme das gleiche Spektrum haben wie beschrieben. Es handelt sich also nicht um chemische Besonderheiten, sondern um eine ganz allgemeine Eigenschaft aller gelben Farben unserer Umwelt.

Das Farbenhalb. Was an den gelben Farben eben dargelegt wurde, findet sich bei allen anderen Körperfarben wieder. Verschiebt man den S. 115 beschriebenen Farbkeil vor dem Lichtloch der Dunkelkammer, so kann man ziemlich gut die Stelle finden, wo das anfangs vorhandene Weiß verschwindet und die Farbe gesättigt erscheint. Darüber hinaus wird sie nur dunkler und bleibt gesättigt. Sie zeigt aber kein Schwarz, da bei dieser Versuchsanordnung unbezogene Farben entstehen. Das Spektroskop zeigt an dieser Stelle ein breites durchgelassenes Band, dessen Endfarben annähernd im Verhältnis von Gegenfarben stehen, die um einen Viertelskreis beiderseits von der Hauptfarbe abstehen. Allerdings ist für eine erhebliche Anzahl Farben die Erscheinung unvollständig, nämlich für alle, bei denen

118

das eine Ende des Bandes von einer Farbe gebildet wird, die im Spektrum keine Gegenfarbe hat. Es sind dies die grünen Farben von 75 bis 96. Dann fällt das andere Ende des Bandes ins Überrot oder ins Überveil, und der sichtbare Teil ist entsprechend verkürzt.

Der Nachweis läßt sich allerdings mit farbigen Lösungen nur unvollkommen erbringen, weil die Enden der Schluckbanden niemals ganz scharf, in den meisten Fällen ziemlich verwaschen sind. Aber man kann sich nach Maxwell ein Gerät bauen, mit dem man irgendwelche Lichter von vorgeschriebener Schwingzahl zusammensetzen und zu gemeinsamer Wirkung bringen kann. Es ist im Grunde ein umgekehrtes Spektroskop; die Einrichtung habe ich in meiner Physikalischen Farbenlehre, S. 126, beschrieben. Damit ergibt sich eine durchgehende Bestätigung des allgemeinen Satzes, daß die idealen Vollfarben, denen sich die Körperfarben annähern, stets alle Lichter ihres Farbenhalbs enthalten. Ein Farbenhalb ist die Gesamtheit aller Lichter, deren Farbe innerhalb je eines Viertelkreises zu beiden Seiten jener Lichtart liegt, deren Farbton gleich dem der Vollfarbe ist. So liegen um einen Viertelkreis vom Gelb 00 das Rot 25 und das Seegrün 75. Alle Lichter vom Rot bis zum Seegrün bilden zusammen die Vollfarbe Gelb 00.

Der natürliche Schwarzgehalt der kalten Farben. Die Farbenhalbe enthalten als äußerste Glieder beiderseits Lichter, welche soeben in das Verhältnis der Gegenfarben treten, also bei der Mischung Weiß geben. Man sollte daher erwarten, daß die Gesamtmischung weißlich aussieht. Der Versuch läßt dies nicht erkennen, und man findet auch bei eindringender Überlegung, daß dies Weiß nur unbegrenzt wenig ausmacht, also sich empfindungsgemäß nicht zur Geltung bringt.

Indessen hat Helmholtz an den unbezogenen grünen Farben gezeigt, daß auch ziemlich nahe Mischungen blassere Farben ergeben, als die homogenen Lichter gleichen Farbtons haben. Auch die aus Farbenhalben gebildeten Grüne sehen nicht so gesättigt aus, wie die auf gleiche Weise hergestellten gelben und roten Farben.

Was sich hier als Weißgehalt geltend macht, tritt bei den bezogenen Körperfarben als Schwarzgehalt auf. Untersucht man die reinsten veilen, blauen und seegrünen Farben auf ihre Zusammensetzung, so stellt sich heraus, daß sie alle einen erheblichen Gehalt an Schwarz aufweisen, der etwa die Hälfte der Vollfarbenmenge beträgt. Dieses Schwarz läßt sich auf keine Weise entfernen. Andererseits empfindet man es nicht als Verunreinigung; die Farbe des reinen pulverförmigen Ultramarins macht einen ebenso reinen, vollen oder gesättigten Eindruck, wie die des Zinnobers oder Chromgelbs, obwohl sie rund 50 Proz. Schwarz enthält. Beide Tatsachen zwingen zu dem Schluß, daß dieses Schwarz zu der Konstitution der genannten Farben gehört und nicht aus ihnen entfernt werden kann.

Die Farben mit dem natürlichen Schwarzgehalt von Veil über Blau bis Seegrün sind nun auch die, welche die Maler von jeher als k a l t e Farben den w a r m e n, Laubgrün, Gelb, Kreß, Rot, gegenübergestellt haben. Beobachten wir, wie diese Farben durch Beimischung von Schwarz zunehmend „kälter" werden, so verstehen wir, daß jene anderen Farben, denen ein erheblicher Schwarzanteil organisch anhaftet, auch im reinen Zustande als kalt empfunden werden.

Beschreibung der Farbenhalbe. Nehmen wir Fig. 6, S. 85, erneut vor, die zur Bequemlichkeit hier wieder als Fig. 17 abgedruckt wird, so können wir die Zusammensetzung der Farbenhalbe nach Wellenlängen leicht verfolgen. Wir brauchen nur die Hälfte des Kreises durch ein Papier abzudecken, dessen Rand durch den Mittelpunkt geht, und sehen in der freien Hälfte die Bestandteile des Farbenhalbes. Fügt man noch einen Zeiger hinzu, der senkrecht zur Papierkante steht und den jeweiligen Halbkreis hälftet, so weist er auf den Farbton hin, der dem Farbenhalb zukommt.

Legt man das Papier wagerecht, so weist der Zeiger (dessen Fußpunkt mit dem Kreismittelpunkt zusammen-

120

fallen muß) auf den Farbton 00 und zeigt, daß die Wellen
von 488 bis 670 das Farbenhalb des ersten Gelb bilden, wie
oben angegeben. Läßt man den Zeiger nach rechts zum
dunkleren Gelb wandern, so werden links zunehmend längere
Wellen bezeichnet, einer Verschiebung nach Laubgrün ent-

Fig. 17.

sprechend. Rechts aber tritt die Grenze in die Lücke ein,
wo die überroten unsichtbaren Lichter liegen. Das sichtbare
Farbenhalb verkürzt sich also, und dies um so mehr, je näher
das Gelb an Kreß kommt. Auch die kressen Farben haben
solche immer kürzer werdende unvollkommene Farbenhalbe.
Das kürzeste, das nur noch das letzte Laubgrün über 95

121

hinaus nebst Gelb, Kreß bis Rot enthält, kommt dem
Kreß 20 zu, das etwa die Farbe der Mennige hat.

Hier erkennt man den Grund, weshalb es so viele farb-
schöne gelbe und kresse bis rote Stoffe und Farbstoffe gibt;
ich erinnere nur an die Chromgelbe (Bleichromat), die durch
das ganze Gebiet gehen, Zinkgelb und andere Chromate,
ferner Cadmiumgelb, die Arsen- und Antimonsulfide,
Mennige, Zinnober und das Heer der gelben und kressen
Teerfarbstoffe. Die meisten Nitroverbindungen gehören
hierher. Es ist ja nur nötig, daß eine Schluckung das veile
Ende des Spektrums ergreift und sich über die beiden Blau
und Grün vorschiebt. Da sehr viele Einflüsse bekannt sind,
durch welche das Schluckgebiet nach den längeren Wellen
oder kleineren Schwingzahlen verschoben wird, kann durch
solche ein im Überveil belegener Schluckstreif (der sich oft
ausbildet) leicht hereingezogen werden, wobei alle Farben
vom hellsten Gelb bis zum Mennigrot entstehen. Sie fallen
um so reiner aus, je schärfer das Schluckgebiet begrenzt ist.

Drehen wir unseren Zeiger weiter über Kreß 20 hinaus,
so beginnt das andere, veile Ende des Spektrums frei zu
werden. Das Farbenhalb hat jetzt zwar beide Enden wieder
im sichtbaren Gebiet, dafür hat es aber eine mittlere Lücke,
denn es besteht aus einem langwelligen Teil mit Gelb, Kreß,
Rot und einem kurzwelligen mit Veil; die ersten Farben
enthalten neben Gelb noch etwas Laubgrün. Dies sind die
roten Körperfarben, die demnach alle ein geteiltes Farbenhalb haben. Das Schluckgebiet umfaßt die blauen und
grünen Lichter.

Diese Ordnung der Lichter bleibt durch Veil dieselbe,
indem sich schrittweise der rote Teil durch Verlust von
Laubgrün, Gelb, Kreß verkürzt, während der veile durch
Ublau, Eisblau, Seegrün wächst. Bei Ublau 50 verschwindet
der langwellige Teil ganz, und das Lichtgebiet wird wieder
einheitlich.

Auch rote Stoffe gibt es zahlreich, wenn auch nicht so
viel, wie gelbe und kresse. Sie entstehen, wenn das Schluck-

122

gebiet aus dem Überveil so weit in das sichtbare Gebiet
wandert, daß das Veil und das Ublau wieder frei werden.
Je nach dem Maß dieses Vorrückens wandert sein optischer
Schwerpunkt über Blau nach Grün und weiter und damit
die Farbe über Rot nach Purpur und Veil.

Die besondere seelische Wirkung der roten und Purpurfarben kann ganz wohl durch diese Zusammensetzung aus
den physikalisch verschiedenartigsten Lichtern verursacht
sein, welche es im sichtbaren Gebiet gibt.

Auch erkennt man die Ursache, weshalb uns die im
Spektrum nicht vorhandenen Purpurfarben ebenso geläufig
sind, wie alle anderen Farben, denn die zugehörigen Lichter-
mischungen können ebenso leicht entstehen wie jene. Auch
beginnen wir zu begreifen, wie durch stetige Verschiebung
von abwechselnden Schluck- und Durchlaßgebieten durch das
Spektrum die in sich zurücklaufende Reihe der Farbenhalbe gebildet wird, welche als wahre Quelle unserer Farberlebnisse zum Farbkreis an Stelle des Spektralbandes führt.

Drehen wir unser Zeigerblatt über Ublau 50 hinaus, so
erhalten wir zunächst wieder unvollständige Farbenhalbe,
die mit einem Fuß im Unsichtbaren, hier im Überveil stehen.
Dies dauert bis 70, gegen Ende des Eisblau. Von dort ab
werden die Farbenhalbe vollständig, indem die Schluckgebiete sich auf beide Enden des Spektrums verteilen, und
dies bleibt so durch das ganze Seegrün und Laubgrün bis
zum Gelb 00. Damit haben wir alle Farbenhalbe kennen
gelernt.

Die Anzahl der Stoffe aus diesem Farbgebiet ist nicht
groß. Insbesondere besteht bei den Teerfarben ein empfindlicher Mangel im Eisblau. Das bedeutet, daß nur selten zwei
aufeinanderfolgende Schluckgebiete sich so nahe folgen, daß
sie ungefähr ein Farbenhalb zwischen sich lassen. Wenn
künftig unsere Kenntnisse der Faktoren, durch welche man
zwei Schluckgebiete nach Bedarf hin- und herleiten kann,
besser entwickelt sein werden, wird auch die Möglichkeit
offen stehen, Farbstoffe mit solchen selteneren Schluck-

123

verhältnissen bewußt aufzubauen. Bisher, d. h. vor dem Be-
kanntwerden der Lehre vom Farbenhalb, hatte der Schlüssel
zu diesem Problem gefehlt.

Übersicht. Da die Kenntnis dieser Besonderheiten der
Farbenhalbe grundlegend für viele theoretische wie praktische Gebiete ist, so wird es willkommen sein, die eben in
Worten dargelegten Verhältnisse dem Auge auch anschaulich
darzubieten. Hierzu ist die Darstellung von Fig. 17 ver-
kleinert und vereinfacht benutzt worden, indem die Schluck-
gebiete für die acht Hauptfarben schwarz, die Durchlaß-
gebiete weiß angegeben sind (Fig. 18). Man erkennt für
Gelb das vollständige helle Farbenhalb mit unvollständigem
Schluckgebiet. Bei Kreß ist es verkleinert. Rot und Veil
haben geteilte Durchlaß- und geschlossene Schluckgebiete.
Ublau hat ein unvollständiges Durchlaß- und vollständiges
Schluckgebiet; bei Eisblau ist es umgekehrt. Die beiden
Grün endlich haben geteilte Schluck- und geschlossene
Durchlaßgebiete.

Die Zeichnungen gelten für die jeweils ersten Hauptfarben, also Gelb 00, Kreß 13 usw. Die Betrachtung zweier
sich folgenden Fälle ergibt leicht die Verhältnisse bei den
zwischenliegenden Farben.

Eine andere Darstellung ist in Fig. 19 gegeben. Hier
sind die Wellenlängen wagerecht, die Farbtonnummern
senkrecht eingetragen und die ausgezogenen Linien geben
die Grenzen der Farbenhalbe an, die jedem Farbton zukommen. Man zieht in der Höhe der Farbtonnummer eine
Wagerechte; wo sie die Linien schneidet, liegen die Wellenlängen der Grenzpunkte. Die gestrichelten Linien geben die
Wellenlängen der homogenen Lichter an, welche den gleichen
Farbton haben, wie die zugehörigen Farbenhalbe; sie stellen
also deren optische Mittel- oder Schwerpunkte dar *).

Der eigentümlich schwankende Bau der Linien ist die
Folge der früher erwähnten Besonderheit, daß das physi-

---

*) Der Knick in der mittleren Linie beruht wahrscheinlich auf einem
Versuchsfehler.

124

kalische Spektrum so gar nicht mit dem psychologisch gleichabständig geordneten übereinstimmt, sondern dreimal mit
empfindlichen und unempfindlichen Gebieten wechselt.

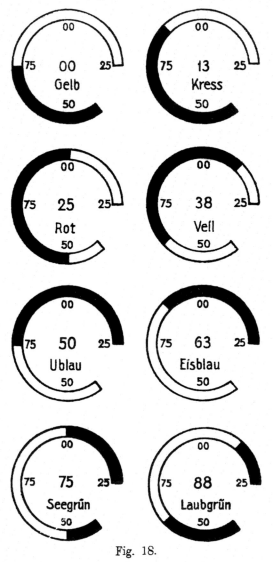

Fig. 18.

Gegenfarben. Eine unmittelbare Folge der Lehre vom
Farbenhalb ist, daß Gegenfarben beim Zusammenfügen
Weiß geben müssen. Denn sie sind dadurch gekennzeichnet,

125

daß die Grenzen zwischen Schluck- und Durchlaßgebieten
beiderseits dieselben sind; nur ist das Schluckgebiet der
einen Farbe das Durchlaßgebiet der Gegenfarbe und umgekehrt. Summiert man die beiderseitigen Lichter, so hat
man das ganze Spektrum und damit Weiß. Dies ist die
erste Theorie, welche die Entstehung des

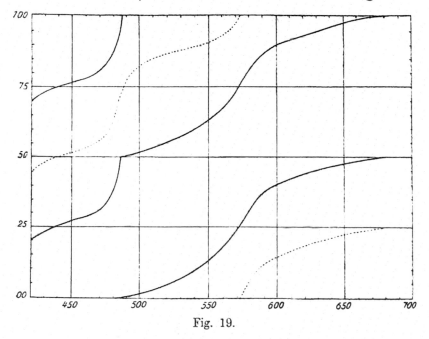

Fig. 19.

Weiß aus jedem Gegenfarbenpaar physika-
lisch erklärt; bisher hatte man nur die Tatsache festgestellt und die mathetische Notwendigkeit aus der anderen
Tatsache der Farbkreisordnung begriffen.

Gleichzeitig findet sich hier Gelegenheit, einen mehr als
hundertjährigen Streit endlich zu entscheiden. Unter den
Gründen, die Goethe gegen Newtons Lehre anzuführen
pflegte, spielt die Tatsache eine große Rolle, daß man durch
Vermischen aller Farben des Spektrums, die als Sektoren
auf einer Kreisfläche angebracht waren, mittels der Drehscheibe keineswegs Weiß erhält, sondern Grau. Die Ver-
teidiger der orthodoxen Lehre verfehlten damals ihre Auf-

126

gabe dadurch, daß sie ungeprüft die Voraussetzung annahmen, es müsse Weiß entstehen. Durch die Anwendung
blasser Farben und durch Einrahmung mit tiefschwarzen
Rändern zwecks Kontrastwirkung bemühten sie sich, das
entstehende Grau dem Weiß möglichst anzunähern, und
riefen dadurch mit Recht G o e t h e s Spott hervor:

Newtonisch Weiß den Kindern vorzuzeigen,
Die pädagog'schem Ernst sogleich sich neigen,
Trat einst ein Lehrer auf mit Schwungrads Possen:
Auf selbem war ein Farbenkreis geschlossen.
Das dorlte nun. „Betracht es mir genau!
Was siehst du, Knabe?“ Nun, was seh ich? Grau!
„Du siehst nicht recht! Glaubst du, daß ich es leide?
Weiß, dummer Junge, Weiß! So sagt's M o l l w e i d e.“

M o l l w e i d e war ein Physikprofessor in Leipzig, der
eine Schrift gegen G o e t h e zur Verteidigung von N e w -
t o n s Lehre geschrieben hatte.

Die Lehre vom Farbenhalb gestattet nun, die Verhältnisse hier wie sonst klar zu legen. Zwei reine Gegenfarben
enthalten zusammen zwar alle Lichter des Weiß, aber auf die
doppelte Fläche ausgebreitet. Sie ergeben also bei der anteiligen optischen Mischung, wie sie auf der Drehscheibe
stattfindet, nur ein halbes Weiß, d. h. ein Grau mit dem
Weißgehalt 0,5. Dies ist ein recht helles Grau, nur wenig
dunkler als das Weißgrau c, welches 0,56 hat. Tatsächlich
wird das Mischgrau aber dunkler ausfallen. Zunächst wegen
des natürlichen Schwarzgehalts in der kalten Gegenfarbe,
der für die Farbe mindestens ein Drittel, für die Scheibe
also ein Sechstel ausmacht. Die Zahl muß noch etwas erhöht
werden, weil die kalte Farbe, die nur $^2/_3$ Vollfarbe enthält,
mehr als die Hälfte der Scheibe, nämlich 0,6 einnehmen
muß, um die warme Gegenfarbe zu neutralisieren; dies ergibt 0,2 Schwarz mehr. Auch lassen sich die warmen Farben
praktisch nicht ganz schwarzfrei herstellen. Das Grau wird
also zwischen e und g liegen, also noch recht hell aussehen.

127

Die Rechnung bleibt dieselbe für jedes Paar Gegenfarben, da jedes aus einer warmen und einer kalten Farbe besteht. Also auch für einen Farbkreis aus beliebig vielen und breiten Gegenfarbenpaaren und zuletzt für jede Anordnung von der Art eines Farbkreises, die bei der Mischung neutrales Grau ergibt.

Dies gilt für die gewöhnliche Drehscheibe mit Körperfarben oder Aufstrichen. Werden die Farben mittels Bildwerfers auf der weißen Wand erzeugt, so hat man es in seiner Gewalt, ob man sie zu Weiß oder zu Grau mischen will. Läßt man gleichzeitig das Licht auf die ganze Wand fallen, so daß die Mischung in weißer Umgebung sichtbar wird, so entsteht Grau, wie auf dem papierenen Kreise. Läßt man dagegen die Farben und ihre Mischung auf dunklem Grund erscheinen, so entsteht Weiß. Denn in diesem Falle sind die Farben unbezogen, und im unbezogenen Gebiet gibt es kein Grau, sondern nur Weiß und Dunkelheit. Im ersten Falle dagegen liegen zufolge der weißen Umgebung bezogene Farben vor.

Schwarz und Weiß in den Körperfarben. Es wurde wiederholt ausgesprochen, daß reine Farbenhalbe durch Schluckung nie entstehen, da die Grenzen der Schluckgebiete niemals scharf, sondern stets verwaschen sind. Wir müssen nun die Folgen der Abweichungen vom Farbenhalb untersuchen.

Ist das Schluckgebiet breiter, als dem Farbenhalb entspricht, so fehlen im Durchlaßgebiet Lichter. Dieser Mangel bewirkt einen Schwarzgehalt der entstehenden Farbe, der um so größer wird, je weiter sich die Schluckung erstreckt. Ob der Farbton dabei derselbe bleibt, hängt davon ab, ob der Fortschritt der Schluckung symmetrisch zum optischen Schwerpunkt des durchgelassenen Lichts vorschreitet oder nicht; genau ist es wohl nie der Fall. Eine besonders starke Verschiebung des Farbtons tritt ein, wenn eine der beiden Grenzen des Schluckgebiets im Unsichtbaren liegt (S. 121); alsdann wandert nur die andere Grenze mit dem Gehalt und eine Farbtonverschiebung ist die unvermeidliche Folge. Wir

128

werden später in der Mischungslehre auf diese Bemerkung zurückkommen.

Setzt sich die Ausbreitung des Schluckgebiets weiter fort, so haben wir schließlich annähernd homogenes Licht; es besteht im bezogenen Gebiet aus Vollfarbe mit viel Schwarz und sieht auch so aus, d. h. die **Vollfarbe ist kaum erkennbar.**

Nun haben wir aber ein Mittel, das Schwarz vollkommen auszuschalten; wir brauchen die Farbe nur unbezogen zu machen. Stellen wir z. B. diese Vorgänge dadurch her, daß wir geeignete Farbstoffe in wäßriger Lösung in einem parallelwandigen Gefäß betrachten, so haben wir es in der Gewalt, welchen Fall wir verwirklichen wollen. Betrachten wir das Gefäß mit freiem Auge gegen eine helle Wand, so ist seine Farbe bezogen, also schwarzhaltig. Betrachten wir es durch ein Dunkelrohr (ein innen geschwärztes Rohr mit einigen Blenden, ohne Linsen), indem wir es vor dessen Öffnung halten, um alles andere Licht auszuschließen, so sehen wir eine schwarzfreie Farbe, die zudem gesättigt ist, da sie keinen merkbaren Anteil Weiß enthält.

Die Farben homogener Lichter. Dies aber sind die Bedingungen, unter denen wir Spektralfarben sehen. Darum erscheinen sie uns rein oder gesättigt.

Es ergibt sich also, daß die Farben homogener Lichter nichts weniger sind, als eine elementare Erscheinung. Sie sind vielmehr eine Rest- oder Konvergenzerscheinung, die nur unter besonderen Bedingungen zustande kommt, und ihre Reinheit oder Sättigung ist dadurch bedingt, daß wir sie unbezogen sehen. Als Körperfarben können sie überhaupt niemals gesehen werden, weil diese stets nur einen Bruchteil des auffallenden Lichts wiedergeben, also auch bestenfalls nicht mehr homogenes Licht zurückwerfen können, als im auffallenden enthalten ist. In diesem aber ist der Bruchteil des homogenen Lichts unbestimmt klein. Die entsprechende Körperfarbe muß also jedenfalls ganz vorwiegend Schwarz enthalten und daher auch so aussehen.

G o e t h e hatte also sachlich recht, wenn er die Spektralfarben durchaus nicht in N e w t o n s Sinne als das Urphänomen der Farbenlehre gelten lassen wollte. Unrecht
hatte er mit seinem Versuch, die Farben trüber Mittel zu
dieser Würde zu erheben. Um auf den richtigen Weg zu
kommen, hätte er S c h o p e n h a u e r s Gedanken der qualitativen Teilung der Retina mit Hilfe der Newtonschen Analyse des weißen Lichts zur Lehre vom Farbenhalb entwickeln
müssen. Hierzu fehlten zwar seinerzeit nicht die objektiven
Voraussetzungen, wenn sie auch äußerst schwierig auszulegen
und zu verwerten waren, wie die Verzögerung dieser Entwicklung bis in unsere Tage gezeigt hat. Wohl aber fehlten
bei ihm ganz und gar die subjektiven Vorbedingungen. Zunächst kam S c h o p e n h a u e r s Gedanke zu spät, nachdem
er sich bereits von der Arbeit abgewendet hatte. Und dann
fehlte im Aufbau seines Geistes durchaus das analytische
und das mathetische Element, die für eine solche Arbeit
nicht entbehrt werden können.

Weißgehalt und Schwarzgehalt. Es ist bereits (S. 127) beschrieben worden, wie durch Verbreiterung des Schluckgebietes sich der Vollfarbe bei bezogenen Farben zunehmend
Schwarz zumischt, bis zuletzt die entstandene dunkelklare
Farbe ganz in Schwarz übergeht. Umgekehrt bedingt eine
zunehmende Verschmälerung des Schluckgebietes eine Beimischung von Weiß, welche gleichfalls bis zum reinen Weiß
zunimmt, wenn die Schluckung verschwindet. Hier verhalten sich bezogene und unbezogene Farben gleich.

Dieser Vorgang ist indessen nicht der einzige, der
Schwarz und Weiß als Beimischung ergibt. Beide entstehen
auch, wenn die Durchlassung oder Schluckung in ihrem
Gebiet u n v o l l s t ä n d i g ist.

Gesetzt, wir haben einen Schluckstreifen, der genau ein
Farbenhalb lang ist, aber nicht das ganze auffallende Licht
auslöscht, sondern einen Teil durchtreten läßt. Dieser Teil
mischt sich mit dem gleichen Teil aus dem Durchlaßgebiet

130

zu Weiß und an Vollfarbe entsteht nur der Bruchteil, welcher der Schluckung entspricht.

Ebenso entsteht Schwarz, wenn auch der Schluckstreif nicht länger ist als ein Farbenhalb, falls der Durchlaß im Gegengebiet nicht vollkommen, sondern durch einen „Schleier" teilweise behindert ist. Dieser Bruchteil, verbunden mit dem gleichen Bruchteil aus dem Schluckgebiet, bewirkt die gleiche Menge Schwarz.

Es ist nicht ausgeschlossen, vielmehr die Regel, daß beide Ursachen der Unvollkommenheit vorhanden sind. Nur ausnahmsweise wird die Schluckung genau ein Farbenhalb umfassen; ebenso ist restloser Durchlaß oder vollkommene Schluckung eine Ausnahme. Daraus folgt, daß praktisch alle Körperfarben neben Vollfarbe meßbare Mengen Schwarz und Weiß enthalten. Dabei wirken wegen des Fechnerschen Gesetzes beide keineswegs gleich. Die Farben vertragen große Mengen Schwarz, bis 20 Proz., ohne eine auffallende Trübung, während sie gegen Weiß um so empfindlicher werden, je weniger sie davon enthalten.

Die bunten Ränder. Es gibt keine Erscheinung des Gebietes, welche bekannter wäre, als die bunten Ränder, welche sich an den Grenzen der Gegenstände zeigen, wenn man sie durch ein fächerndes Prisma betrachtet, und keine, deren Erklärung „selbstverständlicher" erschiene, als ihre. Es ist ja klar, daß wegen der Fächerung alle hellen Gebiete im Sinne der Brechung verschoben erscheinen. Dabei wird das rote virtuelle Bild am wenigsten, das veile am stärksten gebrochen. Die Bilder fallen großenteils übereinander; nur an den Rändern bewirken die Verschiedenheiten der Verschiebung das Auftreten bunter Ränder, und zwar beginnen diese an der wenigst abgelenkten Seite mit Rot, um in Kreß und Gelb überzugehen, während sie auf der anderen Seite zunächst dem Dunkel Veil haben, das nach der hellen Seite in Blau übergeht. Fig. 20 stellt den ersten Fall schematisch dar, wobei die Bilder in Rot, Kreß, Gelb usw. mit r, k, g usw.

131

bezeichnet und der Anschauung wegen getrennt gezeichnet sind, während sie tatsächlich in einer Ebene liegen oder aufgefaßt werden.

Betrachten wir einen solchen bunten Rand genauer, so beginnt er mit lebhaftem, etwas gelblichem Rot (25), das schnell durch Kreß in Gelb übergeht. Dies Gelb nimmt einen auffallend breiten Raum ein und verschwimmt nicht, wie man erwarten sollte, durch einen weichen Übergang in Weiß, sondern grenzt kurz vermittelt daran. Sind wir nun eingedenk, wie schmal im Spektrum das Gelb ist, so sieht die üppige Entwicklung dieser Farbe in dem bunten Rande wie ein Widerspruch aus; ebenso möchte man für das kurze Aufhören eine Erklärung haben.

Diese findet sich erst auf dem Boden der Lehre vom Farbenhalb. Betrachtet man nämlich in Fig. 20 die entstehenden Farbenmischungen, so haben wir zunächst, aus dem Dunkel auftauchend, das reine Rot, das verhältnismäßig hell und breit einsetzt, weil wir

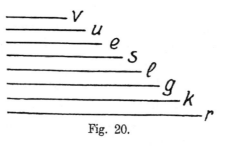

Fig. 20.

ziemlich weit im Spektrum vorschreiten können, ehe das Rot seinen Farbton ändert. Dann kommen die Gebiete, wo sich die im Spektrum so schmalen Farben Kreß und Gelb dazu gesellen; sie ergeben ein etwas helleres und gelberes Rot. Das zutretende Laubgrün ergibt zunächst Kreß, dann bald Dunkelgelb. Nun folgt im Spektrum das breite Gebiet des mittleren Grün; hier ist das Farbenhalb aller Gelbe breit entwickelt und bewirkt das breitgelbe Band, das man neben dem schmäleren Rot und Kreß sieht. Ist der Ort der Fraunhoferlinie F erreicht, so ist das volle Farbenhalb des ersten Gelb 00 da. Das Seegrün darüber hinaus gibt mit dem ersten Rot Weiß. Da von diesem nach dem Fechnerschen Gesetz bereits eine kleine Menge die Sättigung aufhebt, so verblaßt das ohnehin so helle erste Gelb sehr schnell,

132

und es ist schon nahe daneben keine Buntfarbe mehr zu
erkennen.

Ganz ähnlich verhält es sich mit dem blauen Rande;
man braucht nur die Reihenfolge der Farben umzukehren.
Ebenso wie auf der gelben Seite das von der Farbe 25 der
längsten Wellen um einen Viertelskreis oder 25 Punkte entfernte Gelb 00 als Hauptfarbe des Randes auftrat, ist es hier
das vom Farbton 45 der kürzesten Wellen um 25 Punkte
entfernte, zwischen Ublau und Eisblau 70 gelegene, dessen
Farbenhalb sich bildet und das Aussehen des Randes bestimmt. Das schnelle Verweißen darüber hinaus wäre hier
noch auffälliger, wenn nicht durch die bekannte Verzerrung
des Prismenspektrums das ganze Bild in die Breite gezogen
wäre.

Interferenzfarben. Bekanntlich sind die Interferenzfarben zunächst blaß, sie werden dann schnell farbreiner
und erreichen bald ihre Pracht in den Farben zweiter und
dritter Ordnung; darüber hinaus verblassen sie wieder.

Sie kommen, wie bekannt, dadurch zustande, daß die
Lichter nach Maßgabe ihrer Wellenlängen abwechselnd
verstärkt und ausgelöscht werden. Die Periode ist für die
verschiedenen Wellenlängen verschieden, und so fallen die
hellen und dunklen Gebiete nicht genau übereinander, sondern verschieben sich gegenseitig um so mehr, je verschiedener die Wellenlängen sind. Mit zunehmendem Wegunterschied werden diese Streifen schmäler und folgen sich näher.

So wird zunächst durch die breitesten Streifen das
sichtbare Gebiet nur am Rande angegriffen bezw. durchgelassen, und es entsteht einerseits ein sehr blasses Gelb, andererseits ein sehr dunkles und graues Veil. Dann wird der
Abstand kleiner, nähert sich der Länge des Spektrums und
isoliert etwas engere Gebiete, was eine entsprechende Steige-
rung der Reinheit bewirkt. Nehmen die dunklen Streifen
den Abstand an, daß sie dazwischen ein Farbenhalb frei
lassen, so ist das Gebiet der größten Reinheit erreicht; das
sind die Farben zweiter und dritter Ordnung. Da die

133

Streifenabstände für Veil und Rot sich etwa wie 3 : 5 verhalten, so ist dies Gebiet ziemlich breit. Werden die Abstände noch enger, so lassen sie mehrfach Gegenfarbenpaare frei, die sich zu Weiß mischen und die Reinheit herabsetzen. Dies findet um so stärker statt, je zahlreicher die Streifen im Spektrum werden, so daß sich die Buntfarbigkeit bald ganz verliert.

Dies beschreibt die Erscheinungen nur in den gröbsten Zügen. Die Theorie der Interferenz ist aber so vollständig entwickelt, daß man jeder Einzelheit rechnerisch nachgehen kann, und es lassen sich bei der Ausführung solcher Rechnungen allerlei hübsche Nebenergebnisse erwarten, wenn man auf die Lehre vom Farbenhalb Rücksicht nimmt. Hier genügt es zu zeigen, daß auch für solche Dinge, die bisher kaum als Probleme empfunden worden sind, neue Aufschlüsse aus dieser anfangs so fremdartig erscheinenden Lehre zu gewinnen sind.

Die Helligkeit der Vollfarben. Eine ganz unerwartete Bestätigung hat die Lehre vom Farbenhalb durch eine Untersuchung über die Helligkeit der Farben gefunden, die ihrerzeit ausgeführt wurde, bevor der Zusammenhang mit der Farbenhalblehre erkannt war.

Daß die Helligkeit der Farben mit dem Farbton wechselt, ist eine den Malern, Färbern usw. längst bekannte Tatsache. G o e t h e kommt sehr oft darauf zurück, daß Gelb die hellste aller Farben ist. Er schreibt auch der Gegenfarbe, als die er unentschieden bald Blau, bald Veil ansieht, die geringste Helligkeit zu, während Rot und Grün Zwischenwerte aufweisen.

Nun hängt aber die Helligkeit einer Körperfarbe nicht allein von der darin befindlichen Vollfarbe ab, sondern auch von dem vorhandenen Weiß und Schwarz. Eingedenk des allgemeinen Satzes von der linearen Form der Farbgleichungen werden wir erwarten dürfen, daß die Helligkeit einer gegebenen Körperfarbe gleich der anteiligen Summe der

134

Helligkeiten ihrer Bestandteile ist. Sei also h die Helligkeit der gegebenen Farbe und h_0 die Helligkeit ihrer Vollfarbe, so muß $h = v h_0 + w$ sein, wo v der Bruchteil der
vorhandenen Vollfarbe, w der des vorhandenen Weiß ist.
Das Schwarz trägt nichts zur Helligkeit bei, erscheint also
in der Gleichung nicht.

Man kann den Ansatz zunächst so prüfen, daß man an
mehreren Aufstrichen gleichen Farbtons, aber verschiedener
Zusammensetzung, sowohl die Helligkeit h, wie den Weißgehalt mißt. Formt man die obige Gleichung nach h_0 um,
$h_0 = \dfrac{h-w}{v}$ so muß man bei den Abkömmlingen desselben
Farbtons denselben Wert für h_0 erhalten, so verschieden
auch v und w sein mögen. Diese Erwartung hat sich
voll bestätigt und damit ist die Richtigkeit der Gleichung
gesichert. Man bestimmt auf solche Weise die Helligkeit
der Vollfarbe, ohne daß man nötig hätte, diese unmittelbar
zu messen, was unmöglich wäre, da es reine Vollfarben
nicht gibt.

Ich habe nun für alle 100 Farben eines Farbkreises die
Helligkeiten h_0 der reinen Farben auf solche Weise gemessen. Zunächst ergab sich dabei, daß die Helligkeiten
zweier Gegenfarben sich immer zu Eins ergänzen. Die Lehre
vom Farbenhalb fordert dies, denn alle Lichter, die in der
einen Vollfarbe vorhanden sind, fehlen in der Gegenfarbe
und umgekehrt, beide zusammen müssen also die Helligkeit
des ganzen weißen Lichts ergeben.

Ferner ergab sich ein sehr wechselnder Verlauf der
Helligkeiten. Vom Gelb 00, das die hellste Farbe ist, sinkt
die Helligkeit schnell ab bis zum Kreß 20, wo sie etwas
stehen bleibt, um im Rot wieder zu sinken. Dann bleibt sie
bis zum zweiten Veil beinahe unverändert und sinkt dann
nochmals bis zum Mindestwert bei 50. Darüber hinaus erfolgt ein schneller langer Aufstieg bis zum Eisblau 70 und
dann wieder drei kleinere Wechsel von geringer und schneller Änderung bis zum Gelb zurück. Die zweite Hälfte ist

ein Spiegelbild der ersten, weil Gegenfarben die Summe Eins ergaben.

Dies ist eine rein erfahrungsmäßige Messung des Helligkeitsverlaufes im Farbkreise, die zur Voraussetzung nur die Berechnung von h_0 aus der Analyse der betreffenden Farben hat, deren Richtigkeit durch den Versuch geprüft und bestätigt worden ist. Außerdem aber gibt es noch einen zweiten Weg, die Zahlenwerte der Helligkeit zu bestimmen, der auf der Voraussetzung der Richtigkeit der Farbenhalblehre beruht. Ergeben nun beide Verfahren gleiche Werte, so ist damit jene Richtigkeit bewiesen, denn jede Abweichung vom Farbenhalb müßte andere Helligkeitswerte ergeben.

Dieser zweite Weg beruht auf folgendem Gedankengang. Seit den klassischen Messungen von F r a u n h o f e r kennen wir den Verlauf der Helligkeiten in einem Spektrum des normalen Sonnenlichts. Zwar ist dieser Verlauf von der Fächerung des Prismas abhängig, also für jedes Spektrum besonders. Berechnet man aber die Summen aller Helligkeiten zwischen bestimmten Wellenlängen, so verschwindet diese Abhängigkeit und alle Spektren des Sonnenlichts geben dieselben Werte. Am einfachsten rechnet man vom roten Anfang des Spektrums bis zu den verschiedenen Fraunhoferschen Linien, indem man die Gesamthelligkeit gleich Eins setzt.

Nun kennen wir aber die Gebiete der Wellenlängen, welche die Farbenhalbe der verschiedenen Farben bilden. Berechnet man die zugehörigen Helligkeiten aus dem eben erwähnten Gesamtverlauf, so müssen diese errechneten Zahlen mit den unmittelbar gemessenen übereinstimmen. Ich habe diese Rechnung für alle 100 Farben des Farbkreises durchgeführt und die erwartete Übereinstimmung gefunden. Da die entsprechenden Zahlenwerte anderweit (Physik. Farbenlehre S. 143) veröffentlicht worden sind, brauchen sie hier nicht nochmals abgedruckt zu werden. Fig. 21 zeigt den

136

Helligkeitsverlauf, wie er sich aus F r a u n h o f e r s Messungen ergibt, mit dem eigentümlichen Wechsel schneller
und langsamer Änderungen.

Fragt man sich nach der Erklärung dieses Wechsels,
so gibt wieder die Lehre vom Farbenhalb Auskunft. Wir erinnern uns eines ähnlichen Wechsels in der Ordnung der
Farbtöne des rationellen Kreises im Spektrum, wo gleichfalls schnelle und langsame Änderungen des Farbtons mit
der Wellenlänge aufeinander folgen. Es leuchtet unmittelbar ein, daß dort, wo die Farbtöne beim Fortgang im Spektrum schnell aufein-
ander folgen, nur wenig
neue Lichter zu den
vorhandenen kommen,
also die Helligkeit sich
nur wenig ändern kann.
Umgekehrt ändert sie
sich sehr stark dort, wo
man große Gebiete von
Wellenlängen zurück-
legen muß, um zum
nächsten Farbton zu ge-
langen. Dadurch, daß
solche Einflüsse sich an
beiden Enden der Far-

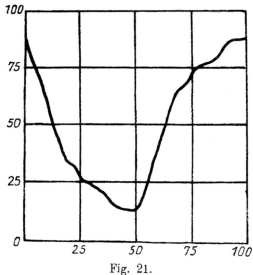

Fig. 21.

benhalbe betätigen (falls nicht ein Ende im Unsichtbaren
liegt), und daß die Helligkeit selbst sich mit der Wellenlänge erheblich ändert, werden allerdings die Verhältnisse
recht verwickelt; die Grunderscheinung ist aber doch deutlich erkennbar. Es bleibt noch die Frage zu beantworten,
wie man die erforderlichen Messungen der Helligkeit h und
des Weißgehaltes w ausführt. Dies wird ausführlich in dem
unmittelbar folgenden Teil dieses Buches beschrieben werden, der die A n w e n d u n g e n der Farbenlehre betrifft.
Hier genügt die Angabe, daß entsprechende Meßverfahren
ausgebildet und gesichert sind.

Trübe Mittel. G o e t h e hat die Farben, welche durch
trübe Mittel erzeugt werden, als das „Urphänomen" der
ganzen Farbenlehre angesehen, das vermöge dieser Eigenschaft einer Erklärung ebensowenig fähig wie bedürftig sei;
auch konnte die Physik seiner Tage noch keine Auskunft
über sie geben. Inzwischen hat aber die Lehre von den Lichtwellen diese Erscheinungen vollkommen aufgeklärt. Da sie
recht häufig auftreten und die Quelle der farbschönsten
großen Naturvorgänge sind, so muß das Wesentliche über sie
mitgeteilt werden.

Trübe Mittel entstehen, wenn einem durchsichtigen
Stoff, ob fest, flüssig oder gasig, feine Teilchen anderer Art
gemengt sind. An den Grenzflächen wird das Licht teilweise
zurückgeworfen, ohne sonst eine Änderung seiner Zusammensetzung zu erfahren, ein anderer Teil dringt tiefer
und erfährt dort teilweise dasselbe Schicksal. Ist die Schicht
dick genug, so wird schließlich alles Licht zurückgeworfen
(wir setzen voraus, daß keine wesentliche Schluckung vorliegt), und die Schicht sieht in der Aufsicht weiß aus, an der
Durchsicht aber schwarz, da kein Licht durchgeht. Ist die
Schicht nicht so dick, so sieht sie in beiden Fällen grau aus.

Dies gilt aber nur, wenn die trübenden Teilchen zwar
klein für das bloße Auge, aber groß im Verhältnis zur Länge
der Lichtwellen sind; die Grenze liegt etwas unter 0,01 mm.
Werden sie kleiner, so daß ihre Abmessungen der Licht-
wellenlänge (rund 0,0005 mm) nahe kommen, so beginnen
sie, die Lichtwellen unmittelbar zu beeinflussen. Da dies
von deren Länge abhält, so müssen hierbei Farben entstehen.

Die Beeinflussung durch die Teilchen liegt in der Richtung, daß die längsten Wellen durch sie am wenigsten im
Fortschreiten gestört werden; diese werden also am vollständigsten durchgehen. Die kürzesten Wellen werden dagegen
am vollständigsten zurückgeworfen werden, da für sie Teilchen noch groß sind, die für die langen Wellen schon als klein
wirken. Daher werden im durchgehenden Licht die langen
Wellen: Rot, Kreß, Gelb überwiegen, während im zurück-

138

geworfenen die kurzen veilen, u- und eisblauen den Ton angeben. Und zwar werden diese Farben um so auffallender
sein, je kleiner die Teilchen sind; andererseits nehmen sie
mit wachsender Korngröße bis zur Unmerklichkeit ab.

Dies ist es nun, was die Erfahrung zeigt. Die von der
Sonne beleuchteten äußerst feinen Luftteilchen ergeben vor
dem dunklen Welthintergrunde das Blau des Himmels.
Scheint die Sonne aber des Abends durch längere Schichten
etwas getrübter Luft, so dringen zunehmend nur die längeren und längsten Wellen durch, und das Licht wird gelb
und kreß bis in die Nähe des Rot 25, das die äußerste Grenze
darstellt. Mit einer verdünnten Lösung von Mastix in
Weingeist (1 Proz.), die man in viel Wasser gießt, wodurch
der Mastix in äußerst feinen Tröpfchen ausfällt, kann man
ganz ähnliche Farben in der Aufsicht wie Durchsicht erzeugen. Nimmt man aber die Lösung stärker, wodurch beim
Fällen mit Wasser gröbere Tröpfchen entstehen, so treten
die Farben zurück, und schließlich sieht man nur Weiß und
Grau. Damit geht Hand in Hand ein zunehmendes Undeutlichwerden der Dinge beim Durchsehen. Während die
gelb und kreß durchsichtigen Schichten alle Grenzen scharf
zeigen, zum Zeichen, daß die langen Wellen noch ohne Stö-
rung durchgehen, ergeben die gröberen Trübungen ein zunehmendes Undeutlichwerden, weil alle Lichter gestört und
zerstreut werden.

Wenn man mit diesem Schlüssel G o e t h e s mannigfaltige Beschreibungen der Erscheinungen trüber Mittel
liest, so wird man es nicht schwer finden, sie alle zu deuten.

ZWEITER TEIL.
Angewandte Farbkunde.

I. Abschnitt.
Messung der Farben.

Neuntes Kapitel.
Messung der unbunten Farben.

Allgemeines. Da sich die Meßbarkeit als unbedingte
Voraussetzung für die Möglichkeit herausgestellt hat, die
Farben in der vorstehend dargelegten methodischen Weise
zu ordnen, so könnte man denken, daß die Beschreibung des
Meßverfahrens der der damit erlangten Ordnung logischer-
weise hätte vorausgeschickt werden müssen. Nun lehrt aber
die Geschichte der Wissenschaft hundertfältig, daß die Ausbildung genauer Meßmethoden erst eintritt, nachdem die
betreffende Wissenschaft im allgemeinen bereits eine recht
hohe Stufe erreicht hat. Überlegt man, daß eine solche Entwicklung wieder von dem Vorhandensein zuverlässiger
Messungen abhängt, so findet man sich in einem Zirkel und
denkt an Münchhausen, der sich an seinem eigenen Zopfe
aus dem Sumpf gezogen hat.

Tatsächlich ist ein solches Wunder nicht nötig, um diese
Entwicklung zu ermöglichen. Am Anfange, wo es sich um
die allgemeinen und umfassenden Gesetze handelt, genügen
verhältnismäßig grobe Messungen, um sie in ihren Grund-
zügen festzustellen. So hat z. B. Faraday sein elektro-
lytisches Gesetz durch die Anzahl von Schichten jodkalium-
haltigen Filtrierpapiers geprüft, auf denen der durch eine

140

gewisse Elektrizitätsmenge an der Anode erzeugte Jodfleck
sichtbar geworden war. Hat man so die allgemeinen Verhältnisse kennen gelernt, so hat man auch die wesentlichen
Bedingungen erfahren, die man zur Erzielung guter Messungen einzuhalten hat. Jede derartige Verbesserung des
Meßverfahrens hat zur Folge die Entdeckung neuer Fehlerquellen, deren Einfluß bei der früheren rohen Messung nicht
erkennbar werden konnte. Ebenso lehrt die inzwischen ein-
getretene allgemeine Entwicklung des Gebiets solche Einflüsse erkennen und vermeiden. Und so helfen sich reine
Wissenschaft und angewandte Meßkunde gegenseitig weiter.
Jeder jeweilige Zustand der Wissenschaft ermöglicht nur
einen entsprechenden Genauigkeitsgrad der Messungen,
nämlich bis zum Bereich der noch nicht entdeckten Fehlerquellen. Und jede Bemühung, diese Genauigkeit zu steigern, läßt solche neue Fehlerquellen entdecken und trägt
damit etwas zum allgemeinen Fortschritt der Wissenschaft bei.

So ist es auch in der Farbenlehre gegangen, wo die Entwicklung zur messenden Wissenschaft sich bisher in einer
Hand vollzogen hat. Die ersten Messungen waren roh und
die ersten Meßgeräte primitiv genug, aus zufällig vorhandenen Teilen mit Kork, Pappe, Siegellack und Leim zu-
sammengebastelt. Und ich habe absichtlich diesen Anfangs-
zustand ziemlich lange beibehalten. An einem vom Mechaniker gelieferten Gerät lassen sich Verbesserungen nicht so
leicht anbringen, wie am hausgemachten von Kork und
Pappe. Wissenschaftliche Apparate haben aber ebenso ihre
Entwicklungs- und Anpassungsgeschichte, wie sie uns an
den Lebewesen geläufig ist. Es müssen erst eine ganze Anzahl ungenügend angepaßter Formen zugrunde gehen, ehe
sich die Dauerform gestaltet, die den Kampf ums Dasein
siegreich übersteht. Und es ist gut, zuerst nach der geistigen
Seite eine solche angepaßte Form in vergänglichem Material zu schaffen, ehe man ihr in Messing und Stahl auch eine
physische Dauerform geben läßt.

141

So habe ich u. a. das nachstehend beschriebene Halb-schatten-Photometer ziemlich lange in einem aus Pappe mit papierenen Skalen und primitiver Handverschiebung her-gestellten Exemplar benutzt und damit recht gute Mes-sungen erzielt. Die geringe Starrheit des Baustoffes hat mich genötigt, auf die grundsätzliche Beseitigung von Fehlermöglichkeiten das größte Gewicht zu legen und mich nicht auf die Geschicklichkeit des Mechanikers zu verlassen, die auch unvorteilhafte Anordnungen unschädlich machen würde. So konnte ich die lebensunfähigen Entwicklungs-stufen in das Pappenalter verlegen, wo sie keine erheblichen Verluste bedingten; die hernach nach den Regeln der Kunst ausgeführte Gestalt hat inzwischen sich als dauernd lebens-fähig erwiesen.

Ich bin auf diese Dinge näher eingegangen, weil sie heute von viel größerer Bedeutung sind, als vor zehn Jahren. Damals war mechanische Arbeit wohlfeil, und es war mehr Gewohnheit, die mir aus meiner knappen Jugend geblieben war, wo ich meine wissenschaftlichen Leidenschaften mit sehr geringen äußeren Mitteln befriedigen mußte, als äußere Notwendigkeit, die mich diesen Weg gehen ließ. Heute ar-beitet die Wissenschaft in Deutschland unter den bedräng-testen Verhältnissen, da der ungelernte Arbeiter einen un-verhältnismäßigen Teil des Volkserwerbs für sich bean-sprucht und die Wissenschaft, von der er nichts weiß, dar-ben läßt. Wir müssen deshalb heute sorgsam darauf achten, mit den geringsten äußeren Mitteln gedanklich das Beste zu leisten, damit das höchstwertige Erzeugnis unseres Vol-kes, das unsere Stellung in der Völkergemeinschaft dauernd bestimmt, nämlich unsere wissenschaftliche Arbeit keine Einbuße erfährt.

Das Halbschatten-Photometer. Die Messung unbunter Farben ist eine Aufgabe der Photometrie, die ganz wohl mit den früher vorhandenen Geräten hätte geleistet werden können, nachdem man sich über das Grundsätzliche klar ge-worden war. Doch sind diese Geräte ganz vorwiegend zur

142

Messung absoluter Lichtstärken von Lampen, Kerzen usw. ausgebildet worden, während wir es hier mit Rückwerfungswerten, d. h. relativen Lichtstärken zu tun haben. Dadurch läßt sich die erforderliche Einrichtung sehr vereinfachen.

An anderer Stelle (Physikalische Farbenlehre, 2. Aufl., S. 78) habe ich grundsätzlich die verschiedenen Möglichkeiten entwickelt, die Aufgabe zu lösen. Diese Untersuchung soll hier nicht wiederholt werden; es wird genügen, die Form zu beschreiben, welche das Meßgerät nach der oben angedeuteten Entwicklung angenommen hat.

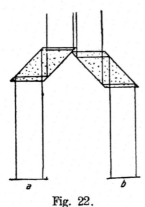

Fig. 22.

Das Halbschatten-Photometer oder der Hasch besteht aus einem durch eine Längswand geteilten lichtdichten Doppelkasten, auf dessen Boden die zu vergleichenden Farben gelegt werden. Im Deckel ist das Doppelprisma des Wolfschen Kolorimeters, Fig. 22, angebracht, welches die Lichtmengen der beiden Farben in das Gesichtsfeld leitet, wo sie scharf nebeneinander je einen Halbkreis ausfüllen, Fig. 23. Eine verschiebbare Lupe, die auf die obere Prismenkante eingestellt wird, macht die Ablesung bequemer.

Fig. 23.

Ihre Beleuchtung erhalten beide Farben durch einen schrägen, längsgeteilten Schlot, Fig. 24, der oben durch zwei verstellbare Spalte verschlossen ist. Er machte einen Winkel von $^1/_8$ oder 45^0 mit der Wagerechten, entsprechend der allgemeinen Vorschrift, daß die Betrachtung und Messung aller Flächen senkrecht zur Fläche, aber mit 45^0 Lichteinfall durchgeführt werden soll.

Zur Lichtmessung dienen zwei Stellspalte, die den Schlot oben verschließen. Sie sind 50 mm hoch und können etwas über 50 mm weit geöffnet werden, Fig. 25. Die Verstellung erfolgt am besten durch Zahn und Trieb, weil die Einstellung bei schneller Bewegung hin und her viel sicherer

143

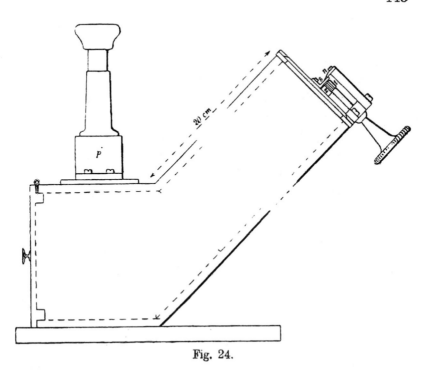

Fig. 24.

erfolgt, als bei langsamer Schraubenbewegung. Das einfallende Licht wird durch eine zerstreuende Schicht, am ein-

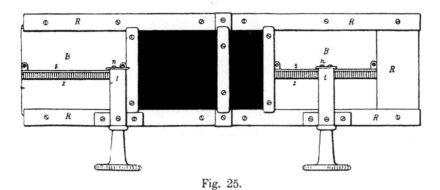

Fig. 25.

fachsten paraffiniertes Papier, gleichförmig zerstreut; dann ist der Lichtstrom proportional der Flächengröße und kann an der Skala der verstellbaren Spaltplatte abgelesen werden.

144

Diese ist in 100 halbe Millimeter geteilt; der Zehntelnonius gestattet Ablesungen auf 0,001 der größten Öffnung.

Man legt zunächst zwei Karten Normalweiß in den Kasten, wobei dafür gesorgt werden muß, daß sie in gleicher Ebene liegen. Dies geschieht durch Rahmen, welche in Führungen laufen und die wirksamen Teile des Feldes frei lassen. Dann öffnet man den linken Spalt bis 100,0 und sieht das kreisförmige Gesichtsfeld durch einen senkrechten Durchmesser in zwei Hälften verschiedener Helligkeit geteilt. Es ist dasselbe Bild, wie in den bekannten Halbschatten-Polarimetern; daher der Name. Man bewegt nun den Trieb des rechten Spalts, bis beide Hälften gleich hell erscheinen, und liest an der Teilung ab. Die Einstellung wird 10mal wiederholt, wodurch man seine persönliche Schwelle kennenlernt und einen guten Mittelwert erhält.

Ist das Gerät und die Beleuchtung genau symmetrisch, so ist dieser Mittelwert gleichfalls 100,0, mit Abweichungen, die dem Einstellungsfehler entsprechen. Meist findet man einen anderen Mittelwert, der um ein Geringes größer oder kleiner ist. Auf diesen stellt man den rechten Spalt ein.

Soll nun eine Messung gemacht werden, so kommt das zu messende Grau in den Rahmen der rechten Seite, während links das Normalweiß liegen bleibt. Man bewegt nun den linken Spalt über dem Normalweiß so lange, bis wieder beide Hälften des Gesichtsfeldes gleich erscheinen, wobei die Trennungslinie verschwindet, die vorher durch den Kontrast sehr deutlich war. Ein schnelles Hin- und Hergehen um den Gleichheitspunkt erleichtert die Beurteilung; man sieht das Licht dabei gleichsam nach rechts und links umschlagen, wie die Seiten eines Buches. Man liest ab und wiederholt die Einstellung, um den Fehler zu verkleinern. Meist genügen 5 oder 3 Einstellungen.

Ein häufiger Fehler wird durch die Nachbilder bewirkt, welche ein sehr ungleich beleuchtetes Gesichtsfeld hervorruft. Da man meist die Helligkeit des Meßlings bereits annähernd kennt oder mittels der kleinen Grauleiter in

einem Augenblick bestimmen kann, stellt man den Meßspalt
ungefähr richtig, bevor man hineinschaut; dann sind die
Nachbilder gering. Durch Ausruhen des Auges verschwinden sie meist in weniger als einer Minute. Personen mit
langdauernden Nachbildern sind daher für solche Arbeit
wenig geeignet.

Läßt man das Normalweiß längere Zeit im Hasch offen
liegen, so dunkelt es bald durch Staub und wird fehlerhaft.
Um sich das lästige jedesmalige Einlegen, wobei es gleichfalls leicht Not leidet, zu ersparen, legt man links einen ohne
besondere Vorsicht hergestellten weißen Aufstrich ein, den
man dauernd im Hasch beläßt, öffnet den linken Spalt auf
100,0, legt rechts Normalweiß ein und stellt rechts auf
Gleichheit ein, wobei, wie früher, ein Mittelwert aus 10 Ablesungen genommen wird. Alsdann kann man mit dem
linken Weiß so fortarbeiten, als wäre es Normalweiß. Nur
muß man von Zeit zu Zeit das Normalweiß rechts einlegen
und die Einstellung verbessern, wenn das linke Weiß durch
Staub dunkler geworden ist. Dies geschieht anfangs
schneller, später sehr langsam. Auch ist zuweilen die Beleuchtung trotz des zerstreuenden Schirms vom Sonnen-
stande abhängig, namentlich wenn draußen starke Hellig-
keitsunterschiede unsymmetrisch verteilt sind. Man wird
daher, zumal anfangs, die Normaleinstellung häufiger wiederholen, bis man das Verhalten des Hasch genauer kennen
gelernt hat, und insbesondere vor wichtigen Messungsreihen
eine Kontrolle nicht unterlassen.

Die Aufstellung des Hasch erfolgt am Nordfenster
eines Dunkelraums, indem zwischen dem Rahmen des
Doppelspalts und dem Fenster eine lichtdichte Verbindung
aus Pappe oder Tuch hergestellt wird. Anstelle eines
Dunkelzimmers kann auch ein aus Holzstäben und Pappe
erbautes Dunkelzelt dienen, ähnlich den für photographische
Zwecke hergestellten beweglichen Dunkelkammern. Vollständiger Ausschluß von Nebenlicht ist aber nicht notwendig (außer bei der Messung sehr tiefer Schwärzen), da

146

die helleren Gebiete besser eingestellt werden, wenn das Auge nicht völlig auf Dunkel adaptiert ist.

Das Normalweiß. Als Oberfläche, der bis auf weiteres die Helligkeit Eins zugeschrieben wird, dient eine hinreichend dicke Schicht von reinstem gefälltem Bariumsulfat (Permanentweiß). Man entfernt aus einer Chlorbariumlösung die etwa vorhandenen Schwermetalle durch etwas Schwefelbarium (oder Schwefelnatrium), fällt mit etwas überschüssiger Schwefelsäure und wäscht gut aus. Die im Handel erhältlichen besseren Sorten Barytweiß genügen meist den Ansprüchen.

Da das Bariumsulfat schlecht deckt, so muß die Schicht hinreichend dick genommen werden und darf nur wenig Bindemittel enthalten. Am radikalsten ist der Vorschlag von W. D o u g l a s, das Weiß als Pulver in einer flachen Schale zu verwenden und seine Oberfläche durch Aufdrücken eines Mattglases zu ebnen. Mit einer Lösung von 2 Proz. weißer Gelatine erzielt man genügende Bindung und hat die erhebliche Bequemlichkeit einer festen Schicht. Der Träger wird zweckmäßig mit Zinkweiß (Helligkeit 0,95) vorgestrichen. Mit dem Pinsel ist es nicht leicht, eine genügend dicke und ebene Schicht (mindestens 5 Aufstriche) zu erzielen; sie muß zuletzt jedenfalls abgeschliffen werden (mit einer gleichen Schicht), um die Pinselspuren zu entfernen. Leichter erzielt man einen genügenden Auftrag mit dem Zerstäuber. Die D e u t s c h e W e r k s t e l l e f ü r F a r b k u n d e (Dresden-N., Schillerstraße 35) liefert zuverlässiges Normalweiß, das auf den einschlägigen Arbeiten von A. v. L a g o r i o beruht.

Es wurde bereits bemerkt, daß man für die laufende Arbeit ein Zwischenweiß benutzt und den Hasch so einstellt, daß dessen Abweichung von der Norm durch die Art der Messung selbsttätig korrigiert wird. So kann man das Normalweiß lange unverändert erhalten. Um ganz sicher zu gehen, versieht man sich mit zwei Proben Normalweiß, von denen die eine dauernd unter staubdichtem Verschluß bleibt

147

und nur in längeren Zwischenräumen benutzt wird, um sich davon zu überzeugen, ob die andere unverändert geblieben ist. So kann man sich für Jahre die genaue Einhaltung dieses Grundwertes sichern.

Grauleitern. Wiewohl die Messung im Hasch keinen großen Aufwand an Zeit und Arbeit beansprucht, ist ein Gerät wünschenswert, das tunlichst leicht und schnell Messungen von ausreichender Genauigkeit für die täglichen Zwecke liefert und sich auch auf Gegenstände anwenden läßt, die wegen ihrer Größe oder Form nicht in den Hasch gebracht werden können.

Diese Aufgabe wird gelöst durch die Benutzung von G r a u l e i t e r n , d. h. Zusammenstellungen genau gemessener und eingestellter Graufarben, welche den gemischten Wert durch unmittelbaren Vergleich liefern.

Solche Leitern können entweder die S. 62 beschriebenen die Normen enthalten; diese dienen vorwiegend zur Einstellung und Kontrolle auf normgemäße Farbe. Oder sie sollen zur allgemeinen Messung der Helligkeit oder Weiße dienen; dann enthalten sie engere Stufen in runden Bruchzahlen, zwischen denen eine Einschaltung (Interpolation) leicht möglich ist.

Um die erforderlichen Graustufen herzustellen, dient grundsätzlich folgendes Verfahren. Man fertigt in der zu benutzenden Technik (Leimtünchen, Tränkung, Färbung usw.) eine Anzahl grauer Stufen von bekanntem Farbstoffgehalt an, deren Weiße man im Hasch mißt. Dann setzt man in Netzpapier einerseits die Gehalte, andererseits die Weißen aus und verbindet die entsprechenden Punkte durch eine stetige Linie. Aus dieser Linie kann man entnehmen, welche Gehalte erforderlich sind, um die gewünschten Weißen zu ergeben. Man stellt die entsprechenden Gemische her, prüft sie im Hasch auf ihre Richtigkeit, verbessert sie, wenn nötig, und gewinnt so die erforderlichen Mischvorschriften, mittels deren man jene Geräte herstellen kann.

10*

148

Da Gemenge von weißen und schwarzen Farbstoffen gewöhnlich kein reines, sondern zufolge des Blau der trüben
Mittel (S. 137) ein blauhaltiges Grau ergeben, so ist ein Verfahren nötig, um den neutralen Farbton zu sichern. Dieses
ist im Hasch gegeben, denn ein beschattetes Weiß ist neutral
grau gegen ein belichtetes. Man legt also einen mit dem
grauen Gemisch erstellten Aufstrich in den Hasch, stellt auf
gleiche Helligkeit ein und sieht dann leicht, ob die Farbe
des Gemisches neutral ist, oder in welchem Sinne sie abweicht.

Als Beispiel soll nachstehend der häufigste Fall beschrieben werden, daß man das Grau als deckende Leimtünche herstellen will. Man wählt als Farbstoffe Zinkweiß
oder Lithopon und Elfenbeinschwarz, Frankfurterschwarz
oder ein anderes Kohlenschwarz. Ruß ist nicht zweckmäßig,
weil er beim Aufstreichen Schwierigkeiten macht. Es wird
nach Gewicht ein Gemisch etwa von der Helligkeit 0,1 (1 der
Normen) hergestellt, wozu man rund gleiche Teile Weiß
und Schwarz brauchen wird, und davon ein Aufstrich mit
dem beabsichtigten Bindemittel (z. B. Leimlösung 6 Proz.)
gemacht. Untersucht man es wie beschrieben im Hasch, so
erweist es sich deutlich blau.

Man setzt, wieder nach Gewicht, einen dunkelgelben
Farbstoff (Goldocker) zu, dessen Farbton die Gegenfarbe
des zu beseitigenden ist, und beginnt mit 10 Proz. Die
Untersuchung zeigt, ob dies zu wenig oder zu viel ist. Je
nach dem Ausfall stellt man um je 1 Proz. verschiedene Ge-
mische unter oder über 10 Proz. her und findet auf solche
Weise bald die Menge des Zusatzes, welche ein neutrales
Dunkelgrau ergibt.

Die Erfahrung hat gezeigt, daß beim Aufhellen solcher
„Stammfarbe" mit Weiß die neutrale Farbe gut erhalten
bleibt. Ebenso erhält man neutrale dunklere Stufen durch
Vermischung des Stamms mit reinem Schwarzfarbstoff.

Man stellt also aus dem Stamm durch schrittweises Aufhellen mit gewogenen Mengen Weiß, am bequemsten nach

149

einer geometrischen Reihe mit $^1/_2$, $^1/_4$, $^1/_8$ ...., allgemein $(^1/_2)^n$ Stamm hellere Stufen bis zu genügender Annäherung an Weiß her und mißt sie im Hasch. Dabei überzeugt man sich, ob die Farben alle neutral sind, und hilft nötigenfalls durch Vermehrung und Verminderung des Ockers nach. Die gemessenen Weißwerte trägt man in Netzpapier gegen die Gehaltszahlen ein. Dazu dient am besten beiderseits logarithmisch geteiltes Papier, da sich alsdann annähernd gerade Linien ergeben. Die erhaltenen Punkte werden mittels eines flachen Kurvenlineals stetig verbunden, wobei man auf Fehler der Messung oder Rechnung hingewiesen wird, und aus der erhaltenen Linie werden die Gehalte für die gewünschten Weißwerte entnommen. Man stellt sie her, mißt sie und verbessert sie, wenn nötig.

Ganz ähnlich verfährt man mit den Gemischen aus Stamm und Schwarz, welche die Stufen unter 0,1 liefern. Die Anzahl der Einstellpunkte ist hier kleiner.

Die Arbeit wird verwickelter dadurch, daß die Weiße eines gegebenen Gemisches abhängig ist von der Dauer und Stärke, mit welcher die Farbstoffe zusammengerieben werden; sie werden durch Reiben dunkler. Man muß also mit geregelter Art und Dauer des Reibens und Mischens arbeiten, wenn man richtige Ergebnisse erhalten will. Ein beständiges Nachmessen im Hasch ist notwendig. Ebenso hat die Stärke und Menge des Bindemittels einen Einfluß: mehr Bindemittel macht den Aufstrich dunkler. Durch alle diese Einflüsse wird die Arbeit einigermaßen schwierig und kann mit Erfolg nur von Geübten ausgeführt werden.

Messung des Glanzes. Da der Hasch eine bequeme und genaue Messung des Glanzes gestattet, so soll das Verfahren an dieser Stelle beschrieben werden. Es ist von W. Douglas in die Praxis eingeführt worden.

Der Begriff des Glanzes beruht auf dem der Spiegelung. Seine Maßzahl ergibt sich durch Messung der Lichtmenge, welche unter dem Spiegelwinkel über die normale Zerstreuung hinaus zurückgeworfen wird. Diese Menge ist

150

auch relativ vom Einfallswinkel abhängig; man muß sie
daher entweder als Funktion desselben für alle Einfallswinkel darstellen, oder man wird als erste Annäherung einen
bestimmten Einfallswinkel als Norm annehmen und für ihn
die Spiegelung messen. Die Praxis verlangt Einfachheit und
wählt daher den zweiten Fall.

Durch den am Hasch gegebenen Winkel von 45°
zwischen Lichteinfall und Beobachtungsrichtung wird als
Normalwinkel zur Glanzmessung dessen Hälfte, 22,5° nahe
gelegt. Dieser Wert ist nachstehend vorausgesetzt.

Man legt einerseits eine Probe des Meßlings wie gewöhnlich ein, auf der anderen Seite sieht man vor, daß der
Meßling den angegebenen Winkel von 22,5° mit der Wagerechten macht. Diese Seite erscheint heller, und durch Messung des Verhältnisses, in welchem man den zugehörigen
Spalt verengen muß, gewinnt man ein Maß des Glanzes.

Bei den zuweilen sehr großen Lichtmengen, welche
durch den glänzenden Körper gespiegelt werden, müßten
die Spaltenbreiten sehr klein werden. Hierdurch entstehen
Fehlermöglichkeiten, da der Spalt dann zu sehr seitlich zu
liegen kommt. Es ist deshalb viel besser, durch ein vor-
gestelltes schwarzes Drahtnetz den größeren Teil des dort
einfallenden Lichtes abzufangen; der Spalt kann dann im
Verhältnis breiter bleiben. Durch Messungen mit Normalweiß auf beiden Seiten kann man das Schwächenverhältnis
des Drahtnetzes leicht bestimmen. Auch wird man für die
verschiedenen Fälle dichtere und weitere Netze vorsetzen,
um stets einen mittelbreiten Spalt zu haben.

Bei solchen Messungen besteht allerdings sehr oft keine
vollkommene Gleichheit der Farbe in beiden Hälften des
Gesichtsfeldes. Man lernt aber bald, von Verschiedenheiten
der Buntfarben abzusehen und auf gleiche Helligkeit trotz
derselben einzustellen.

Begrifflich kann man absoluten und relativen Glanz
unterscheiden. Der erste wird bestimmt durch das Verhältnis der gespiegelten Lichtmenge zu der von einer matten,

151

normalweißen, die sich an gleicher Stelle befände, zurückgeworfenen und wird (bis auf den Cosinusfaktor) gefunden,
wenn man die Fläche gegen Normalweiß mißt. Der relative
Glanz wird bestimmt durch das Verhältnis der gespiegelten
Lichtmenge zu der einer matten von sonst gleicher Beschaffenheit zurückgeworfenen. Um sie zu finden, muß man
gegen die gleiche Fläche messen, die unter den gewöhnlichen
Bedingungen (45° Beleuchtung, 90° Beobachtung) steht.
Man erhält sie, wenn man gegen die flach eingelegte gleichartige Probe mißt. Für praktische Zwecke kommt nur der
relative Glanz in Frage, und deshalb wurde auch seine
Messung oben beschrieben.

Nachstehend sind einige Werte des Glanzes nach
W. D o u g l a s verzeichnet. Die Zahlen geben den Unterschied zwischen der Helligkeit unter dem Spiegelwinkel,
vermindert um die bei normaler Betrachtung an:

Schwarzer matter Aufstrich . .	1,6
Weißer Samt	**25**
Hemdentuch	31
Geschliffenes Normalweiß . . .	36
Maschinenpapier	40
Mercerisierte Serge	65
Kunstdruckpapier	118
Kunstseide	171
Lackaufstrich	380
Glas auf schwarzem Samt . . .	660
Silberpapier	1000
Zinkblech, roh	1900
Zinkblech, poliert	8400
Stanniol	8900

Zehntes Kapitel.
Messung des Farbtons.

Allgemeines. Nachdem wir einen Überblick über die
Messung der unbunten Farben gewonnen haben, können wir
an die Aufgabe gehen, die Elemente der bunten Farben zu

152

messen. Hierbei handelt es sich erstens um die Bestimmung
des Farbtons, zweitens um die des Weiß- und Schwarzgehalts.

Ob zwei Farben denselben Farbton haben, läßt sich un-
mittelbar mit Sicherheit nur sagen, wenn sie gleichen
Weiß- und Schwarzgehalt haben. Denn nur unter dieser
Voraussetzung werden sie völlig gleich, und diese Gleichheit
ist die Bedingung der Messung. Will man also ein Meßver-
fahren auf solche Gleichheiten begründen, so muß man für
Mittel sorgen, die Weiß- und Schwarzgleichheit herzustellen.
Ist das geschehen, so kann man beurteilen, ob der Farbton
der vorgelegten Farbe mit dem der Norm übereinstimmt.
Stimmen beide nicht, so muß man eine andere Nummer der
Normalfarbe des hundertteiligen Kreises hernehmen und
die Einstellung wiederholen. Dabei kann man an der auf
Weiß und Schwarz ausgeglichenen Farbe ohne Schwierig-
keit erkennen, nach welcher Seite des Kreises die richtige
Farbe zu suchen ist. Handelt es sich beispielsweise um ein
Rot, so lehrt ein Blick, ob die eingestellte Normalfarbe, die
man nach Schätzung hergenommen hat, zu gelblich oder zu
bläulich war.

Wir bedürfen also zum Zweck der Messung erstens
eines richtig geteilten Farbtonkreises in Gestalt von Aufstrichen, Geweben, Fäden usw., und dann einer Vorrichtung
zur Regelung des Weiß- und Schwarzgehaltes, entweder an
der vorgelegten Probe oder an der Normalfarbe. Stellen wir
auf allseitige Gleichheit ein, so hat die zu bestimmende
Farbe denselben Farbton, wie die Normalfarbe.

Ein solches Verfahren kann ein direktes heißen.

Das indirekte Verfahren. Neben dem direkten Verfahren
gibt es aber auch ein indirektes. Für jede Farbe ist eine und
nur eine Gegenfarbe vorhanden, mit welcher sie sich zu
neutralem Grau mischen läßt. Alle anderen Farben geben
bunte Mischungen. Sucht man also mittels des normalen
Farbkreises zu der vorgelegten Farbe in diesem Sinne die
Gegenfarbe auf, so weiß man, daß der vorgelegten Farbe

der Farbton zukommt, welcher der Gegenfarbe gegenüberliegt, also um 50 Punkte des 100teiligen Kreises von ihr
entfernt ist.

Auch hier reicht eine bloße Mischvorrichtung nicht aus.
Denn beide Farben geben Grau nur bei einem ganz bestimmten Mischungsverhältnis; bei allen anderen Verhältnissen bleibt von der einen oder der anderen Farbe ein Rest
übrig. Es muß also eine Einrichtung vorhanden sein, welche
dieses Verhältnis stetig herzustellen gestattet und eine andere, durch welche man ein Vergleichsgrau von gleicher
Helligkeit erlangen kann wie das Mischgrau. Denn das entstehende Mischgrau kann je nach der Art der untersuchten
Farben hell oder dunkel sein. Ob ein Grau neutral ist, läßt
sich nur feststellen, wenn im gleichen Gesichtsfelde ein neutrales Grau von gleicher Helligkeit vorhanden ist, das ohne
Rand an das zu untersuchende Grau grenzt. Es ist also Vor-
sorge zu treffen, daß diese Bedingungen erfüllt sind.

Wie man sieht, ist die Farbmessung eine Aufgabe von
ganz anderer Ordnung, als die Messung etwa eines Gewichts,
einer Temperatur, eines elektrischen Widerstandes. Alle
diese Größen sind einfaltig; sie können nur größer (höher)
oder kleiner (niedriger) als die vorgelegte Größe sein, zeigen
aber keine anderen Abweichungen. Zwei Farben können
dagegen vollkommen gleiche Farbtöne haben und dabei doch
ganz verschieden aussehen. Der Anblick eines farbtongleichen Dreiecks lehrt sogar, daß diese Verschiedenheiten
zweifaltig sind, da sie die Ebene zu ihrer Darstellung
brauchen. Auch wenn z. B. Farbton und Weißgehalt gleich
sind, brauchen die Farben noch nicht gleich zu sein, denn
der Schwarzgehalt kann ja noch wechseln, d. h. die Farbe
kann irgendwo auf der zugehörigen Weißgleichen des farbtongleichen Dreiecks liegen. Erst wenn sowohl Weiß wie
Schwarz gleich sind, kann Gleichheit der Farbe eintreten.

Man muß sich diese Schwierigkeiten vergegenwärtigen,
wenn man begreifen will, warum es so lange gedauert hat,
bis das Verfahren der Farbmessung gefunden wurde. So-

154

lange die Unklarheit über die Elemente der Farbe bestand,
war die Aufgabe überhaupt unlösbar, und es ist einer der
schlagendsten Beweise für die Richtigkeit der Elementar-
analyse der Farbe nach Farbton, Weiß- und Schwarzgehalt,
daß auf dieser Grundlage das Meßverfahren gefunden
wurde. Dann aber besteht hier die Schwierigkeit, daß beim
Messen nicht, wie in den erwähnten Fällen, der gesuchte
Wert durch einfache lineare Verschiebung gefunden werden
kann, wie bei jenen einfaltigen Größen, wo zwischen zu groß
und zu klein der richtige Wert eindeutig liegt. Sondern
wenn man die eine der drei Veränderlichen der Farbe einstellt, ändern sich meist die beiden anderen mit, und besorgt
man die zweite, so verschiebt sich wieder die erste usw. Man
kann hier also nicht auf dem Wege der einfachen Einstellung zum Ziel gelangen, sondern nur auf dem der schritt-
weisen Annäherung. Man führt eine erste Einstellungsreihe
in einer gewissen Reihenfolge durch, kehrt dann wieder zur
ersten Größe zurück, die sich bei der Einstellung der
anderen verschoben hat, verbessert erst sie und darauf die
anderen und wiederholt dies, bis alles stimmt. Es sind dies
Schwierigkeiten, welche in keinem anderen Gebiete der
Meßkunst in so verwickelter Gestalt auftreten.

Ausführung des direkten Verfahrens. Ein direktes Meßverfahren, das auf der Vergleichung zweier gleich gemach-
ter Farben beruht, setzt also Einrichtungen voraus, um an
jeder Farbe unter genauer Erhaltung des Farbtons den
Weiß- und Schwarzgehalt stetig zu ändern. Zurzeit ist kein
Mittel entwickelt, welches dieses ermöglicht. Durch ge-
regelte Belichtung und Beschattung, z. B. mittels des Hasch,
kann man zwar den Weiß- und Schwarzgehalt der Normalfarbe stetig ändern, aber nur beide gleichzeitig, und zwar so,
daß die entstehenden Farben in einer Schattenreihe, parallel
der w-s-Seite des farbtongleichen Dreiecks verlaufen. Legt
man auf der anderen Seite die zu messende Farbe ein, so
kann man diese auch nur längs ihrer Schattenreihe ändern.
Beide Reihen sind notwendig parallel, kommen also nie zum

155

Schnitt, d. h. ergeben nie Farbengleichheit, wenn die Farben
nicht von vornherein der gleichen Schattenreihe angehörten.

Um die Reihen zum Schnitt zu bringen, muß man also
die Möglichkeit haben, den Weiß- oder Schwarzgehalt e i n -
z e l n zu ändern. Ein Mittel hierfür ist die Zuspiegelung
von weißem Licht. Bringt man zwischen Auge und Farbe
eine farblose Glasplatte an, welche in stetiger Weise abstuf-
bar weißes Licht in das Auge wirft (was sich auf verschiedene Weise ermöglichen läßt), so kann man die Farbe so
ändern, daß der Weißgehalt zu- und abnimmt, während das
Verhältnis Vollfarbe : Schwarz unverändert bleibt. Die erzeugten Farben liegen also auf einer Geraden, die von der
Weißecke des analytischen Dreiecks durch den Punkt der
untergelegten Farbe führt. Man wird, um diese Gerade
so lang wie möglich zu machen, die Farbe daher möglichst
nahe an der Seite Vollfarbe : Schwarz, d. h. möglichst dun-
kelklar wählen. Sie läßt sich dann im allgemeinen mit der
Schattenreihe der Vergleichsfarbe zum Schnitt bringen,
d. h. beide Farben können völlig gleich gemacht werden.

Diese Hindeutung mag genügen, um den Weg zum Ent-
werfen eines solchen direkten Farbtonmessers zu zeigen.
Da m. W. bisher kein solches Werkzeug ausgeführt ist, er-
übrigt sich ein weiteres Eingehen.

Das praktische Verfahren. Die Farbtonmessung durch
Mischung auf neutrales Grau ist im Gegensatz zum direkten
Verfahren zurzeit recht gut ausgebildet und wird an vielen
Stellen regelmäßig angewendet.

Auch hier sind stetige Änderungen von drei Variablen
vorzusehen. Diese sind: der Farbton der Vergleichsfarbe,
das Mischungsverhältnis beider Farben und die Helligkeit
des neutralen Grau.

Eine naheliegende Lösung der Aufgabe ist die Anwendung der Drehscheibe. Schlitzt man kreisförmige Papiere,
welche mit den Farben überzogen sind, radial bis zur Mitte
auf, so kann man beide Scheiben ineinanderstecken und so
gegenseitig verdrehen, daß ihre Flächen in beliebigem Ver-

156

hältnis stehen. So kann man das Verhältnis aufsuchen, in welchem sie neutrales Grau ergeben.

Das Vergleichsgrau erhält man, wenn man auf die gleiche Achse zwei kleinere geschlitzte Scheiben steckt, die mit Weiß und Schwarz überzogen sind. Sie ergeben sicher ein neutrales Grau, und man kann durch ihre Verdrehung jede Helligkeit einstellen.

Es ist, wie man sieht, nahezu die Versuchsanordnung von M a x w e l l (S. 26), nur daß nur zwei größere Scheiben, nicht drei aufgesteckt werden. Da man heute die erforderliche Drehung leicht durch einen kleinen Elektromotor herstellen kann, so scheint dies eine vollkommene Lösung der Aufgabe zu sein.

Führt man indessen solche Messungen aus, so wird man sehr bald unzufrieden. Jedesmal, wenn man die äußeren oder inneren Scheiben verstellen will, muß man den Motor stillsetzen. Da man die richtige Gegenfarbe nicht beim ersten Griff finden wird, muß man die Normalfarbe mehrfach austauschen. Es dauert daher sehr lange, bis man die Messung beenden kann, und bei der Umständlichkeit der Prüfung läuft man Gefahr, sich mit einem nicht ganz vollkommenen Ergebnis zu begnügen, um nicht ungemessene Zeit für jede einzelne Messung zu verbrauchen.

Versuche dieser Art dienen daher zwar sehr gut, um das Prinzip aufzuweisen, gestatten aber keine laufende Arbeit. Für solche kann das Werkzeug gar nicht bequem genug sein, denn die Energie, die man am Mechanismus erspart, kann man auf den eigentlichen Zweck, die Messung selbst wenden und diese so genau wie möglich machen.

Der Pomi. Diese Forderungen werden durch den Polarisations-Farbenmischer, abgekürzt Pomi, erfüllt, den ich im Jahre 1915 erbaut habe, und der seitdem eine große Verbreitung gewonnen hat. Er beruht auf folgenden Gedanken.

Durch ein Kalkspatprisma (am besten in der von W o l l a s t o n angegebenen Form) werden sowohl von der

vorgelgten Farbe wie von der Normalfarbe je zwei neben-
einanderliegende Bilder erzeugt. Man stellt das Prisma in
einer solchen Entfernung und Lage auf, daß die beiden inneren Bilder übereinanderfallen. Beim Betrachten sieht
man dort die Mischfarbe aus gleichen Teilen beider Farben.

Um diese Anteile in ein beliebiges Verhältnis zu setzen,
ist über dem Wollaston-Prisma ein Polarisator in Gestalt
eines Nicol-Prismas angebracht. Die beiden Kalkspatbilder
sind rechtwinklig zueinander polarisiert, und ist a der Winkel zwischen den Hauptschnitten der beiden Prismen, so
sind die Lichtstärken beider Bilder gleich $\sin^2 a$ und $\cos^2 a$.
Beide durchlaufen je nach dem Winkel entgegengesetzt alle
Werte zwischen 0 und 1; ihr Verhältnis kann daher innerhalb eines Quadranten jeden beliebigen Wert annehmen.
Damit ist die Aufgabe des beliebigen Mischungsverhält-
nisses beider Farben gelöst.

Um das entstehende Grau auf seine neutrale Farbe zu
kontrollieren, ist in der unteren Hälfte des Gesichtsfeldes
eine graue Karte von der ungefähren Helligkeit des Mischgrau angebracht. Um verschiedenen Fällen zu genügen, hat
man eine Anzahl Karten vom hellsten bis zum dunkelsten
Grau. Ihre Helligkeit braucht übrigens nicht gemessen zu
sein, wohl aber muß man sorgfältig auf ihre Neutralität
achten. Die letzte Ausgleichung der Helligkeit erzielt man
dadurch, daß die Karte auf einem wagerecht drehbaren
Träger liegt; je nach ihrer Lage zum Licht erscheint sie
etwas heller oder dunkler.

Um die Vergleichsfarben möglichst schnell und bequem
zu wechseln, was die Messung in hohem Grade erleichtert
und sichert, sind sie auf einem langen Träger (Papp-
streifen) nebeneinander angebracht, den man unter einem
durchbrochenen Tischchen, auf welchem der Prüfling liegt,
verschieben kann. Hat man die Gegenfarbe annähernd gefunden, so regelt man von neuem den Winkel des Nicol-
prismas und die Helligkeit des Grau ein und kann dann
durch Verschiebung des Streifens nach rechts und links und

158

die Beobachtung der Farben, die dabei erscheinen, die neutrale Mitte mit großer Sicherheit finden.

Fig. 26 stellt eine einfache Ausführungsform des Pomi dar, welche für die meisten Messungen ausreicht. Man erkennt das Grundbrett mit dem durchbrochenen Tischchen, unter dem man die Farbtonleiter nach rechts und links verschieben kann. An einem Tragarm ist darüber das Prismenrohr einsetzbar angebracht. Die Drehung des Nicolprismas erfolgt durch einen Arm. Ihm gegenüber läuft ein Zeiger über einer Gradteilung, um den Drehungswinkel meßbar zu machen, dessen Kenntnis für manche Anwendungen erforderlich ist. Unten über dem durchbrochenen Tischchen ist der drehbare Träger der Graukarte angebracht.

Da man das gleiche Gestell auch für die Weiß- und Schwarzmessungen anwenden kann, ist das Prismenrohr leicht herausnehmbar in den Träger gesetzt; ein Keil, der in eine Aussparung des Trägers tritt, sichert die richtige Stellung.

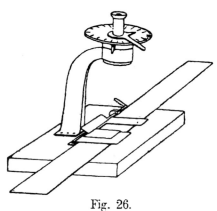

Fig. 26.

Für den Fall, daß die Farben nicht in Gestalt von Karten oder Platten vorliegen, hat der Träger entsprechende Abänderungen erfahren, die hier nicht beschrieben zu werden brauchen.

Die Farbtonleitern. Die 100 Farben des Farbtonkreises sind zu je 20 auf fünf Streifen verteilt, da ein einziger bei der erforderlichen Breite jedes Farbfeldes (2 bis 3 cm) zu lang werden würde. An beiden Enden ist je ein angrenzendes Feld hinzugefügt worden, damit man immer die Möglichkeit des Vergleichs mit den Nachbarn hat. Da die benutzten Farbstoffe wegen der erwünschten

159

Reinheit nicht alle lichtecht sein können, so bewahrt man die Streifen in einem stets geschlossenen Kasten auf und setzt sie nur so lange dem Licht aus, als für die Messung (die meist in einigen Minuten beendet werden kann) notwendig ist.

Die Farbtonnormen werden als genaue Kopien meiner im Jahre 1916 hergestellten Urteilung bereitet und in den Verkehr gebracht. Sie sind durch die S. 119 mitgeteilten Messungen an das Spektrum angeschlossen und somit unabhängig von der Aufbewahrung der Urteilung für alle Zeiten definiert. Wenn künftig genauere Teilungen hergestellt werden, können somit die mit der alten Teilung ausgeführten Messungen ohne Unsicherheit auf die neue umgerechnet werden, soweit sich dafür ein Anlaß herausstellen sollte. Zurzeit sind noch Arbeiten elementarer Art in solchem Umfange zu leisten, daß ein begründetes Bedürfnis nach gesteigerter Genauigkeit erst später auftreten wird.

Mit einer derartigen Bestimmung des Farbtons ist die erste Stufe der Farbmessung erreicht.

Elftes Kapitel.
Messung des Weiß- und Schwarzgehalts bunter Farben.

Der Grundgedanke. Von der allgemeinen Gleichung der unbunten Farben $w + s = 1$ unterscheidet sich die der bunten $v + w + s = 1$ nur durch das Hinzutreten des neuen Gliedes v, welches die Buntfarbe darstellt. Man wird also bei diesen die Größen w und s ganz ähnlich messen können, wie bei unbunten Farben, wenn man nur dafür sorgt, daß die durch die Anwesenheit der Buntfarbe bedingte Verwickelung durch geeignete Versuchsanordnung ausgeschaltet wird.

Dies geschieht durch die Anordnung von L i c h t - f i l t e r n . Ein rein rotes Papier sieht hinter einem roten Glase ebenso hell aus, wie ein weißes. Denn das weiße Papier wirft zwar alles Licht zurück; durch das rote Glas geht

160

aber nur der rote Anteil darin, doch vollständig. Das rote
Papier wirft nur das rote Licht zurück, gleichfalls vollständig. Dies wird durch das rote Glas nicht geändert, das ja
alles rote Licht durchläßt. Folglich schicken beide Papiere
die gleiche Lichtmenge durch das Glas und sehen deshalb
gleich hell aus.

Ist die Farbe des roten Papiers nicht rein, sondern
weißhaltig, so bleibt die Erscheinung dieselbe, denn der
weiße Anteil wirkt ebenso wie der rote. Man kann also durch
das rote Lichtfilter zwar die Summe von Rot und Weiß er
kennen, nicht jedes einzeln.

Ist die Farbe des roten Papiers aber schwarzhaltig, so
ändern sich die Verhältnisse. Der schwarze Anteil wirft
überhaupt kein Licht zurück, also auch kein rotes. Das
schwarzhaltige rote Papier wird daher hinter dem roten
Lichtfilter dunkler aussehen, als ein weißes, und es wird ein
graues Papier geben, das ebenso aussieht, wie jenes. Dann
werden beide gleichviel Schwarz enthalten, denn ob neben
dem Schwarz Weiß oder Rot im Papier ist, hat sich ja als
gleichgültig erwiesen. Kennen oder messen wir den Schwarzgehalt dieses Grau, so erfahren wir auch den des Rot.

Was für Rot entwickelt wurde, gilt für jede andere
Farbe. Wir haben also ein allgemeines Mittel, den Schwarzgehalt einer Farbe zu messen: wir suchen hinter einem
gleichfarbigen Lichtfilter das Grau auf, welches ebenso aussieht, wie die Farbe; der Schwarzgehalt dieses Grau ist
gleich dem gesuchten Schwarzgehalt der Buntfarbe.

Ist also h_2 die Helligkeit oder der Weißgehalt des gleich
aussehenden Grau und daher $1 - h_2$ sein Schwarzgehalt, und
ist s der Schwarzgehalt der Buntfarbe, so gilt für die Betrachtung mit dem gleichfarbigen Lichtfilter

$$s = 1 - h_2.$$

Betrachten wir zweitens die Buntfarbe durch ein gegenfarbiges Lichtfilter, so verhält sich die Vollfarbe wie
Schwarz: von ihr geht kein Licht hindurch. Das Licht

kann daher, wenn vorhanden, nur vom Weißgehalt her-
rühren, denn auch der schwarze Anteil gibt kein Licht und
andere Anteile sind nicht vorhanden. Ist h_1 die Helligkeit
des Grau, welches hinter dem gegenfarbigen Filter ebenso
aussieht, wie die Buntfarbe, so ergibt sich deren Weißgehalt
w durch die Gleichung

$$w = h_1.$$

Den Gehalt v an Vollfarbe endlich kann man mit Hilfe
der Gleichung $v + w + s = 1$ erfahren, indem man beide
Messungen ausführt und die entsprechenden Werte für w
und s in die Gleichung einsetzt. Es ergibt sich

$$v = h_2 - h_1.$$

Damit ist die Aufgabe vollständig gelöst.

Die Lichtfilter. Der Begriff des Lichtfilters ist dadurch
gekennzeichnet, daß es Licht von einer bestimmten Farbe
durchläßt. Damit ist durchaus nicht Licht von einer einzigen Schwingungszahl oder physikalisch homogenes Licht
gemeint. Dieses würde nur einen unendlich kleinen Bruchteil des Gesamtlichts betragen, d. h. das Filter würde praktisch undurchsichtig sein. Sondern es ist psychologisch
gleichartiges Licht gemeint, d. h. Licht, welches im Auge
die gleiche Farbe hervorruft. Wir wissen ja, daß z. B. am
roten Ende des Spektrums ein breites Gebiet besteht, wo
man dieselbe rote Farbe trotz einer bedeutenden Änderung
der Schwingungszahl sieht.

Um zu erkennen, ob ein Lichtfilter psychologisch gleichartig ist, sieht man dadurch einen Farbenkreis von möglichst reinen Farben an. Ist das Filter gleichartig, so zerfällt der Kreis in eine helle und eine dunkle Hälfte, die
durch kurze unbunte Übergänge miteinander verbunden
sind. Ist es nicht gleichartig, so erkennt man an den Füge-
stellen Buntfarben. Durch Verstärkung der Farbe kann
man solch ein Filter gleichartig machen. Doch bedarf es
einer sehr sorgfältigen Auswahl der Farbstoffe, um es

162

gleichzeitig gleichartig und genügend lichtdurchlässig zu
erhalten.

Man unterscheidet Schluckfilter und Paßfilter, je nach-
dem sie zum Verschlucken oder zum Durchlassen des bunten
Lichts, d. h. zur Messung des Weiß- oder des Schwarzgehalts
dienen. Im allgemeinen werden die gleichen Filter zu beiden
Zwecken, nur natürlich in gegenüberliegenden Teilen des
Farbkreises benutzt.

Die Anzahl der erforderlichen Filter ist nicht groß.
Zunächst möchte man glauben, daß für jeden Farbton ein
besonderes Filter nötig wäre. Die Erfahrung lehrt bald, daß
man ziemlich große Gebiete mit demselben Filter messen
kann. Denn wenn man naheliegende Filter herstellt, so
geben sie über eine ganze Anzahl Farbtöne an denselben
Proben die gleichen Werte für Schwarz und Weiß, so daß
eines von ihnen entbehrlich ist. Methodische Versuche haben
zuletzt ergeben, daß man folgende Filter braucht: Gelb, Rot,
Blau, Seegrün, Laubgrün.

Man stellt die Lichtfilter her, indem man geeignete
wasserlösliche Farbstoffe mit Gelatine versetzt und auf Glasplatten auftrocknen läßt. Dann wird ein Schutzglas auf-
gekittet und das Ganze gefaßt. Da die geeignetsten Farbstoffe nicht alle lichtecht sind, bewahrt man die Filter im
Dunklen (geschlossenes Kästchen) auf; dann kann man sie
jahrelang benutzen. Auch hier sichert man sich bei starkem Gebrauch gegen Fehler, wenn man einen zweiten Satz
Filter völlig geschützt aufbewahrt und etwa alle Monate
einmal nachsieht, ob die gebrauchten Filter an irgendwelchen Aufstrichen dieselben Zahlen ergeben, wie die ge-
schützten.

Am schwierigsten sind Messungen des Weißgehalts im
ersten Gelb, weil das zugehörige blaue Sperrfilter sehr
dunkel sein muß, um kein fremdes Licht durchzulassen.
Man teilt es deshalb in zwei weniger starke Filter, die zusammen als Schluckfilter dienen, während als Paßfilter für
blaue Farben das eine genügt.

163

Schwarzmessung an Purpurfarben. Die Purpurfarben bestehen aus rotem und aus veilem Licht, von beiden Enden des Spektrums, in wechselnden Verhältnissen. Es ist deshalb nicht möglich, ein einheitliches Paßfilter für alle Purpurfarben herzustellen, das gleichzeitig psychologisch einheitlich ist. Man führt darum die Messungen beider Gebiete einzeln aus, nämlich mit dem roten und mit dem blauen Paßfilter. Für den ersten Zweck dient ein besonderes Rotfilter mit eingeschränktem Durchlaßgebiet. Aus beiden Zahlen, die meist verschieden ausfallen, interpoliert man den Wert geradlinig gemäß dem Farbton. Da das Purpurgebiet von 25 bis 50 geht, so muß man für den Farbton n den Bruchteil $\frac{n-25}{25}$ des Unterschiedes zu der Ablesung für Rot hinzufügen, oder abziehen, wenn die Blauzahl kleiner ist. Sind also r und b beide Ablesungen (Schwarzmengen), so ist $r + \frac{n-25}{25} (b - r)$ der gesuchte Schwarzgehalt. Die Rechnung stellt zwar nur eine erste Annäherung dar, hat sich aber bisher als ausreichend erwiesen.

Ausführung der Messung. Man kann die Weiß-Schwarzmessung auf demselben Gestell machen, das den Pomi (S. 158) trägt. Dazu nimmt man das Prismenrohr mit dem Teilkreis heraus und setzt dafür ein einfaches Sehrohr hinein, das nur einige Blenden zur Begrenzung des Gesichtsfeldes und einen seitlichen Spalt zunächst dem Auge zum Einschieben der Lichtfilter enthält. Für nicht normalsichtige Augen kann man ein Brillenglas einlegen. Nachdem man zuerst den Farbton der Probe festgestellt hatte, schiebt man das Lichtfilter ein. Jedes von diesen ist mit der Angabe seines Bereiches (+ für Schwarz, — für Weiß) versehen, so daß man nach Kenntnis des Farbtons das richtige wählen kann. Die zu messende Probe, am bequemsten im Aufstrich auf steifem Papier, versieht man mittels der Schere mit einem scharfen Rande und legt sie etwas schräg auf das Tisch-

11*

164

chen, so daß sie keinen sichtbaren Schatten auf die darunter liegende Grauleiter wirft, Fig. 27.

Man sieht nun im Gesichtsfelde in der Farbe des Filters rechts den Aufstrich, links die Stelle der Grauleiter, die gerade im Gesichtsfelde ist. Beide sehen zunächst verschieden hell aus. Die Grauleiter wird passend verschoben, bis Gleichheit eingetreten ist. Meist liegt die Farbe des Aufstriches zwischen zwei Farben der Grauleiter. Dann schätzt man die Entfernung beiderseits ab und nimmt den entsprechenden Zwischenwert. Die Weißgehalte auf der Grauleiter springen am helleren Ende von 5 zu 5 Proz., und man lernt den Abstand bald auf eine Einheit schätzen. Am dunklen Ende werden die Stufen enger, so daß man auch Bruchteile schätzen kann.

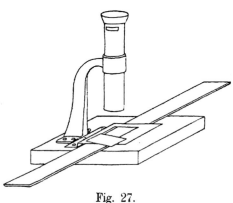

Fig. 27.

Die Leiter ist nach Prozenten Weißgehalt von 100 bis 02 beziffert. Handelt es sich um den Schwarzgehalt, so muß man die gefundene Zahl von 100 abziehen.

Zwölftes Kapitel.

Vermittelte Messungen.

Der Begriff. Unter vermittelten Messungen verstehe ich solche, die durch den Vergleich mit vorher gemessenen Farben auf Übereinstimmung (oder Einschaltung) gewonnen werden. Sie haben den Nachteil, daß sie die Richtigkeit der benutzten Normen zur Voraussetzung haben, und den Vorteil, daß sie sich viel leichter, schneller und mit einfacheren Mitteln ausführen lassen, als die unmittelbaren oder Urmessungen. Sie sind dort am Platze, wo die letztgenannten Vorzüge wichtiger sind als die ersten, also vorwiegend bei technischen und künstlerischen Arbeiten. Auch gibt es nicht wenig Fälle — und sie werden bei zunehmender Verbreitung der Farbkunde schnell zunehmen —, wo die Beschaffenheit des Gegenstandes es nicht gestattet, die zu messende Farbe unter die im vorigen Kapitel beschriebenen Geräte zur Urmessung zu bringen. Man hat dann zwei Möglichkeiten. Entweder man kopiert die Farbe auf einem Stück Papier od. dgl. und unterwirft dies der Urmessung. Oder man geht mit eingestellten Normen, Farbleitern usw. an den Gegenstand heran und macht an ihm die mittelbare Messung. Beide Verfahren sind benutzt worden, doch ist das zweite dem ersten weit überlegen. Denn eine Farbe richtig zu kopieren, ist eine Aufgabe, die nur ein sehr Geübter einigermaßen zuverlässig lösen kann. Unter den geregelten Normen aber zu einer gegebenen Farbe die gleiche oder nächstliegende aufzusuchen, ist so wenig schwierig, daß es fast jedermann nach einigen Versuchen befriedigend gelingt.

Übrigens sind, wie man alsbald bemerkt, auch die beschriebenen Meßverfahren bereits teilweise vermittelt. Am reinsten ist die Urmessung am Hasch; dort bedarf es nur des Normalweiß; alles übrige ist auf die einfache Längenmessung der Spaltbreite zurückgeführt. Aber schon bei der Farbtonmessung kann nicht jedesmal eine Urteilung des Kreises vorgenommen werden, sondern die ein für allemal hergestellte Urteilung wird vervielfältigt und die Kopien werden der Messung zugrunde gelegt. Ebenso dient zur Weiß-Schwarzmessung die Grauleiter, die eine vermittelte Messung bedingt, da sie mittels des Hasch hergestellt ist. Man kann natürlich hier ein unmittelbares Meßverfahren einrichten, indem man das Lichtfilter am Augenort des Hasch anbringt und wie gewöhnlich gegen Normalweiß auf Gleichheit einstellt. Ich habe aber das Verfahren bald verlassen, da es viel lichtärmer ist als das Arbeiten am offenen Chrometer, wenn man nicht besondere Beleuchtungsvorrich-

166

tungen am Hasch vorsieht, die aber das Gerät entsprechend verwickelter machen. Doch soll nicht in Abrede gestellt werden, daß es Fälle geben mag, wo die Messung im Hasch den Vorzug verdient. Derartige Differenzierungen pflegen sich bei höherer Entwicklung und ausgedehnterer Anwendung einzustellen; zurzeit ist die ganze Angelegenheit noch sehr jung.

Die Leitern. Um die vorgelegte Farbe mit der Norm auf Gleichheit zu vergleichen, müssen beide ohne Zwischenraum aneinander grenzen; je besser diese Bedingung erfüllt ist, um so sicherer und genauer fällt der Vergleich aus.

Da man oft nicht in der Lage ist, diese scharfe Kante am Prüfling herzustellen, so sorgt man dafür, daß sie an der Norm vorhanden ist. Man muß also die Felder, welche die Normfarben enthalten, mindestens nach einer Seite ohne Rand lassen und dorthin die scharfe Kante verlegen.

Ferner überzeugt man sich sehr bald, daß die beiderseits benachbarten Felder dadurch, daß sie im Gegensinne von der Gleichheit abweichen, das Finden der richtigen Einstellung bedeutend erleichtern. Es ist also dafür zu sorgen, daß sie im Gesichtsfelde sichtbar sind, und daß man die Felder leicht, sei es mechanisch oder optisch, wechseln kann.

Diese Aufgaben lassen sich bei verschiedenen Geräten in verschiedener Weise erfüllen; die beste Lösung ist die Einrichtung der Leitersprossen.

Diese ist bereits bei der kleinen Grauleiter (S. 67) beschrieben worden; hier ist das Grundsätzliche darzulegen.

Der Forderung der scharfen Begrenzung ist dadurch genügt, daß die Sprossenstreifen ohne Rand aus dem eingestellten gestrichenen Papier geschnitten sind; man erkennt, daß auf saubere Schnittränder Gewicht zu legen ist. Als Unterlage dient am besten ein in der Masse auf annähernd gleiches Grau gefärbtes Papier, damit nicht weiße Querschnittstreifen störend auftreten.

Dadurch, daß vermöge der offenen Zwischenräume zwischen den Sprossen abwechselnd die Farbe des Prüflings

167

und die der abgestuften Normen sichtbar wird, ist die Ablesung der richtigen Sprosse in besonders hohem Maße erleichtert und erfolgt nach kurzer Übung auf einen Blick.
Denn da die Zwischenräume einerseits heller, andererseits
dunkler sind als die Sprossen, empfindet das Auge dort, wo
dieser Wechsel eintritt, einen Stoß, der es dort festhält. Ein
zweiter Blick läßt erkennen, ob Gleichheit der Farbe des
Prüflings und der Norm vorliegt, oder jene zwischen zwei
Stufen liegt.

Damit keine Schatten entstehen, welche die Beobachtung erschweren, legt man die Leiter so, daß das Licht senkrecht zu ihrer Längsrichtung, also parallel zu den Sprossen-
rändern einfällt. Die Sehrichtung muß senkrecht zur Leiter-
ebene sein. Dies ist besonders notwendig, wenn der Prüfling
Glanz hat. Für die Leitersprossen ist daher ein vollkommen
matter Aufstrich anzustreben.

Bunte Leitern. Da die Herstellung und der Gebrauch
eines körperlichen Modells des Farbkörpers in Normen für
Meßzwecke durchaus unzweckmäßig erscheint, so entsteht
die Frage, in welchem Sinne er in ebene oder lineare Gebilde
zu zerlegen ist.

Die Antwort ergibt sich aus der uns bereits geläufig gewordenen Erkenntnis, daß die Zerlegung des Farbkörpers
in farbtongleiche Dreiecke und wertgleiche Kreise die beiden
einfachsten, und daher zunächst allein maßgebenden Arten
der Aufteilung ergibt. Wir werden also unsere mittelbaren
Meßgeräte zur Bestimmung von Buntfarben aus solchen
Dreiecken oder Kreisen herstellen. Die ersten erfordern eine
flächenhafte, die anderen eine lineare Ordnung, letztere sind
also die einfacheren. Da die Normen bis p einerseits 24 Dreiecke, andererseits 28 Kreise ergeben, so sind beide Ordnungen der Zahl nach ungefähr gleichwertig.

Die Form der Kreise wird man zu Unterrichtszwecken
zwar beibehalten; für Meßgeräte nimmt sie zu viel Raum
in Anspruch. Man schneidet daher die Kreise auf, am besten

168

zwischen 96 und 00, und ordnet die wertgleichen 24 Farbnormen in Gestalt einer einfachen oder doppelten Reihe an.

Wegen ihrer oben beschriebenen Vorzüge empfiehlt sich
hier in erster Linie die Sprossenleiter mit offenen Zwischenräumen. Da 6 bis 7 mm eine ausreichende Breite für die
Sprossen und Zwischenräume sind, so erfordert die ganze
Leiter etwa 30 cm Länge, was noch gut handlich ist. In
dieser Form der „Farbtonleitern" hat das Gerät bereits eine
große Verbreitung gefunden. Eine neue, nur halb so lange

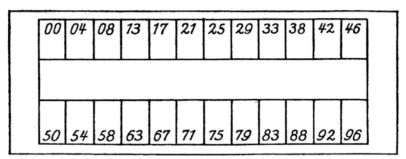

Fig. 28.

Form der Leiter, die eben ausgegeben wird, enthält die
24 Farben in zwei Reihen von je 12 zerlegt und nebenein-
andergestellt, ist also nur halb so lang.

Handelt es sich um tunlichst kleines oder Taschenformat, so kann man unter Verzicht auf die Kontrastwirkung der Sprossenleitern nach einem Vorschlag von
Dr. König, Nürnberg, die wertgleichen Normen in einer
doppelten Reihe mit gemeinsamer Zwischenöffnung, Fig. 28,
anordnen.

Will man das farbtongleiche Dreieck zu einem Meßgerät ausbilden, so kommt nur das Verfahren der durchbrochenen Leiter in Frage, das in der Fläche ausgebaut
werden muß. Dies ist von W. Douglas geschehen, der es
in Form der Fig. 29 ausgeführt hat. Statt der Dreiecke kann
man auch die Rauten der ganzen Hauptschnitte ausführen,
d. h. auf der anderen Seite das gegenfarbige Dreieck hinzufügen. Man vermindert die Anzahl der Stücke dadurch

169

auf 12, erspart die Hälfte der Grauleitern, hat aber die
Nachteile, daß die Tafeln fast doppelt so lang werden, und
daß die Lebensdauer auf die Hälfte herabgesetzt wird, weil
jedesmal das nicht gebrauchte zweite Dreieck der Ab-
nutzung gleichzeitig zwecklos ausgesetzt wird. Die 24 Dreiecke sind also den 12 Rauten vorzuziehen.

Fragt man, welche Ordnung praktisch den Vorzug verdient, so kommen für die Antwort folgende Erwägungen in
Betracht. Es ist jedenfalls leichter, den Farbton richtig zu
schätzen, als den Weiß-Schwarzgehalt einer vorgelegten

Fig. 29.

Farbe. Man wird also schneller das richtige Dreieck finden,
in welchem man die vorgelegte Farbe zu suchen hat, als die
richtige Leiter. Das ist ein wesentlicher Vorzug der
Dreiecke.

Ein zweiter liegt in der offenbaren oder selbstverständ-
lichen Ordnung, in welcher man die Dreiecke aufbewahrt
und für den Gebrauch bereit hält. Es ist die an sich lineare
Ordnung des (aufgeschnittenen) Farbtonkreises. Das ist ein
zweiter Vorzug.

Ein Nachteil ist dagegen die schwierigere Herstellung
und der entsprechend höhere Preis. Auch ist hier eine
Reduktion auf Taschenformat nur durch eine allgemeinere

170

Verkleinerung, nicht aber durch Zusammenlegung ausführbar.

In der Gegenrichtung liegen die Vor- und Nachteile der Farbtonleitern. Sie lassen sich leichter, billiger und auch kleiner herstellen, führen aber nicht ganz so schnell an den richtigen Punkt und ihre Ordnung ist nicht eindeutig. Man kann sie nämlich entweder nach dem ABC ordnen, indem man sie in die Reihe ca; ea, ce; ga, gc, ge; ia usw. bringt; dies entspricht einer Ordnung nach Weißgleichen. Oder man kann sie nach Reinheiten (Schattenreihen) ordnen, nämlich in der Reihe ca, ec, ge, ig, li, nl, pn; ea, gc, ie usw., was gewisse Vorzüge beim Gebrauch ergibt. Ich benutze die erste Ordnung, weil sie für das Gedächtnis die bequemste ist, doch ist mir bekannt, daß unter den Praktikern die zweite ihre warmen Vertreter hat.

Die Dreiecke sind bisher noch nicht in den Verkehr gebracht worden. Es soll demnächst geschehen, und dann wird die Allgemeinheit entscheiden, welche Form sich als zweckmäßiger erweisen wird.

Z w e i t e r A b s c h n i t t.

Physikalisch–chemische Verhältnisse.

Dreizehntes Kapitel.

Die Mischung der Farben.

Ältere Kenntnisse. Daß man durch Mischung verschiedener Farbstoffe neue Farben erlangen kann, ist eine Erkenntnis, die nicht ganz so alt ist wie der Gebrauch der Farbstoffe selbst. Die ältesten bemalten Gegenstände, die wir kennen, weisen noch den Gebrauch einheitlicher Farbstoffe auf, und in der altägyptischen Wandmalerei haben wir einen stark entwickelten Stil, der zunächst ganz auf reine Farbstoffe eingestellt ist. Dasselbe zeigt sich in den Entwicklungsreihen einzelner Sondergebiete, z. B. in der Minia

turmalerei. Jede dieser Entwicklungen tritt aber früher
oder später auf eine neue Stufe, die durch die Entdeckung
oder Anwendung der Mischung der Farbstoffe gekennzeichnet ist.

Die Betrachtung der großen Mannigfaltigkeit, die sich
alsbald bei der Durchführung des Mischgedankens offenbart, führt zu einer neuen Wendung. Lag bisher ein Gewicht auf der Entdeckung neuer Farbstoffe, so entsteht nunmehr die umgekehrte Frage, mit wie wenigen man bei
Durchführung des Mischens sein Auskommen haben könne.
Aus dem Altertum sind uns entsprechende Äußerungen, z. B.
des P l i n i u s überliefert.

Damit sind die Pole gekennzeichnet, zwischen denen
seitdem die Entwicklung hin- und hergependelt hat. Vermehrung der Farbstoffe und Zurücktreten der Mischlehre
einerseits, Beschränkung der Farbstoffe und Entwicklung
der Mischlehre andererseits wechseln sich ab und laufen
wohl auch nebeneinander. Unsere Zeit ist mit Farbstoffen
aus fast allen Teilen des Farbkreises überreichlich versehen,
so daß eine besondere Mischlehre entbehrlich erscheint.
Andererseits verlangen gewisse Gebiete, wie bunte Photographie, Buntdruck usw. aus technischen Gründen eine möglichst weitgehende Beschränkung der Bestandteile und daher
die Entwicklung einer rationellen Mischlehre. Beiden Richtungen kommt die neue Farbenlehre hilfreich entgegen.
Der ersten, indem sie eine wohlgeordnete Übersicht der
Farbeigenschaften aller Farbstoffe ermöglicht, die es bisher
nicht gab. Der zweiten, indem sie durch die Lehre vom
Farbenhalb eine geordnete Lehre von den subtraktiven
Mischungen, die bei weitem die häufigsten und wichtigsten
sind, ermöglichte, die es bisher gleichfalls nicht gab.

Additive und subtraktive Mischungen. Im geschichtlichen
Teile ist bereits geschildert worden, wie die Entdeckung,
daß man durch Mischung dreier Farben durch den ganzen
Farbtonkreis gelangen kann, etwa um die Mitte des achtzehnten Jahrhunderts sich verbreitete und ausgedehnte An-

172

wendung fand. Dabei wurde es als gleich erachtet, ob man Farbstoffe oder bunte Lichter mischte. N e w t o n berichtet gleichförmig über Versuche, aus Buntfarben Weiß zu ermischen, die teils mit Lichtern, teils mit Farbstoffpulvern angestellt waren, und M a y e r wie L a m b e r t sahen unbedenklich die Ergebnisse ihrer mit Farbstoffen durch Mischen erzielten Ordnungen als allgemeine Farbenordnungen an, wenn auch schon damals Farbstoffe und Farben (pigmenta und colores) von einzelnen scharfsinnigen Köpfen unterschieden wurden.

Die hierbei entstehenden Widersprüche wurden übersehen. Da aus gelben und blauen Farbstoffen beim Mischen Grün entsteht, wurde ein gleiches Verhältnis bei Lichtern als „selbstverständlich", d. h. ohne Prüfung vorausgesetzt. Hierüber waren G o e t h e und seine Widersacher einig, und W ü n s c h s Entdeckung zu Beginn des 19. Jahrhunderts, daß blaue und gelbe Lichter sich zu Weiß mischen, blieb unbeachtet oder wurde mit Hohn zurückgewiesen.

Als H e l m h o l t z zwei Menschenalter später die gleiche Tatsache feststellte, entstand für ihn das Bedürfnis, den Widerspruch aufzuklären. Er tat dies, indem er a d d i t i v e und s u b t r a k t i v e Mischungen unterschied. Erstere treten ein, wenn man bunte Lichter mischt. Die Mischungen, welche auf optischem Wege durch Zuspiegelung, Doppelbrechung usw. oder auf physiologischem Wege, durch die Drehscheibe, durch Nebeneinanderliegen kleinster verschiedenfarbiger Punkte oder Striche usw. entstehen, sind additiv, denn bei ihnen kommen die Mischbestandteile restlos neben oder miteinander zur Wirkung. Subtraktiv sind dagegen die Mischungen von Farbstoffen. Typisch sind hierfür die Erscheinungen, wie sie durch zwei hintereinander geschaltete bunte Gläser bewirkt werden. Das Licht, welches durch das erste Glas gegangen ist, gelangt nicht unverkürzt ins Auge, denn ihm werden noch diejenigen Lichter genommen, welche vom zweiten Glase verschluckt werden, und ins Auge gelangt nur der übrig gebliebene Rest; daher der

173

Name subtraktiv. Ebenso wirkt eine Mischung farbiger Flüssigkeiten. Über die Entstehung des Grün aus Blau und Gelb hierbei bemerkt er: „Unter solchen Umständen wird durch eine Mischung einer gelben und blauen Flüssigkeit meistenteils das Grün am besten hindurchgehen, weil die blaue Flüssigkeit die roten und gelben, die gelbe Flüssigkeit die blauen und violetten Strahlen zurückhält". Weiteres findet sich bei ihm nicht über die Lehre von den subtraktiven Mischungen.

Während die Gesetze der additiven Mischungen durch N e w t o n angedeutet und durch M a x w e l l grundsätzlich entwickelt worden sind, war die Lehre von den subtraktiven Mischungen trotz ihrer überragenden Bedeutung völlig unausgebaut geblieben. Die Ursache hierfür war das Fehlen einer begrifflichen Unterlage. Diese wurde erst durch die Lehre vom Farbenhalb geliefert und seitdem hat die Entwicklung begonnen.

Die Gesetze der additiven Mischungen. Von H. G r a ß - m a n n sind in mustergültiger Weise die mathetischen Grundlagen der Lehre von den additiven Mischungen aufgestellt worden; der Wortlaut findet sich S. 25. Hierzu fügte M a x w e l l den ausgedehnten experimentellen Nachweis der Richtigkeit von N e w t o n s Konstruktion, nach welcher im Farbkreise die Mischungen zweier Farben gefunden werden, wenn man ihre Punkte durch eine Gerade verbindet und diese im umgekehrten Verhältnis ihrer Mengen teilt. Der Halbmesser, den man durch den derart gefundenen Punkt legen kann, weist auf dem Kreisumfange den Farbton nach, und der Abstand des Punktes vom Kreismittelpunkte die Reinheit. Die notwendige dritte Veränderliche kommt in der zweifaltigen Kreisfläche natürlich nicht zur Darstellung, und insofern bleibt die Konstruktion unvollkommen.

Heben wir das für uns Wichtigste heraus, so haben wir folgende G e s e t z e d e r a d d i t i v e n M i s c h u n g :

174

1. Alle Übergänge zwischen Farben sind stetig.
2. Es gibt m e t a m e r e Farben, d. h. solche, die bei verschiedener Zusammensetzung gleich aussehen.
3. Gleich aussehende Farben geben gleich aussehende Mischungen.
4. Die Mischfarben aus irgendwelchen zwei Farben liegen im Farbkörper auf der Verbindungsgeraden beider Farbpunkte und teilen sie im umgekehrten Verhältnis der Mengen ihrer Bestandteile.

Metamere Farben. Die Tatsache, daß es metamere Farben gibt, ist seit langem bekannt. Beweist doch schon die Möglichkeit, aus beliebigen Gegenfarbenpaaren, aus Dreiern usw. Weiß zu mischen, daß es Farben sehr verschiedener Zusammensetzung gibt, die alle weiß, d. h. gleich aussehen. Eine methodische Behandlung des Gegenstandes ist früher nicht vorgenommen werden; die neue Farbenlehre aber darf an diesem wichtigen Problem nicht vorübergehen, und sie muß es auch nicht, denn sie verfügt über die Mittel zu ihrer Behandlung (Ostwald, Physik. Farbenlehre 1919, S. 237ff.). Die Grundlage bildet auch hier die Lehre vom Farbenhalb.

Diese ergibt zunächst, daß es metamere Weiß nur im unbezogenen Gebiet gibt. Ein bezogenes Weiß ist nur bei vollständiger Rückwerfung aller Lichter möglich; hier bleibt also für Metamerie kein Raum.

Wohl aber ist sie beim Grau möglich. Denn es brauchen nur irgendwelche zwei Gegenfarben in gleichen Mengen zu fehlen, damit neutrales Grau vorliegt. Ebenso kann Grau durch Fehlen von drei, vier oder mehr Farben in entsprechenden Verhältnissen entstehen. Alle diese sind metamer, wenn gleiche Helligkeit besteht.

Metamere Grau. Um diese Beziehungen bequem zu übersehen, denken wir uns das Spektrum gemäß dem psychologischen Farbkreise geordnet und so umgelegt, daß es mit dem Farbton 00 anfängt und mit 99 endet. Die Purpurfarben sind aus dem benachbarten überschießenden Rot und

175

Veil ergänzt. Fig. 30 stellt schematisch ein solches „reduziertes" Spektrum dar.

Sind im reduzierten Spektrum alle Farben in gleichem Verhältnis vermindert, Fig. 31, so erhalten wir das e i n f a c h e oder v o l l k o m m e n e Grau. Es hat praktisch eine große, bisher übersehene Bedeutung, weil es dasjenige Grau (in allen Helligkeiten) ist, welches bei verschiedener Be-

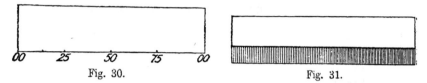

Fig. 30.   Fig. 31.

leuchtung (Tages- und Lampenlicht) immer neutral bleibt. Denn es wirft immer denselben Bruchteil aller Lichter zurück, die darauf fallen, wie das Gesamtlicht auch zusammengesetzt sei.

Außer dem einfachen Grau kann es ein zweifaches, dreifaches usw. geben. Das zweifache entsteht, wenn zwei gegenfarbige Gebiete in gleichen Mengen fehlen, Fig. 32. Diese gleichen Mengen können entweder durch (schmälere) voll-

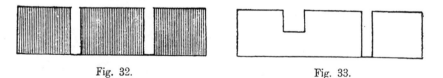

Fig. 32.   Fig. 33.

kommene Schluckgebiete oder durch (breitere) unvollkommene gebildet werden, Fig. 33. Die in Wirklichkeit vorkommenden Schluckungen sind aber weder vollkommen, noch scharf, noch rechtwinklig begrenzt. Hält man fest, daß die Linien in Fig. 32 und 33 keine scharfen, sondern verwaschene Grenzen darstellen, so hat man eine Vorstellung von ihrer Beschaffenheit.

Statt zweier Schluckgebiete können drei und mehr vorhanden sein, auch können diese einander berühren.

176

Solche unvollkommene Grau ändern mit wechselnd zu-
sammengesetzter Beleuchtung ihr Aussehen; um so mehr, je
schärfer und enger die Schluckgebiete sind. Hat man z. B.
drei helle Lichtfilter Ublau, Mittelgrün und erstes Rot, wie
man sie für gewisse Dreifarbenbilder braucht, an einem bestimmten Tage auf neutrales Grau abgestimmt, so erscheinen
sie an anderen Tagen deutlich bunt, weil schon die wech-
selnde Zusammensetzung des Tageslichts, die wir sonst überhaupt nicht bemerken, hier ihren Einfluß ausübt.

Denkt man sich z. B., daß ein Grau nach Fig. 32 durch
weißes Licht beleuchtet wird, dem das Gebiet der rechten
Schluckbande und ein gegenfarbiges Gebiet von gleicher
Stärke fehlt. Dieses Licht würde ebenso weiß aussehen, wie
das gewöhnliche; das Grau würde dagegen blaugrün aussehen. Denn der Lichtmangel rechts fällt auf eine Schluckbande und ist daher unwirksam; links bewirkt er dagegen
ein Fehlen roten Lichts, wodurch die Gegenfarbe Seegrün
das Übergewicht erhält.

Bedenkt man, daß in der Färberei Grau und trübe Farben ganz vorwiegend mit den drei gemischten Buntfarben,
Gelb, Rot, Blau gefärbt werden, daß also sicher ein unvollkommenes Grau (für sich oder als Bestandteil trüber Farben)
mit all seinen Nachteilen herauskommt, so begreift man die
praktische Wichtigkeit dieser anscheinend rein theoretischen Untersuchungen, welche den Weg zeigen, die Nachteile zu vermeiden. Denn die Aufdeckung der Ursache ist
die erste Bedingung für die Beseitigung des Fehlers. Strebt
man überall die Entstehung eines vollkommenen Grau an, so
verliert der gefürchtete Unterschied von Tag- und Abendfarben seine Schrecken.

Metamere Buntfarben. Geht man von dem Fall einer
trüben Farbe aus, deren Schluckzug etwa durch $a\,a\,a$,
Fig. 34, gegeben ist, so kann man eine ganze Anzahl metamerer Farben konstruieren, deren Schluckzüge symmetrisch
zu $a\,a\,a\,a$ immer breiter und flacher werden, wie $b\,b\,b\,b$, $c\,c\,c\,c$
in Fig. 34. Unter diesen ist einer, es sei $c\,c\,c\,c$ (siehe Fig. 35),

dessen (unvollkommenes) Durchlaßgebiet gerade ein Farbenhalb breit ist. Dieser hat die besondere Eigenschaft, daß er die Bestandteile der dargestellten Farbe unmittelbar ablesen läßt. Der mit *s* bezeichnete Bruchteil der Höhe gibt nämlich den Schwarzgehalt an, denn bis zu dieser Höhe geht gar kein Licht durch. Ebenso bezeichnet die Strecke *w* den Weißgehalt, denn dieser obere Streifen enthält alles Licht. Das dazwischenliegende Stück *v* endlich stellt den Anteil Vollfarbe dar, denn in dieser Breite wird gerade ein Farbenhalb durchgelassen.

Man kann offenbar bei jeder Farbe den vorhandenen zufälligen Schluckzug in die eben beschriebene Normalform der metameren Farbe umwandeln, der man dann die Kennzahl der Farbe unmittelbar entnehmen kann. Denn auch

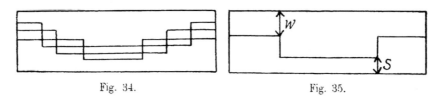

Fig. 34.   Fig. 35.

der Farbton ist durch die Zeichnung bestimmt, da er in der Mitte des Durchlaßgebietes liegt.

Es knüpfen sich an diese Betrachtung zahlreiche Fragen, welche der unmittelbaren Beantwortung durch methodische Versuche zugänglich sind. Bisher ist aber nur sehr wenig Arbeit auf diesem Feld geschehen.

Die Ungleichwertigkeit metamerer Farben. Daß sich metamere Farben bei Mischungen gleich verhalten, ist eine Besonderheit der additiven Mischungen, die bei der subtraktiven Mischung nicht besteht. Man kann dies verstehen, wenn man sich erinnert, daß bei der additiven Mischung die Zusammensetzung der Bestandteile in keiner Weise beeinflußt oder gar geändert wird; es entsteht eine reine Summe der anwesenden Lichter. Und da die Beziehung von der Zusammensetzung zu der Empfindung eindeutig ist, so

178

hat es keinen Einfluß auf diese, wie die im Gemisch gegebene Summe von Lichtern vorher geordnet war.

Die Tatsache der Metamerie der Farben rührt also
daher, daß die bunten Empfindungen eine erheblich einfachere Gruppe darstellen, als die Kombinationen der sichtbaren Lichtarten. Dadurch wird es notwendig und unvermeidlich, daß viele Lichtkombinationen der gleichen Empfindung zugeordnet sein müssen, da sonst die Vereinfachung
nicht möglich wäre. Die Zuordnung ist aber in solchem
Sinne eindeutig, daß zu jeder Kombination eine und nur
eine Empfindung gehört; im anderen Sinne ist sie viel-
deutig, denn eine bestimmte Empfindung kann durch viele
verschiedene Kombinationen hervorgerufen werden.

Daß bei subtraktiver Mischung metamere Farben sich
verschieden verhalten, ist hiernach gleichfalls leicht zu verstehen. Metamere Farben bestehen aus verschiedenartigen
Lichtern, wenigstens teilweise. Durch subtraktive Mischung
werden nun ganz bestimmte Lichtarten verschluckt, die nur
von der Beschaffenheit des zweiten Mischbestandteils abhängen. Je nachdem nun die metameren Farben größere
oder geringere Anteile solcher Lichter enthalten, die der
Schluckung unterliegen, werden sie auch mehr oder weniger,
im allgemeinen verschieden durch den zweiten Misch-
bestandteil angegriffen. Sahen sie also auch vor subtraktiver Einwirkung des zweiten Bestandteils gleich aus, so
werden sie außer in Sonderfällen hernach nicht gleich aussehen. Mittels subtraktiver Mischung kann man feststellen,
ob zwei vorgelegte Farben gleich oder nur metamer sind.

Das Mischungsergebnis. Die geometrisch so einfache
Gestalt, welche das Mischungsgesetz in bezug auf den Farbkörper annimmt, ist die Folge der linearen Beschaffenheit
aller Mischungsgleichungen im additiven Gebiete. Darnach
gibt es eine, und nur eine Gestalt, in welcher diese Beziehung einheitlich und nach gleichem Maßstabe besteht, und
diese ist der analytische (nicht der logarithmische) Doppelkegel.

179

Im einzelnen können wir einige Sondersätze für besonders wichtige Fälle aussprechen. Untersucht man die Mischungen im farbtongleichen Dreieck, so ergibt sich, daß man stets innerhalb des Dreiecks bleibt, da jede Verbindungslinie zweier seiner Punkte in seine Ebene fällt. Da zu dem Dreieck auch seine unbunte Seite gehört, so folgt, daß sowohl beim Mischen zweier beliebiger Farben desselben Farbtons, wie auch einer bunten und einer unbunten Farbe sich der Farbton niemals ändert. Liegen die beiden Punkte in einer Rein-, Weiß- oder Schwarzgleichen, so liegen auch alle Mischungen in ihr, wieder mit Einschluß der unbunten Endglieder.

Liegen dagegen die beiden Mischbestandteile in demselben wertgleichen Kreise, so fällt die Farbe des Gemisches niemals in denselben Kreis, sondern stets in einen kleineren, weniger reinen. Die Farbtöne liegen stets zwischen denen der Bestandteile und die Abweichung vom ursprünglichen Kreise ist um so größer, je weiter die Farbtöne der Bestandteile liegen. Auch ist die Abweichung am größten bei dem mittleren Gemisch aus gleichen Teilen der Bestandteile. Liegen sich beide Farbtöne als Gegenfarben gegenüber, so ergeben gleiche Teile keinen Farbton mehr, sondern neutrales Grau, weil der Mischpunkt in den Mittelpunkt des Kreises fällt.

Im übrigen liegen die Farben aller Gemische in der Ebene des wertgleichen Kreises. Da diese aber für die gegenseitigen Beziehungen der Farben keine maßgebende Rolle spielt, so haben solche Zusammenstellungen weder ein besonderes methodisches noch harmonisches Interesse.

Praktische Bedeutung. Die vorstehenden Sätze sind von grundlegender Wichtigkeit für bedeutende praktische Gebiete. Zunächst für den Dreifarbendruck. Auf Grund der unrichtigen Ansicht, daß man aus drei Farben Gelb, Rot, Blau alle anderen ermischen könne, bemüht man sich seit Jahrzehnten, durch ein entsprechendes Druckverfahren

12*

180

bunte Vorlagen nachzubilden und hat sich durch die alsbald
eingetretenen und bis heute nicht überwundenen Unzulänglichkeiten der Ergebnisse nicht von dem Gedanken ab-
bringen lassen.

Nun beruht der Dreifarbendruck auf einem Nebeneinander von additiven und subtraktiven Mischungen. Je
besser die benutzten Drucktünchen decken, um so mehr tritt
die erste, je besser sie lasieren, um so mehr die zweite in den
Vordergrund. Das Nachstehende gilt für den ersten Fall;
der zweite wird unten bei Behandlung der subtraktiven
Mischungen erörtert werden.

Einen reinen Fall additiver Mischung stellt dagegen
das Autochromverfahren für bunte Photographie und die
ähnlichen Verfahren dar. Hier entsteht die Farbwirkung
durch das Nebeneinander von drei Arten bunter Flecken
(gefärbter Stärkekörner), die nebeneinander liegen und so
klein sind, daß ihre Farben sich additiv mischen. Durch
die Photographie entsteht ein schwarzer Schleier, welcher
die Farben in dem Maße zudeckt, als sie in der Vorlage
fehlen, und sie durch Schwarz ersetzt. Weiß entsteht durch
die unverkürzte Wirkung aller Farben, Vollfarben (oder
die beste Annäherung an sie) durch vollständige Bedeckung
einer Art Flecken und bemessene Dämpfung der beiden
anderen, trübe Farben endlich durch Dämpfung aller drei
Farben.

Sehen wir nun zu, was tatsächlich erreicht wird.
Nehmen wir als den günstigsten Fall an, daß die drei
Farben der Körnchen um je $^1/_3$ im Vollfarbenkreise abstehen.
Dann liegen alle additiven Mischfarben zunächst in einem
Dreieck, dessen Ecken die drei Ausgangsfarben bilden. Ihre
Mischung ergibt nicht Weiß, sondern Grau 50. Durch die
Zufügung von Schwarz erweitert sich die Ebene zu einer
dreiseitigen Pyramide, deren Spitze unten im Schwarz-
punkt liegt. Innerhalb dieses Raumes, der rund $^1/_5$ von dem
Inhalt des Doppelkegels beträgt, finden sich die auf solchem
Wege herstellbaren Farben.

Zunächst kann kein vollfarbiger Farbkreis entstehen.
Die drei Vollfarben der Körnchen stehen allein; alle Mischfarben sind trüber und am trübsten die in der Mitte zwischen
je zweien liegenden. Der größte wertgleiche Kreis, den man
herstellen kann, ist der in das Dreieck eingeschriebene Kreis,
dessen Halbmesser die Hälfte von dem des Vollkreises ist.
Die Folge ist, daß solche annähernd reine Farben, die einer
der drei Grundfarben nahestehen, unnatürlich rein heraus-
kommen, während die dazwischen liegenden viel trüber
werden. Eine an sich harmonische Farbenzusammenstellung
wird in einer solchen Abbildung notwendig unharmonisch.

Diese Fehler werden einigermaßen dadurch verbessert,
daß bei der Überführung der eben beschriebenen analytischen umgekehrten Pyramide in das zugehörige logarithmische Gebilde an die Stelle der oberen Ebene eine nach
oben ziemlich stark erhobene Grenzfläche tritt, so daß dadurch der nach der hellen Spitze fehlende Raum geringer
wird. Die Fehler wegen der Reinheit bleiben bestehen.

Wie man additiv mischen soll. Die angestellten Betrachtungen haben ergeben, daß man beim Mischen farbtongleich-
cher Farben innerhalb des Dreiecks bleibt. Beim Mischen
wertgleicher Farben bleibt man dagegen nicht im wertgleichen Kreise. Im ersten Falle stellen sich harmonische
Beziehungen selbsttätig ein, im zweiten Falle ist es nicht
möglich, sie zu erhalten, da sie nur im wertgleichen Kreise
zu finden sind.

Daraus geht hervor, daß man bei gewerblichen und
kunstgewerblichen Arbeiten, bei denen additive Mischung
vorkommt, nicht versuchen soll, die Farbtöne aus wenigen
Grundfarben zu mischen, da sie unweigerlich unharmonisch
ausfallen. Vielmehr muß man so viele wertgleiche Farben
eines durch die Technik gegebenen Kreises gesondert herstellen, als man Farbtöne anzuwenden gedenkt. Von diesen
reinsten Farben aus stellt man dann alle trüben Abkömmlinge durch entsprechendes Grau, noch einfacher durch
Mischung von Weiß und Schwarz dar. Man erhält so nach

182

Wunsch die trüben Abkömmlinge, die stets genau in dem
zugehörigen farbtongleichen Dreieck liegen, also eine
strenge Harmonie ermöglichen.

Dies gilt beispielsweise für die Teppichweberei. Färbt
man das unverzwirnte Garn in den 24 Farben eines möglichst reinfarbigen Kreises, ferner in Weiß und in Schwarz,
so ist man in der Lage, durch Zwirnen geeigneter Anteile
j e d e b e l i e b i g e F a r b e des entsprechenden Farbkörpers herzustellen, wobei die **farbtongleichen Abkömmlinge**,
die allein ermischt werden, vollkommen genau im Farbton
und daher streng harmonisch ausfallen. Niemals mische man
verschiedene Farbtöne, falls Zwischenfarben nötig sein sollten, es sei denn unmittelbar benachbarte, wo die entstehende Trübung gering ist.

Annähernd gelten diese Betrachtungen auch für die
Mischung gefärbter Fasern, doch beginnt hier die subtraktive Mischung mitzuwirken.

Hier liegen wichtige Möglichkeiten für den Fortschritt
der künstlerischen Weberei.

Subtraktive Mischungen. Während bei additiven
Mischungen die Zusammensetzung der Bestandteile unbe-
einflußt blieb, findet bei subtraktiven ein solcher Einfluß
statt, indem die Schluckung des zweiten Bestandteils die Zusammensetzung des vom ersten durchgelassenen Lichts
ändert. Deshalb verhalten sich metamere Farben bei subtraktiver Mischung nicht gleich, sondern verschieden.

Solche subtraktive Mischung tritt also jedesmal ein,
wenn mehrere Stoffe durch Schluckung gemeinsam das
Licht beeinflussen. Der anschaulichste Fall ist der zweier
farbiger Glasplatten, die man aufeinandergelegt entweder
gegen das Licht hält oder auf einen weißen Grund legt. Im
ersten Falle durchdringt das Licht jede Platte nur einmal,
im zweiten zweimal. Gleiche Wirkung entsteht, wenn man
eine durchsichtige Lasur über einen farbigen Grund malt
oder druckt. Der wichtigste Fall ist, daß man beide schluk-
kenden Stoffe in Lösung mischt, wobei eine einheitliche,

183

rein durch Subtraktion gebildete Mischfarbe entsteht. Unmittelbar an diesen Fall schließt sich die Färberei der Webstoffe und Spinnfasern, wo durch kolloide Verteilung der Farbstoffe in den durchsichtigen Fasern die gleiche Art Mischung entsteht. Endlich ist noch die Mischung deckender Farbstoffe und Tünchen zu erwähnen, wie sie der Anstreicher und Maler übt. Hier ist die Erscheinung allerdings nicht rein, denn das Nebeneinander der verschiedenen Farbstoffkörnchen in der obersten Schicht bewirkt additive Mischung. Je tiefer daher das Licht eindringen kann, ehe es wiederkehrt (wobei es abwechselnd durch die verschiedenfarbigen Körnchen geht), je weniger deckend m. a. W. die Tünchen sind, um so mehr waltet die subtraktive Mischung vor und umgekehrt.

Man erkennt somit, daß die subtraktive Mischung viel häufiger und daher technisch viel wichtiger ist, als die additive. Ihre Gesetze sind aber viel verwickelter und ohne die Lehre vom Farbenhalb nicht zu verstehen. Daher hatte ihre Kenntnis bisher so geringe Fortschritte gemacht.

Gesetze der subtraktiven Mischung. Geht man an der Hand der S. 174 mitgeteilten Gesetze vergleichsweise vor, so findet man folgende G e s e t z e d e r s u b t r a k t i v e n M i s c h u n g:

1. Das Stetigkeitsgesetz bleibt bestehen.
2. Das Vorhandensein metamerer Farben gilt auch hier.
3. Gleich aussehende Farben geben meist verschieden aussehende Mischungen.
4. Die Mischfarben liegen auf einer Verbindungslinie im Farbkörper, die im allgemeinen k e i n e Gerade ist. Ein einfaches Gesetz ihrer Teilung läßt sich nicht aussprechen.
5. Die Ergebnisse der Mischungen werden durch die Verhältnisse der Farbenhalbe bestimmt.

Während die Punkte 3 und 4 die gesetzliche Erfassung der Verhältnisse erheblich erschweren, zeigt 5 den Weg zu ihrer Erkenntnis.

184

Gegenfarben. Die einfachsten Verhältnisse liegen bei den Gegenfarben vor. Mischen wir zwei Vollfarben, die in dieser Beziehung stehen, so schluckt die zweite gerade vollständig die Lichter, welche die erste vollständig durchläßt, wie dies aus der Definition der gegenfarbigen Farbenhalbe folgt. Es entsteht somit reines Schwarz. Damit haben wir den ersten, schärfsten Gegensatz zur additiven Mischung, die anteilig das Grau 50, summatorisch das Weiß 100 im Idealfall ergibt.

Sind die Bestandteile keine Vollfarben, so entsteht nur dann Grau, wenn die Schluckgebiete beider Farben symmetrisch liegen, so daß die übrigbleibenden Lichter gleichfalls gegenfarbig sind. Dieses Grau ist notwendig ein unvollkommenes (S. 175), dessen Farbe sehr mit der Beleuchtung wechselt. Und zwar ist notwendig das aus Gegenfarben gebildete Grau am empfindlichsten gegen solche Änderungen, so daß sein Aussehen einem fortwährenden Wechsel unterworfen ist. So ist es denn auch praktisch unmöglich, mit Gegenfarben allein subtraktiv ein reines Grau herzustellen. Es wird möglich mit drei Farben, geht gut mit fünf (s. w. u.).

Liegen die Schluckgebiete nicht symmetrisch, so sind die Reste der gegenseitigen Auslöschung nicht gegenfarbig, und es entsteht eine bunte Mischung statt der grauen. Dabei verschieben sich durch gegenseitige Verdünnung die Farbtöne nach Grün (s. w. u.). Das ist die Entstehungsgeschichte des Grün aus Blau und Gelb. Allerdings kann man aus Ublau und Schwefelgelb nie ein auch nur halbwegs reines Grün ermischen; es enthält stets sehr viel Schwarz oder Grau. Aber man braucht das Ublau nur nach Eisblau wandern zu lassen, um sehr bald reinere und reinste Grüne zu gewinnen, wie das weiter unten theoretisch begründet werden soll. Auf solche Bestandteile bezieht sich die alte Malervorschrift, Grün aus Gelb und Blau zu ermischen.

Verdünnung. Einfache Verhältnisse treten ferner bei der Verdünnung der Farbstoffe, d. h. ihrer Mischung mit

185

Weiß auf. Es entstehen hierbei hellklare Reihen, wenn die
Farbe rein ist. Ist sie schwarzhaltig, so entstehen nicht etwa
schwarzgleiche Reihen. Denn der Schwarzgehalt bleibt ja
nicht bestehen, sondern vermindert sich durch die Verdünnung zunächst in gleichem Verhältnis wie die Vollfarbe.
Die entsprechende Mischlinie würde im analytischen Farbkörper von dem Farbpunkte nach dem Weißpunkte als Gerade verlaufen, falls die Verdünnung nur eine Zumischung
von Weiß bedeutete. Tatsächlich beruht aber der Schwarzgehalt reiner oder konzentrierter Farbstoffe ganz oder teilweise darauf, daß der Schluckstreif erheblich breiter ist
als das Farbenhalb. Der Fall, daß auch im durchgelassenen
Gebiet überall eine teilweise Schluckung stattfindet, liegt
nur bei den spezifisch trüben Pigmenten vor. Jedenfalls
wirkt die Verdünnung in solchem Sinne, daß der Schluckstreif schmäler wird und das entsprechende Schwarz verschwindet. Die Mischlinie bleibt deshalb keine Gerade,
sondern erhält eine Biegung nach oben, so daß sie sich dem
oberen Grenzkegel der hellklaren Farben schneller nähert.
    Diese Betrachtung erklärt die allgemein zu beobach-
tende Tatsache, daß die verdünnten Farben deutlich klarer
sind, als nach dem Aussehen der konzentrierten zu erwarten
wäre. Sie erklärt ferner, warum es so außerordentlich
schwierig ist, tiefe oder weißarme Farben ohne erheblichen
Schwarzgehalt zu gewinnen. Die Schluckstreifen enden bekanntlich niemals plötzlich, sondern zeigen stets einen mehr
oder weniger breiten stetigen Übergang nach den Durchlaßgebieten. Während bei weißreichen Farben diese Übergänge innerhalb des Farbenhalbes des Schluckgebietes bleiben und daher keinen Schwarzgehalt verursachen, treten sie
notwendig in das Durchlaßgebiet ein, sobald bei geringem
Weißgehalt der größte Teil des Farbenhalbes vom Gebiet
der vollen Schluckung eingenommen wird, und verursachen
ein entsprechendes Schwarz. Dieses könnte nur vermieden
werden, wenn es ideale Schluckstreifen ohne Übergänge
gäbe, die beim Konzentrieren nie breiter werden als ein

186

Farbenhalb. Die Natur ist weit davon entfernt, solche Bedingung zu erfüllen. Demgemäß sind die Kreise na oder pa
ungefähr die letzten, für welche sich noch eine leidliche Annäherung an den normalen Schwarzgehalt von 11 Proz.
Schwarz (s. w. u.) erreichen läßt; darüber hinaus muß man
sich das zunehmende Schwarz gefallen lassen.

Das Vorstehende gilt zunächst für die warmen Farben.
Die kalten mit natürlichem Schwarzgehalt erweisen sich
noch viel geneigter, überschüssiges Schwarz bei zunehmender Konzentration zu entwickeln.

Der Farbton. Der eben geschilderte Einfluß der Verdünnung auf den Schwarzgehalt ist nicht der einzige. Daneben macht sich ein erheblicher und gesetzmäßiger Einfluß
auf den F a r b t o n geltend, und zwar in solchem Sinne,
daß dieser mit wachsender Verdünnung sich einem Punkte
des Farbtonkreises nähert, der etwa bei 83 bis 88, also an
der Grenze der beiden Grün liegt. Die Farbtöne nähern
sich m. a. W. bei steigender Verdünnung der Mitte des
Spektrums.

Auch hier ist die Tatsache zwar längst bekannt; ihre
Erklärung setzt aber die Lehre vom Farbenhalb voraus.

Es sei daran erinnert, daß die Spektralfarben im Farbtonkreise eine Lücke zwischen Rot und Veil, von 25 bis 45
aufweisen. Demgemäß stehen die verschluckten Farbenhalbe aller Farben von 00 bis 20 einerseits und von 50 bis
70 andererseits mit einem Fuß im unsichtbaren Gebiet.
Wenn nun bei der Verdünnung das Schluckgebiet schmäler
wird, so zieht sich die sichtbare Grenze nach dem benachbarten Ende des Spektrums zurück, d. h. sie entfernt sich
von dem grünen Gebiet 75 bis 95, das der spektralen Lücke
gegenüberliegt. Die andere Grenze des Schluckgebiets bewegt sich im entgegengesetzten Sinne; da die Bewegung
aber im unsichtbaren Gebiet liegt, so hat sie keinen Einfluß
auf den Farbton. Das Ergebnis ist in jedem Falle, daß
durch die Verdünnung mehr grünes Licht freigegeben wird,
d. h. daß der Farbton sich nach Grün verschiebt.

187

Im einzelnen bedeutet dies, daß beim Verdünnen das
zweite und dritte Gelb nach dem ersten oder zweiten wandert, und daß alle kressen Farben mit der Verdünnung
gelber werden. Andererseits bewegt sich Ublau beim Verdünnen nach Eisblau zu und Eisblau nach Seegrün. Grün
und Veil ändern sich dagegen beim Verdünnen kaum oder
gar nicht.

Ein besonderes Verhalten zeigt Rot. Hier wie beim
Veil besteht das Farbenhalb aus zwei Stücken, einem vom
roten und einem vom veilen Ende des Spektrums. Sind beide
Stücke annähernd gleich, so verbreitern sie sich beim Verdünnen ungefähr in gleichem Betrage, und der Farbton
bleibt stehen. Ist dagegen der veile Anteil verhältnismäßig
klein, so übt eine geringe numerische Vermehrung verhältnismäßig einen großen Einfluß aus, indem die Zunahme bei
der Verdünnung das Veil überwiegen läßt. Daraus folgt,
daß rote Farben bei der Verdünnung ihren Farbton nach
Veil verschieben werden, wie dies auch die Erfahrung zeigt.
Da aber diese Wanderungen der Schluckgebiete mit der Verdünnung noch weitgehend von der Natur der Farbstoffe abhängen, so ist diese Erscheinung nicht so regelmäßig, wie
die vorher beschriebenen Verschiebungen im Gelb-Kreß und
in den beiden Blau.

Beim Veil sind die beiden Anteile des durchgelassenen
Spektrums mehr im Gleichgewicht; die beschriebenen Son-
dereinflüsse treten daher zurück und der Einfluß der Verdünnung auf den Farbton ist gering oder Null.

Man könnte beim zweiten Veil zwischen 40 und 45 ähnliche sekundäre Einflüsse erwarten, wie sie eben an den
beiden ersten Rot zwischen 25 und 30 beschrieben worden
sind. Die Erfahrung hat hier keine auffallenden Farbton-
verschiebungen gezeigt; eine eingehendere Untersuchung
steht noch aus. Man kann daran erinnern, daß am roten
Ende die Bewegungen der Schluckstreifen viel kleiner
und regelmäßiger auszufallen pflegen als am kurzwelligen
veilen Ende.

188

Versuche. Um sich die eben beschriebenen Verhältnisse anschaulich einzuprägen, kann man einige einfache Versuche anstellen, welche mit sehr geringen Hilfsmitteln ausführbar sind.

Man schneidet aus starker Pappe eine Kreisscheibe von 5 cm Durchmesser und befestigt in ihr als Achse einen dünnen Stab, etwa ein zugespitztes Zündhölzchen. Das gibt einen Kreisel, den man durch geschicktes Drehen des Stabes zwischen Daumen und Zeigefinger in schnellen Umlauf versetzen kann, Fig. 36. Aus steifem Papier werden Kreisscheiben von 6 cm Durchmesser mit zentralem Loch hergestellt, die mit einiger Reibung auf die Achse des Kreisels bis zur Pappe geschoben werden können; sie halten ohne weiteres hinreichend fest. Die Papierkreise werden mit den

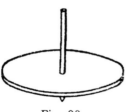

Fig. 36.

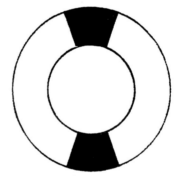

Fig. 37.

für den Versuch erforderlichen Farben bemalt; da die Geschwindigkeit nicht sehr groß gemacht werden kann, bringt man die beabsichtigten Anteile für additive Mischungen auf einem Halbkreise an und wiederholt die Zeichnung auf der anderen Hälfte, was einer Verdoppelung der Geschwindigkeit gleichwertig ist. Zum Bemalen dient am besten der Farbkasten „Kleinchen" [*]), der die reinsten Farben ergibt, die man zurzeit herstellen kann. Man malt z. B. den ganzen inneren Kreis, Fig. 37, mit verdünntem Ublau aus und die schwarzen Teile des äußeren mit dem gleichen Farbstoff

---

[*]) Zu beziehen von der Firma Günther Wagner in Hannover.

in starkem Auftrag. Läßt man umlaufen, so kann man leicht beurteilen, ob man die starken Gebiete groß genug gemacht hat, daß sie in der Farbe dem inneren Kreise wertgleich erscheinen; nach Bedarf vergrößert man sie, oder man verstärkt den inneren Auftrag. Ist die Wertgleichheit erreicht, so stellt man alsbald fest, daß der innere Kreis erstens reiner in der Farbe erscheint, zweitens viel grünlicher als der äußere Ring.

Man stellt ähnliche Scheiben mit den anderen Hauptfarben her und überzeugt sich von dem Bestehen der beschriebenen Verhältnisse. Immer erscheinen die additiven Mischungen des äußeren Kreises trüber als die subtraktiven des inneren, und zwar viel mehr bei den kalten als den warmen Farben.

Ebenso kann man die weiter unten dargelegten Beziehungen mit Hilfe dieses einfachen Farbkreisels prüfen. Es wird der Kürze wegen darauf nicht jedesmal besonders hingewiesen werden.

Farbtonverschiedene Mischungen. Im Vergleich mit den etwa 400 unterscheidbaren Farbtönen des vollständigen Farbtonkreises sind die Farbtöne der Pigmente sehr unregelmäßig verteilt. Während ihre Zahl im Rot Legion ist, nimmt sie beiderseits schnell ab. Kreß und Gelb sind noch ziemlich reichlich vertreten, aber bereits gegen 00 wird die Anzahl gering. Laubgrüne Farbstoffe gibt es kaum, seegrüne sind nur spärlich vorhanden. Auf der anderen Seite des Rot findet man Veil und Ublau ziemlich reichlich vertreten; Eisblau ist ebenso selten wie Seegrün. Man wird also im warmen Gebiet ziemlich leicht für jeden Farbton einen Vertreter finden; im kalten ist dies erheblich schwieriger.

Da außerdem die anderen Eigenschaften der Farbstoffe ihre Anwendungsgebiete vielfach beschränken, so ist man von jeher darauf bedacht gewesen, die etwa fehlenden Farbtöne durch Mischung herzustellen. Hierbei ist maßgebend der Satz, daß durch Mischung zweier Farben verschiedenen

190

Farbtons alle zwischenliegenden Farbtöne erhalten werden
können. Dabei entsteht um so mehr unbunte trübende Beimischung, je weiter die Farbtöne von einander entfernt sind.

Für die additive Mischung sind die Mengen Unbunt,
die bei der Mischung entstehen, durch die bekannte geradlinige Konstruktion gegeben. Man kann also bestimmen,
welche Trübung man zulassen will, und daraus ergibt sich,
wie weit man die Farbtöne entfernen darf, damit die ver-
bindende Sehne gerade den getrübten Kreis berührt. Ist in
Fig. 38 *cd* der Halbmesser des zugelassenen getrübten
Kreises, so geben die Endpunkte *a b* der Berührungslinie
in *d* den Abstand an, den man den
Bestandteilen geben darf. Mißt
man mit *a b* im Kreis herum, so
erfährt man die Anzahl der Ausgangsfarben, welche man nehmen
muß, um die angenommene Rein-
heitsbedingung zu erfüllen.

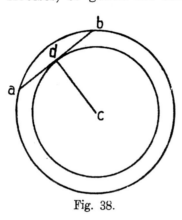

Fig. 38.

Hierbei ist zunächst gleichgültig, an welchem Punkte man
anfängt. Da aber eine Trübung
des Gelb als der hellsten Farbe
am stärksten auffällt und stört,
so legt man den Anfangspunkt nach 00, wenn man dies vermeiden will.

Die Betrachtung der Fig. 38 zeigt, daß mit nur drei
Farben starke Trübungen entstehen, da der innere Kreis,
der dem Dreieck eingeschrieben ist, sehr klein ausfällt. Um
einigermaßen wertgleiche Mischlinge zu erhalten, wird man
mindestens 6 bis 8 Farben nehmen müssen, je mehr, um
so besser.

Besonderheiten der subtraktiven Mischung. Dies gilt, wie
erwähnt, für additive Mischung. Bei der subtraktiven
merkt man bald, daß die Mischlinien, welche die Endpunkte
verbinden, nicht mehr Gerade sind, sondern nach außen ge-
bogen. Die subtraktiven Mischlinge fallen m. a. W. r e i n e r

191

aus als die additiven. Man erzielt also einen ausreichend
wertgleichen Kreis mit weniger Stammfarben.

Die Verbesserung ist an verschiedenen Stellen des Farbtonkreises sehr verschieden. Am günstigsten ist das Gebiet
von Eisblau über Grün bis Gelb. Mit dem dritten Eisblau
und dem Gelb 00 kann man alle zwischenliegenden Farben
ohne Verlust an Reinheit ermischen; hier liegen also in
einem ganzen Drittel des Kreises die Farben der Mischlinge
fast genau im wertgleichen Kreise. Dies gilt um so genauer,
je weißreicher der Kreis ist, etwa bis la; von na ab entstehen Schwierigkeiten, denn dort ist die Herstellung eines
genügend reinen 00 na, 00 pa und weiter fast unmöglich,
weil die gelben Farbstoffe bei zunehmender Konzentration
alle ihren Farbton nach Kreß verschieben.

Das zweite große Gebiet reiner Mischungen, das aber
höchstens $^1/_4$ Kreisumfang umfaßt, liegt zwischen 00 und 21
oder 25. Auch das tiefere Gelb und das Kreß läßt sich aus
dem ersten Gelb und dem dritten Kreß ohne Reinheitsverlust
ermischen. Praktisch wird man aber statt eines Gelb 00 ein
kresseres, etwa 04 nehmen, da solche Farbstoffe viel ausgiebiger zu sein pflegen als die bei 00 liegenden.

Der noch ausstehende Teil des Farbtonkreises von 25 bis
63 läßt sich durchaus nicht so behandeln. Die angegebenen
Punkte werden etwa durch die Farbstoffe Zinnober und
Berlinerblau gekennzeichnet. Jeder Maler weiß, daß es unmöglich ist, aus beiden ein reines Veil oder Ublau zu ermischen. Aber auch Ultramarin (erstes Ublau) und Zinnober geben kein reines Veil, während aus Ultramarin und
Berlinerblau die wenigen zwischenliegenden blauen Farben
rein entstehen. Es ist also nötig, zwischen 25 und 50 noch
einen Farbstoff einzuschalten. In der Mitte liegt 38, das
erste Veil oder Purpur. Mit diesem kann man die beiden
Gebiete 25 bis 38 und 38 bis 50 leidlich gut überbrücken.
Praktisch wird man auch hier lieber noch einen Farbstoff
mehr nehmen, da die meisten ublauen Pigmente mehr beim

192

zweiten und dritten Ublau liegen. Mit dem dritten Rot 33
und dem zweiten oder dritten Veil 42 oder 46 wird man
jedenfalls auslangen.

Faßt man diese rein erfahrungsmäßigen Ergebnisse zusammen, so wird man 5 Stammfarben als Mindestzahl für
die Herstellung aller Farben eines wertgleichen Kreises
durch subtraktive Mischung fordern müssen. Diese Stammfarben liegen bei 00, 25, 38, 50, 67. Aus praktischen Gründen
wird man noch ein Gelb 04 bis 08 einschalten und statt des
ersten Veil 38 die beiden Farben 33 und 42 wählen. Dann
kann man das Ublau auch etwas weiter, bei 54 nehmen.

Anwendungen. Die wichtigsten praktischen Anwendungen, die sich von diesen Tatsachen machen lassen, beziehen sich auf den Dreifarbendruck und die Buntfärberei.
In beiden Gebieten war es bisher allgemein üblich, alle
Mischfarben aus drei Grundfarben Gelb, Rot, Blau her
zustellen. Die Unzulänglichkeit des Verfahrens wurde nur
der ungenügenden Wahl der Farben, nicht der Unzulänglichkeit der Voraussetzung zugeschrieben. Die nachfolgende
theoretische Untersuchung wird zeigen, daß dies ein Irrtum
war. Eine genügende Herstellung aller Farben aus drei
Grundfarben ist unmöglich; man braucht mindestens fünf
dazu. An die Stelle des Dreifarbendrucks hat also ein Fünf-
farbendruck für alle Aufgaben zu treten, bei denen jede beliebige Farbe des Farbkörpers erreichbar sein soll. Und an
die Stelle der Dreifarbenfärberei hat gleichfalls die methodische Verwendung von fünf Stammfarben zu treten. Hierdurch wird nicht nur die vollständige Beherrschung des
Farbkörpers erzielt. Ein vielleicht noch wichtigerer Gewinn liegt darin, daß die vielbeklagte, aber bisher unver-
standen und daher unverbesserbar gebliebene überaus starke
Abhängigkeit der nach dem Dreifarbenverfahren erzielten
Färbungen von der Farbe der Beleuchtung (Tageslicht-
farben und Abendfarben) beim Fünffarbenverfahren verschwindet, da sie eine unmittelbare Folge der Beschränkung
auf drei Farben ist.

193

Theorie der subtraktiven Mischungen. Angesichts der
überaus großen Mannigfaltigkeit der Wellenlängenzu-
sammensetzungen, welche für die subtraktive Mischung
maßgebend sind, würde eine vollständige Theorie derselben
eine unerschöpflich große Aufgabe sein. Wir müssen uns
hier auf die ersten Grundlagen beschränken und können
nach deren Klarstellung im allgemeinen die Ergänzungen
kennzeichnen, die in den einzelnen Sonderfällen erforderlich werden.

Der einfachste Fall ist durch die Mischung der V o l l -
f a r b e n gegeben. Diese sind durch die entsprechenden
F a r b e n h a l b e gekennzeichnet. Die subtraktive Mischung
besteht darin, daß die Farbenhalbe sich gegenseitig beschränken, indem alle Schluckungen bestehen bleiben, während von dem durchgelassenen Licht nur der Teil übrig
bleibt, der nicht durch das Schluckgebiet des anderen
Farbenhalbes zurückgehalten wird.

Wir beginnen deshalb damit, uns die Farbenhalbe der 8
Hauptfarben wieder zu vergegenwärtigen. Fig. 39 zeigt die
8 Farbenhalbe von 00, 13, 25, 38, 50, 63, 75, 88, indem
zwischen den Kreislinien die Schluckgebiete schwarz, die
Durchlaßgebiete weiß gemacht sind, während an der spektralen Lücke die Kreislinien unterbrochen sind.

Wollen wir das Mischungsergebnis aus zwei Vollfarben
erfahren, so denken wir uns die zugehörigen Bilder aufeinander gelegt. Überall, wo Schwarz hinfällt, liegt Schlukkung vor. Die Länge der übrigbleibenden weißen Gebiete
läßt die Reinheit der Mischung erkennen; der Farbton ergibt sich aus ihrer geometrischen Mitte für den Fall gleicher
Anteile und summierender Mischung.

Der Fall ungleicher Anteile und anteiliger Mischung
kann in erster Annäherung so betrachtet werden, daß man
die Schluckgebiete der beiden Farben proportional ihrem
Anteil beiderseits so verkürzt denkt, daß der Mittelpunkt
des Schluckgebietes (der in der Gegenfarbe liegt) sich nicht
verschiebt. Dies entspricht der Tatsache, daß die erste Wir-

194

kung der Verdünnung in einer Verschmälerung des Schluck-
streifens besteht. Allerdings ist diese im allgemeinen nicht
symmetrisch, wie der Einfachheit wegen angenommen wurde.

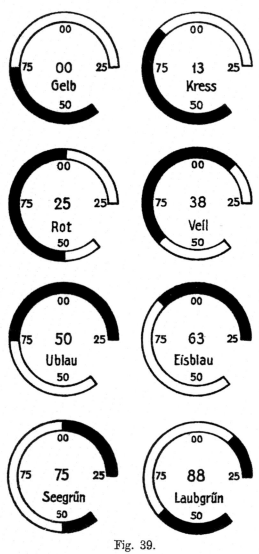

Fig. 39.

Ebenso kommen prak-
tisch noch die Farb-
tonverschiebungen bei
solchen Farben in Be-
tracht, deren Schluck-
streifen einerseits im
Unsichtbaren liegen.
Es wird später auf
solche Fälle hingewie-
sen werden, wo diese
Einflüsse sich beson-
ders deutlich geltend
machen.

Nachbarmischungen.
Der Fall der Gegen-
farben wurde bereits
S. 172 erörtert. Sie
ergeben Schwarz.

Für Paare, die
nicht genaue Gegen-
farben sind, gilt jeden-
falls, daß die Mischung
um so mehr Schwarz
erzeugen wird, je nä-
her sie der Gegenlage
kommen. Um also
möglichst reinfarbige
Mischungen zu erzielen, muß die Gegenlage tunlichst vermieden werden. Man mischt deshalb für solche Zwecke nur
benachbarte Farben. Wir können demnach die Unter-

suchungen auf diese 8 Fälle beschränken, statt alle 28 Paare bearbeiten zu müssen.

Gelb mit Kreß. Betrachtet man (S. 194) die Farbenhalbe von Gelb und Kreß, so erkennt man, daß das Schluckgebiet des Kreß ganz innerhalb des Schluckgebietes des Gelb liegt. Beide stehen mit einem Fuß im unsichtbaren Überrot, und die Verschiedenheit besteht nur darin, daß sich die sichtbare Grenze, die für 00 bis 75 liegt, für 13 bis 88 zurückgezogen hat. Mischungen aus beiden werden also alle Zwischenfarben in gleicher Reinheit geben wie die Ausgangsfarben, da weder fremde Lichter dazukommen, noch wesentliche verschwinden.

Diese Verhältnisse bleiben bis zum dritten Kreß 21 bestehen. Man kann also aus Gelb 00 und Kreß 21 ohne Reinheitsverlust alle Zwischenfarben mischen, wie dies auch die Erfahrung ergeben hatte. Praktisch kann man sogar etwas weiter gehen, etwa bis zum ersten Rot 25. Die hierbei auftretenden kleinen Mengen kürzester Wellen (Veil) beeinflussen die Reinheit nur wenig.

Kreß mit Rot. Die letzten kressen Farben zwischen 20 und 25 enthalten bereits neben roten, gelben bis laubgrünen Lichtern solche aus dem letzten Veil. Die gleiche Zusammensetzung, nur nach anderen Verhältnissen, haben auch alle roten Farben. Aus beiden lassen sich also die Zwischenfarben in voller Reinheit mischen.

Anders verhalten sich die gelberen Kreß. Hier liegt das kurzwellige Ende des Schluckgebietes noch so tief im Unsichtbaren, daß beim Verdünnen erst spät veile Lichter durchgelassen werden. Diese werden also bei Mischungen aus dem ersten Kreß und letzten Rot (wo die Verhältnisse am ungünstigsten liegen) fehlen und eine Trübung des entstehenden mittleren Rot verursachen. Da wir dieses an Blumen, Vögeln usw. oft in hoher Reinheit sehen, ist unser Auge hier sehr empfindlich gegen Trübungen. Man muß also Mischungen aus erstem oder zweitem Kreß mit zweitem oder drittem Rot vermeiden und kann es leicht, da die Auswahl roter Farben von hoher Reinheit sehr groß ist.

196

Rot mit Veil. Beide Farben sind übereinstimmend aus kurzwelligen und langwelligen Lichtern zusammengesetzt, wie ein Blick auf Fig. 39 lehrt, nur in verschiedenen Verhältnissen. Ihre Mischung macht daher keine Schwierigkeiten und ergibt reine Zwischenfarben.

Veil mit Ublau. Die Mitwirkung des roten Endes des Spektrums hört gerade beim Ublau 50 auf; bis dorthin sind rote Lichter vorhanden. Somit lassen sich aus dem ersten Ublau und Veil alle Zwischenfarben rein ermischen.

Diese Möglichkeit verschwindet aber alsbald bei den höheren Ublau, deren Schluckgebiet im Unsichtbaren liegt, und die das Rot erst bei stärkerer Verdünnung freigeben. Dies erklärt die Schwierigkeiten, welche sich erfahrungsmäßig bei der Herstellung reiner Farben im Veil aus Blau und Rot oder erstem Veil (Purpur) herausgestellt haben. Die Verhältnisse liegen hier ganz ähnlich wie bei Kreß und Rot.

Ublau mit Eisblau. Beide Farben enthalten kein Rot mehr und bestehen ausschließlich aus Lichtern kürzerer Wellenlängen. Sie unterscheiden sich nur durch die Grenze des Schluckgebietes, welche von 75 für erstes Ublau bis 88 für erstes Eisblau geht. Die gleichen Verhältnisse bestehen weiter bis zum dritten Eisblau; mit 71 tritt auch das zweite Ende des Schluckzuges ins Sichtbare und die bis dort vorhandenen veilen Lichter beginnen ausgelöscht zu werden.

Man kann somit aus dem ersten Ublau und dem dritten Eisblau alle zwischenliegenden Farben ohne Reinheitsverlust mischen. Die Verhältnisse entsprechen den Mischungen aus erstem Gelb und drittem Kreß.

Eisblau mit Seegrün. Da die beiden ersten Eisblau noch keine Schluckung im Veil haben, die für Seegrün wesentlich ist, so eignen sie sich nicht zum Ermischen reiner Zwischenfarben mit diesem. Solche sind aber bis zum dritten Seegrün durch Mischungen von diesem mit Ublau vorhanden, so daß hierdurch keine Lücke entsteht. Die charakteristische Mischungsgrenze liegt hier also bei 70 und 71, ebenso wie sie für Kreß und Rot bei 20 und 21 lag.

197

Daß die Mischungsgrenzen nicht mit den psychologischen Hauptfarben zusammenfallen, liegt natürlich an der physikalischen, nicht psychologischen Beschaffenheit der für die subtraktive Mischung maßgebenden Verhältnisse.

Seegrün mit Laubgrün und Laubgrün mit Gelb. Diese beiden Fälle lassen sich gemeinsam behandeln, denn alle Farben zwischen 70 und 00 bestehen aus einem zusammenhängenden Durchlaßgebiet, das im mittleren Spektrum liegt, und je einem Schluckgebiet an den Enden. Sie unterscheiden sich also nur durch die Ausdehnung, in welcher die Enden verschluckt werden, und lassen sich daher alle aus den Grenzfarben 70 und 00 ohne Reinheitsverlust ermischen. Ein Blick auf Fig. 39 macht diese Verhältnisse anschaulich.

Vergleicht man das Ergebnis der theoretischen Betrachtung mit der S. 192 berichteten Erfahrung, so ergibt sich eine volle Übereinstimmung. Ähnlich wie man beim Kreß etwas über die theoretische Grenze 21 hinausgehen kann, ohne daß erhebliche Trübungen entstehen, kann man statt 70 das Eisblau 67 nehmen.

Man kann noch die Frage aufwerfen, weshalb die grünen Farben sich in so weitem Umfange aus beiden Grenzfarben ermischen lassen, die gegenfarbigen roten vom dritten Kreß bis zum letzten Veil dagegen nicht. Die Antwort ergibt sich aus dem Vorhandensein der spektralen Lücke zwischen 20 und 45. Bei den grünen Farben ist es gleichgültig, in welchem Teile des Schluckgebietes die Lücke liegt, da das ganze Gebiet ja unwirksam ist. Bei den roten Farben ist es dagegen nicht gleichgültig, wo die Lücke liegt, da von ihrer Lage die Anteile der kurz- und der langwelligen Lichter abhängen. Während also bezüglich der G r e n z e n die Farben und ihre Gegenfarben gemäß der Lehre vom Farbenhalb genau symmetrisch sind, sind sie es nicht bezüglich ihres I n h a l t s an vorhandenen Lichtern, da auf der einen Seite die Lücke sich betätigt, auf der anderen nicht. Daher jener Mangel an Symmetrie bezüglich der Mischungen.

198

Hiermit sind die wichtigsten Verhältnisse der subtraktiven Mischungen dargelegt. Obwohl es sich nur um einen ersten Vorstoß handelt, ist die Ausbeute insbesondere auch nach der praktischen Seite recht erheblich geworden. Gemäß der besonderen Beschaffenheit der Schluckgebiete, die bei vielen Farbstoffen aus mehreren Teilen bestehen, und deren Enden sich bei Änderungen der Stärke verschiedenartig verschieben, werden die allgemeinen Verhältnisse vielfach durch kleinere Abweichungen abgewandelt, so daß sie sich nicht eindeutig scharf aussprechen lassen. Insofern wird die subtraktive Mischungslehre der additiven immer nachstehen. Da aber schließlich auch jene Mannigfaltigkeiten gesetzlich erfaßbar sind, bedeutet das nur eine zeitweilige Grenze, keine absolute.

Vierzehntes Kapitel.

Physikalische Chemie der Farbstoffe.

Allgemeines. Die Grundbeziehung zwischen Chemie und Farbenlehre besteht darin, daß die S c h l u c k u n g der verschiedenen Lichtarten in unmittelbarer und mannigfaltiger Beziehung zu der chemischen Natur der Stoffe steht. Dies bedingt, daß die Stoffe sich auf den ersten Blick sondern lassen in solche mit geringer Schluckung, auch farblose genannt, und solche mit großer Schluckung, farbige genannt. Im allgemeinen gibt es zu jedem Stoff ein Gebiet (oder einige) von Schwingungswerten der strahlenden Energie, wo starke Schluckung stattfindet. Nur liegt in sehr vielen Fällen dies Gebiet außerhalb der sichtbaren Lichter, und die sichtbaren sind frei von Schluckung. Die bunte Natur der Stoffe ist daher eine in gewissem Sinne zufällige Eigenschaft, denn sie besagt, daß die (jedenfalls vorhandene) Schluckung gerade in das Gebiet zwischen den Wellenlängen von rund 400 bis 700 fällt, welches im Auge die Licht- und Farbempfindung bewirkt.

199

In jenem umfassenden Sinne ist die Schluckung auch nicht auf ein Gebiet von Schwingzahlen beschränkt; man erhält ein richtigeres Bild der tatsächlichen Verhältnisse, wenn man sich vorstellt, daß Schluck- und Durchlaßgebiete sich mehrfach in gesetzlicher Abwechslung folgen. Für einfachste Stoffe kann man annehmen, daß nur ein solches System vorhanden ist. Zusammengesetzte Stoffe dagegen werden mehrere Reihen mit verschiedenen Abstandsgesetzen betätigen, woraus sich denn im sichtbaren Gebiet sehr mannigfaltige Verhältnisse ergeben können.

Allgemein erweist sich die Schluckung zunächst als eine additive Eigenschaft, die mit den Atomen der Elemente verbunden erscheint; so zeigen z. B. sämtliche Abkömmlinge des Chroms Schluckungen im sichtbaren Gebiet. Darüber lagern sich aber sehr starke konstitutive Einflüsse; die ganze Mannigfaltigkeit der Teerfarbstoffe, der wichtigsten aller Farbstoffgruppen, beruht auf solchen.

Eine geschlossene Theorie dieser Erscheinungen gibt es noch nicht; wir müssen uns noch mit ziemlich engen Einzelregeln begnügen.

Weiße Stoffe. Damit ein Körper weiß aussieht, muß er zwei Bedingungen erfüllen: eine optische und eine mechanische.

Die optische Bedingung ist, daß er keine Schluckung im sichtbaren Gebiet haben darf. Die mechanische ist, daß er ein Gemenge aus zwei oder mehr optisch verschiedenen Teilchen sein muß, deren Sehwinkel unterhalb der Unterscheidungsschwelle (1 Bogenminute) liegt. Einer der Gemengeteile ist in vielen Fällen Luft.

Ein zusammenhängendes Stück eines schluckfreien oder farblosen einheitlichen Körpers ist stets durchsichtig. Ist der Körper amorph oder regulär krystallisiert, so folgt das Licht in ihm dem einfachen Brechungsgesetz; in den anderen Fällen findet Doppelbrechung und Polarisation statt, einzelne ausgezeichnete Fälle ausgenommen. Das auffallende Licht erfährt teilweise Spiegelung an der Eintritts-

200

fläche, teilweise Brechung; beim Austritt tritt dasselbe ein.
Die Spiegelung ist meist gering; sie wächst mit zunehmender Brechzahl.

Zerkleinert man den Körper, so vervielfältigt man die
Grenzflächen zwischen ihm und der Luft, in die er eingebettet ist. Damit nimmt die Anzahl der Spiegelungen und
die gespiegelte Lichtmenge zu, die durchgehende ab. Ist
diese praktisch Null geworden, so wird alles Licht gespiegelt, doch in lauter kleinen Spiegeln von überall wechselnder Lage. Das heißt, der Körper ist d e c k e n d w e i ß
geworden. Findet, wie angenommen, gar keine Schluckung
statt, so ist die Rückwerfung und Zerstreuung vollkommen,
der Körper hat die ideale Weiße Eins.

Hieraus folgt, daß alle ganz schluckfreien Stoffe bei genügender Reinheit, Feinheit der Zerkleinerung und Schichtdicke ideal weiße Schichten geben müssen. Die Erfahrung
bestätigt diesen Schluß innerhalb der angegebenen Grenzen.

Zunächst überzeugen wir uns leicht mittels des Mikroskops, daß alle weißen Stoffe aus kleinen Teilchen (Körnchen, Fasern, Blättchen) durchsichtigen Materials bestehen.
Weißes Papier und weiße Webstoffe sind aus Fasern gebildet, weiße Farbstoffe wie Bleiweiß oder Zinkweiß aus
Körnchen. Daß sie nur selten die ideale Weiße erreichen,
liegt teils an vorhandener schwacher Schluckung, wie bei
Wolle, teils an mechanischen Verunreinigungen mit schluckenden Körpern. Hier spielt Kohle als allgegenwärtiger
Ruß mit seiner sehr bedeutenden Schluckung und seiner
chemischen Dauerhaftigkeit die wichtigste Rolle. Er läßt
sich nämlich, wenn er einmal in das Pulver hineingelangt
ist, weder chemisch noch mechanisch entfernen und trübt
dessen Weiß in unverbesserbarer Weise. Daher gibt es so
wenig annähernd ideale weiße Pulver, und man muß besondere Sorgfalt anwenden, wenn man welche herstellen will.

Decken. Damit ein Farbstoff seinen Zweck erfüllt, muß
er gegen Luft und Licht möglichst unveränderlich sein und

201

gut d e c k e n, d. h. bereits in dünner Schicht kein Licht
mehr von oder zu der Unterlage gelangen lassen.

Die Deckung hängt von zwei Größen ab: der Korngröße und der Brechzahl. Die Rückwerfung des Lichts erfolgt nämlich zufolge der Spiegelungen, welche es bei jedem
Übertritt aus dem einen Mittel in das andere erfährt. Eine
gegebene Stoffmenge auf einer gegebenen Fläche deckt daher um so besser, je kleiner die Teilchen sind, weil in demselben Verhältnis sich die Anzahl der Spiegelungen und die
Menge des zurückgeworfenen Lichts vermehrt. Doch hat
dies seine Grenze dort, wo die Korngröße von der Ordnung
der Lichtwellenlängen wird, die rund $^1/_2$ Tausendstel Millimeter beträgt. Kleinere Körnchen bewirken nämlich keine
regelmäßige Spiegelung mehr; sie legen der Bewegung des
Lichts um so weniger Hindernisse entgegen, je kleiner sie
werden. Wir nehmen mit guten Gründen an, daß alle Körper aus Atomen oder Molekeln bestehen, die sich im leeren
Raum befinden, daß sie also den Raum ungleichförmig
füllen, wie ein Pulver, das von Luft eingebettet ist. Trotzdem sind reine Stoffe, wenn größere Ungleichförmigkeiten
von $^1/_2$ Tausendstel mm oder mehr fehlen, völlig durchsichtig.
Es gibt also für die Deckung eine beste Korngröße von rund
$^1/_{1000}$ mm, bei welcher man eine gegebene Fläche mit der geringsten Stoffmenge eindecken kann. Z i n k w e i ß ist diesem
Bestwert ziemlich nahe; darum deckt es, auf gleiche Gewichte bezogen, rund dreimal besser als Bleiweiß, trotzdem
dieses nach anderer Richtung (Brechzahl) dem Zinkweiß
überlegen ist.

Die zweite maßgebende Größe für die Deckung ist die
Brechzahl, und zwar die relative, auf die Umgebung bezogen.
Diese Umgebung ist entweder Luft oder ein kolloides Binde-
mittel, welches die Körnchen unter sich und mit der Ober-
fläche verbindet. Letzteres pflegt meist vorhanden zu sein.
Es braucht aber keineswegs den g a n z e n Zwischenraum der
Farbstoffkörnchen auszufüllen, und in diesem Falle ist da-
neben Luft vorhanden.

202

Da die Luft eine sehr kleine, von 1 nur wenig verschiedene Brechzahl hat, so gewährt sie in bezug auf Dek-
kung die günstigsten Verhältnisse. Deshalb läßt sich Kreide
mit Leim oder ähnlichen in Wasser gelösten Bindemitteln,
die nach dem Verdunsten des Wassers zahlreiche luftgefüllte
Hohlräume hinterlassen, zu einer deckenden Tünche verarbeiten, während es mit Öl, Firnis, Lack und ähnlichen
Bindemitteln, die auch nach dem Festwerden die Zwischenräume ausfüllen, keine brauchbare Tünche gibt. Ihre Brechzahl ist nämlich 1,60; das ist verschieden genug von der
Brechzahl 1,0 der Luft, dagegen kaum verschieden von der
Brechzahl 1,50 des Leinöls.

Wegen dieser großen Brechzahl der nichtwässerigen
Bindemittel eignen sich nicht viele Stoffe zu weißen Farbstoffen. In erster Linie dient hierzu Bleiweiß, ein Gemenge
von Bleicarbonat und Bleihydroxyd, Brechzahl 2,04. Sodann Zinkweiß oder Zinkoxyd, Brechzahl 2,01. Endlich
Titandioxyd, das in jüngster Zeit als Titanweiß technisch
hergestellt wird, Brechzahl 2,71.

Eine eingehendere Darlegung dieser Verhältnisse findet
man bei V. Goldschmidt, Die weißen Farben in Natur
und Technik, Sammelschrift Die Farbe, Nr. 4, 1921. Nur
bedürfen die geschichtlichen Angaben dort einer Ergänzung.
Meine Darlegung der wesentlichen Bedingungen der Dek-
kung, wie sie oben mitgeteilt worden ist, stammt nicht aus
dem Jahre 1915, sondern aus dem Jahre 1904, wo ich sie in
meinen „Malerbriefen" (Leipzig, S. Hirzel, 1904) S. 47 u. ff.
mitgeteilt habe. Dort ist übrigens die totale Reflexion gar
nicht erwähnt, gegen die V. Goldschmidt eifrig pole-
misiert.

Innere optische Ungleichheit. Der gebräuchlichste weiße
Farbstoff Bleiweiß ist ein Gemisch aus Bleicarbonat und
Bleihydroxyd. Man kann, wenn man den Farbstoff in Öl
einbettet, beide Bestandteile mikroskopisch unterscheiden.
Auch kann man durch Färben nach Art der Histologen
den Unterschied noch viel deutlicher machen. Kalium-

203

bichromat oder Eosin färben nur das Hydroxyd, nicht das Carbonat gelb oder rot.

Reines Bleicarbonat ist als Deckweiß minderwertig trotz seiner hohen Brechzahl. Dasselbe gilt für reines Bleisulfat, das als Gemenge mit basischem Sulfat brauchbar wird.

Der vielbenutzte weiße Farbstoff Lithopon ist ein Gemenge von Bariumsulfat und Zinksulfid. Er deckt in Öl viel besser als reines Zinksulfid, obwohl Bariumsulfat (Brechzahl 1,64) in Öl nur sehr schlecht deckt.

Durch genaue Zumischung von Kreide zu Zinkweiß erhält man Farbstoffe, die nicht schlechter decken als reines Zinkweiß, obwohl Kreide in Öl überhaupt nicht deckt.

Alle diese Tatsachen weisen auf eine gemeinsame Ursache hin, und lassen ein technisches Prinzip erkennen, um gut deckende Farbstoffe herzustellen. Es besteht darin, daß man die für die Deckung erforderlichen optischen Verschiedenheiten bereits in den festen Farbstoff verlegt, den man aus zwei (oder mehr) farblosen Stoffen von recht verschiedener Brechzahl zusammensetzt. Mir ist dieser Gedanke seit vielen Jahren geläufig, doch habe ich nichts darüber veröffentlicht. Der Allgemeinheit zuerst mitgeteilt hat ihn V. G o l d s c h m i d t (Farbe 4, 7), der ihn selbständig gefunden hat.

Man erkennt, daß auf diesem Wege noch sehr viele Möglichkeiten zur Herstellung deckender weißer Farbstoffe offen stehen.

Messung der Deckung. Die genaue Kenntnis der Deckung hat große Bedeutung für verschiedene Künste und Gewerbe. Die frühere Fachliteratur brachte über diese Frage nur ganz ungenügende Erörterungen, die der wissenschaftlichen Grundlage entbehrten. Die neue Farbenlehre hat die Frage grundsätzlich vollständig geklärt und die einfachen Mittel angegeben, jeden gegebenen Fall messend zu untersuchen (W. O s t w a l d , Die Lehre von der Deckung, Farbe 19, 1921 und 31, 1923).

204

Die Deckung besteht in der Verhüllung der gegebenen Unterlage durch eine aufgetragene Schicht. Sie hängt daher ab von der Durchlässigkeit dieser Schicht für das Licht. Ist sie vollkommen durchlässig, so ist die Deckung Null; ist sie vollkommen undurchlässig, so ist die Deckung vollständig oder Eins; dazwischen liegen alle möglichen Werte.

Im übrigen hängt die Deckung von der Beschaffenheit der Schicht und von ihrer Dicke ab. Der erste Punkt ist soeben allgemein erörtert worden; der zweite wird nachstehend erledigt. Wir behandeln zunächst den Fall der w e i ß e n Tünchen.

Maßgebend für die Messung der Deckung ist die D u r c h l a ß z a h l z, der Bruchteil des auffallenden Lichts, welcher von der Schicht mit der Dicke Eins (1 cm) durchgelassen wird. Ist d die Dicke irgendeiner Schicht mit der Durchlaßzahl z, so beträgt der Bruchteil b des durchgelassenen Lichts $b = z^d$.

Hieraus geht zunächst hervor, daß es keine absolut undurchlässige Schicht gibt, da b nie $= 0$ werden kann, wie klein auch z und wie groß d sein mag. Da aber die Unterschiedswelle für verschiedene Helligkeiten rund 0,01 beträgt, so ist unterhalb $b = 0,01$ bereits die Grenze erreicht, bei welcher die Deckung praktisch vollständig ist. Um den Anschluß an die Graunormen zu erzielen, kann man die Schwelle auf die zehnte Stufe der Reihe a c e g..., nämlich auf v setzen, wonach 0,0089 statt 0,01 als Grenze angenommen wird. Daraus läßt sich alsbald für jeden Stoff, dessen Durchlaßzahl z man kennt, die Schichtdicke d_0 berechnen, bei welcher praktisch vollständige Deckung eintritt. Denn aus der Gleichung wird $0,0089 = 2d_0$ oder $- 2,05 = d_0 \log 2$, woraus folgt $d_0 = - 2,05/\log 2$.

Diese Formel gilt, wenn das Licht die Schicht nur einmal zu durchdringen hat. Gewöhnlich handelt es sich aber um eine Schicht, die auf einer Unterlage aufliegt. Nehmen wir diese als vollkommen weiß an, so wird alles Licht zurückgeworfen und geht nochmals durch dieselbe Schicht;

205

diese braucht also nur halb so dick zu sein, wie oben berechnet. Daher haben wir, wenn wir die Schichtdicke unter diesen Bedingungen c_0 nennen

$$c_0 = -1{,}025/\log 2.$$

Da $\log z$ stets negativ ist, so wird c_0 positiv.

Hier ist die Kenntnis der Durchlaßzahl z vorausgesetzt. Gewöhnlich ist sie unbekannt, und man fragt nach der Deckung einer Schicht, die unter gewissen Bedingungen (z. B. durch das Farbwerk einer Buchdruckpresse) aufgetragen wird. Diese Deckung ist durch den Bruchteil b des von der vorhandenen Schicht durchgelassenen Lichts gekennzeichnet. Dabei ist auf das Fechnersche Gesetz Rücksicht zu nehmen; die Maßzahl der Deckung muß daher einer geometrischen Reihe der Helligkeiten entnommen werden.

Eine solche liegt bei der kleinen Grauleiter vor. Denken wir uns eine weiße Tünche auf einem Untergrunde mit der Schwärze v verdruckt, so wird die Schicht weiß aussehen, wenn die Deckung mit Rücksicht auf die Schwelle vollständig ist, d. h. wenn die Schicht weniger als 0,0089 dunkler ist, als eine unbegrenzt dicke Schicht. Liegt aber unvollständige Deckung vor, so wird die Schicht irgendein Grau zeigen, das einer Stufe der Grauleiter $a\,c\,e\,g\ldots t\,v$ nahekommt oder gleich ist. Schreiben wir zu der Stufe v Null und von dort ab $t = 1$, $v = 2 \ldots$ bis $a = 10$, so wird die vorhandene Deckung durch eine dieser Zahlen ausgedrückt, wobei 10 die vollständige Deckung, 0 die vollständige Durchlassung bedeutet. Da diese praktisch nie in Frage kommt, so kann man für diese Messungen die gewöhnliche kleine Grauleiter brauchen, welche man für diesen Zweck von a ab mit den Zahlen 10, 9, 8, 7, 6, 5, 4, 3, 2, 1 versieht. Die weißen Buchdrucktünchen geben unter gewöhnlichen Bedingungen meist Werte um 5 bis 7. Gibt eine Tünche 5 oder mehr, so erfolgt bei zweimaligem Druck praktisch volle Deckung.

206

Man hat also in der Messung des weißen Aufdrucks auf
tiefschwarzem Grunde mit der kleinen Grauleiter ein wissenschaftlich wohlbegründetes Verfahren zur Messung der
Deckung und erhält für diese ganze Zahlen zwischen 0
und 10.

Es ist allerdings hierbei die Voraussetzung gemacht
worden, daß die Unterlage das Schwarz v und die Tünche
das Weiß a hat. Die tatsächlichen Abweichungen hiervon
sind in der Praxis von so geringfügigem Einfluß, daß sie
nicht beachtet zu werden brauchen.

Die so erhaltenen Zahlen gelten für das unmittelbare
Ergebnis des vorliegenden Überzuges. Mit der Dicke ändert
er sich, und zwar gleichfalls in geometrischer Reihe. Daher
bilden die entsprechenden Deckzahlen, wie sie die Grauleiter
ergibt, eine arithmetische Reihe. Gibt z. B. die einfache
Schicht die Zahl 3, so gibt die doppelte 6, die dreifache 9 und
darüber hinaus tritt vollständige Deckung ein. Auch diese
einfache Beziehung ist praktisch wichtig.

Will man eine gegebene Tünche bezüglich ihrer allgemeinen Deckeigenschaften kennzeichnen, so ist, da man die
Tünchen nach Gewicht und nicht nach Raum kauft, für die
Gewichtseinheit, die auf der Flächeneinheit ausgebreitet ist,
die Deckzahl anzugeben. Die betreffenden Arbeiten sind
noch nicht beendet, durch welche diese Verhältnisse genormt
werden. Da man aber durch Wägung des Blattes vor und
nach dem Druck und Messung der bedruckten Fläche leicht
die Gewichtsmenge Tünche je Quadratzentimeter bestimmen
kann, so liegen hier gar keine grundsätzlichen Schwierigkeiten vor. Man muß nur durch solche Wägungen die
durchschnittliche Schichtstärke bestimmen, welche bei nor-
malem Pressegang entsteht, und darnach die Norm wählen.

Deckung und Färbung. Lasierende Farbstoffe besitzen
keine Deckung im eigentlichen Sinne. Denn wenn man sie
in so starker Schicht aufträgt, daß der Untergrund nicht
mehr durchscheint, so sehen sie schwarz aus; sollen sie ihre

207

Eigenfarbe zeigen, so müssen sie den Untergrund noch
durchscheinen lassen.

Hierbei verhalten sich die warmen und die kalten
Lasurtünchen wesentlich verschieden. Die ersten bleiben
auch in den dicksten Schichten, die praktisch in Betracht
kommen, noch durchsichtig und lassen den Untergrund
deutlich durchwirken. Lasiert man z. B. Laubgrün, Gelb,
Kreß oder Rot über eine bedruckte Papierfläche, so bleibt
der Druck immer lesbar. Kalte Lasurtünchen: Veil, Ublau,
Eisblau, Seegrün kann man dagegen leicht in so starken
Schichten auftragen, daß der Untergrund ganz gedeckt
wird; sie sehen dann schwarz aus. Dies rührt von dem
natürlichen Schwarzgehalt der kalten Farben her, der unter
diesen Umständen sich geltend macht. Sind warme Lasurtünchen t r ü b, d. h. schwarzhaltig, so verhalten sie sich
ebenso, wie man es an Braun (schwarzhaltigem Kreß und
Rot) beobachten kann.

Die Deutlichkeit, mit der Verschiedenheiten des Grun-
des (z. B. schwarze Buchstaben auf weißem Grund) durch
die Lasurschicht durchwirken, hängt außerdem von der
Helligkeit des Farbtons ab. Am deutlichsten bleiben die
Buchstaben unter gelber Lasur, dann folgen Laubgrün und
Kreß; Rot ist an der Grenze.

Diese Erscheinungen haben eine gewisse Ähnlichkeit
mit der Deckung im eigentlichen Sinne, wie sie oben S. 204
definiert worden war, und sind deshalb meist unter den
gleichen Namen gebracht worden. Sie müssen aber grundsätzlich unterschieden werden und sollen deshalb den Namen
F ä r b u n g erhalten. Deckung kommt solchen Tünchen
zu, deren Teilchen selbst das Licht zurückwerfen und die es
deshalb nur bis zu einer gewissen, kleinen Tiefe eindringen
lassen, welche nicht bis zum Untergrunde reicht. Nicht
deckende oder lasierende Tünchen lassen dagegen das Licht
bis zum Untergrunde gehen und von dort zurückkehren;
sie verschlucken aber unterwegs gewisse Lichtarten und
bewirken dadurch die besondere Farbe, die ihnen eigen.

208

Man kann sich den Unterschied in dem einfachsten Falle der g r a u e n Farbe klar machen. Um ein bestimmtes Grau, z. B. i, auf Papier zu erzeugen, kann man entweder eine deckende Tünche (Guasch) von der gewünschten Farbe aufstreichen, oder man kann eine schwarze Tünche, z. B. Tusche, so weit mit Wasser verdünnen, daß der Aufstrich nach dem Trocknen die Farbe i zeigt. Im zweiten Falle liegt Lasur vor, da der Untergrund wesentlich mitwirkt, nämlich das Weiß im Grau i liefert, das die Tusche nicht besitzt. Im ersten Falle entsteht das Grau i durch Deckung, im zweiten durch Färbung. Im ersten wird der Untergrund völlig unwirksam gemacht, im zweiten wirkt er maßgebend mit. Bei unvollständiger Deckung wirkt der Untergrund mit, soweit er nicht gedeckt ist, und die entstehende Farbe kommt wesentlich durch additive Mischung zustande. Die durch Lasur auf farbigem Grunde entstehenden Farben sind dagegen ausgeprägt subtraktiv.

Halbdeckende Aufträge heller Tünchen auf dunklem Grunde sehen sehr oft bläulich aus. Dies rührt von der bekannten Wirkung der trüben Mittel (S. 137) her und ist um so deutlicher, je kleiner die Körnchen des Farbstoffes sind. Daher zeigt das sehr feinkörnige Zinkweiß die Erscheinung sehr stark, das viel gröbere Bleiweiß viel schwächer.

Schwarze Farbstoffe. Ebenso wie grundsätzlich alle durchsichtigen Stoffe bei genügender Zerteilung weiße Pigmente ergeben, könnte man denken, daß durch einen entgegengesetzten Vorgang aus allen schluckenden Stoffen schwarze Pigmente gebildet werden könnten. Führt man aber einen solchen Gedankengang im einzelnen durch, so findet man bald als Bedingung das Gegenteil der Feinzerteilung, nämlich die großer Stücke. Das widerspricht aber einer unabweislichen technischen Voraussetzung für die Brauchbarkeit eines Farbstoffes.

Es ist vielmehr die praktisch vollständige Schluckung eines schwarzen Farbstoffes trotz der nötigen feinen Zertei-

209

lung nur dann zu erwarten, wenn die Durchlaßzahl außerordentlich klein, die Schluckung also bei kleinster Schichtdicke bereits annähernd vollständig ist. Dieser Bedingung genügen nur wenige unter den bekannten Stoffen. Es sind dies einige Metalle, insbesondere der Platingruppe, Eisenoxyduloxyd und Kohlenstoff. Mit mehr einseitiger Schlukkung schließen sich hier einige hochmolekulare organische Farbstoffe, wie Nigrosin, an.

Praktische Anwendung finden für graue und schwarze Farben die Platinmetalle in der Keramik, insbesondere der Porzellanmalerei. Doch ist der Gebrauch durch den hohen Preis beschränkt. Eisenoxyduloxyd wird als völlig undurchsichtiges Mittel unter dem Namen Schwarzlot in der Glasmalerei verwendet. Andere Anwendungen verbieten sich wegen der leichten Entfärbung durch Oxydation zu Oxyd. So bleibt für den allgemeinen Gebrauch praktisch nur der Kohlenstoff übrig, der in mannigfaltigen Formen seit Jahrtausenden als schwarzer Farbstoff verwendet wird.

Kohlenstoff ist in sehr dünnen Schichten und in kolloider Form mit rotbrauner Farbe durchsichtig. Man sieht dies an sehr dünnen Rußschichten auf Glas und an flüssiger Tusche, die kolloiden Kohlenstoff enthält. Aber eine sehr geringe Vermehrung der Dicke genügt, um das Schluckgebiet über das ganze sichtbare Licht auszudehnen, und dann ist der Kohlenstoff rein schwarz. Die braune Farbe mancher Arten Ruß und Kohle rührt nicht vom kolloiden Zustande, sondern von Verunreinigungen mit hochmolekularen pyrogenen Kohlenstoffverbindungen her, die durch ungenügende Hitze der Verkohlung entgangen sind.

Ruß und Schwärzen. Man unterscheidet zwei Arten Kohlepigmente nach ihrer Entstehung und ihren Eigenschaften. R u ß nennt man aschefreien, ziemlich reinen Kohlenstoff, der sich bei mangelhaftem Luftzutritt oder örtlicher Kühlung aus Flammen absetzt. Je nach dem Brennmaterial unterscheidet man Gas-, Öl- und Kienruß.

210

Der Ruß ist um so schwärzer, je feiner er zerteilt ist. Man erreicht dies durch Einhaltung einer möglichst niedrigen Temperatur und Vermeidung jeder nachträglichen Erhitzung des abgesetzten Rußes durch die Flamme. Dies läßt sich am leichtesten beim Gasruß erreichen, der auch der schwärzeste zu sein pflegt. Die Schwärze, die man bisher nur durch den Vergleich mit aufbewahrten Proben schätzen konnte, läßt sich genau im Hasch messen. Da Ruß nur 4 bis 1 Proz. Licht zurückwirft, so muß man für eine gute Beleuchtung oder eine genügende Adaptation des Auges, d. h. eine lichtdichte Dunkelkammer sorgen. Durch Anwendung eines Drahtnetzes vor dem Spalt beim Normalweiß, dessen Verdunkelungsverhältnis bekannt ist, kann man dort die Spaltbreite vervielfältigen und die Messungsfehler des schmalen Spalts vermeiden.

In Tünchen mit wäßrigem Bindemittel ist Ruß nicht gut zu verwenden. Wegen seiner sehr feinen Zerteilung sondert er sich leicht aus Gemischen ab, indem er in die Oberfläche geht, und gibt dadurch ungleiche Aufstriche. Mit wenig oder keiner Beimischung sind seine Aufstriche sehr empfindlich gegen Druck, welcher glänzende Flecken bewirkt. Mit Ölbindemitteln verschwinden diese Nachteile, und feine Abreibungen von Ruß mit Leinöl dienen seit Gutenberg als Druckerschwärze.

S c h w ä r z e n heißen Pulver aus amorpher Kohle, die durch Erhitzen organischer Verbindungen entstanden ist. Sie enthalten immer Asche, zuweilen in großer Menge. Man stellt sie entweder aus Cellulose und den anderen Kohlehydraten her, die sich daneben in Pflanzenteilen finden, oder aus dem Leim der Knochen. Im ersten Falle geht der organische Stoff ohne Schmelzung in Kohle über und die Formen der Zellwände erhalten sich. Die Kohle ist um so feiner zerteilt, je dünner die Zellwände sind. Kork und Torf sind hier die ausgiebigsten Rohstoffe; der Aschengehalt ist nicht wesentlich. Leim erleidet vor der Verkohlung eine Schmelzung und würde einen groben unbrauchbaren Kohlerück-

stand geben, wenn man nicht die Verkohlung an dem organischen Gemisch aus Leim und Calciumphosphat vornähme,
wie es in den Knochen vorliegt. Dort bedingt die nichtschmelzende Asche die Feinteilung des Kohlerückstandes
beim Zerreiben und damit eine besondere Brauchbarkeit
dieser Knochenkohle zu Farbzwecken.

Die aus Knochen hergestellten Schwärzen heißen Elfenbeinschwarz, Frankfurterschwarz, Pariserschwarz usw.
Beinschwarz nennt man ein unvollkommen verkohltes Knochenschwarz, das deshalb braun aussieht.

Die Schwärzen enthalten nicht so fein zerteilte Kohle
wie der Ruß; auch beträgt der Aschengehalt oft die Hälfte
des Gewichts und mehr. Daher sind sie nicht so „ausgiebig"
wie Ruß. Dieser verträgt, namentlich in Öl als Druckerschwärze, sehr bedeutende Zusätze anderer Stoffe, ohne erheblich aufzuhellen. Man wählt diese am besten so, daß
ihre Brechzahl der des Öls nahekommt; dann ist die Aufhellung durch ihre Anwesenheit am geringsten. Das etwas
gröbere Korn macht die Schwärzen geeignet für Tünchen
mit wäßrigem Bindemittel, „Wassertünchen".

Ausgiebigkeit. Diese eben erwähnte Eigenschaft der
Farbstoffe ist von größter Bedeutung für ihre Anwendung.
Da die bunten Farbstoffe im reinen Zustande oft tiefer,
d. h. weißärmer aussehen, als man sie braucht, werden sie
mit weißen Farbstoffen aufgehellt, die meist viel billiger
sind als jene. Je weniger Buntfarbstoff man verbraucht,
um die gewünschte Farbtiefe zu erreichen, um so vorteilhafter ist seine Verwendung.

Die neue Farbenlehre ermöglicht, diese Verhältnisse in
Zahlen zu fassen. Bisher konnte man nur Farbstoffe gleicher Art auf Ausgiebigkeit vergleichen, indem man eine als
Typ gewählte Probe mit Weiß in bestimmtem Verhältnis,
z. B. 1:10 versetzte und die Weißmenge bestimmte, welche
bei einer anderen Probe erforderlich war, um ein gleich aussehendes Gemisch zu ergeben. Die Ausgiebigkeiten verhalten sich dann wie die Mengen des weißen Farbstoffs.

212

Um dieses Verfahren zu allgemeiner Anwendbarkeit auszugestalten, muß das Grundsätzliche herausgearbeitet werden. Was ist maßgebend für die Farbtiefe? Die Antwort ist: der Weißgehalt der Farbe. Man stellt also einen bestimmten Weißgehalt allgemein fest, auf den man den Farbstoff zu verdünnen hat; die Maßzahl der Ausgiebigkeit ist dann das Gewicht des weißen Farbstoffs, welches zur Erzielung dieses Weißgehalts auf die Gewichtseinheit des bunten oder schwarzen Farbstoffs erforderlich ist.

Wie man sieht, sind hier noch zwei Dinge zu normen, nämlich jener Weißgehalt, und der weiße Farbstoff, mit welchem die Verdünnung vorgenommen wird.

Zum ersten Punkt ist zu erwägen, daß der Weißgehalt der verdünnten Farbe jedenfalls größer sein muß als der des wenigst tiefen Farbstoffes, welcher praktische Verwendung findet. Als solcher hat sich Grünerde ergeben mit dem Weißgehalt 40. Es liegt also nahe, als Weißnorm die Zahl 50 Proz. Weiß zu wählen. Sie ist nach 100 die nächst einfache Zahl und gewährt bequeme Arbeit.

Die Frage nach dem Normalweiß erfordert ausgiebige technische Erörterung, die sich zurzeit nicht erlangen läßt. Es ist deshalb nötig, sich mit einer vorläufigen Festsetzung zu begnügen. Bis auf weiteres schlage ich Zinkweiß vor, das den Vorzug hoher Weiße und feinster Zerteilung hat. Ehe eine gültige Normung ausgeführt werden kann, wird es nötig sein, die Verdünnungsgesetze der Farbstoffe in genügendem Umfange zu erforschen. So groß die theoretische wie praktische Bedeutung dieser Frage ist, eine Bearbeitung hat bisher gänzlich gefehlt. Auch dies ist eine Folge des bisherigen Mangels an einem Meßverfahren für Farben.

Nimmt man diese Vorschläge vorläufig an, so lautet bis auf weiteres die Definition der Ausgiebigkeit:

Die Ausgiebigkeit ist die Anzahl Gramme Zinkweiß, welche mit 1 g des Farbstoffes ein Gemisch gibt, dessen optischer Weißgehalt 0,5 (50 Proz.) beträgt.

Um eine solche Messung zu machen, stellt man durch
einen rohen Versuch fest, wie groß ungefähr die erforderliche Zinkweißmenge ist. Später, wenn einige Erfahrungen
vorliegen, wird man diese Größe schon kennen. Dann werden einige Gemische genau hergestellt, zwischen denen die
Mischung mit 50 Proz. Weiß liegt, und hinter dem Sperrfilter gemessen. Daraus bestimmt man mittels Zeichnung
auf Netzpapier oder durch einfache Einschaltung mittels
Rechnung die zu 50 Weiß gehörige Zinkweißmenge, welche
unmittelbar die Ausgiebigkeit angibt. Die erhaltenen Zahlen
liegen bei den Mineralfarbstoffen etwa zwischen 0 und 30,
bei den Schwärzen und Rußen höher, am höchsten bei den
Teerfarbstoffen, wo sie über 1000 hinausgehen, zuweilen erheblich.

Wirtschaftlich noch wichtiger als bei Tünchenfarb-
stoffen sind solche Bestimmungen in der Färberei. Hier
dient an Stelle des Zinkweiß der betreffende weiße Webstoff,
wie Wolle, Baumwolle, Seide. Hat der Webstoff selbst eine
schwarzhaltige Farbe, wie ungebleichte Wolle, so muß man
die Norm entsprechend niedriger legen. Die Gesetze, welche
hierbei zu berücksichtigen sind, harren noch der Erforschung.

Kolloider Kohlenstoff. Durch mechanische oder chemische
Bearbeitung läßt sich der Kohlenstoff in die kolloide Form
überführen. Er besteht dann aus Körnchen, deren Größe
unterhalb Lichtwellengröße liegt, bleibt in wäßrigen
Lösungen aufgeschwemmt, geht durch Filtrierpapier und
entfaltet die größte Ausgiebigkeit. Er ist dann nicht mehr
rein schwarz, sondern läßt langwelliges (rotes) Licht durch
und zeigt einen entsprechenden rotbraunen Ton bei dünnem
Auftrage.

Eine seit Jahrtausenden bekannte Form ist die chine-
sische Tusche. Sie wird aus Ruß hergestellt, der mit besonderer Sorgfalt gewonnen wird, unter Zusatz erheblicher
Mengen Leim (Hautleim und Fischleim). Die Mischung,
zu der noch geheimgehaltene Zusätze kommen, wird in
Kuchen geformt, die einer lange fortgesetzten mechanischen

214

Bearbeitung durch Schlagen auf den Amboß unterzogen
werden. Je länger diese fortgesetzt wird, um so weiter geht
die Zerteilung des Rußes und um so besser wird die Tusche.
Zuletzt werden die Stücke in geölten Holzmodeln geformt
und sehr langsam in warmer Asche getrocknet. Die mit
Wasser angeriebene Tusche hat die Eigenschaft, vermöge
ihrer großen Feinheit in die Poren des Papiers einzudringen,
wo sie koaguliert wird und sich nach dem Trocknen nicht
mehr verwaschen läßt.

In Europa zieht man es vor, die Tusche in flüssiger
Form herzustellen. Als Bindemittel dient eine Lösung von
Schellack in Borax, die nach dem Trocknen auf Papier unlöslich wird und die Tusche gegen Verwaschen schützt. Deshalb lösen sich Rückstände solcher Tusche, etwa in Reiß-
federn oder Pinseln, zwar nicht in Wasser auf, wohl aber in
einer Boraxlösung.

In neuerer Zeit sind die mechanischen Einrichtungen
zur Erzeugung des kolloiden Zustandes sehr entwickelt worden (Kolloidmühle von P l a u s o n), so daß kolloider Kohlenstoff sich wohlfeiler herstellen läßt als durch sehr langes
Feinreiben auf dem Stein u. dgl. Ferner gibt es chemische
Mittel für den gleichen Zweck. Sie kommen darauf hinaus,
daß man das betreffende Pulver einer oberflächlichen chemischen Anätzung (hier durch starke Oxydationsmittel)
unterzieht; beim Auswaschen der Reagentien geht dann der
Stoff in kolloide Lösung.

Sehr wichtig für die Entstehung und Erhaltung solcher
Lösungen ist die gleichzeitige Anwesenheit anderer Kolloide,
welche leicht und dauernd diesen Zustand annehmen und
diese Beschaffenheit dann auch den anderen, weniger be-
ständigen Kolloiden mitteilen. Man nennt sie Schutzkolloide. Es handelt sich dabei um lockere Verbindungen,
bei denen die Mitwirkung elektrischer Kräfte (Ionen-
ladungen) angenommen werden darf. So wirkt der Leim in
der chinesischen Tusche als ein Schutzkolloid, welches die

Erreichung des kolloiden Zustandes durch die primitive mechanische Bearbeitung vermutlich sehr befördert.

Der kolloide Zustand. In den kolloiden Zustand, dessen Teilchengröße zwischen 0,001 und 0,00001 mm liegt, können alle Stoffe übergehen, wenn auch mit verschiedener Leichtigkeit. Da es sich hierbei um Größen handelt, die von gleicher Ordnung sind wie die Lichtwellen, so ist hier eine ganz besondere Mannigfaltigkeit der Farben zu erwarten.

Zunächst werden alle sehr stark schluckenden Stoffe im kolloiden Zustande durchsichtig, um so mehr, je kleiner die Teilchen sind. Auf solche Weise entfalten sich Farbeigenschaften solcher Stoffe, insbesondere der metallglänzenden, die sonst nicht zur Anschauung kommen. So ist u. a. in den tiefroten Gläsern und Glasuren, die mittels Gold dargestellt werden, kolloides Gold der färbende Stoff. Ebenso ergibt kolloides Kupfer besonders dunkelrot gefärbte Glasflüsse. Alle Umstände, welche diesen kolloiden Zustand aufheben, wirken entfärbend.

Einer unserer schönsten Farbstoffe, das Ultramarin, verdankt seine prachtvolle Blaufärbung sehr wahrscheinlich kolloidem Schwefel. So reine Farben, wie diese, setzen allerdings voraus, daß die Teilchengröße des Kolloids überaus gleichförmig ist. Welcher Umstand dies beim Ultramarin bewirkt, ist noch unbekannt, da das Problem anscheinend noch nicht von dieser Seite her angesehen und bearbeitet worden ist. Man kann aber aus diesem Fall entnehmen, daß hier noch unabsehbare Möglichkeiten für wertvollste Farbstoffe vorhanden sein können, denn es ist nicht wahrscheinlich, daß dieser Fall der einzige seiner Art bleiben wird. Läßt sich doch das blaue Ultramarin in rotes (von viel kleinerer Ausgiebigkeit) verwandeln, dessen Farbe gleichfalls kolloidem Schwefel zugeschrieben werden muß, ähnlich wie kolloides Gold rot und blau aussehen kann.

Erzeugung des kolloiden Zustandes. Man kann grundsätzlich zwei entgegengesetzte Verfahren unterscheiden, um einen Stoff im kolloiden Zustande zu erhalten. Entweder

216

läßt man ihn unter Bedingungen entstehen, welche die Bildung größerer Teilchen ausschließen, oder man geht von dem fertigen festen (oder flüssigen) Stoff aus und bewirkt seine Zerkleinerung bis zur kolloidalen Größe.

Als Beispiel für das erste Verfahren sei die Herstellung des kolloiden Goldes durch Reduzieren einer sehr verdünnten Goldchloridlösung mit Formaldehyd erwähnt; das Gold entsteht in dem Gemisch als Kolloid. Oder die Bildung von kolloidem Arsensulfid aus Lösungen von Arsentrioxyd und von Schwefelwasserstoff. Im allgemeinen entsteht fast bei jeder Fällung der unlösliche Stoff zunächst in kolloider Gestalt. Die anwesenden anderen Stoffe bewirken aber sehr oft eine Gerinnung des Kolloids, d. h. die Bildung gröberer Teilchen, da dies ein freiwillig verlaufender Vorgang ist, der durch jene Stoffe stark beschleunigt wird. In solchem Sinne wirken namentlich Salze mit Einschluß von Säuren und Basen. Darum stellt die oben erwähnte Bildung des Arsensulfids einen Idealfall dar, da hierbei nur Wasser und kein gerinnungsbefördernder Elektrolyt entsteht. Darin liegt auch der Vorteil großer Verdünnung, welche die Wirkung vorhandener Elektrolyte stark verzögert.

Eine sehr bedeutende Rolle spielen hierbei die Schutzkolloide, auf die oben hingewiesen wurde. Bei ihrer Anwesenheit lassen sich viele Stoffe im kolloiden Zustande erhalten, die sonst alsbald gerinnen würden.

Der andere Weg, der von dem fertigen Stoff zu dem Kolloid führt, ist oben bereits geschildert worden. Das Verfahren der mechanischen Zerteilung ist für Farbstoffe seit Jahrhunderten in Gebrauch; Reibstein und Läufer, die bei entsprechendem Zeitaufwand diesem Ziele nahe führen, sind die hergebrachten Geräte der alten Malstuben. Das chemische Verfahren bedarf noch des vertiefenden Studiums. Für manche geronnenen und getrockneten Kolloide, die sich in Wasser nicht wieder verteilen wollen, gibt es Stoffe, die bereits in sehr geringer Menge eine kolloide Lösung erzeugen. So entsteht aus Berlinerblau unter Wasser, das sich

dem Feinreiben sehr lange widersetzt, durch Zusatz von
etwas Oxalsäure eine tiefblaue Flüssigkeit, welche den Farbstoff in feinster Zerteilung enthält, ihn aber beim Zu-
sammenbringen mit Kreide, Lithopon usw. wieder fallen läßt.
Auf solche Weise kann man sich alles Reiben ersparen, wenn
man diese als Farbstoffe verwendeten Gemische herstellen
will. Hier handelt es sich vermutlich um die Umwandlung
des nichtumkehrbaren Kolloids Berlinerblau in ein umkehr-
bares, freiwillig lösliches Kolloid Berlinerblau-Oxalsäure,
wobei eine kleine Oxalsäuremolekel sich mit einer sehr
großen Berlinerblaumolekel verbindet.

Schwieriger zu verstehen ist das Verfahren des An-
ätzens (S. 214), das empirisch gefunden worden ist und auf
einzelnen Gebieten (Glühlampenfäden) zu bedeutenden technischen Erfolgen geführt hat.

Bunte Farbstoffe. Die Anzahl der bunten Farbstoffe ist
so überaus groß, daß nicht einmal ihre Aufzählung hier möglich ist, geschweige ihre Einzelbesprechung. Davon entfällt
bei weitem der größte Teil auf die Teerfarbstoffe, Abkömmlinge des Benzols, Naphthalins, Anthracens und vieler anderer Kohlenwasserstoffe, denen sich andere Ringgebilde mit
Sauerstoff, Stickstoff, Schwefel usw. zugesellen. Diese bilden
daher eine Klasse für sich, von der das Notwendige später
gesagt werden soll; hier werden zunächst die viel weniger
zahlreichen Farbstoffe beschrieben, welche auf den Schluckeigenschaften anderer, namentlich metallischer Elemente
beruhen.

Allgemein erweist sich dabei die Farbigkeit der Stoffe
als eine in erster Linie additive Eigenschaft ihrer Elemente.
Ordnet man diese in drei Klassen: I farblose, II schwach
farbige, III stark farbige Elemente, so zeigen die Verbin-
dungen I I Farblosigkeit, I II schwache, I III deutliche
Färbung. Bei II II findet man mäßige, bei II III starke
Färbung, ebenso bei III III. Doch gilt dies nur in groben
Zügen mit mancherlei (konstitutiven) Abweichungen.

218

Farbigkeit der Elemente. Ordnet man die Elemente nach der Größe des Atomgewichts, wobei sich die bekannten Perioden bilden, so ergibt sich folgendes:

Wasserstoff I:

1. Helium I, Lithium I, Beryllium I, Bor I—II, Kohlenstoff II, Stickstoff II, Sauerstoff II, Fluor I.

2. Neon I, Natrium I, Magnesium I, Aluminium I, Silicium II, Phosphor II, Schwefel II, Chlor I.

3. Argon I, Kalium I, Calcium I, Scandium I, Titan II, Vanadin III, Chrom III, Mangan III, Eisen III, Kobalt III, Nickel III, Kupfer III, Zink I, Gallium I, Germanium I, Arsen II, Selen II, Brom I.

4. Krypton I, Rubidium I, Strontium I, Yttrium I, Zirkonium I, Niob II, Molybdän II, Ruthenium III, Rhodium III, Palladium III, Silber II, Cadmium II, Indium II, Zinn II, Antimon II, Tellur II, Jod II.

5. Xenon I, Cäsium I, Barium I, Lanthan I, Cer II, Seltene Erden I bis II, Tantal II, Wolfram II, Osmium III, Iridium III, Platin III, Gold II, Quecksilber I, Thallium II, Blei II, Wismut II.

6. Emanation I, Radium I, Thorium II, Uran III.

Hängt man, wie dies bei der Anordnung von S o d d y geschieht, die Reihen wie Girlanden an den nullwertigen Edelgasen als Nägeln auf, so zeigt sich ein recht regelmäßiges Verhalten. Jede Girlande beginnt mit farblosen Elementen. Die Farbigkeit nimmt dann nach dem untersten Punkt hin schnell zu, wo sie immer III wird. In dem aufsteigenden Teil nimmt sie ab, aber langsamer, als die Zunahme im absteigenden Teil war, so daß dort im ganzen mehr Farbigkeit besteht.

Die Farbigkeit ist also eine ausgeprägte periodische Funktion der Atomgewichte.

Im einzelnen ist hervorzuheben, daß, wenn ein Element sich in mehreren Wertstufen verbindet, die höheren Stufen immer die farbigeren sind. So ist z. B. das zweiwertige Man-

gan sehr blaßfarbig, das siebenwertige der Permanganate
dagegen sehr stark gefärbt. Auch sind die niederen Oxyde
des Stickstoffs farblos, die höheren farbig.

Gelbe, kresse und rote Farbstoffe. Unter den ziemlich
zahlreichen anorganischen Farbstoffen gibt es hier keinen,
der allen Ansprüchen genügt. Sie sind entweder nicht zuverlässig in ihrer Dauer oder nicht reich genug in ihrer Farbe.
Das ist ein Gegensatz, der nicht auf diese Klasse beschränkt
ist; er findet sich fast überall.

In der Farbe mit allen wünschenswerten Eigenschaften
ausgestattet ist das C h r o m g e l b (Bleichromat), das aber
nicht zuverlässig lichtbeständig ist (in Öl haltbarer) und als
Bleiverbindung durch Schwefelwasserstoff geschwärzt wird.
Sein Farbton geht ja nach der Korngröße von 05 bis 15;
das grobkrystallinische basische Bleichromat C h r o m r o t
geht sogar bis 24. Der Weißgehalt im trockenen Zustande
ist bei dem hellsten 06 kleiner als bei allen anderen Farbstoffen vom zweiten Gelb und geht bei den dunkleren auf 04
herab, also etwa na bis pa; Chromrot hat sogar vc. Es hat
als Bleiverbindung eine hohe Brechzahl, deckt also stark.
Die Farbe ist sehr rein.

C a d m i u m g e l b (Cadmiumsulfid) bildet gleichfalls
eine Reihe von gelben Farben bis Kreß, von 03 bis 12. Die
hellen Sorten sind wenig lichtecht, die dunklen sind dauerhaft. Cadmium hell hat trocken das Zeichen 03 la, dunkel
12 na. Es ist ein sehr ausgiebiger Farbstoff von reinster
Farbe und in seinen dunkleren Formen, etwa von 08 ab das
beste anorganische Gelb, das wir haben.

B a r y t g e l b oder gelb Ultramarin (Bariumchromat)
ist völlig echt, aber trocken sehr hell mit dem Zeichen 00 ea,
wird auch in Öl nur eine Stufe tiefer, ga. Etwas tiefer, 00 ga,
im trockenen Zustande ist das Strontiumgelb oder gelb
Ultramarin neu (Strontiumchromat). Beide Farbstoffe
haben Bedeutung als Vertreter des Nullpunkts des Farbenkreises, der sich mit ihrer Hilfe leicht und sicher feststellen
und festhalten läßt, da eine Änderung des Farbtones mit der

220

Korngröße hier nicht eintritt, also jedes reine Präparat den richtigen Farbton zeigt.

Ein wenig weiter steht Z i n k g e l b (Zinkkaliumchromat) mit dem Zeichen 01 ia (trocken). Der Farbstoff ist nicht lichtempfindlich, aber nicht wasserecht. In Öl ist er der beste Vertreter des ersten Gelb.

N e a p e l g e l b (Basisches Bleiantimoniat) ist ein sehr blasses Gelb 06 ga mit den allgemeinen Eigenschaften der Bleifarben, also nicht zuverlässig. Es kommt zunehmend außer Gebrauch.

O c k e r ist ein Naturprodukt von wechselnder Zusammensetzung, dessen färbender Bestandteil Eisenhydroxyd vom Farbton 09 bis 12 ist. Je nach der Art und Menge der Beimischungen ist der Weißgehalt mehr oder weniger groß, etwa 12 bis 16. Die Farbe ist nicht rein, sondern merklich schwarzhaltig, etwa dem Zeichen ic entsprechend. Der Farbstoff ist lichtecht und wird wegen seiner Wohlfeilheit viel gebraucht, doch hat er eine kleine Brechzahl und deckt daher nur als Wassertünche; in Öl ist er halblasierend. T e r r a d e S i e n a ist eine etwas dunklere Sorte 12 lc bis 13 ne.

Hierher gehören auch die U m b r a genannten Ocker, die ihre dunkelbraune Farbe einem Gehalt an Mangan verdanken. Ihre Farbe ist schwarzreich 09 bis 12 pl; doch gibt es auch rötliche Sorten mit viel Eisenoxyd bis 18 pl.

R o t e r   O c k e r ,   E i s e n r o t ,   E n g l i s c h r o t , V e n e t i a n i s c h r o t ,   I n d i s c h r o t ,   C a p u t   m o r t u u m sind sämtlich Eisenoxydfarbstoffe vom Farbton 19 bis 21 mit dem Zeichen ic bis ng. Eisenoxyd hat eine sehr starke Schluckung, so daß es nur in sehr feiner Zerteilung eine ziemlich reine Farbe (ic) aufweist; der entsprechende Farbstoff heißt Englischrot, auch Schönrot, Eisenmennige. Die weniger kleinkörnigen Sorten behalten den Farbton 21 bei, werden aber zunehmend dunkler und schwärzer mit wachsender Korngröße. Der Farbstoff ist gegen Licht und Luft vollkommen beständig.

221

Mennige ist ein höheres Bleioxyd von sehr reiner Farbe 20 na; der Farbton kann um einige Punkte je nach der Korngröße schwanken. Als Bleiverbindung deckt sie sehr stark und ist nicht von zuverlässiger Dauer.

Zinnober (Quecksilbersulfid) hat eine sehr reine, recht tiefe Farbe vom Farbton 22 bis 24, je nach der Korngröße und dem Zeichen la bis na (trocken). Die Deckung ist erheblich. Im Licht schwärzen sich viele Sorten, doch gibt es jetzt auch lichtechte Arten.

Rote Mineralfarbstoffe aus dem Gebiet von 25 bis 35 sind nicht bekannt, und man ist hier auf organische Verbindungen wie Krapplack mit dem Farbton 26 bis 27 angewiesen. Dieser als besonders farbschön geltende Stoff hat die Reinheit te bis tc, ist also sehr weißarm.

An der Grenze nach Veil steht Ultramarinrot, etwa mit dem Zeichen 36 ie oder höher, da die Farbe je nach der Darstellung ziemlich schwankt. Es ist also ein ziemlich blasser Farbstoff, etwas trüb, wenig deckend, grobkörnig, aber zuverlässig lichtecht.

Die beste Korngröße. Wie es (S. 201) für die weißen Farbstoffe geschildert war, werden auch bei den bunten die auffallenden Lichtmengen zu einem kleinen Teil von den ersten Oberflächen der Körnchen gespiegelt, während der größere Teil eindringt und erst nach kürzerem oder längerem Weg durch ein oder einige Körnchen durch innere Spiegelung wieder zurückgelangt. Während aber in jenem Falle alles Licht sich wieder zu weißem vereinigte, bleibt hier nur jener erste, kleinste Teil weiß, während der eingedrungene durch die Schluckung in den Körnchen bunt wird. Beide finden sich im zurückgeworfenen Licht gemischt.

Überlegt man sich, daß es von der Weglänge des Lichtes innerhalb der Körnchen abhängt, wie stark sich die Schluckung betätigt, und daß die Weglänge unter sonst gleichen Umständen der Korngröße proportional ist, so erkennt man, daß die Korngröße einen sehr bedeutenden Einfluß auf die Farbeigenschaften ausüben muß. Denkt man sich aus dem

222

zusammenhängenden, also durchsichtigen Material des Farbstoffs ein sehr spitzwinkliges Prisma gebildet, so wird dieses am scharfen Ende fast farblos aussehen, dann immer tiefere Farbe aufweisen, deren Schwarzgehalt immer mehr zunimmt, bis schließlich die Schicht undurchsichtig, d. h. ganz schwarz geworden ist. Man kann sich eine Anschauung hiervon verschaffen, wenn man zwei Glasplatten (Mikroskopgläser) mit einer Klammer zusammendrückt, nachdem man am einen schmalen Ende einen Glasfaden oder Draht eingelegt hat und dieses Hohlprisma mit der starken Lösung eines ausgiebigen Teerfarbstoffes füllt.

Nun erinnern wir uns, daß eine Vollfarbe dadurch gekennzeichnet ist, daß gerade ein Farbenhalb verschluckt wird, während das gegenfarbige durchgelassen wird. Die Beschaffenheit der wirklichen Schluckbanden der Farbstoffe läßt niemals reine Farbenhalbe entstehen; je näher sie diesem Ideal kommen, um so reinfarbiger ist der Farbstoff. So gibt es jedenfalls eine bestimmte Schichtdicke, wo sich der Farbstoff dem Ideal am meisten nähert. Erteilt man dem Farbstoffpulver die zugehörige Korngröße, so wird seine Farbe schöner sein als bei jeder anderen. Diese nennen wir seine beste Korngröße.

Die beste Korngröße ist aber kein einmaliger oder absoluter Wert, sondern wird auch bei demselben Farbstoff von seiner Verwendungsart bestimmt. Denn die Schichtdicke, hier die Anzahl der Körnchen, durch welche das Licht gehen muß, bevor es wieder nach oben austreten kann, hängt von dem Verhältnis der Brechzahlen von Farbstoff und Umgebung ab. Ist diese Luft, wie beim trockenen Pulver oder den Wassertünchen, so ist der Weg am kürzesten. Ist sie aber Öl, so wird wegen der geringeren Spiegelung der Weg viel länger. Die notwendige Folge ist, daß die Farbe im zweiten Falle viel tiefer wird, und zwar um so mehr, je näher sich beide Brechzahlen kommen. Sind sie ganz oder annähernd gleich, so entsteht eine Lasurtünche, die ohne Unterlage ganz oder fast schwarz aussieht, weil sie aus sich selbst das Licht nicht zurückzuwerfen vermag. Deshalb dunkeln stark lichtbrechende Farbstoffe, wie Zinnober, Chromgelb, Cadmium in Öl fast gar nicht, während schwach brechende, wie Ultramarin, Ocker, Siena, Krapplack dunkel bis schwarz aussehen.

Daß auch die Aufstriche mit Wassertünchen etwas dunkler aussehen als die trockenen Farbpulver, rührt daher, daß nach dem Eintrocknen des Leims, Gummis usw. zwar der größte Teil des Korns Luft zur Umgebung hat, daß aber doch durch das trockene Bindemittel an einzelnen Stellen derselbe Zustand hervorgebracht wird, wie er bei dem in Öl eingebetteten Korn überall besteht. In demselben Verhältnis ist auch die Verdunkelung kleiner, als sie bei Öl wird, abgesehen von dem Unterschiede der Brechzahlen. Das ist auch der Grund, weshalb es für Pastell kein Fixiermittel gibt, welches keine Verdunkelung hervorbrächte. Am geringsten wird sie für ein Bindemittel ausfallen, das bei geringstem Volum des trockenen Rückstandes eine genügende Festigung bewirkt, und bei dem dieser die kleinste Brechzahl hat. Auch würde ein Bindemittel, dessen Rückstand nicht klar ist, sondern trübe, der Verlängerung der Weglängen und damit der Verdunkelung entgegenwirken.

Schalten wir diese willkürlichen Mannigfaltigkeiten aus, indem wir nach der besten Korngröße für trockene Pulver, also für Luft als Einbettungsmittel fragen, so sehen wir sie in allerhöchstem Maße von der Schluckung abhängig, indem sie um so kleiner sein muß, je größer die Schluckung wird. Mit dieser geht wieder die Ausgiebigkeit in gleichem Sinne, so daß sie als gutes Maß der Schluckung bei Farbpulvern dienen kann. Je ausgiebiger also ein Farbstoff ist, um so kleiner ist sein bestes Korn.

Von der Richtigkeit dieses Satzes überzeugen wir uns leicht. Die wenig ausgiebigen Kupferfarbstoffe, wie Schweinfurtergrün, Bergblau und Ägyptischblau verlangen ein ziemlich grobes Korn, wenn sie einigermaßen tief wirken sollen,

224

und werden durch Feinreiben schnell verschlechtert, indem
sie zunehmend blasser werden und an „Feuer" verlieren,
d. h. an Weiß zunehmen. Umgekehrt können die ausgiebigen
Farbstoffe Eisenrot, Manganbraun, Ultramarin, Zinnober
fast gar nicht fein genug gerieben werden. Ultramarin und
Zinnober stehen an der Grenze, da sie durch sehr weitgehen-
des Feinreiben allerdings etwas aufgehellt werden, ohne an
Farbreinheit zu gewinnen. Eisen- und Manganoxyd dagegen
schlucken so stark, daß sie beim Feinreiben immer klarer
und farbschöner werden.

Diese Betrachtungen zeigen, daß es für mäßig schluk-
kende Stoffe eine Grenze gibt, unterhalb deren sie nicht mehr
zu Farbstoffen taugen, nämlich dort, wo die beste Korngröße
in die Nähe von 0,1 mm kommt. Die jetzt fast außer Gebrauch gekommene Smalte steht auf dieser Grenze. Sie ist
ein durch Kobalt tiefblau gefärbtes Glas, das in ganzen
Stücken zwar schwarz aussieht, sich beim Pulvern aber
schnell aufhellt und seine beste Korngröße etwa bei 0,5 bis
1 mm hat, je nach dem Kobaltgehalt. Man hat es deshalb
auch oft so verwendet, daß man es nicht mit Öl gemischt
auftrug, sondern trocken auf einen klebenden Untergrund
von Firnis aufsiebte.

Die Korngleichheit. Von dem glänzend grünen Farbstoff
Schweinfurtergrün gibt es sehr verschieden rein aussehende
Arten mit entsprechenden sehr erheblichen Preisunter-
schieden trotz gleicher chemischer Zusammensetzung. Die
guten Sorten werden von wenigen Fabriken nach alten, sorgsam geheimgehaltenen Vorschriften hergestellt. Bei der
Messung einer Edelsorte ergab die Kennzahl 85 . 03 . 50,
die einer geringen 86 . 20 . 40. Während der Unterschied
der Farbtöne 85 und 86 sehr klein, nahe der Fehlergrenze
ist, besteht für den Weißgehalt der gewaltige Unterschied
von 03 zu 20, also von p bis g, von einer tiefen zu einer
blassen Farbe.

Die mikroskopische Untersuchung ergab, daß die geringe Sorte keineswegs verschnitten war, wie man zunächst

denken konnte, sondern ebenso aus grünen Krystallen bestand
wie die edle. Nur bestand diese aus lauter kugligen Krystall-
gruppen von gleicher Größe, während die geringe Sorte ein
ungleichförmiges Gemisch von Kugeln, Einzelkrystallen und
Trümmern darstellte. Diese Verschiedenheit war die Ursache jener großen Farb- und Wertverschiedenheit.

Denkt man sich nämlich von der edlen Sorte einen **Teil**
fortgenommen und sehr fein gerieben, so erhält man ein
nahezu weißes Pulver. Mischt man dies zum grünen Rest,
so entsteht ein weißliches Gemisch, das um so heller ausfällt,
je kleinkörniger der feingeriebene Anteil ist und je mehr er
dem anderen gegenüber beträgt. Damit also die beste Korngröße ihre **wertvollen** Eigenschaften entfalten kann, ist
G l e i c h h e i t der Körner ein unumgängliches Erfordernis.
In den Ultramarinfabriken ist man längst dahinter gekommen, daß die beim Schlämmen entstehenden Schichten
verschiedener Korngröße sorgfältig getrennt gehalten werden. Und jene geheimnisvollen Vorschriften zur Erzeugung
des farbschönsten Schweinfurtergrüns bewirken nichts anderes als die Entstehung gleichgroßer Körner.

Deshalb darf man auch nicht Farbstoffe dieser Art feinreiben, wie dies bei anderen zum Vorteil des Ergebnisses
geschieht. Auch mit Schweinfurtergrün erzielt man die
leuchtendsten Aufstriche, wenn man es als trockenes Pulver
auf eine klebende Unterlage bringt. Diese durch die Natur
des Farbstoffes aufgezwungene unsolide Befestigungsweise
hat die Hauptrolle bei den Vergiftungen gespielt, die mit
Recht zu seiner Ausschaltung aus dem gewöhnlichen Verkehr geführt haben.

Veile, blaue und grüne Farbstoffe. M a n g a n v i o l e t t
(Manganiphosphat) hat das Zeichen 42 lc. Seine Farbe ist
also ein mittleres Veil von bemerkenswerter, wenn auch
nicht vollkommener Reinheit. Sein bestes Korn ist ziemlich
groß, so daß man den Farbstoff nicht ohne Tiefenverlust fein
reiben darf. Er ist lichtecht.

226

Kobaltviolett (Kobaltarsenat) gleicht an Farbton
dem Manganviolett, hat aber erheblich mehr Tiefe, 42 pc,
und ist auch etwas reiner in der Farbe. Es darf auch nicht
zu fein gerieben werden, ist aber doch ausgiebiger als
Manganviolett. Es ist lichtecht.

Ultramarinviolett. Wenn man die Umwandlung
des Ultramarinblau in Rot, die durch Erhitzen in einem
Strom von Chlorwasserstoff- oder Chlorgas geschieht, nicht
zu Ende führt, so erhält man veile Zwischenstufen, die sich
unter dem Mikroskop als Gemenge beider Formen erweisen,
wobei zuweilen an demselben Korn umgewandeltes und un-
verändertes Ultramarin erkennbar sind. Demgemäß liegt
der Farbton zwischen 36 und 50; als Handelssorten dienen
die wenig umgewandelten mit mehr blauem Farbton von 44
bis 48. Je röter dieser ist, um so blasser wird die Farbe, die
beim blauen Ultramarin sehr tief ist; auch ist der Schwarzgehalt nicht gering, bis e. Völlig lichtecht.

Ultramarinblau. Dieser höchst wertvolle Farbstoff ist ein schwefelhaltiges Natriumaluminiumsilicat, in
dem ein Teil des Schwefels als Sulfid gebunden ist. Beim
Erhitzen der Bestandteile entsteht zunächst eine grüne Verbindung von geringer Farbtiefe, die dann durch mäßiges
Anwärmen langsam in das tiefe Blau des fertigen Farbstoffes übergeht. Der Vorgang erinnert an das Rotwerden
der Goldgläser, die zunächst fast farblos erschmolzen werden,
durch Anwärmen und beruht wahrscheinlich (wie hier auf
der Ausscheidung von kolloidem Gold) auf der Ausscheidung
von kolloidem Schwefel, den man auch anderweit kolloid mit
blauer Farbe erhalten kann. Der Farbton des reinen Ultramarinblau geht von 48 bis 54; die größeren Zahlen entsprechen einem feineren Korn. Die Farbtiefe und -rein-
heit ist ungewöhnlich groß, bis ta bei den grobkörnigen
Sorten vom Farbton 48 und 49. Die Ausgiebigkeit ist groß,
die Brechzahl und damit die Deckung ist niedrig; in Öl ist
Ultramarin halblasierend. Gegen Licht ist es ganz un-
empfindlich, dagegen wird es schon durch schwächere Säuren

227

entfärbt und wird deshalb durch die schweflige Säure der heutigen Stadtluft zerstört, wenn es ihr ungeschützt ausgesetzt ist.

Die hervorragenden Farbeigenschaften des Ultramarins laden dringend dazu ein, auch andere Elemente als Kolloide für Farbstoffe nutzbar zu machen. Bisher war man im unklaren über die Ursache der Farbe des Ultramarins und konnte deshalb keine systematischen Arbeiten zur Auffindung ähnlicher Stoffe unternehmen; gegenwärtig besteht dies Hindernis nicht mehr.

K o b a l t b l a u (Kobaltaluminat) ist dem Ultramarin ähnlich an Farbton, Reinheit und Lichtbeständigkeit und hat den Vorzug, von verdünnten Säuren nicht entfärbt zu werden. Es ist aber viel teurer und sein Gebrauch ist deshalb auf die Kunstmalerei beschränkt.

Der Farbton ist etwas mehr grünlich als der des Ultramarins, 54 und weiter; er entspricht daher gut der Farbe des klaren Himmels. Durch Zufügung von Zinkoxyd und Zinndioxyd bei der Herstellung kann man ihn noch weiter verschieben; K o b a l t g r ü n, das reine Kobaltzinkat, hat 85 lg, während das Blau 54 la bis na hat. Es ist also mit dem Übergang nach Grün ein erheblicher Verlust an Reinheit verbunden, der sich schon beim grünlichen Kobaltblau 59 lc geltend macht. Auch ist die Ausgiebigkeit der grünen Formen geringer, so daß sie grobkörnig „sandig" gehalten werden müssen.

B e r l i n e r b l a u (Ferroferricyanid) ist ein kolloider Farbstoff von sehr großer Ausgiebigkeit und kleiner Brechzahl. Es sieht deshalb im reinen Zustande fast schwarz aus; durch Druck und Reibung erscheint eine metallisch glänzende rote Oberflächenfarbe. Mit weißen Pulvern vermischt entwickelt es ein tiefes Blau, das etwa beim Farbton 54 beginnt und durch Verdünnen bis 63 wandert. Die Reinheit ist nicht vollkommen; eine Mischung von 10 Proz. auf Lithopon hat das Farbzeichen 57 lc bis le. Die Lichtechtheit ist nicht unbedingt vollkommen, doch praktisch genügend.

15*

228

Gegen Säure ist es beständig, durch Alkali wird es entfärbt. Doch ist die Empfindlichkeit nach dieser Richtung nicht sehr groß, denn Kreide hat keine Wirkung. Die Brechzahl ist klein, deshalb und wegen des kolloiden Zustandes, der eine sehr feine Zerteilung ermöglicht, wirkt es ausgeprägt lasierend. Getrocknetes Berlinerblau wird unter Wasser durch eine Spur Oxalsäure kolloid verflüssigt und ist dann äußerst fein verteilt. Die unter verschiedenen Namen (Stahlblau, Miloriblau, Pariserblau) geführten Handelsmarken sind nur äußerlich verschieden; im Zustande feinster Verteilung haben sie alle die gleiche Farbe.

Ultramaringrün ist die Vorstufe des Ultramarinblaus (S. 226); die bestgefärbten Anteile werden abgesondert und als grüner Farbstoff verkauft. Der Farbton geht von 64 bis 80, das Zeichen von ng bis ie, indem die Sorten um so blasser werden, je mehr der Farbton nach Laubgrün wandert. Die Reinheit ist mäßig, die Ausgiebigkeit klein, so daß ein ziemlich großes Korn gewahrt werden muß. Die Lichtbeständigkeit ist tadellos, wie bei den anderen Ultramarinen, die Brechzahl niedrig. Abgesehen von der Lichtbeständigkeit hat also der Farbstoff keine Vorzüge.

Chromoxyd. Als Farbstoffe dient sowohl das Hydrat (Chromoxyd feurig) wie das Oxyd (Chromoxyd deckend). Das erste hat das Zeichen 83 rc, ist also fast ganz rein und sehr tief in der Farbe. Die Ausgiebigkeit ist nicht groß, so daß der Farbstoff ziemlich grobkörnig gehalten werden muß; auch lassen sich seine krystallinischen Schuppen kaum zerkleinern. Die Brechzahl ist mittelgroß. Gegen Licht und chemische Einwirkungen ist er ganz beständig.

Das „deckende" Chromoxyd ist mehr laubgrün und viel trüber; es hat das Zeichen 90 ng, erreicht also auch nicht die Tiefe des Hydrats. Es ist viel feinkörniger, hat eine merklich höhere Brechzahl und Deckung und ist gleichfalls in jeder Hinsicht „echt".

Schweinfurtergrün (Kupferacetat-arsenit) hat das Zeichen 85 pa in seinen besten Marken und ist das ein-

zige Mineralgrün mit kleinstem, der Norm a entsprechendem
Schwarzgehalt. Doch ist seine Ausgiebigkeit klein, so daß
man es als ziemlich grobes Krystallpulver verwenden muß
(S. 225), wenn man diese Vorzüge erhalten will. Wegen seiner
großen Giftigkeit ist es von den gewöhnlichen Anwendungen
ausgeschlossen; auch für die Kunstmalerei ist es ungeeignet,
da es mit Sulfiden (z. B. Cadmium) durch Bildung von
Schwefelkupfer braun wird. Außer der ungewöhnlich reinen
Farbe hat also das Schweinfurtergrün nur ungünstige
Eigenschaften.

Zinkgrün, Chromgrün, Grüner Zinnober
sind Gemische von Zinkgelb oder Chromgelb mit Berlinerblau. Da man nur mit Gelb 00 reine Grüne erlangen kann und
dazu Eisblau von mindestens 63 Farbton braucht, so fällt
die Farbe dieser Gemische immer trübe aus (bestenfalls c).
Zinkgelb mit 01 oder 02 gibt die reineren Farben, Chromgelb mit 05 und höher trübere, aber tiefere. Die Echtheitseigenschaften ergeben sich aus denen der Bestandteile; darnach hat Zinkgrün den Vorzug. Der Farbton kann natürlich
alle Werte von 60 bis 99 haben; die Handelsmarken liegen
meist um 90.

Grüne Erde ist ein Eisenkaliumsilicat von blasser
und trüber Farbe, 92ig und höher. Es läßt sich mit Teerfarben dauerhaft anfärben und ergibt dann das Kalk-
grün mit 62 li, also ein trübes Eisblau, das ziemlich lichtecht ist und für Tapeten und Zimmeranstrich verwendet wird.

Wirft man einen zusammenfassenden Blick über die
mineralischen Farbstoffe, so erkennt man, wie große Gebiete
des Farbkörpers für sie noch unerreichbar sind. Es sind
deshalb von jeher Farbstoffe aus den organischen Verbindungen zur Ausfüllung der Lücken herangezogen worden,
auch wo diese an Lichtechtheit sehr viel zu wünschen übrig
ließen, wie Carmin und Gummigutt. Die Teerfarbenindustrie hat gelbe, kresse und rote Farbstoffe von großer Reinheit und Beständigkeit geliefert und so wertvollste Ergän-

230

zungen geschaffen. Im kalten Gebiet sind aber auch hier
noch Reinheit und Lichtechtheit getrennte Eigenschaften.

Teerfarbstoffe. Durch die auf A. W. H o f m a n n und
seine Schüler zurückgehenden Entdeckungen künstlicher
Farbstoffe aus den im Steinkohlenteer aufgefundenen Koh-
lenwasserstoffen ist seit dem letzten Drittel des neunzehnten
Jahrhunderts eine außerordentlich große Industrie entstanden, deren Schwerpunkt bisher in Deutschland lag und trotz
gegenteiliger Bemühungen voraussichtlich noch lange liegen
wird. Sie hat zunächst die Färberei der Webstoffe um-
gestaltet, ergreift aber stufenweise auch die anderen Anwendungsgebiete der Farben und verdrängt zunehmend die
alten Farbstoffe. Dies liegt daran, daß es vermöge der großen
Mannigfaltigkeit der hergehörigen Stoffe möglich ist oder
sein wird, für jeden Sonderzweck besonders geeignete Vertreter herzustellen. Zwar sind noch viele Lücken auszufüllen, wie das bei einer so jungen Industrie nicht anders zu
erwarten ist; die zunehmende allgemeine Kenntnis des Zusammenhanges zwischen chemischer Zusammensetzung und
Konstitution und den andern Eigenschaften, die hier in
Frage kommen, rechtfertigt die Erwartung, daß man im
Laufe der Zeit fähig werden wird, die erforderlichen Eigenschaften jedesmal zu erreichen, wenn auch oft erst nach
längerer Arbeit.

Die Bedeutung der Teerfarbstoffindustrie für die Farbenlehre liegt darin, daß sie die Gebiete der den Vollfarben
nahen hochreinen Farben durch ihre Farbstoffe fast überall
erreichbar gemacht hat. Wäre ich etwa auf das beschränkt
gewesen, woraus G o e t h e seine Anschauungen erwerben
mußte, so wären die zu überwindenden Schwierigkeiten um
ein Vielfaches größer gewesen.

Den Dank, den die Farbenlehre der Teerfarbenindustrie schuldet, hat sie bereits reichlich abzutragen begonnen.
Abgesehen davon, daß sie endlich die Möglichkeit hergestellt
hat, die maßgebende Eigenschaft der Produkte dieser Industrie, ihre Farbe, messend festzustellen, hat sie auch der

Menschheit den Weg gezeigt, durch rationelle Harmonien
farbige Schönheit in ihre Erzeugnisse zu bringen und hat
so der Anwendung der Farbstoffe unzählige neue Wege eröffnet. So steht zu hoffen, daß das Zögern, mit dem die
Führer dieser Industrie der neuen Lehre noch gegenüberstehen, bald überwunden sein wird. Gibt es doch keinen
Kenner der Lehre, der nicht alsbald ihr Anhänger wurde.

Die Hauptgruppen. Die Teerfarbstoffe sind stickstoff-
haltige Abkömmlinge aromatischer, d. h. wasserstoffarmer
Kohlenwasserstoffe, welche daneben noch vielfach andere
Elemente, insbesondere die Halogene, Sauerstoff und
Schwefel enthalten. Ihre Zusammensetzung und Konstitu-
tion ist Gegenstand unzähliger Untersuchungen gewesen.
Doch kann man nicht sagen, daß allgemeine Ergebnisse von
durchgreifender Beschaffenheit die Arbeit gelohnt hätten.
Außer unabsehbaren Einzelheiten und einer nicht großen
Anzahl etwas umfassenderer Regeln läßt sich nicht viel
Sicheres aufweisen; insbesondere fehlen noch die grundlegenden Begriffsbildungen, welche die Einzelfälle maßgebend zusammenhalten. Es soll hier daher auf diese Fragen
gar nicht eingegangen werden. Nur einige elementare Tatsachen, die für die praktische Handhabung wesentlich sind,
mögen hier ihre Stelle finden.

Die Teerfarbstoffe sind E l e k t r o l y t e , d. h. Säuren,
Basen oder Salze. Die meisten werden als Neutralsalze in
den Handel gebracht, bei denen entweder der basische oder
der saure Teil Träger der Farbeigenschaften ist; der andere Teil ist eine geeignete, d. h. billige und die gewünschten Löslichkeitsverhältnisse ergebende einfache Säure oder
Base, z. B. Salz- oder Essigsäure in einem, Natrion, selten
Ammoniak im anderen Falle. Man nennt die ersten
b a s i s c h e , die zweiten s a u r e Farbstoffe, auch wenn
sie, wie gewöhnlich, als Neutralsalze vorliegen. Durch Behandeln mit Schwefelsäure kann man basische Farbstoffe
in Sulfonsäuren und damit in saure überführen. Die sauren
Farbstoffe bilden bei weitem die größere Klasse.

232

Die basischen Farbstoffe bilden mit hochmolekularen
Säuren wie Tannin, Harzsäuren, komplexen Wolfram- und
Molybdänsäuren usw. unlösliche amorphe Verbindungen,
welche dazu dienen, die Farbstoffe beim Färben mit der
Faser, bei der Herstellung von Tünchen mit einem weißen
Träger so in Verbindung zu bringen, daß sie hernach nicht
mehr in das Wasser übergehen oder wasserecht werden.
Solche Säuren oder ihre Salze heißen Beizen.

Um lösliche saure Farbstoffe derart zu binden, dient
meist Tonerde, auch Zinndioxyd. Auch haben die stickstoffhaltigen Faserstoffe, namentlich Wolle und Seide, die gleiche
Fähigkeit. Die Bariumsalze sind oft unlöslich.

Eine besondere Gruppe von Farbstoffen sind die „substantiv" genannten, welche ohne Beize auf die Faser, auch
die pflanzliche, gehen. Hier handelt es sich um ganz- oder
halbkolloide Zustände der Farbstoffe in ihren Lösungen. Sie
schlagen sich durch die Wirkung der Faseroberfläche und
geeigneter Zusätze unter Kornvergrößerung unlöslich auf
der Faser nieder und sind dann unlöslich.

Andere Farbstoffe sind an sich unlöslich, lassen sich
aber durch Reduktionsmittel in alkalilösliche Wasserstoffverbindungen überführen. Wird die Faser mit diesen getränkt und dann der Luft ausgesetzt, so entsteht durch Oxydation wieder der unlösliche Farbstoff in fester Verbindung
mit der Faser. Dies sind die „Küpenfarbstoffe".

Für eine Anzahl wertvoller unlöslicher Farbstoffe sind
endlich derartige Lösungsmittel nicht bekannt. Sie werden
entweder für Anstrichzwecke verwendet, für welche sie sich
durch die oft vorhandene Unempfindlichkeit gegen das Licht
besonders eignen, oder man läßt sie aus ihren Komponenten
auf der Faser entstehen, wobei sie sich mit ihr verbinden.
Sie führen den pleonastischen Namen „Pigmentfarbstoffe".

Außerdem gibt es noch eine Anzahl Sonderfälle, deren
allgemeine Bedeutung nicht groß genug ist, um sie hier darzulegen.

233

Basische Farbstoffe. Die ältesten und bekanntesten Ani-
linfarbstoffe im engeren Sinne gehören zu den basischen.
Es ist das purpurrote Rosanilin (Fuchsin, Rubin), Farbton 35, das meist als Acetat in den Handel kommt, in
kaltem Wasser recht schwerlöslich ist und sich mit Tannin
(gleiches Gewicht) und Brechweinstein (halbes Gewicht)
gut fällen läßt. Das Schluckspektrum zeigt mehrere Streifen, daher ist die Farbe auch nicht sehr rein.

Durch die Einführung von Methylgruppen kann man
den Farbton im Kreise vorwärts führen bis zum dritten
Veil; dabei nimmt die Löslichkeit in Wasser zu. Die Farbstoffe heißen Methylviolett. Die veilen Tinten, Stempel-
farben, Druckfarben usw. werden damit hergestellt, da es
einer der ausgiebigsten Farbstoffe ist. Die verschiedenen
Farbtöne werden durch die Buchstaben R, RR usw. nach der
roten, B, BB usw. nach der blauen Seite gekennzeichnet.
Die Angabe der Farbtonnummern wäre klarer und somit
besser.

Die Einführung von Phenyl und Naphthyl ergibt das
ublaue V i k t o r i a b l a u , von reiner Farbe und schwerlöslich.

Alle diese Farbstoffe sind sehr wenig lichtecht. Das ist
einigermaßen durch ihre ungewöhnlich große Ausgiebigkeit
bedingt, welche gute Färbungen mit einer äußerst kleinen
Menge Farbstoff ermöglicht, die natürlich der Lichtwirkung
schneller zum Opfer fällt, als die viel größeren Mengen
weniger ausgiebiger Stoffe.

Von gebräuchlichen basischen Farbstoffen sind noch zu
nennen:

A u r a m i n , Gelb 01 bis 04 je nach der Stärke. Verträgt nicht Siedetemperatur beim Auflösen. Wenig lichtecht. Fluoresciert.

C h r y s o i d i n , erstes und zweites Kreß. Farbe
schwarzhaltig.

234

S a f r a n i n , erstes bis zweites Rot. Die Farbe er-
mangelt der höchsten Reinheit, ist aber lichtechter, als die
anderen basischen Farbstoffe.

R h o d a m i n , drittes Rot bis erstes Veil. Farbe sehr
rein. Fluoresciert stark. Sehr wenig lichtecht.

M a l a c h i t g r ü n , Seegrün. Farbe schwarzhaltig.
Lichtechtheit gering.

M e t h y l g r ü n , Ä t h y l g r ü n , Seegrün. Farbe
reiner. Wenig lichtecht.

Die basischen Farbstoffe verbinden sich unmittelbar
mit Wolle und auch mit den inkrustierenden Stoffen des
Holzes und anderer Pflanzengebilde. Wegen ihrer Ausgiebigkeit sind sie das billigste Färbmaterial, berechnet auf
gleiche Farbtiefe, doch schließt die mangelnde Lichtechtheit
sie von den Anwendungen für Dauerzwecke aus. Als Druck-
farbe für Zeitungen, Anzeigen und andere Drucksachen von
kurzer Lebensdauer, die ohne Leinölfirnis hergestellt und
hernach von dem Papier leicht entfernt werden kann, verdienen die basischen Farbstoffe ausgiebigste Anwendung.
Ein erheblicher Nachteil ist durch die Lichtempfindlichkeit
nicht zu besorgen, denn die Farbe der Schreibmaschinen-
bänder und damit fast des ganzen geschäftlichen Briefver-
kehrs ist Methylviolett, also einer der wenigst lichtechten
Stoffe dieser Gruppe, und doch hat man Klagen deshalb noch
nicht gehört.

Saure Teerfarbstoffe. Sie bilden, wie erwähnt, die gewaltige Mehrzahl der Teerfarbstoffe und verdanken in
vielen Fällen ihre sauren Eigenschaften der Anwesenheit
von Sulfogruppen. Auf ihre sehr mannigfaltige Konstitution kann hier nicht eingegangen werden. Wegen der Reinheit ihrer Farben oder sonstiger wertvoller Eigenschaften
sind folgende hervorzuheben, die sämtlich gut in Wasser
löslich sind.

P i k r i n s ä u r e ist der einfachste aller Teerfarbstoffe
und bemerkenswert durch seine Farbe Gelb 00, die er auch
bei größerem Gehalt beibehält. Ist in Wasser ziemlich wenig

235

löslich, ebenso wie die Salze, unter denen das Calciumsalz
das löslichste ist. Wird von tierischer Faser ohne Beize gebunden. Die Färbungen bräunen sich im Licht. Gestattet
mit eisblauen oder seegrünen Farbstoffen vermischt die reinsten grünen Farben zu erreichen.

S a t u r n g e l b , ein Verwandter des viel bekannteren
Tartrazins, kommt nächst Pikrinsäure der Grenze 00 des
Gelb am nächsten. Recht lichtecht.

C h i n o l i n g e l b kommt gleichfalls der Grenze 00
nahe und ist von den bekannteren gelben Farbstoffen der
„grünstichigste". Genügend lichtecht.

T a r t r a z i n , ein reines Gelb um 04, ausgiebig, dient
für alle weiteren gelben Farben und Kreß. Gut lichtecht.

E o s i n , E r y t h r o s i n , P h l o x i n , B e n g a l r o s a
gehören einer Gruppe von Carbonsäuren an und unterscheiden sich durch die enthaltenen Halogene. Sie haben alle ungewöhnlich reine Farben, sind aber in hohem Maße lichtempfindlich und fluorescieren so stark, daß sie sich beim
Messen anormal verhalten. Man muß sie daher mit Vorsicht
anwenden und sie vermeiden, wo die Farbreinheit nicht
ganz wesentlich ist. Der Farbton geht von 25 Eosin bis
35 Bengalrosa.

O r a n g e II, T r o p ä o l i n und Verwandte haben ein
reines Kreß, sind aber gegen Säuren empfindlich, so daß
sie in schwachen Färbungen leicht Flecken geben. Farbton
13 bis 21.

P o n c e a u , S c h a r l a c h bilden eine große Gruppe
nahverwandter Farbstoffe von befriedigender Lichtechtheit
im Gebiet 25 bis 33. Sie dienen daher vorwiegend für die
roten Farben, stehen aber den Eosinfarbstoffen an Farbreinheit etwas nach.

S ä u r e f u c h s i n , S ä u r e v i o l e t t sind die sulfo-
nierten Abkömmlinge der entsprechenden basischen Farbstoffe, denen sie an Lichtechtheit etwas überlegen sind. Auch
sind sie in der Farbe meist etwas reiner. Die Farbtöne liegen
von 35 bis 46.

236

W o l l b l a u ergibt Farbtöne um 50, ist rein in der Farbe, aber wenig lichtecht.

W a s s e r b l a u kommt in vielen Marken vor, deren Farbton von 50 bis 58 geht. Es ist erheblich lichtechter als Wollblau und ungefähr ebenso farbrein, hat also gegebenenfalls den Vorzug vor diesem.

P a t e n t b l a u , N e p t u n b l a u , I n d i g c a r m i n - b l a u sind die Vertreter des Eisblau, von 63 bis 71. Sie sind in der Farbe sehr rein, aber leider wenig lichtecht. Sie geben mit den erstgelben Farbstoffen Pikrinsäure, Chinolingelb, Saturngelb alle grünen Farben in bester Reinheit, so daß es grüner Farbstoffe nicht bedarf. Solche sind übrigens auch in guter Beschaffenheit nicht vorhanden, da das L i c h t - und S ä u r e g r ü n noch weniger lichtecht und außerdem alkaliempfindlich ist. Es besteht also ein dringendes Bedürfnis nach einem lichtechten und farbklaren sauren Eisblau, das die Farbstoffindustrie bisher nicht zu befriedigen gewußt hat.

N i g r o s i n ist ein gut lichtechter, annähernd schwarzer Farbstoff, der in vielen Marken vorkommt. Er ist nicht rein schwarz, sondern enthält etwas Veil oder Blau, das man mit der Gegenfarbe (besser mit zweien) auslöschen muß, um ein neutrales Grau zu erhalten. Es kann ausgiebigst zur Herstellung trüber Farben benutzt werden und ist für solche Zwecke aus optischen Gründen viel geeigneter, als das übliche „Brechen" mit Gegenfarben. Denn es liefert ein vollkommenes Grau, das von der Farbe der Beleuchtung am wenigsten abhängig ist, während die mit Gegenfarben oder nach dem Dreifarbenverfahren erzielten Grau den Lichtwandel in hohem Grade zeigen.

Die genannten löslichen sauren Farbstoffe sind das Material, um bunte flüssige Tuschen, Tinten und lösliche Wasserfarben herzustellen, Papier und Webstoffe durch Tränken oder mit dem Pinsel anzufärben, kurz auf die schnellste und bequemste Weise Flächen mit bestimmten Farben zu lasieren, die hernach nicht besonders beansprucht

237

werden sollen. Für den Farbforscher bilden sie ein unent-
behrliches Handwerkszeug. Besonders handlich ist der aus
ihnen gebildete Farbkasten „Kleinchen".

Unlösliche Teerfarbstoffe. Mit dem Verschwinden der
Löslichkeit tritt in der Regel eine starke Zunahme der
Lichtechtheit auf. Die entsprechenden Farbstoffe, deren
Namen meist mit dem Wort Pigment gebildet wird (Pig-
mentgelb, Pigmentscharlach usw.), konkurrieren daher er-
folgreich mit den Mineralfarbstoffen, denen sie z. T. an
Lichtechtheit nachstehen, z. T. überlegen sind. Andere
Namen sind Heliosfarben, Litholfarben.

Für den Farbforscher sind sie ein wertvolles Material,
da sie im Gebiet von Gelb bis Purpur lichtechte und farb-
reine D e c k t ü n c h e n herzustellen ermöglichen, deren hellere Stufen man durch Vermischen mit Weiß erzielt. Hierzu
darf aber Zinkweiß nicht verwendet werden, da es die Farbstoffe in auffälligem Maße lichtempfindlich macht.

Im ganzen übrigen Farbkreise fehlt es an entsprechenden farbreinen und lichtechten Farbstoffen. Auch die Einbeziehung der Küpenfarbstoffe, die man durch Fällen auf
einen weißen Träger für die helleren Stufen so farbrein erhalten kann, als es die Natur des Farbstoffes zuläßt, verbessert die Sachlage nicht wesentlich, da sie zwar lichtechte,
aber trübe Farben ergeben. Man ist also hier für die farbreinen Gebiete auf die Lacke der löslichen Farbstoffe Rhodamin, Bengalrosa, Neptunblau angewiesen, die sämtlich
lichtunecht sind. Für Ublau hat man unter den Mineralfarbstoffen das völlig lichtechte Ultramarinblau. Das gleichfalls lichtechte Ultramarinrot hat zwar den erwünschten
Farbton 36, reicht aber wegen seines erheblichen Weißgehalts nur bis i; auch ist es etwas trüb. Berlinerblau genügt bezüglich Lichtechtheit, ist aber merklich trüb. So
müssen wir auch hier darauf warten, daß die Farbstoffindustrie die mangelnden lichtechten „Pigmentfarben" Purpur, Ublau und Eisblau künftig einmal entdeckt.

238

Fünfzehntes Kapitel.

Die Bindemittel der Farbstoffe.

Begriffsbestimmung. Für unsere Betrachtungen ist es
gut, den Begriff des Bindemittels so weit als möglich zu
nehmen und a l l e Mittel darunter zu verstehen, durch
welche ein Farbstoff mit einer Unterlage verbunden wird.
Darnach sind nicht nur der Leim und das Öl der Maler
Bindemittel, sondern auch die Beizen der Färber, und zuletzt auch die physikalischen und chemischen Eigenschaften
der Fasern, welche die unmittelbare Bindung der Farbstoffe an die Faser bewirken. Es ist bereits gelegentlich auf
einzelne dieser Vorgänge hingewiesen worden; hier sollen
sie im Zusammenhange betrachtet werden, wodurch das
Allgemeine an ihnen klarer zutage tritt.

Mit der Frage der Bindung steht im engsten Zusammenhange die der E c h t h e i t. Unter dieser versteht man den
Widerstand, den die hergestellte Färbung gegen deren Ent-
fernung bietet. Den Widerstand gegen grob mechanische
Beanspruchung pflegt man allerdings nicht Echtheit, sondern unter Hervorhebung ihrer Ursache Zähigkeit oder
Härte zu nennen. Aber bereits die etwas leiseren mechanischen Beanspruchungen, wie sie beim Reiben der gefärbten
Flächen, etwa an besonders ausgesetzten Stellen der Kleidung auftreten, führen zu dem Begriff der Reibechtheit.
Ebenso gibt es eine Wasch-, Bäuch-, Walk-, Gas-, Licht-,
Straßenschmutzechtheit, bei deren Bezeichnung der schä-
digende Faktor genannt wurde. Hierbei kommen mechanische, optische, chemische Einflüsse in Betracht, durch
welche teils der Farbstoff, teils das Bindemittel entfernt
oder chemisch verändert wird. Da die Anzahl der möglichen
Beanspruchungen unbegrenzt und ihre Berücksichtigung
nur durch praktische Erwägungen eingeschränkt ist, so
können von den Echtheitseigenschaften nur die wichtigsten
erwähnt werden.

239

Mechanische Bindemittel. Pulverförmige Farbstoffe werden dadurch gebunden, daß man sie mit flüssigen Kolloiden, rein oder gelöst, vermischt, die hernach fest werden und das Pulver dauernd mit der Unterlage verbinden.

Als Farbenbindemittel können alle Klebstoffe dienen, die ja auch sämtlich kolloid sind, und außerdem noch andere Stoffe, die man sonst nicht zum Kleben benutzt. Der kolloide Zustand ist deshalb Voraussetzung, weil vorwiegend Kolloide zusammenhängende Massen bilden, deren Größe nur von den äußeren Verhältnissen abhängt. Krystalloide Lösungen und Schmelzen ergeben beim Erstarren meist Massen, die entweder von vornherein einen Sand getrennter Krystalle bilden oder durch Spalt- und Gleitflächen so zerklüftet sind, daß sie leicht zerbrechen. Nur in Ausnahmefällen, z. B. beim Gips, entstehen zusammenhängende krystallinische Massen. Doch spielen auch hier wie beim Mörtel, Zement usw. kolloide Zwischenzustände eine maßgebende Rolle. Ein anderer solcher Ausnahmefall sind viele Metalle, die trotz krystallinischer Natur zähe Massen von beliebiger Größe bilden können, wie Eisen, Zinn, Kupfer. Sie kommen hier nicht in Frage.

An der Grenze steht das Bindemittel der Freskomalerei, das Calciumcarbonat. Eine frische Mörtelwand, die noch viel Calciumhydroxyd enthält, wird mit Tünchen bedeckt, die neben dem Farbstoffpulver Calciumhydroxyd in Form von Kalkmilch enthalten. Die Bindung erfolgt durch den Übergang in Calciumcarbonat unter Aufnahme von Kohlensäure aus der Luft. Das Carbonat fällt zunächst jedenfalls kolloid aus. Bei gut gelungenem Fresko scheint es auch in diesem Zustande zu bleiben, denn solches zeigt einen schwach glänzenden, glatten Überzug, wie wir ihn an kolloiden, nicht an krystallinischen Rückständen zu sehen gewohnt sind.

Die traditionelle Ansicht von der besonders „monumentalen" Beschaffenheit dieser Technik ist heute nicht mehr haltbar. Durch den Schwefelgehalt der fossilen Kohle, die

240

heute fast das einzige Brennmaterial darstellt, ist die Luft
der Städte dauernd mit schwefliger und Schwefelsäure ver-
unreinigt und wirkt, wie ich schon vor vielen Jahren betont
habe, zerstörend auf das Bindemittel ein. Deshalb verschwinden Freskobilder, die an der offenen Luft stehen,
gegenwärtig in wenigen Jahrzehnten. Sie waren früher in
den Zeiten der Holzheizung ganz beständig, weil diese der
Luft nur unschädliche Kohlensäure mitteilte. Fresko ist
demnach zwar holz- oder kohlensäureecht, nicht aber stein-
kohlen- oder schwefelsäureecht.

Öle, Firnisse, Lacke. Unter den fetten Ölen gibt es eine
Anzahl, welche an der Luft durch Aufnahme von Sauerstoff
in feste, kolloide Massen von erheblicher Zähigkeit übergehen und deshalb als wichtige Bindemittel dienen. Macht
doch die Kunstmalerei eine fundamentale Epoche ihrer Entwicklungsgeschichte von der Einführung solcher Bindemittel abhängig. Ihr Typus ist das Leinöl.

Die Oxydation des Leinöls ist ein langsamer Vorgang.
der durch das Licht und gewisse Katalysatoren (Mangan-,
Blei-, Kobaltverbindungen) beschleunigt wird. Bei der
Oxydation des Öls entsteht gleichfalls ein Katalysator; ein
anderer findet sich im verharzten, d. h. oxydierten Terpen-
tinöl, ist also von ähnlicher oder gleicher Beschaffenheit.
Firnis ist teilweise oxydiertes Leinöl, das den Katalysator
enthält und daher schnell fest wird. Im Licht gehen alle
diese Vorgänge schneller vor sich. Besonders stark wirkt
kurzwelliges Licht, das auch technisch dazu benutzt wird.

Ölmalerei. Die öligen Bindemittel bilden deshalb (mit
den Lacken) eine Gruppe für sich, weil sie die Körnchen
des Farbstoffes **ganz** umhüllen, auch nachdem das Ganze
fest geworden ist. Die optischen Verhältnisse, welche dadurch entstehen, sind bereits in anderem Zusammenhange
erwähnt worden. Sie wirken stark vertiefend, d. h. den
Weißgehalt vermindernd auf die Tünche und gestatten so
Gebiete des Farbkörpers zu erreichen, die anderen Malverfahren unzugänglich sind. Dies ist der eine Vorzug der

241

Malerei. Der andere, damit zusammenhängende ist, daß die Tünche nach dem Auftragen ihr Aussehen nicht mehr ändert, weil das Korn im Bindemittel eingebettet war und bleibt. Man kann also so malen, wie es dauernd bleiben soll. Die anderen Techniken mit wäßrigem Bindemittel zwingen den Maler, mit der eintretenden Veränderung (Aufhellung) zu rechnen, was die wenigsten wollen oder können. Nur das Pastell ist frei davon, das Aquarell nahezu.

Die Echtheitsfrage bezieht sich hier auf die freiwillige Dauer der Schicht, da auf mechanische Beanspruchungen kaum Rücksicht zu nehmen ist. Hier ist zu bedenken, daß der Oxydationsvorgang, der zum Festwerden des Öls führt, damit nicht aufhört, sondern sich dauernd, wenn auch langsam fortsetzt. Nachdem er wegen der Sauerstoffaufnahme anfangs mit starker Raumvermehrung vor sich gegangen war, tritt eine zweite Phase ein, in welcher die Oxydation eine „Verbrennung" unter Entwicklung von Kohlendioxyd und Wasser und entsprechender Raumverminderung bewirkt. Dann beginnt die Schicht zu reißen und die anfänglich sehr feinen Spalten vermehren und verbreitern sich. Dies tritt um so eher ein, je dicker der Auftrag ist; hiernach kann man schätzen, welches Alter voraussichtlich ein vorgelegtes Bild erreichen wird. Eine Berücksichtigung dieser Fragen pflegt von den heutigen Künstlern grundsätzlich abgelehnt zu werden, die alles, auch die Dauer ihrer Werke, der augenblicklichen Wirkung zu opfern pflegen.

Die für künstlerische Zwecke gewöhnlich benutzte Leinewand ist in vieler Hinsicht der Dauer der Werke feindlich. Ihre mechanische Festigkeit ist gering; jeder unvorsichtige Daumendruck kann eine unverbesserliche „Delle" hervorrufen. Ebensowenig ist sie ein Schutz gegen die eben beschriebene chemische Zerstörung, denn sie läßt den Sauerstoff auch von der Rückseite herankommen. Man hat schon oft gesehen, daß ein bloßer rückseitig aufgeleimter Papierzettel die Vorderseite an seiner Stelle frei von Rissen gehalten hat, die sonst über das ganze Bild gingen.

242

Metall, Holz, Pappe sind in solcher Hinsicht sehr viel
echtere Bildträger. Will man Leinewandbilder schützen, so
beklebt man sie von hinten mit Zinnfolie.

Lacke. Das vieldeutige Wort Lack bedeutet u. a. auch
Lösungen von Harzen und ähnlichen Kolloiden in flüch-
tigen, nichtwäßrigen Lösungsmitteln, die beim Verdunsten das Gelöste als glänzend-durchsichtige Schicht zurück-
lassen. Sie dienen auch vielfach als Bindemittel für Farbstoffe und haben in solcher Hinsicht erhebliche Vorzüge vor
den trocknenden Ölen. Diese liegen in erster Linie darin,
daß ihr Festwerden nicht auf einer Oxydation beruht, die
man hernach nicht aufhalten kann, sondern in einer Ver-
dunstung des Lösungsmittels, das eine Schicht hinterläßt,
die gegebenenfalls unbestimmt lange unverändert bleibt.

Eine Sicherheit hierfür läßt sich am ehesten bei f o s -
s i l e n Harzen erwarten, welche ihre chemische Jugend
lange hinter sich haben und seit Jahrtausenden zur Ruhe
gekommen sind. Daher sind die Lacke aus Bernstein und
Kopal die dauerhaftesten. Allerdings kann man sie fast
nur nach dem Schmelzen, wobei sie chemische Änderungen
erfahren, mittels fetter, festwerdender Öle in Lösung bringen. Die Erfahrung zeigt aber, daß sie diesen ihre Solidität
mitteilen, um so mehr, je größer ihr Anteil in dem Produkt
ist. Die nötige Flüssigkeit bewirken zugefügte flüchtige
Lösungsmittel.

Da diese beim Festwerden fortgehen, so reicht der
Rückstand zuweilen nicht mehr aus, die Körner vollständig
einzubetten. Man nennt dies das Einschlagen der Farbe.
Ausgebessert wird es durch einen Überzug von neuem
Firnis. Man nimmt diesen gern mit einem anderen
Lösungsmittel, damit der Untergrund nicht beim Firnissen
aufgelöst und das Bild beschädigt wird.

Die Malerei mit Lacken oder Harzlösungen ist vom
Standpunkt der Dauerhaftigkeit der Leinölmalerei überlegen, wohl auch noch nach anderen Richtungen. Sie hat

243

deshalb angefangen, sich an deren Stelle zu setzen, da sie
deren besondere Vorzüge gleichfalls hat.

Kohlehydrate. Bekanntlich zerfallen die menschlichen
Nahrungsstoffe in die drei großen Gruppen der Fette,
Kohlehydrate und Eiweißstoffe. Ganz dieselben Gruppen
findet man bei den Bindemitteln der Farbpulver vor. Die
Fette sind eben besprochen worden. Die Kohlehydrate und
Eiweißstoffe ergeben Bindemittel, die in wäßriger Lösung
verwendet werden.

Je zäher und fester die trockenen Stoffe sind, um so
mehr eignen sie sich für den Zweck. Darum ist Gummi ein
besseres Bindemittel als das spröde und bröckelige Dextrin,
und darum ist der zu den Eiweißstoffen gehörige Leim
beiden überlegen.

Alle diese Bindemittel sind Kolloide. Man unterscheidet bei diesen umkehrbare und nicht umkehrbare. Die
ersten gehen aus dem trockenen Zustande durch Berührung
mit Wasser ohne weiteres in den Zustand der (kolloiden)
Lösung über. Die anderen aber bleiben auch unter Wasser
fest, nachdem sie einmal trocken geworden sind. Man findet
beide unter den Bindemitteln.

Gummi und Dextrin sind umkehrbar. Deshalb kann
man Gemische von ihnen und Farbpulver trocken werden
lassen und braucht sie hernach nur mit Wasser zu befeuch-
ten, um unter einigem Reiben eine malfertige Tünche zu
erhalten. Hierauf beruhen die gewöhnlichen Wasser- oder
Aquarellfarben, besser -tünchen. Je nach Brechzahl und
Ausgiebigkeit wirken sie deckend oder lasierend. Die letzte
Eigenschaft entwickelt sich auch bei halbwegs deckenden
Farbstoffen, wenn sie sehr fein gerieben werden, bis in die
Nähe des kolloiden Zustandes. Dies ist die Beschaffenheit
der guten Aquarellfarben, die man ganz vorwiegend lasierend anwendet. Doch erschwert die ungeregelte Verteilung deckender und lasierender Farbstoffe im Farbkreis
sehr die Erzielung eines tadellosen Kunstwerks. Das Auf-

16*

244

hellen beim Trocknen ist nur gering, weil die sehr feinen
Teilchen genügend vom Bindemittel umhüllt werden; auch
hilft man mit lackartigen Überzügen nach.

Im Gegensatz zu den genannten Stoffen ist die
S t ä r k e ein nichtumkehrbares Kolloid. Sie muß daher
durch besondere Mittel, wie Kochen, Aufschließen mit Alkali usw. in Lösung gebracht werden. Dafür werden Aufträge mit diesem Bindemittel nach dem Trocknen wasserfest,
und man kann unbesorgt darüber malen, was bei Gummi und
Dextrin Geschicklichkeit erfordert, um die Unterlage nicht
zu beschädigen. Natürlich darf man die malfertige Tünche
nicht eintrocknen lassen; am besten stellt man sie kurz vor
dem Gebrauch her, da der Stärkekleister sich nach einigen
Tagen zu entmischen anfängt.

Bisher haben diese Umstände den Gebrauch der Stärke-
tünchen für künstlerische Zwecke verhindert, obwohl sie ein
sehr angenehmes, ähnlich wie Öltünche zu handhabendes
Material sind. In neuerer Zeit hat man gelernt, die Stärke
durch chemische Mittel aufzuschließen, d. h. in einen Klei-
ster zu verwandeln, der sich jahrelang unverändert hält und
doch beim Trocknen unlöslich wird. Solche „Pflanzenleime"
kommen unter verschiedenen Namen in den Handel. Es ist
sogar in neuester Zeit geglückt, feste Präparate herzustellen,
die sich, wenn auch etwas langsam, in Wasser lösen, mit
Farbpulver vermischt aber beim Eintrocknen unlöslich
werden. Zurzeit ist mir nur ein einziger derartiger Stoff
bekannt, der trockene Malerleim MT der Firma F e r d.
S i c h e l in Hannover - Limmer. Er besteht aus auf-
geschlossener Stärke und Harzseife und hat vor der gewöhnlichen aufgeschlossenen Stärke den Vorzug, daß er auf
allen Unterlagen, sogar Ölanstrichen und Glas gut haftet.
Er wurde nur zum Tünchen benutzt, ist aber auch ein vor-
zügliches Material für Kunstzwecke, da er wegen seiner einfacheren Zusammensetzung eine viel längere Lebensdauer
der mit ihnen hergestellten Aufstriche erwarten läßt, als
Leim und andere stickstoffhaltige Bindemittel. Durch Fir-

nissen kann man hernach den Bildern die Tiefe von Öl-
bildern geben, ohne einen der Nachteile des Ölbindemittels
befürchten zu müssen. Ich stehe nicht an, den Künstlern
dringend zu empfehlen, sich mit diesem wertvollen Bindemittel vertraut zu machen.

Stickstoffhaltige Bindemittel. Der bekannteste Vertreter
dieser Stoffe ist der Leim, den man durch längeres Kochen,
d. h. beginnende Hydrolyse von Haut- und Knorpelgewebe
des Tierkörpers herstellt. Er ist im festen Zustande äußerst
zähe und dient daher als wertvolles Klebemittel für Holz,
Pappe usw.

In kaltem Wasser quillt der Leim auf und nur eine sehr
kleine Menge geht in Lösung; hierbei sind zwei Phasen:
Wasser in Leim und Leim in Wasser im Gleichgewicht.
Mit steigender Temperatur nähern sich beide in der Zusammensetzung und bei etwa 50° werden die Phasen gleich,
und es tritt gleichförmige Lösung ein. Die Temperatur
hängt sehr von dem Maße der Hydrolyse bei der Herstellung ab, und man schätzt den Leim um so höher, je höher
sie ist. Für unsere Zwecke kommt es nicht so sehr hierauf
an; es ist vielmehr bequem, die Hydrolyse etwas weiter zu
treiben, so daß eine Lösung von 6 Proz. bei Zimmertem-
peratur oder etwas darüber nicht mehr gerinnt.

Das Gerinnen beruht darauf, daß sich die beiden Phasen beim Erkalten wieder trennen, wobei sich ein Netzwerk
aus der Leimphase bildet, welches dem Ganzen die bekannte
halbfeste oder gallertartige Beschaffenheit gibt.

Eine flüssige Leimlösung von 6 Proz. ist ein sehr angenehmes und dauerhaftes Bindemittel für Wassertünchen.
Nach dem Trocknen verträgt der Aufstrich ziemlich gut ein
neues Übermalen. Will man hier ganz sicher gehen, so
überstreicht oder überbraust man ihn mit einer dünnen
Lösung von Formalin oder essigsaurer Tonerde, wodurch er
wasserfest wird.

246

Leim fault sehr leicht. Man kann dies durch Zusätze
wie Naphthol, Carbolsäure und anderer Antiseptika ver-
hindern.

Eiweiß ist ein anderes Bindemittel der gleichen Klasse,
welches seit vielen Jahrhunderten für Malerzwecke gebraucht wird, obwohl es nicht so fest wird wie Leim und
noch leichter fault. Heute kommt es für diesen Zweck nicht
mehr viel in Frage. In der Färberei dient es zum Befestigen
unlöslicher feinpulvriger Farbstoffe auf der Faser, insbesondere beim Zeugdruck. Man macht es durch Erhitzen
unlöslich und damit leidlich waschecht.

Noch beliebter als Eiweiß war E i g e l b , das sich von
jenem nur durch den Gehalt an einem fetten Öl unterscheidet, das in sehr kleinen Tröpfchen darin verteilt ist.
Solche Gemenge oder E m u l s i o n e n lassen sich aus allen
möglichen fetten Ölen und wäßrigen Kolloiden herstellen.
Sie wurden und werden unter dem Namen T e m p e r a
vielfältig gebraucht, da die Verbindung von fettem und
wäßrigem Bindemittel tatsächlich gewisse technische Vorzüge hat. Durch die löslichen nichtumkehrbaren Stärke-
bindemittel, insbesondere den festen „Sichel-Leim" M. T.
lassen sie sich indessen gut ersetzen.

Ein in neuerer Zeit viel benutztes Bindemittel dieser
Klasse ist das C a s e i n oder der Käsestoff. Es wird aus
Milch gewonnen, ist eine Säure, die für sich unlöslich ist,
sich aber mit Alkalien zu löslichen Salzen verbindet; ebenso
löst es sich in Borax auf. Als Bindemittel hat es dieselben
Eigenschaften wie Leim mit dem Vorzuge, daß seine wäßrigen Lösungen in der Kälte nicht gerinnen. Auch wird es
durch Weingeist nicht gefällt. Mit essigsaurer Tonerde und
mit Formalin wird es unlöslich.

Färben. Läßt man wasserlösliche Farbstoffe auf Geweben oder Fasern auftrocknen, so erhält man Färbungen,
die zwar reibecht sind, aber nicht waschecht. Unlösliche
Farbstoffe, in Wasser aufgeschlämmt, lassen nach beiden

Richtungen unbefriedigt. Es waren also für beide Gruppen Bindemittel zu finden, die je nach Farbstoff und Faser verschieden ausfallen.

Die einfachsten Verhältnisse liegen bei Wolle und Seide vor. Hier ist es bei den meisten löslichen basischen Teerfarbstoffen nur nötig, die Farbstofflösung mit der Wolle zu erhitzen und Natriumsulfat zuzufügen. Die Farbstoffbasis verbindet sich teilweise schon unmittelbar mit der Wolle; durch den Zusatz von Glaubersalz wird in der halbkolloiden Lösung die Bildung gröberer Teile nach einem allgemeinen Gesetz befördert, ebenso durch die erhöhte Temperatur, die zudem das Eindringen der Farbstoffe in die Faser erleichtert und dadurch die Wasserechtheit erhöht. Die Kunst des Färbers besteht darin, zuerst das Eindringen und dann das Ausfällen zeitlich so zu regeln, daß die kolloiden Teilchen klein genug bleiben. Dies bedingt Farbschönheit und Wasch- wie Reibechtheit.

Saure Farbstoffe werden auf Wolle ebenso gefärbt, nur fügt man Schwefelsäure hinzu, um die Farbsäure frei zu machen. Je nach der Natur des Farbstoffs sind hierbei die Verhältnisse zu regeln, um die günstigste Form des Niederschlags zu erzielen.

Auch auf Baumwolle lassen sich solche unmittelbare Färbungen erzielen. Doch setzen sie beim Farbstoff eine stärkere Annäherung an den kolloiden Zustand voraus; das Verfahren ist bei weitem nicht so allgemein anwendbar wie bei Wolle, weil die Verwandtschaft zwischen Farbstoff und Pflanzenfaser sehr viel kleiner ist. Auch sind die Färbungen weniger wasch- und reibecht. Man nennt solche Farbstoffe substantive.

Es ist deshalb meist nötig, die Unlöslichkeit der Färbung dadurch zu bewirken, daß man den Farbstoff in eine unlösliche Verbindung übergehen läßt. Hierzu dienen die Beizen. Für basische Farbstoffe sind es hochmolekulare Säuren (S. 233), für die sauren mehrwertige Metalloxyde.

248

Damit die Niederschläge möglichst gut in die Faser eindringen, wird diese zuerst mit der Beize allein behandelt
und diese in der Faser durch einen Zusatz fixiert, welcher
sie in eine unlösliche, für den Farbstoff aber zugängliche
Verbindung überführt. Dies geschieht z. B. bei Tannin
durch Antimonsalze. Man entfernt den nicht haftenden
Teil des Niederschlags durch Spülen und färbt dann in der
Farbstofflösung stufenweise aus.

Als Beize kann man auch irgendwie auf die Faser ge-
brachte, z. B. substantive Farbstoffe verwenden. Die basischen Farbstoffe bilden nämlich mit vielen sauren (namentlich hochmolekularen) unlösliche Verbindungen, deren
Farbe eine subtraktive Mischung der Einzelfarben ist.

Der Beizfärberei ähnlich ist das Verfahren, nach dem
man den Farbstoff erst innerhalb der Faser entstehen läßt.
Auch hier läßt man einen der Bestandteile möglichst in die
Faser eindringen, entfernt den oberflächlich haftenden Teil
und behandelt mit dem anderen Bestandteil.

Ausgedehnte Anwendung findet endlich das Küpenver-
fahren (S. 232), wobei man den an sich unlöslichen Farbstoff
durch Reduktion löslich macht, mit der Lösung die Faser
tränkt und dann den Farbstoff durch Oxydation wieder entstehen läßt.

Es handelt sich also, wie man sieht, immer wieder darum, den Farbstoff tunlichst innerhalb der Faser entstehen
zu lassen, da ein Einwandern in die Faser, wie bei Wolle
und Seide, nicht eintritt.

Die gröbste Art der Färberei ist endlich das Festkleben
von unlöslichen Farbstoffpulvern auf der Faser durch ein
Bindemittel, das unlöslich gemacht wird. Von den vielen
Möglichkeiten, die hier vorhanden und noch keineswegs aus-
genutzt sind, benutzt die Praxis nur das Binden mit Eiweiß,
welches durch Erhitzen unlöslich gemacht wird (S. 246), zu
Zwecken des Zeugdrucks.

249

Dritter Abschnitt.

Psychophysische Verhältnisse.

Sechzehntes Kapitel.

Physiologie des Auges.

Das Sehen. Von allen unseren Sinnen ist der Sehsinn
am höchsten entwickelt. Wir erkennen dies daran, daß unser
Weltbild im wesentlichen die g e s e h e n e Welt ist. Die gehörte, getastete, geschmeckte, gerochene ist unvergleichlich
viel kleiner und einfacher. Die Grenzen unserer Welt, die
Elektronen einerseits, die fernsten Sterne anderseits werden
ausschließlich durch das Auge wahrgenommen, und das
Weltbild unserer täglichen Erfahrung ist, wenn auch nicht
ausschließlich, so doch zum allergrößten Teil aus Seherleb-
nissen zusammengesetzt. In diese gesehene Welt ordnen wir
die getastete, gehörte usw. so ein, daß die erste die maßgebende ist.

Diese überwiegende Bedeutung des Sehens drückt sich
auch darin aus, daß der Sehsinn der einzige m e h r f a l t i g e
ist. Hören, tasten usw. können wir nur in einfaltiger Ordnung, während das Sehfeld unmittelbar zweifaltig, eine
Fläche ist und die Erkenntnis der dritten Abmessung des
Raumes unserer Erfahrung durch besondere Einrichtungen,
namentlich das Doppelauge vermittelt. Und über die räumliche Unterscheidung der Außendinge hinaus, die auch durch
das nicht farbempfindliche Stäbchenauge geleistet werden
würde, hat das Auge noch die weitere Leistung der Farbempfindungen erreicht, welche uns auch stoffliche Unterschiede an den Dingen wahrnehmen läßt. Die Eigenschaften
der Dinge, mittels deren wir uns in der Welt zurechtfinden,
sind zum allergrößten Teil solche, die durch das Auge wahrgenommen werden; die Stoffbeschreibungen der chemischen
Lehrbücher beziehen sich fast ausschließlich auf visuelle Erscheinungen.

250

So ist es natürlich, daß auch die Eigenschaften des Auges, die Gesetze des Sehens und der geistige Aufbau einer folgerichtigen Anschauungs- und Begriffswelt auf dieser Grundlage stets als eine Hauptangelegenheit der Wissenschaft angesehen und behandelt worden ist. Der Anteil, welcher die F o r m e n zum Gegenstande hat, stellt daher eines der am frühesten entwickelten Wissenschaftsgebiete, nämlich die Geometrie dar. Deren wissenschaftliche Gestaltung, wie sie bereits den Ägyptern und Griechen gelungen war, und wie sie uns von E u k l i d in scharf durchdachter Zusammenstellung überliefert worden ist, hat seitdem als Muster und Vorbild für alle anderen Wissenschaften gegolten, nicht ohne Nachteil für beide, Vorbild und Nachbilder. Hat doch z. B. S p i n o z a keinen deutlicheren Ausdruck für seine Absicht finden können, eine streng wissenschaftliche Ethik zu schaffen, als den Hinweis, daß sie „nach Art der Geometrie" aufgebaut sei.

Der biologischen Tatsache, daß das Farbensehen sich viel später entwickelt hat als das Formensehen, entspricht die wissenschaftsgeschichtliche Tatsache, daß die Farbenlehre sich um Jahrtausende später entwickelt hat als die Formenlehre. Denn die eigentlich wissenschaftliche Erfassung des Gebietes, die nach Zahl und Maß, gehört der jüngsten Zeit an und ist von der Schaffung der wissenschaftlichen Geometrie um fast drei Jahrtausende entfernt, d. h. durch den größeren Teil der uns einigermaßen bekannten Geschichte der Menschheit. Die Ursache dafür liegt natürlich in der viel größeren Verwicklung und schwierigeren Erfassung der Farbenwelt gegenüber der Formenwelt.

Auch der andere, nächstliegende Vergleich der Lichtwelt mit der T o n welt, die an Bedeutung jener zunächst steht, läßt einen ähnlichen ungeheuren Zeitabstand erkennen. Die zahlenmäßigen Gesetze der Töne sind gleichfalls schon im griechischen Altertum entdeckt worden. Die Geschichte hat diese kapitale Leistung mit dem Namen P y t h a g o r a s verbunden, dessen Tonmessung mit dem

251

Monchord einzigartig unter den Werken jener Zeit hervor-
ragt. Durch den Besitz dieser wissenschaftlichen Grundlage
hat die Tonkunst sich zur ersten und stärksten Kunst unserer
Kultur entwickelt.

Eine Lichtkunst in solchem Sinne war bis auf unsere
Zeit nicht vorhanden, weil eine der Pythagoräischen vergleichbare messende Grundlage im Gebiet der Farben bisher
gefehlt hatte. Ohne eine solche wissenschaftliche Grundlage
ist eine höhere Entwicklung der entsprechenden Kunst nicht
möglich. Jetzt ist diese Grundlage vorhanden, und schon
regen sich hier und da die Kräfte, um die neue, eigentliche
Lichtkunst entstehen zu lassen, deren Anfang die künftigen
Geschichtsforscher in die ersten Jahrzehnte des zwanzigsten
Jahrhunderts legen werden, wo sie zu der Zeit des größten
Krieges, der die Menschheit verwüstet hat, in der Stille entstanden ist.

Das Auge. Es ist allgemein bekannt, daß das Auge vermöge seiner optischen Einrichtung kleine Bilder der Außenwelt im Innern entstehen läßt, wo sie auf eine Ausbreitung
des Sehnervs, die Netzhaut fallen und den Reiz bewirken,
welcher, durch den Sehnerv bis zum Gehirn fortgeleitet, dort
die Licht- und Farbenempfindungen hervorruft. Die scharfe
Abbildung ist auf eine flache Vertiefung gegenüber der
Linse beschränkt, d i e S e h g r u b e, in deren Mitte der
g e l b e F l e c k den Punkt des schärfsten Sehens kennzeichnet. Schon in geringem Abstand nimmt die Sehschärfe
sehr schnell ab. Dieser Nachteil wird durch die sehr große
Beweglichkeit des Auges ausgeglichen, welche gestattet,
jeden Punkt, dessen Betrachtung gewünscht wird, zu
„fixieren“, d. h. sein Bild auf denselben Fleck zu bringen *).

Stäbchen und Zapfen. In der geschichtlichen Einleitung
ist bereits über die grundlegende Tatsache berichtet worden,
daß das Menschenauge zwei wesentlich verschiedene nervöse

*) Näheres in Physiologische Farbenlehre von H. Podestà, Leipzig 1922,
Verlag Unesma.

252

Organe enthält, von denen das eine, ältere die Empfindung von Hell und Dunkel vermittelt, das andere, neuere die der Farben. Nach der Form der lichtempfangenden Endglieder unterscheidet man sie als Stäbchen und Zapfen.

Obwohl sich der restlosen Durchführung dieser Auffassung mancherlei Schwierigkeiten entgegengestellt haben, hat sie doch zu so vielfältigen Aufklärungen geführt, daß man sie als grundsätzlich zu Recht bestehend anerkennen darf. Da entwicklungsgeschichtlich vermutlich die Zapfen aus früheren Stäbchen entstanden sind, wird man in ihnen noch Reste von Stäbeneigenschaften annehmen dürfen und so die Widersprüche beseitigen, welche durch die stillschweigend angenommene absolute Trennung beider Funktionen hervorgerufen worden sind.

Die anatomische Verteilung ist die, daß die Sehgrube, insbesondere der gelbe Fleck mit Zapfen allein ausgestattet ist, während die ganz seitlichen Gebiete der Netzhaut nur Stäbchen tragen; dazwischen liegt ein abgestuftes Mischgebiet. Dem entspricht der regelmäßige Befund, daß jeder farbtüchtige Mensch in den Seitengebieten etwas farbenblind ist. Und zwar sind die Grenzen für verschiedene Farben verschieden. Dies deutet auf eine schrittweise Entwicklung des Farbensinns hin, wonach Blau-Gelb früher da war als Rot-Grün.

Die Vermannigfaltigung der Empfindungen im Zapfengebiet hat eine Verminderung der Empfindlichkeit zur Folge. Deshalb erfolgt das Sehen bei zunehmender Dunkelheit zunehmend mit den Stäbchen, so daß wir alsdann erheblich früher das Vermögen, Farben zu unterscheiden, verlieren, als das für Hell und Dunkel. Die Unbuntheit der Mondlandschaften ist eine Folge hiervon.

Ferner sind die Stäbchen die Hauptträger der A d a p t a t i o n oder Einstellung des Auges auf die allgemeinen Helligkeitsverhältnisse.

Der Sehvorgang ist an den Stäbchen mit der Zerstörung eines lichtempfindlichen Stoffes, des Sehpurpurs, verbunden,

253

der durch den normalen Stoffwechsel nachgebildet wird. Jeder Beleuchtungsstärke entspricht ein dynamischer Gleichgewichtszustand zwischen Verbrauch und Neubildung des Sehpurpurs, durch welchen dessen Menge um so kleiner wird, je stärker die Beleuchtung ist; um so geringer ist auch die absolute Änderung seiner Menge bei objektiv gleichen Lichtunterschieden und die damit zusammenhängende Allgemeinempfindlichkeit, wie das die Erfahrung über Adaptation lehrt. Es lassen sich einfache chemische Verhältnisse annehmen, durch welche gleiche r e l a t i v e Änderungen der Lichtstärke gleiche relative Änderungen der Empfindung, unabhängig vom absoluten Gehalt an Sehpurpur zur Folge haben, wie das gleichfalls die Erfahrung zeigt.

Die hellste Stelle im Spektrum ist verschieden für die Zapfen und die Stäbchen; bei diesen ist sie nach den kürzeren Wellen, von Gelb nach Grün verschoben.

Die ganze Farbenlehre, welche in diesem Werk vorgetragen ist, gilt ausschließlich für das Zapfensehen, weil nur diese das Farbsehen vermitteln. Folglich gilt sie nur für solche Lichtstärken, bei denen das Zapfensehen maßgebend für die Empfindungen ist. Unter diesen Umständen schränkt das Auge die Funktion der Stäbchen auf eine noch nicht näher gekannte Weise ein, so daß ihre überwiegende Lichtempfindlichkeit nicht zur Geltung kommt. Die Farbenlehre braucht daher das Stäbchensehen weiter nicht zu berücksichtigen.

Das farbempfindende Organ. Die starke Vereinfachung welche die Mannigfaltigkeit der Mischung der Lichtarten bei der gegenwärtig bestehenden Organisation unserer Farbenempfindung erfährt, beweist, daß das empfangende Organ nicht besonders auf jede Lichtart reagiert, also auch keinen entsprechenden Feinbau enthält, sondern daß es durch ziemlich breite Gebiete benachbarter Wellen gleichartig angeregt wird, so daß dort nur noch Stärkeverschiedenheiten empfunden werden. Will man den Versuch fragen,

254

wie viele solche Gebiete es gibt, so muß man sich erst
darüber klar werden, welche Versuchsanordnung maßgebend
wäre. Fassen wir mittels Lichtfilter die Lichtarten zusammen, die beim Betrachten eines Farbkreises nur Hell
und Dunkel und keine Buntfarben übrig lassen, so werden
wir auf die Zahl f ü n f geführt, die sich nach meinen Versuchen nicht weiter vermindern läßt. Es sind die Gebiete
Gelb, Rot, Blau, Seegrün, Laubgrün. Hiernach wäre zu ver-
muten, daß das Farborgan fünfteilig ist oder auf fünf
scharfunterschiedene Weisen sich betätigt, abgesehen von
den Unterschieden der Stärke.

Der Umstand, daß man aus drei Farben gehörigen Abstandes alle Farbtöne des Kreises ermischen kann, ist
andererseits die Grundlage der Dreifarbentheorie von
Y o u n g und H e l m h o l t z. Sie hat bei näherer Prüfung
neben guten Erfolgen auch große Schwierigkeiten ergeben.

Endlich hat die natürliche Ordnung der vier Urfarben
im Farbkreise E. H e r i n g veranlaßt, den beiden Paaren
Gelb-Ublau und Rot-Seegrün je einen polar gefaßten Vorgang (Assimilation — Dissimilation) zuzuordnen, denen
noch das dritte Paar Weiß-Schwarz angefügt wird. Diesen
drei wesentlich verschiedenen Reizvorgängen sind entsprechend drei wesentlich verschiedene Nervenvorgänge oder
auch drei verschiedene Organe zuzuordnen, welche je einen
dieser Reize übernehmen.

Unsere Kenntnisse über das Wesen und die Gesetze der
Reizleitung und -verarbeitung sind zurzeit so wenig entwickelt, daß die Mittel fehlen, zwischen diesen Möglichkeiten zu entscheiden. Daraus folgt, daß es zurzeit auch
wissenschaftlich nichts nützen würde, wenn wir eine solche
Entscheidung irgendwoher erhielten. Sie würde am Be-
stande unserer Kenntnisse zunächst nichts ändern, da noch
keine Zusammenhänge mit den Einzeltatsachen bekannt
sind. Nur den Nutzen würde sie vielleicht haben, den
energieverzehrenden Streit über die verschiedenen Theorien
zu Ende zu bringen. Aber auch das ist nicht sicher.

255

Das vorliegende Werk läßt erkennen, wie viele und fruchtbare Wissenschaft gewonnen werden kann, ohne irgend eine Rücksicht auf jene Fragen. Dieses große Gebiet wird demgemäß künftig auch nicht durch ihre Entscheidung beeinflußt werden, sie möge so oder so ausfallen. Persönlich muß ich erklären, daß ich die erzielten Erfolge nicht zum wenigsten der bewußten Fernhaltung von jenen Fragen zuschreibe. Sie soll deshalb auch hier weiterhin geübt werden.

Nachbilder und Kontraste. Sieht man in ein helles Licht und schließt dann die Augen, so empfindet man noch einige Zeit, um so länger, je stärker das Licht war, dasselbe Bild in abklingender Stärke. Die Erscheinung wird das p o s i - t i v e N a c h b i l d genannt.

Richtet man das so vorbehandelte Auge auf einen hellen Grund, so sieht man dasselbe Bild mit umgekehrten Lichtverhältnissen wie ein photographisches Negativ. Dies ist das n e g a t i v e N a c h b i l d .

Stets ist das positive Nachbild früher da und verschwindet früher. Ist der erzeugende Lichteindruck nicht stark gewesen, so kann das positive Nachbild so schnell verschwinden, daß man es gar nicht gewahr wird, während das negative deutlich erlebt wird.

Daß wir im täglichen Leben nicht fortwährend von Nachbildern geplagt werden, rührt daher, daß wir gelernt haben, von ihnen abzusehen und sie gar nicht in das Bewußtsein kommen zu lassen, ebenso wie der Müller das Klappern seiner Mühle nicht hört, das dem Fremden aufdringlich bis zur Unerträglichkeit erscheint. Personen, bei denen die Empfindung der Nachbilder krankhaft gesteigert ist, kennen auch die entsprechende Plage.

Diese Tatsachen zeigen, daß die vom Lichtreiz ausgehende Empfindung nicht gleichzeitig mit dem Reiz aufhört, sondern eine zweifache Nachwirkung ausübt. Die

256

erste besteht in der Fortsetzung der Empfindung mit abnehmender Stärke. Dies entspricht der allgemeinen Tatsache, daß jedes Organ wie jede Maschine eine besondere
Trägheit hat, deren Wirkung durch einen energieverzehrenden Widerstand beschränkt wird, den man bildlich Reibung
nennen kann, und der wohl immer zu einer Umwandlung
der Energie in Wärme führt. Bei den photochemischen
Vorgängen im Auge wird man nicht an mechanische Trägheit bewegter Massen denken; es ist nicht schwierig, sich
auch ein chemisches Bild der Trägheit oder Nachwirkung
auszudenken.

Der zweite Vorgang läßt sich dahin deuten, daß durch
den Reiz mit seinem Erfolg ein Zustand bewirkt worden ist,
der dem ersten entgegengesetzt ist, und der gleichfalls abklingt oder sich selbsttätig ausgleicht. Auch hierfür läßt
sich leicht ein chemisches Bild finden, das in unmittelbarem
Zusammenhange mit dem ersten steht.

Außer den unbunten Nachbildern gibt es b u n t e.

Von solchen kommen die negativen am häufigsten vor.
Sie machen sich dahin geltend, daß nach einem bunten Reiz
ein Nachbild in der G e g e n f a r b e erscheint, welches
logarithmisch abklingt. Dabei ist es nicht nötig, daß hernach ein äußerer Lichtreiz auf die betätigte Stelle der Netzhaut fällt; man sieht gegenfarbige Nachbilder auch bei geschlossenen Augen oder wenn man auf eine schwarze Fläche
schaut.

Diese Erfahrung beweist, daß durch einen bunten Reiz
die Netzhaut in einen Zustand versetzt wird, welcher mit
dem übereinstimmt, welchen ein gegenfarbiger Reiz hervor-
bringt.

Die theoretische Auffassung dieser Erscheinung ist verschieden. F e c h n e r betrachtet sie als eine Ermüdungs-
erscheinung. Das Auge ist durch die Beanspruchung für
die vorgelegte Farbe unempfindlicher geworden. Wirkt hernach weißes Licht ein, so kommt an der ermüdeten Stelle

der gegenfarbige Teil zu stärkerer Wirkung und die Stelle wird in dieser Gegenfarbe gesehen. Den Einwand, daß diese Gegenfarben auch ohne weißes Licht empfunden werden, beantwortet er dahin, daß das Gesichtsfeld nie vom weißen Licht ganz frei sei, indem mindestens das graue Eigenlicht des Auges sich betätige. Die andere, hauptsächlich von H e r i n g vertretene Ansicht geht dahin, daß das gegenfarbige Nachbild nicht von einer passiven Ermüdung herrühre, sondern von einer aktiven Gegenwirkung der Netzhaut, durch welche ein polar entgegengesetzter Vorgang bewirkt wird. Er faßte diese gegensätzlichen Vorgänge als Assimilation und Dissimilation; sie bilden, wie berichtet, die Grundlage seiner Theorie der bunten Empfindungen.

Für uns ist bei diesen Erörterungen zunächst nur wichtig, daß durch die physiologischen Verhältnisse des Auges die G e g e n f a r b e n b e z i e h u n g eine jedermann vertraute (wenn auch meist unterbewußt) ist. Sie stellt den engsten gesetzlichen Zusammenhang dar, welcher zwischen verschiedenen Farbtönen bestehen kann, und ist deshalb die Grundlage aller buntfarbigen Harmonien verschiedenen Farbtons, die später behandelt werden sollen.

Kontrast. Betrachten wir eine Grauleiter mit unmittelbar nebeneinander liegenden Feldern, wie sie S. 147 für genauere Messungen beschrieben wurde, so sehen die Felder nicht gleichförmig aus, wie sie tatsächlich sind. Sondern jedes ist nach dem helleren Nachbar zu dunkel abschattiert, so daß die dunkelste Stelle als Rand sich dem hellen Nachbar ansetzt. Umgekehrt hellt sich das Feld nach dem dunkleren Nachbar hin auf und ist an der Grenze am hellsten. Die Erscheinung ist um so auffälliger, je genauer die Felder aneinander grenzen, und wird durch Zwischenlinien vermindert, ja aufgehoben. Man kann sie allgemein dahin beschreiben, daß helle Nachbarschaft den Nachbar verdunkelt und dunkle ihn aufhellt, und zwar um so mehr, je näher er ist. Außer dem eben beschriebenen Falle gibt es un-

258

zählig viele andere, welche alle sich auf die gleiche Formel
bringen lassen.

Dies ist der unbunte Kontrast Hell-Dunkel.

Außer diesem gibt es noch einen bunten Kontrast, den
man an den hundertteiligen Farbtonleitern des Chrometers
beobachten kann. Die nebeneinanderliegenden Farbfelder
sehen dem Farbton nach nicht gleichförmig aus. Betrachten wir z. B. das veile Gebiet, so hat jedes Feld nach der
roten Seite zu einen blauen, nach der blauen zu einen roten
Rand, der an der Grenze am stärksten ist und nach innen
sich schnell, aber stetig ausgleicht. Die Beschreibung lautet
hier, daß zwei Felder verschiedenen Farbtons sich so beeinflussen, daß jede Farbe die andere nach der entgegengesetzten Seite des Farbkreises drängt, und zwar um so mehr, je
näher sich die Farbfelder räumlich liegen.

Auf die Frage, wie weit die Verschiebung geht, ist die
Antwort: bis zur Gegenfarbe. Die Empfindung der Kon-
trastfarbe ist aber sehr weitgehend durch unsere Kenntnis
der Eigenfarbe des beeinflußten Gebiets bestimmt. Haben
wir gar keinen Anhaltspunkt für diese, so ruft der Kontrast alsbald genau die Gegenfarbe hervor. Dies ist am
deutlichsten sichtbar bei den farbigen Schatten. Erzeugt
man gleichzeitig auf derselben Fläche zwei ähnliche Schatten, von denen der eine objektiv bunt, der andere unbunt
ist, so sieht der zweite nie grau aus, sondern erscheint in
der Gegenfarbe. Ein graues Feld auf einem bunten Papier
zeigt erst bei längerem Hinsehen etwas von der Gegenfarbe durch den Kontrast. Bedeckt man beide mit Flor oder
Pauspapier, so daß man die Beschaffenheit des grauen
Flecks nicht mehr erkennen kann, so erscheint er sofort und
sehr deutlich in der Gegenfarbe.

Wir haben es also hier im Raume mit einer ganz ähnlichen Erscheinung zu tun, wie sie die negativen Nachbilder
in der Zeit darbieten. Ihr Gemeinsames ist, daß die Beanspruchung des Auges durch eine Buntfarbe dieses so beein-

259

flußt, daß es die gegenfarbige Empfindung von sich aus erzeugt. Auch durch diese beständig wirksame unwillkür-
liche Betätigung wird uns das Verhältnis der Gegenfarbenpaare anschaulich gemacht. Um so erstaunlicher ist die
Tatsache, daß gerade bei Praktikern, die tagtäglich mit
Farben zu tun haben, wie Färbern und Malern, noch bis
heute die alten falschen Ansichten über die Gegenfarben-
beziehung Gelb:Veil, Rot:Grün, Blau:Kreß ihr Wesen
treiben und immer wieder zu mißglückten „Theorien" ohne
wissenschaftlichen Wert Anlaß geben.

Unvollkommene Farbempfindung. Neben den Farbtüchtigen, deren Verhältnisse der Farbenlehre zugrunde gelegt
sind, gibt es in kleiner Zahl Personen, deren Farbenwelt
enger ist, die uneigentlich sogenannten Farbenblinden. Sie
zerfallen in einige große Gruppen, zwischen denen allerdings mannigfaltige Übergänge bestehen.

Der häufigste Mangel ist der der Empfindung für Rot
und Grün. Die damit Behafteten verwechseln beide Farben,
während sie die anderen ähnlich wie die Farbtüchtigen auf-
fassen. Dabei gibt es Fälle, bei denen wesentlich die Empfindung des Rot fehlt, und andere mit fehlendem Grün.
Metamere Mischungen, die von den Normalen als gleich angesehen werden, erscheinen auch solchen Farbmangelhaften
gleich; es fehlt ihnen also nur ein Teil der von jenen empfundenen Mannigfaltigkeit.

Viel seltener sind die Fälle, wo Blau und Gelb verwechselt werden.

Endlich gibt es Personen, welche überhaupt keine Farben sehen. In ihren Augen sind nur die Stäbchen lichtempfindlich und die Einzelheiten ihres Sehens stimmen damit
überein.

Es ist sehr bemerkenswert, daß sich unter den Forschern, die sich mit der Farbenlehre beschäftigt haben oder
beschäftigen, auffallend viele mit unvollkommenem Farbensinn finden. Es scheint, daß ihre Aufmerksamkeit durch

17*

260

die Widersprüche, in die sie bezüglich der Farbe mit ihrer
Umgebung geraten, ihre Aufmerksamkeit besonders stark
auf das Gebiet hinlenkt, wohl zunächst durch den Wunsch,
die empfundenen Nachteile zu beseitigen oder wenigstens
zu mildern. Ist daneben allgemeine wissenschaftliche Anlage vorhanden, so richtet sie sich naturgemäß auf die Erforschung dieses Gebiets starken persönlichen Interesses.

Siebzehntes Kapitel.
Die Farbe als Darstellungsmittel.

Die Aufgabe. Das allgemeinste und wirksamste Mittel
wissenschaftlicher Arbeit ist die Z u o r d n u n g. Sie besteht darin, daß man den wissenschaftlich zu bewältigenden
Dingen andere zugesellt mit der Maßgabe, daß sie sie vertreten sollen, oder daß man an sie denken soll, wenn man
jene handhabt. Wählt man die zugeordneten Dinge so, daß
man sie leicht und schnell handhaben kann, so kann man
die schwersten und fernsten Dinge mit ihrer Hilfe bewäl-
tigen, wenn die Zuordnung sachgemäß ausgeführt war.

Um diese allgemeine Betrachtung anschaulich zu
machen, denken wir an die Entstehung der Geometrie aus
der Notwendigkeit der Feldvermessung in Ägypten nach
den jährlichen Überschwemmungen des Nil, wobei die Grenzen jedesmal verwischt wurden. Statt an den Feldern
selbst die Verhältnisse zu untersuchen, was technisch oft
kaum ausführbar war, ordnete man ihnen handliche Zeichnungen zu, an denen die gesuchten Verhältnisse ebenso ermittelt werden konnten, wie an den Feldern selbst. Auf
demselben Grundsatz beruht alles Rechnen, wo die Zahlen-
zeichen die Gegenstände ersetzen, denen sie zugeordnet sind.
Wenn die heutige Wissenschaft Weltkörper wägt, die viele
tausend Mal schwerer sind als die Erde, so beruht dies ebenso
auf zweckmäßigen Zuordnungen, wie die Messung der
Größe von Atomen, die kleiner sind, als das kleinste sichtbare Ding.

Damit die Zuordnung solches leisten kann, muß sie
a n g e m e s s e n sein. Das heißt, sie muß eine Mannigfaltigkeit derselben Art darstellen, wie sie dem Gegenstande
eignet. Die geometrischen Bilder der ägyptischen Feld-
messer hatten dieselben Winkel und Seitenverhältnisse, wie
die wirklichen Felder, nur der Maßstab war bis zur Erreichung der praktischen Bequemlichkeit verkleinert. Dies
ist die einfachste und nächstliegende Art, das Zuordnungs-
problem zu lösen. Heute können wir auf Grund der analytischen Geometrie diese Bilder durch Buchstaben und Zeichen ersetzen, die gar keine unmittelbare Ähnlichkeit mehr
mit den Dingen selbst haben. Aber wir handhaben diese
Zeichen nach Regeln, welche ihnen dieselbe Mannigfaltigkeit geben, wie sie die Dinge haben, und kommen dadurch
zu wichtigen Ergebnissen.

Die Aufgabe der wissenschaftlichen Arbeit ist also eine
zweifache. Zuerst muß die Art der Mannigfaltigkeit des zu
erforschenden Gegenstandes ermittelt werden, d. h. es müssen seine Elemente festgestellt werden, und die Gesetze,
nach welchen sie untereinander sich verbinden. Und dann
müssen wir Symbole, die zugeordneten Zeichen für sie, finden, mit denen wir arbeiten können. So haben wir für die
Farbenlehre festgestellt, daß die Elemente der Farben Weiß,
Schwarz, Vollfarbe sind, und haben deren Beziehungen
nach Stetigkeit und Reihenbildung ermittelt. Den Farben,
welche einzeln herzustellen und zu handhaben eine unabsehbare Arbeit gekostet hätte, haben wir dann, da es sich um
eine dreifaltige stetige Gruppe handelt, Orte im Raum zugeordnet, der auch dreifaltig ist. Dies ergab den F a r b -
k ö r p e r , welcher eine ungeheure Menge Belehrung in der
schlichten Form des Doppelkegels enthält. Eine andere Zuordnung ist die Gleichung $v + w + s = 1$, welche für die
Rechnung bequemer ist, als die Messung am farbtongleichen
Dreieck. Wir sehen, daß wir nach den Zwecken verschiedene Arten der Zuordnung brauchen können.

262

Gewöhnlich achtet man bei der wissenschaftlichen Arbeit nur auf den einen Teil, die Entdeckung der Gesetze, und übersieht dabei den anderen Teil, die Zuordnung zweckmäßiger Zeichen oder Symbole, welche erst ermöglicht, die Einzeltatsachen, die der Forscher beobachtet, in eine allgemeine Form zu bringen. Dies rührt daher, daß S p r a c h e und S c h r i f t ein System sehr allgemeiner Symbole darstellen, durch welche jedenfalls die Darstellung und Aufzeichnung der Beobachtungen ermöglicht wird. Demgemäß führt jeder Forscher ein Tagebuch, in dem er Buchstaben und Ziffern seinen jeweiligen Beobachtungen zuordnet und damit das wesentliche an ihnen darstellt. Es ist dergestalt von den Unsicherheiten des Gedächtnisses freigemacht und für weitere Arbeit vorbereitet, die wieder mit Hilfe von Zuordnungen und Symbolen erfolgt.

Sprache und Schrift haben gerade wegen ihrer Allgemeinheit aber nicht die besonderen Mannigfaltigkeitseigenschaften, die den untersuchten Gegenständen zukommen. Darum werden besondere Symbole gebildet und mit entsprechenden Anwendungsregeln versehen. Wir kennen sie in den Operationszeichen der Mathematik, in den chemischen Formeln usw. Sie ersparen, wie bekannt, dem Arbeitenden unabsehbare Energiemengen, da sie selbsttätig bei richtiger Handhabung zu richtigen Ergebnissen auf abgekürzten Wegen führen. Die hierzu erforderliche Denkarbeit ist ein für allemal getan und in der Formel gebrauchsfertig niedergelegt worden.

Sprachliche und zeichnerische Symbolik. Vermöge der Natur des menschlichen Denkens, welches einen Gedanken an den anderen reiht, wie die Glieder einer Kette, sind die gebräuchlichsten Symbole zur Darstellung der Gedanken, Sprache und Schrift, ebenso einfaltig oder linear, wie das Denken selbst entwickelt worden. Selbst wo, wie beim Schreiben, die zweifaltige Papierfläche zu Gebote steht, zerlegt man diese in eine Anzahl einfaltiger Reihen, die Zeilen, die zu einer einfaltigen Reihe gedanklich verbunden wer-

263

den. Dies ist die angemessene Form für die ursprüngliche-
ren Arten der geistigen Betätigung.

   Sobald aber wissenschaftliches Denken eintritt, macht
sich eine Unzulänglichkeit geltend. Wissenschaftliche Gesetze haben im allgemeinen die Form: aus A folgt B. Solange A ein Einzelding ist, reicht Sprache und Schrift zur
Darstellung aus. Sobald A aber eine Gruppe, zumal eine
stetige Gruppe von Dingen ist, welche in einer Beziehung,
z. B. an Größe, stetig verschieden sind, bedeutet auch B
eine solche stetige Gruppe, so daß zu jedem besonderen A auch ein besonderes B gehört. Wir können ein solches Verhältnis zwar in einer Formel darstellen; diese aber
gewährt keine gleichzeitige Übersicht aller Einzelfälle.
Eine solche erfordert, da A und B zwei selbständige Gruppen sind, eine z w e i f a l t i g e Zuordnung. Wir finden
sie in der Ebene des Papiers.

   Die z e i c h n e r i s c h e Darstellung, etwa indem wir
die Werte von A wagerecht, die von B senkrecht aussetzen,
hat den gesuchten Vorzug vor der wörtlichen. Sie findet
deshalb zunehmend Anwendung und ist aus Kurs- und
Preistafeln heute auch dem durchschnittlichen Zeitungs-
leser geläufig geworden. Es ist ein Kennzeichen der bisherigen scholastischen, am Worte hängenden Kulturauf-
fassung, daß es bis in unsere Tage gedauert hat, ehe die dem
Techniker längst geläufigen Vorzüge dieser Darstellung
dem allgemeinen Gebrauch zugänglich gemacht wurden. In
der allgemeinen Schule hat sie noch keinen geregelten Ort
gefunden; die Zeichenstunde, in die sie gehört, wird mit
unzulänglichen „künstlerischen" Bemühungen vergeudet.
Es gibt kaum ein Mittel, welches den so notwendigen Übergang vom Wortdenken zum Sachdenken so wirksam erleichtert, wie die Gewöhnung an die zweifaltige Symbolik
der Zeichnung.

   Was hat dies mit der Farbenlehre zu tun? Ein zweifaches. Einmal gibt es Aufschluß über die Notwendigkeit,
sich die räumliche Darstellung ihrer Ergebnisse im farbton-

264

gleichen Dreieck, wertgleichen Kreise, Farbkörper so geläufig wie möglich zu machen. Dann aber ist daran zu denken, daß die Farbe sich ja auch umgekehrt dazu eignet, a l s
S y m b o l z u r D a r s t e l l u n g a n d e r e r M a n n i g -
f a l t i g k e i t e n z u d i e n e n. Sie läßt sich leicht auf
das Papier bringen und bereichert mit ihrer Dreifaltigkeit
in ganz ungewöhnlichem Ausmaße das Gebiet der möglichen
Anwendungen.

Farbige Symbolik. Der Gedanke, die Farbe zum Ausdruck besonderer Gedanken in der Schrift und Zeichnung
anzuwenden, ist uralt. Wenn man die Anfangsbuchstaben
der Textabschnitte oder die Namen von Fürsten, Göttern
oder anderen Objekten der Verehrung buntfarbig aus dem
sonst schwarz hergestellten Text aufleuchten läßt, beabsichtigt man, Dinge, die man geistig auszeichnen will, durch die
besondere Farbe erkennbar zu machen. Von dort bis zu dem
heutzutage gelegentlich ausgeführten Plan, in der Noten-
schrift der Fugen das Thema überall durch roten Druck
hervorzuheben, führt ein kurzer Weg. Wenn etwas hierbei
wundernimmt, so ist es das geringe Ausmaß, in welchem
dies naheliegende Verfahren Anwendung findet; man
braucht es viel mehr zum entbehrlichen Schmuck als zu
nützlicher Anwendung. Die Ursache mag in der Technik
liegen; jede Farbe neben dem Schwarz verteuert die Herstellung.

Deshalb ist auch die Anwendung bei handschriftlicher
Arbeit häufiger. Die rote Tinte, mit welcher der Lehrer
korrigiert, der Rot- und Blaustift auf dem Schreibtische des
Kaufmanns und Verwalters erfordern nur wenig Sonder-
aufwand und sind allgemein im Gebrauch.

Viel ausgedehnter wird die Buntfarbe von Zeichnern
benutzt. Geographische Karten und technische Zeichnungen aller Art weisen zunehmend eine methodische Benutzung der Farbe auf. Soeben bearbeitet der Normenaus-
schuß der Deutschen Industrie die Kennzeichnung der
W e r k s t o f f e durch Farben, und in der Geologie strebt

265

man eine eindeutige Zuordnung der Farben zu den Begriffen für die kartographische Darstellung an.

Immerhin stehen hier die überreichen Möglichkeiten in
einem auffallenden Gegensatz zu den ärmlichen Wirklich-
keiten und nötigen zu der Frage nach der Ursache.

Die Ordnung der Farbsymbole. Die Antwort auf diese
Frage ist dieselbe, welche wir für so viele andere Rück-
ständigkeiten im Farbgebiete gefunden haben: weil man
die Farben nicht hat messen können, hat man sie auch nicht
ordnen und nicht benennen und bezeichnen können. Durch
Zuordnung zu einer Gruppe, die selbst nicht geordnet ist,
kann man aber den Gewinn einer rationellen Symbolik nicht
erzielen. So mußte man dies an sich unabsehbar fruchtbare
Feld brach lassen und sich mit den allereinfachsten Anwen-
dungsformen begnügen, die sich auf unmittelbar ersicht-
liche Verschiedenheiten der Farben stützten.

Erst gegenwärtig, wo die Farben eine wohlgeordnete
dreifaltige Gruppe bilden, kann man daran gehen, die Farb-
symbolik ebenso auszubilden, wie man die Lautsymbolik zur
Sprache und die Formsymbolik in der Ebene zur Schrift
ausgebildet hat.

Auch in diesem Falle (S. 250) hat die Form einen ungeheuren zeitlichen Vorsprung vor der Farbe, der zunächst
in ihrer viel größeren technischen Zugänglichkeit liegt.
Formverschiedene Zeichen lassen sich viel leichter und
schneller herstellen, als farbverschiedene, und ebenso viel
leichter und schneller unterscheiden und erlernen. So entwickeln sich hier wie immer die Arbeitsmittel der Menschheit nicht nach Maßgabe ihrer begrifflichen, sondern ihrer
technischen Einfachheit.

Wir stehen also am Anfang einer Entwicklung, deren
spätere Ausdehnung sich noch nicht absehen läßt, und haben
wegen des späten Beginns dieser Reihe die Möglichkeit und
damit die Pflicht, uns zuerst über das Grundsätzliche klar
zu werden, ehe wir an die praktische Anwendung gehen.

266

Der Ausgangspunkt ist natürlich die Ordnung der Farben selbst und ihre Festlegung durch die Farbnormen und die Farbzeichen. Diese Ordnung ist dreifaltig und enthält einerseits ungeschlossene oder geradlinige Reihen, andererseits geschlossene oder Kreise. Man wird also zunächst fragen, ob die eine oder andere Eigenschaft mit entsprechenden Eigenschaften der darzustellenden Gruppe zusammentrifft, und darnach die Wahl treffen. Dabei ist daran zu denken, daß man die wertgleichen Kreise auch aufschneiden und geradlinig anwenden kann. Diese Bemerkung zielt darauf hin, daß von den drei Verschiedenheiten der Farben die des Farbtons uns die geläufigste ist, so daß man sie auch dort anzuwenden pflegt, wo die Geschlossenheit des Farbtonkreises nicht in Frage kommt.

So wird man z. B. auf geologischen Karten das Alter der Gesteine viel lieber durch Verschiedenheiten des Farbtons kennzeichnen als etwa durch die Stufen einer hellklaren oder Schattenreihe. Auch unterscheidet man ohne Zögern 8 bis 12 Farbtöne, aber schwerlich mehr als 4 oder 5 Schattenstufen.

Wir schließen daraus, daß wir es zunächst ganz vorwiegend mit Verschiedenheiten des Farbtons zu tun haben werden. Hier stellen wir alsbald eine Forderung, der man instinktiv bisher vielfach zu genügen versucht hat, ohne sich der grundsätzlichen Seite bewußt sein zu können: zusammengehörige Buntfarben sind immer aus demselben wertgleichen Kreise zu nehmen.

Hieran schließt sich eine zweite Regel: Bildet die darzustellende Gruppe eine natürliche Reihe, so ist ihr die Farbtonreihe in ihrer eigenen Ordnung, beginnend mit Gelb zuzuordnen.

Anzahl der Farbtöne. Beide Regeln verlangen Klarheit darüber, wieviel Farben im Farbtonkreise für symbolische Zwecke zuzulassen sind.

267

Handelt es sich um Gruppen mit ganz grober Teilung bis 4, so wird man die 4 Urfarben Gelb, Rot, Ublau, Seegrün anwenden, deren Unterscheidbarkeit außer Frage steht. Dasselbe gilt fast ganz für die 8 Hauptfarben. Deren Vertreter ist jeweils die z w e i t e Farbe, also das zweite Gelb, Kreß usw. Der einzige Punkt, welcher Schwierigkeiten macht, ist der Schritt Eisblau—Seegrün, die namentlich bei gelbem künstlichem Licht sich etwas ähnlich sehen, so daß eine Entscheidung auf den ersten Blick Übung erfordert. Man wird also tunlichst vermeiden, beide Farben gleichzeitig zu benutzen. Durch Fortlassung der einen kommt man auf 7 Glieder der Gruppe. Ist dies unerwünscht, so kann man statt des zweiten Seegrün 79 das dritte 83 nehmen, das auch bei Lampenlicht sich leicht vom zweiten Eisblau wie vom zweiten Laubgrün unterscheiden läßt.

Über 8 Farbtöne wird man zurzeit nicht wohl hinausgehen können. Weder ist die Druckfarbenindustrie so weit, die 24 Farbtöne eines Kreises mit Sicherheit einzustellen, noch sind die Benutzer so weit, sie mit Sicherheit zu unterscheiden. In der nächsten Generation wird man schon mit anderen Verhältnissen rechnen können; heute müssen wir uns bescheiden. Es käme allenfalls noch ein 12stufiger Kreis in Frage. Da aber seine Benennung (z. B. 1. Gelb, 3. Gelb, 2. Kreß, 1. Rot, 3. Rot, 2. Veil usw.) nicht völlig einfach ist, so kann ich seine Anwendung nicht empfehlen.

Des weiteren ist zu entscheiden, welchen Kreis man in Benutzung nehmen soll. Hier muß erwogen werden, daß die Farben nicht zu tief sein dürfen, da meist Buchstaben, Linien usw. auf der bunten Fläche noch sichtbar sein sollen. Da ferner zunächst nur hellklare Farben in Frage kommen, so fällt die Wahl auf i a als den tiefsten Kreis, der praktisch anzuwenden ist. In zweiter Linie kommt der Kreis e a, der benutzt wird, wenn helle Farben erwünscht sind. Man muß ga überspringen und um zwei Stufen weiter nach ea gehen, damit ohne Zögern die hellen Farben von den vollen unterschieden werden können. Die Kreise ga und ea sind

268

weniger zu empfehlen, weil ea bereits zu blaß ist und keine
genügend leichte Unterscheidung der Farbtöne mehr gestattet.

Die Benennung dieser Farben gestaltet sich hiernach
sehr einfach. Die ia-Farben erhalten ihren Namen ohne
Zusatz; Kreß bedeutet 17 ia. Die ea-Farben bekommen die
Vorsilbe Hell-. Hellublau ist also 54 ea.

Genügen diese 16 Farben nicht, so kann man noch eine
trübe Reihe zu Hilfe nehmen. Zu den genannten paßt am
besten gc. Die Namen erhalten die Vorsilbe Trüb-. Damit
hat man 24 Farben, die sich alle auf einen Blick erkennen
lassen. Man sieht, wie reich man durch Ordnung wird!

Weitere Anwendungsmöglichkeiten aller Art lassen
sich leicht ersinnen, da jeder Gruppe irgendwelcher Art
solche Farben zugeordnet werden können. Besonders soll
auf den Gebrauch der Farbe als Gedächtnismittel für den
S c h u l u n t e r r i c h t hingewiesen werden. Schuldirektor
K r a u ß e in Chemnitz hat hierüber Versuche angestellt,
die zu weitgehenden Erwartungen berechtigen.

Technische Hilfsmittel. Um Farben für die Zwecke der
Symbolik anzuwenden, bedarf es eines Mittels, sie leicht
und sicher aufzutragen, dessen Ausbildung ebenso wichtig
ist, wie die von Tinte, Feder, Bleistift usw. zum Schreiben;
ich erinnere nur an die technischen Fortschritte durch
Schreibmaschine und Phonograph.

Wir haben hier zwei Möglichkeiten: Buntstifte und
wäßrige Tuschen.

Buntstifte werden auf die einzelne Farbe eingestellt;
man braucht so viele, als man Farben anwendet. Die Industrie ist in der Lage, sie gemäß den oben angegebenen De-
finitionen herzustellen. Ihre Anwendung bedingt kein Be-
netzen des Papiers, also auch keine Faltenbildung. Doch
sind die erzielbaren Aufstriche nicht schön anzusehen, weil
sie ungleichförmig ausfallen und keine stetige Deckung ergeben.

269

Wäßrige Tuschen lassen sich genau eingestellt aus
sauren Teerfarbstoffen anfertigen. Man kann sie wie die
Buntstifte fertig eingestellt in kleinen Flaschen vorrätig
halten und mit dem Pinsel auftragen. Die Herstellung
völlig gleichförmiger Überzüge macht gar keine Schwierigkeiten, die Aufstriche sehen ungemein schön aus zufolge der
großen Farbreinheit. Bei ungeeignetem Papier, namentlich
Pergamentpapier, entstehen aber leicht Buckel und Falten,
die man vermeiden kann, wenn man nicht naß anlegt, sondern mit halbtrockenem Pinsel „schummert". Es erscheint
möglich, durch geeignete Zusätze diesen Nachteil einzu-
schränken.

Eine bedeutende Vereinfachung des Geräts, die aber
wie immer mit einer Vermehrung der Ansprüche auf Geschicklichkeit verbunden ist, gelingt durch die Anwendung
fester löslicher Farbstoffpillen, wie sie durch meinen Mal-
kasten „Kleinchen" eingeführt worden sind. Man übt sich,
die Farbstärken, die den Reihen ea und ia entsprechen, nach
Augenmaß in Näpfchen zu mischen; dies läßt sich leicht
und mit überraschender Sicherheit erlernen. Etwas schwieriger ist es, durch Zusatz von löslichem Schwarz die Farben
ge einzustellen, doch ist auch das leichter erlernbar, als
man denken sollte. Hat man es einige Male nach richtig eingestellten Vorlagen geübt, so besitzt man die Kunst für sein
ganzes Leben. Das Gerät beschränkt sich dann auf ein
„Kleinchen" im Weltformat 56 × 80 mm und einen Pinsel.

Natürlich sind dies nicht die einzigen technischen Möglichkeiten, sondern nur die nächstliegenden. Auf die naheliegende Anwendung gewöhnlicher Aquarellfarben wird
man bald verzichten, weil die Aufstriche auch nicht annähernd so klar ausfallen, wie mit löslichen Farbstoffen;
auch fehlt die Einstellung auf die acht Hauptfarben. Doch
muß erst ein ausgedehntes Bedürfnis entstanden sein, bevor
eine Weiterentwicklung über den vorhandenen, bereits
recht befriedigenden Zustand hinaus dringend und lohnend
wird.

270

Weiteres. Weit über diese technischen Anwendungen
hinaus wird die Regelung der Farbe und das dadurch ermöglichte Zuhausesein in der Farbwelt die bewußte Benutzung und Regelung der Farbe auf zahlreichen Gebieten
der kulturellen Arbeit in die Wege leiten. Bisher standen
wir ja den Farben gegenüber wie einem Urwalde. Dieser
kannte hier, jener dort ein gewisses Gebiet. Einige Hauptpunkte waren allgemeiner bekannt, aber höchst unsicher bestimmt. So war nichts scharf erfaßbar, man verirrte sich
bei jedem Versuch des Eindringens, und für die Verständigung war man auf das primitivste aller Mittel, die Vorlage
der gemeinten Farbe als farbiger Gegenstand angewiesen.
So vermied man das Betreten dieser Wildnis, wenn nicht
eine Notwendigkeit es erforderte, und konnte doch die Sehn-
sucht nicht unterdrücken, sie durch und durch kennen zu
lernen, um sie frei zu beherrschen.

Denn die Freude an der Farbe ist jedem Menschen an-
geboren und macht sich bei jedem Kinde unwiderstehlich
geltend. Je älter aber der Mensch wurde, um so mehr wurde
sie zurückgedrängt. Die allgemeine Unfähigkeit, wohl-
tuende Farbverbindungen leicht und sicher herzustellen,
hat zu der Farbenscheu geführt, von der die beiden letzten
Jahrhunderte beherrscht waren; man vermied die schönen,
lebhaften Farben, die man nicht harmonisch zu ordnen
wußte, und flüchtete sich in das trübe Reich der gebrochenen
Farben, wo man wenigstens nicht schreiende Dissonanzen
zu befürchten hatte.

Seit einigen Jahrzehnten hat die Kulturmenschheit
diesen Zustand satt bekommen und sich, anfangs schüchtern,
dann immer verwegener den klaren, leuchtenden Farben
wieder zugewendet. Heute schwelgen die nach dieser Richtung vorgeschrittensten Geister in Farbenorgien ohne Rücksicht auf etwaige Dissonanzen, ja unter bewußter Erzeugung solcher. Die jüngsten Richtungen der Malerei haben
im Sinn, soweit sie überhaupt einen beanspruchen, die unmittelbare, sozusagen musikalische Wirkung der Farbe zu

271

entwickeln, frei von der Bindung an naturalistische farbige Gegebenheiten, wenn auch noch nicht frei vom Naturalismus selbst, den sie nur vergewaltigen, statt ihn zu überwinden.

Allen diesen Bestrebungen kann jetzt Befriedigung werden, nachdem der bisherige Urwald durchforstet, geregelt und an jedem Punkte betretbar gemacht worden ist. Die vorliegende Farbkunde wäre nicht vollständig ohne eine Darstellung der Folgen, welche die Meßbarkeit der Farben in dieser Richtung mit sich gebracht hat. Es ist, kurz gesagt, die Lehre von der H a r m o n i e der Farben, die auf dieser Grundlage möglich geworden ist. Einen kleinen Teil, die Harmonie der unbunten Farben, haben wir bereits flüchtig kennen gelernt; diese ergab sich als unmittelbare Folge der Normung. Aus gleicher Quelle erfließt die Harmonik der Buntfarben. Wir erörtern beide im Zusammenhange.

Achtzehntes Kapitel.
Die Harmonie der Farben.

Der Hauptsatz der Schönheitslehre. Als die grauen Farben ohne jede Bezugnahme auf schönheitliche (ästhetische) Fragen, wohl aber unter sorgsamster Berücksichtigung ihrer Gesetze genormt waren, fiel uns als reife Frucht dieser Arbeit ebenso unerwartet wie beglückend ihre H a r m o n i e in den Schoß. Und zwar infolge des in allen Gebieten der Kunst maßgebenden Grundgesetzes G e s e t z l i c h k e i t = H a r m o n i e. Auf dem Gebiete der Farbenlehre wurde dieser Satz zuerst theoretisch aufgestellt und praktisch erprobt. Nicht in der ungefähren und unbestimmten Weise, wie bisher ein solcher Zusammenhang oft genug ausgesprochen war, sondern in der Art der exakten Wissenschaft, für die ein Naturgesetz, soll es diesen Namen verdienen, mit dem Anspruch der Allgemeingültigkeit auftritt.

272

Ich habe mich deshalb alsbald bemüht, nachzusehen, ob
eine solche Allgemeingültigkeit besteht, und alle Künste
unter diesem Gesichtspunkt untersucht. Das Ergebnis war
überall bejahend. Hier können nur einige Beispiele angegeben werden; dies ist aber notwendig, um das Vertrauen
in die unbedingte und restlose Richtigkeit jenes Grundsatzes und damit seine Anwendung auf die Welt der Farben
zu sichern.

Zunächst finden wir das Gesetz maßgebend für die Tonkunst. Damit zwei Töne ein harmonisches Verhältnis haben,
müssen ihre maßgebenden Werte, die Schwingzahlen, gesetzliche Beziehungen, und zwar unter den möglichen zunächst die e i n f a c h s t e n aufweisen. Die harmonischen
Intervalle mit den Schwingzahlenverhältnissen sind: Oktave 1:2, Quinte 2:3, Quarte 3:4, gr. Terz 4:5, kl. Terz 5:6.
Andere harmonische Verhältnisse gibt es nicht, und alle
musikalischen Tonverbindungen beruhen ohne Ausnahme
auf den drei Primfaktoren dieser Zahlen 2, 3, 5.

Ähnliche einfache Gesetzlichkeiten bestehen für den
Rhythmus (Takt), den Periodenbau und den Kontrapunkt.

Für die Dichtung und die Baukunst gelten ähnliche
Beziehungen.

Diese Anwendungen des Satzes beziehen sich auf vorhandene und geläufige Kunstbetätigungen. Ich sagte mir,
daß jedes Naturgesetz zum Prophezeien da ist. Wendet man
es auf Fälle an, die man noch nicht kennt, so kann man
mit seiner Hilfe den Erfolg vorausberechnen und muß,
wenn es richtig ist, das Erwartete finden.

Die Möglichkeit dieses „experimentum crucis" ergab
sich unerwarteterweise in einem Falle, den man für längst
erledigt hätte halten sollen, nämlich in der Formenlehre.
Der Satz verlangt: alle gesetzlichen Formen sind schön.
Sind sie es wirklich?

Bekanntlich sind alle Krystalle schön. Mehr oder
weniger; aber häßliche Krystalle gibt es nicht. Warum?
Weil alle Krystalle sich nach einfachen Gesetzen gebildet

273

haben, welche die räumliche Gestaltung ihrer Molekeln regeln. Selbst gestörte Krystallisationen, wie die der Eisblumen am Fenster, wirken schön durch die in ihnen betätigte Gesetzlichkeit.

Also hier liegt wieder eine volle Bestätigung vor. Wir können aber den Hauptsatz noch schärfer auf die Probe stellen. Er ermöglicht uns ja, auch im Gebiet des noch Ungekannten Schönes zu erzeugen. Stellen wir uns die Frage, wie sich Punkte und Linien am einfachsten gesetzlich in der Fläche ordnen und gestalten lassen, und führen die derart gefundenen Anweisungen aus, so müssen die entstehenden Gebilde schön sein. Kann das zutreffen?

Auch hier hat der Versuch keinen Zweifel an der Richtigkeit des Hauptsatzes gelassen. In einem 1922 erschienenen Buch: Die Harmonie der Formen (Leipzig, Verlag Unesma) habe ich das Experiment gründlich durchgeführt. Es ergaben sich dabei nicht nur alle Gesetze der bisherigen Ornamentik oder Lehre von den schönen Formen, wie sie von den Künstlern seit Jahrtausenden ausgebildet worden ist, sondern es ergab sich außerdem eine unabsehbare Fülle neuer schöner Formen, welche zu erzeugen die schaffende Phantasie aller Zeiten und Völker bisher nicht ausgereicht hatte. Und es war keine häßliche darunter.

Ich berichte über diese durchgreifende Erprobung des Grundsatzes hier, weil auf dem Gebiet der Formen die Entscheidung zwischen schön und häßlich leicht und eindeutig ist. Unser Farbharmoniegefühl ist aber so unentwickelt durch den Mangel an erlebten Harmonien und gleichzeitig so in Verwirrung gebracht durch das Übermaß unharmonischer Farbverbindungen, die wir täglich erleben müssen, daß hier eine ähnlich unzweideutige Entscheidung nicht möglich ist. Daher ist es notwendig, das Vertrauen zu den zu erwartenden Ergebnissen des Hauptsatzes auf dem Farbgebiet zunächst an diesen Tatsachen zu stärken, um sich unbefangen und ohne die landläufigen Vorurteile gegen die

274

Mitwirkung des Verstandes bei schönheitlichen Dingen der
Prüfung auf Grund der Gesetzlichkeiten erzeugten farbigen
Harmonien hinzugeben.

Graue Harmonien. Das Wesentliche über die grauen
Harmonien ist bereits früher (S. 70) gesagt worden. Hier
soll ihre Systematik vervollständigt und im Zusammenhange dargelegt werden.

Es waren einstufige, zweistufige und dreistufige Harmonien festgestellt worden, je nach dem Abstand der
Farben. Die einstufigen sind: ace, ceg, egi, gil, iln, lnp. Die
zweistufigen sind: aei, cgl, ein, glp. Die dreistufigen sind:
agn, cip. Jedes Muster mit drei grauen Farben kann aber
auf mindestens sechs verschiedene Weisen mit denselben
Farben ausgeführt werden. Zählen wir die Stellen, welche
verschiedene Farben erhalten, vom Rande nach dem Inneren,
so können z. B. die Farben ace in den Ordnungen ace, aec,
cae, cea, eac, eca angebracht werden. Dies gibt für die oben
festgestellten 12 Harmonien $6 \times 12 = 72$ verschiedene Ausführungsformen.

Vor meinen Augen habe ich 6 große Rahmen, in denen
je 12 solche Muster untergebracht sind. Ich habe sie hundertfältig angesehen und meine Freude an ihnen ist noch
lange nicht erschöpft. Sie gilt ebenso der Schönheit jedes
einzelnen Musters wie dem Vollklang ihrer Gesamtheit.

Bunte Harmonien. Die grauen Harmonien ergaben sich
als eine unmittelbare Folge der Normung der unbunten
Farben durch die Erfüllung der Forderung der gefühls-
mäßigen Gleichabständigkeit. Hierdurch war es möglich,
die denkbar einfachste gesetzliche Beziehung zwischen drei
Farben, nämlich die Gleichheit ihrer beiden Abstände, an
den Normen unmittelbar zu verwirklichen. Die Einfaltig-
keit der unbunten Reihe bewirkt, daß diese Lösung auch die
einzige mit einem solchen Grade der Einfachheit ist; außerdem sind nur Abstandsbeziehungen nach verwickelteren
Verhältnissen möglich. Die Benutzung derartiger schwie-
rigerer Harmonien muß aber so lange als unverständlich aus-

275

gesetzt werden, bis die Menschheit oder wenigstens zunächst der kleine Teil derselben, der sich an grauen Harmonien erfreut, sich die einfachen Verhältnisse vollkommen geläufig gemacht hat.

Für die bunten Harmonien sind von vornherein sehr viel verwickeltere Verhältnisse vorauszusehen. An die Stelle der einfaltigen Graureihe tritt der dreifaltige Farbkörper und neben den begrenzten Reihen mit verschiedensten Endpunkten treten die in sich geschlossenen Reihen der Farbtonkreise auf. Dabei bildet aber die unbunte Reihe einen wesentlichen Teil des Farbkörpers, gleichsam sein Rückgrat, und deshalb muß sich das Gesetz der grauen Harmonien stetig, ja organisch den Harmoniegesetzen des ganzen Farbkörpers anschließen lassen.

Alle diese Forderungen haben sich befriedigen lassen. Im Interesse der Normung sind die Gesetzlichkeiten der Farbwelt genau herausgearbeitet worden und haben im Doppelkegel ihre geometrische Darstellung gefunden. Die Harmoniebeziehungen werden sich somit als besonders einfache geometrische Beziehungen im Farbkörper darstellen und mittels dieser wird man auch die Harmoniegesetze am leichtesten finden und verstehen.

Die beiden Hauptgruppen. Die einfachsten geometrischen Verhältnisse des Farbkörpers ergeben sich in seinen Hauptschnitten und seinen Kreisen.

Unter einem Hauptschnitt versteht man einen ebenen Durchschnitt, welcher die Achse des Farbkörpers in sich aufnimmt. Er teilt den Doppelkegel in zwei gleiche Hälften und legt einen rautenförmigen Durchschnitt bloß. Dieser besteht aus zwei farbtongleichen Dreiecken, die sich gegenüberstehen, deren Farbtöne also Gegenfarben bilden. Sie treffen in der gemeinsamen Grauachse zusammen und bilden so die Raute des Hauptschnittes. Man wird also eine Gruppe von Harmonien im farbtongleichen Dreieck zu suchen haben und dabei etwa noch das gegenfarbige Dreieck berücksichtigen.

18*

276

Zweitens ist der Doppelkegel ein Drehkörper, und jeder Punkt eines Hauptschnittes beschreibt daher einen Kreis, dessen Mittelpunkt in der Achse liegt, und dessen Ebene senkrecht zu dieser steht.

Die derart entstehenden Kreise sind die wertgleichen Kreise.

Somit wird es zwei Arten einfachster Harmonien geben: solche der farbtongleichen Dreiecke und solche der wertgleichen Kreise. Hier werden wir also die Grundlagen der ganzen Farbharmonik finden.

Eine Weiterentwicklung aus diesen einfachsten Harmonien heraus wird sich durch gesetzliche Verbindung zweier oder mehrerer einfachster Ordnungen ergeben. So gelangt man von diesen zu immer höheren und verwickelteren Beziehungen. Ist es auch notwendig, Klarheit über die Wege der bevorstehenden Entwicklung zu gewinnen, so wird man doch stets dessen eingedenk bleiben müssen, daß uns erst die einfachsten Fälle ganz geläufig geworden sein müssen, ehe wir die verwickelteren verstehen und genießen können.

Endlich wird noch die Frage nach dem Zusammenhang zwischen den unbunten und den bunten Harmonien unter dem Gesichtspunkt der einfachsten Gesetzlichkeit zu bearbeiten sein. Als Antwort ergibt sich eine neue Gruppe wunderschöner Harmonien.

Farbtongleiche Harmonien. Zusammenstellungen von irgendwelchen zwei oder drei Farben, die willkürlich aus den 36 Feldern des farbtongleichen Dreiecks herausgenommen wurden, sind zu wenig gesetzlich, als daß man auf eine harmonische Wirkung hoffen dürfte. Wir müssen nach engeren oder bestimmteren Gesetzlichkeiten ausschauen.

Solche finden sich in den Parallelen zu den Dreieckseiten, den Rein-, Weiß- und Schwarzgleichen. Diese Reihen hängen enger zusammen als zufällig gewählte Felder.

Wir beginnen mit den Schattenreihen, weil wir diese aus der Erfahrung am genauesten kennen. Sie verlaufen

277

parallel der unbunten Achse und sind ihr höchst ähnlich, denn die Graureihe ist ja eine Schattenreihe. Daher werden wir unmittelbar ihr Harmoniegesetz auf die Schattenreihen übertragen können:

Harmonisch wirken drei (oder mehr) gleichabständige Farben einer Schatten- reihe.

Die Erfahrung bestätigt diesen Schluß auf das beste. Ich habe eine Anzahl Muster nach diesem Gesetz ausgeführt und ohne Ausnahme die schönsten Harmonien erhalten. Die Wirkung wird noch erheblich gesteigert, wenn man eine Reihe aufeinanderfolgender Harmonien, wie ca, ec, ge; ec, gi, ig; ge, ig, li; ig, li, nl; li, nl, pn usw. auf dasselbe Muster anwendet und die Blätter nacheinander zeigt. Die gesetzliche Abfolge von Hell nach Dunkel unter Beibehal- tung des allgemeinen Charakters bewirkt als eine neue Ge- setzlichkeit einen starken neuen Schönheitserfolg.

Wie man bei der Betrachtung des logarithmischen Drei- ecks, Fig. 14, S. 101, alsbald erkennt, werden die Schatten- reihen um so kürzer, je reiner sie sind. Dreierharmonien sind deshalb nur bis zur Reinheit X möglich (la, nc, pe), weil die folgende Schattenreihe nur mehr zwei Glieder hat. Doch beträgt die Gesamtzahl gleichabständiger Harmonien in jedem Dreieck 22, in allen 24 Dreiecken also 528: eine Fülle, die auch beim verschwenderischsten Verbrauch nicht so bald erschöpft ist.

Schattieren. Dasselbe Gesetz der gleichen Abstände läßt sich auch auf die weißgleichen und die schwarzgleichen Reihen anwenden und ergibt neue Harmonien, die bisher kaum gekannt waren.

In der Schmuckkunst werden bekanntlich Ton-in-Ton- Harmonien seit jeher angewendet, und es gibt nicht viele Teppiche oder Tapeten, wo nicht „Schattierungen" derselben Farbe eine mehr oder weniger ausgedehnte Anwendung finden. Die meisten von ihnen verfehlen aber die beabsich- tigte Wirkung aus zwei Gründen. Erstens war bisher das

278

Gesetz der gleichen Abstände als Bedingung der Harmonie
unbekannt und blieb deshalb unbefolgt (es gab ja kein
Mittel, gleichabständige Schattenfarben festzustellen), und
zweitens waren die Reihen, mit denen man schattierte, nur
in den seltensten Fällen richtige Schattenreihen.

Das Problem des Schattierens ist ja bei der naturalistischen Richtung, in der sich die bisherige Entwicklung
der Malerei bewegt hat, ein unaufhörlich sich erneuendes.
Sieht man die ersten Anfänge der Schattengebung etwa in
den Miniaturen des Mittelalters nach, so erkennt man leicht
das Verfahren, mit dem man die Schattenreihen auszudrücken versucht hat. Man nahm den unvermischten Farbstoff als tiefsten Schatten, vermischte ihn mit wenig Weiß
für die Mittelfarben und mit viel Weiß für die Lichter. In
den alten Malbüchern bis C e n n i n i findet man dies Vor-
gehen ausdrücklich beschrieben.

Dasselbe Verfahren dient bis auf den heutigen Tag, um
an den in der Teppichweberei, Stickerei usw. verwendeten
Garnen die Schattierungen einer Farbe zu erzeugen. Die
Schatten werden mit konzentriertem Farbstoff gefärbt, die
Mittelstufen und Lichter mit zunehmend verdünnterem.

Der Tiefstand unseres Farbharmoniegefühls kennzeichnet sich kaum irgendwo und -wie deutlicher wie daran, daß
dies grundfalsche Verfahren ahnungslos bis heute ausgeübt
wird. Eine mit großen Kosten und großem Getöse vor Jahr
und Tag unter Mitwirkung einer großen Teerfarbenfabrik
von autoritativer Stelle herausgebrachte „Normalfarbenzu-
sammenstellung" auf Seide ist noch ganz und gar mit dem
gleichen Fehler behaftet und daher wertlos; sie hat auch
keinen praktischen Erfolg gehabt. Dieser Fehler bewirkt
die unausstehliche kitschige Farbwirkung, welche auch die
begabtesten Stickerinnen nicht vermeiden können, wenn sie
die käuflichen Schattierungen anwenden: und andere gibt
es nicht.

Worin liegt denn der Fehler?

279

Für die Malerei hat ihn der geniale L i o n a r d o d a
V i n c i entdeckt. Als geborener Experimentator beantwortete er die Frage: wie schattiere ich diese Farbe? mit
der Anweisung: wirf einen wirklichen Schatten auf die
Farbe und male den Schatten so, daß er aussieht wie die
beschattete Stelle. Bei der Ausführung dieser Anweisung,
die ein wahres Kolumbusei darstellt, fand er, daß er seiner
Lichtfarbe Schwarz zusetzen mußte und nicht reinen Farbstoff, wie das bisher Vorschrift war. So erzielte er neue
körperhafte Wirkungen in seinen Gemälden, die seine Zeitgenossen, welche Derartiges nie gesehen hatten, in Erstaunen
und Entzücken versetzten. Die Entdeckung und praktische
Anwendung des Graugehalts der Schattenfarben ist der
wahre Inhalt des ihm als Schöpfer zugeschriebenen „Hell-
dunkels", über dessen Wesen man aus keiner Kunstlehre
oder Kunstgeschichte etwas Zutreffendes erfahren kann, so
reichlich man auch das Wort angewendet findet.

Es sind nicht Schattenreihen, die man durch Aufhellen
der Farbstoffe mit Weiß (oder dünnerer Lasur auf weißem
Grunde) erhält, sondern annähernd hellklare, d. h. schwarzgleiche Reihen. Solche werden um so reiner, je dunkler sie
werden, während richtige Schattenreihen ihre Reinheit in
allen Stufen gleich beibehalten. Gegen diesen Fehler hat
sich der Farbinstinkt der Stickerinnen vergebens gesträubt,
weil niemand ahnte, wie fehlerhaft die gewöhnlichen Reihen sind.

Neben dem eben erwähnten Fehler enthalten sie nämlich noch einen anderen, fast noch schlimmeren. Viele Farbstoffe, insbesondere die gelben und kressen auf der einen
Seite, die ublauen und eisblauen auf der anderen verändern
ihren Farbton mit der Stärke des Auftrags oder der Färbung, indem dieser sich um so mehr nach Grün hinbewegt,
je verdünnter der Farbstoff verwendet wird. Die Abweichung kann ein Zehntel des Farbkreises betragen, also
z. B. von Ublau nach Eisblau, von Kreß nach Gelb führen,
ist also sehr stark. Oben, bei der Lehre vom Farbenhalb

280

wurde die gesetzliche Notwendigkeit dieses Verhaltens dargelegt. Die praktische Folge ist, daß viele beabsichtigte Ton-in-Tonschattierungen nicht einmal den gleichen Farbton enthalten, sondern nach der hellen Seite vergrünen und infolge dieser Ungesetzlichkeit besonders unschön wirken.

Zufolge dieser häufigen Fehler wirken die oben beschriebenen richtigen Harmonien aus den Schattenreihen besonders wohltätig, etwa wie ein reiner Akkord zwischen lauter verstimmten. Um ihn herzustellen, sind freilich Tünchen oder Garne erforderlich, welche durch die neuen Meßhilfsmittel von dem beschriebenen Fehler der Farbtonverstimmung frei gehalten und außerdem durch den Anschluß an die Normung gleichabständig gemacht sind.

Andere farbtongleiche Reihen. Sind so bisher nicht einmal die Schattenreihen richtig hergestellt und benutzt worden, so müssen die anderen Reihen, die Weißgleichen und die Schwarzgleichen völlig als Neuland angesehen werden. Da der Weißgehalt das Aussehen der Farben stärker bestimmt als der Schwarzgehalt, so sind uns die Weißgleichen leichter verständlich. Sie ergeben Harmonien nach demselben Gesetz der Gleichabständigkeit, welche von den reingleichen Harmonien deutlichst verschieden sind. Die Weißgleichheit bedingt, daß die Muster keine Höhenwirkung (Relief) zeigen, wie die der Schattenreihen, sondern in der Ebene liegen bleiben. Die verschiedene Reinheit, dergestalt, daß die helleren Farben auch die reineren sind, bewirkt ein eigentümliches Glühen oder Leuchten, das für diese Harmonien kennzeichnend ist. Um es sich vorzustellen, ist freilich das Studium entsprechend ausgemalter Muster unbedingt notwendig.

Die schwarzgleichen Reihen liefern nach dem Gesetz der Gleichabständigkeit Harmonien, die uns am schwersten verständlich sind. Hier sind die helleren Stufen weniger rein als die dunkleren. Dadurch entsteht eine Art inneren Widerspruches, der die psychische Wirkung solcher Zusammenstellungen kennzeichnet. Es ist zu erwarten, daß

später einmal hierin ein besonderer Reiz liegen wird. Er
kann aber nicht genossen werden, ehe uns außer den
Schattenreihen auch die weißgleichen Harmonien geläufig
geworden sind. Die regelmäßige Verwendung schwarz-
gleicher Harmonien wird also einer späteren Zeit angehören.

Dazu kommt, daß die falschen Schattenreihen, die oben
gekennzeichnet wurden, annähernd aus einer schwarzgleichen Reihe, der hellklaren mit dem kleinsten Schwarzgehalt, genommen sind. Richtige hellklare Reihen sehen
zwar sehr viel besser aus; zurzeit würde aber doch die Erinnerung an den alten Fehler störend die Empfindungen beeinflussen, welche sie hervorrufen. Also wird man auch aus
diesem Grunde zunächst auf sie verzichten oder sie nur in
solchen Fällen anwenden, wodurch die Formen des Musters
ihre richtige Auffassung besonders erleichtert wird.

Die Anzahl der möglichen Harmonien ist in der weißgleichen und der schwarzgleichen Gruppe ebensogroß
wie in der reingleichen. Es liegt also ein praktisch unerschöpflicher Schatz von Möglichkeiten vor.

Andere, gleich einfache Harmoniegesetze gibt es im
farbtongleichen Dreieck nicht. Hatte die Lehre soeben den
vorhandenen Reichtum aufgewiesen, so bezeichnet sie nunmehr genau die Grenzen, was nicht weniger wertvoll ist.

Unbunt-bunte Harmonien. Während die Schattenreihen
in ihren Endpunkten oben eine hellklare, unten eine dunkelklare Farbe (oder eine Annäherung dazu) haben, die beide
dem bunten Gebiet angehören, endet jede Weiß- und
Schwarzgleiche einerseits an der unbunten Seite des Dreiecks, schließt also mit einer grauen Farbe ab, die ebenso als
Bestandteil von Harmonien auftreten kann wie die bunten
Glieder der Reihe. Hierdurch wird der Zugang zu einer
besonderen und besonders schönen Gruppe von Harmonien
eröffnet, die aus unbunten und bunten Farben gleichzeitig
bestehen.

282

Die Frage, welche grauen Farben zu einer gegebenen bunten harmonisch sind, beantwortet sich unmittelbar aus der eben angestellten Betrachtung. Jede Weißgleiche endet mit dem Grau, das den ersten Buchstaben, den Weißgehalt, ihres Farbzeichens zum Zeichen hat, jede Schwarzgleiche mit dem Grau des zweiten Buchstabens. Man braucht also nur nach den beiden Buchstaben des Farbzeichens einer Buntfarbe zu sehen, um unmittelbar die ihr harmonischen grauen Farben zu wissen.

Zu jeder Buntfarbe gehören demgemäß zwei unbunte. Ordnen wir die Harmonien nach zunehmender Buntheit, so schließen sich an die rein grauen als nächste Stufe die aus einer Buntfarbe und den beiden zugehörigen grauen an. So gehören etwa zur Farbe 13 ie die unbunten Farben i und e. Prüft man diese Zusammenstellung, so sieht sie befriedigend aus, während etwa ein zugesetztes Weiß oder Schwarz die Farbe 13 ie trüb oder fad erscheinen läßt.

Weiß und Schwarz verderben keine Farbe. Diesen Satz hört man häufig von Schneiderinnen, Putzmacherinnen, Dekorateuren und anderen mit Farbzusammenstellungen beschäftigten Personen sagen. Er ist grundfalsch und ein weiteres Zeugnis für die Verkümmerung, der der europäische Farbengeschmack mangels wissenschaftlicher Pflege zurzeit anheimgefallen ist.

Welche Farben passen zu Weiß a? Solche, in deren Zeichen der Buchstabe a vorkommt. Das ist die kurze und erschöpfende Antwort, die sich durch Anwendung der oben aufgestellten Regel ergibt. Da der erste Buchstabe eines Farbzeichens niemals a sein kann, muß es der zweite sein. Farben, deren Zeichen auf a ausgeht, sind die hellklaren. Daraus folgt: zu Weiß passen nur hellklare Farben.

Der erste Buchstabe kann beliebig sein, ebenso wie die Farbtonnummer. Man kann also mit Weiß ebenso Rosa oder Himmelblau verbinden, wie Zinnoberrot oder Ultramarinblau. Nicht aber kann man mit Weiß Flaschengrün,

Schwarzblau, Erbsgelb (schwarzhaltiges Gelb) verbinden,
denn sie sehen „schmutzig" daneben aus, weil sie schwarzhaltig sind.

Die praktischen Anwendungen dieser Regel sind zahl-
los, so daß einige Beispiele genügen müssen. Für Porzellan
hat man von jeher instinktiv fast ausschließlich hellklare
Farben angewendet, da die Masse und somit die Grundfarbe
weiß ist. Ausnahmen können unter zwei Gesichtspunkten
geschehen. Man kann den ganzen weißen Grund zudecken;
dann ist man in der Farbstellung natürlich völlig frei.
Oder man rechtfertigt trübe Farben durch den naturalistischen Gegenstand der Darstellung. Dies gilt z. B. für die
meist in trüben Farben bemalten naturalistischen Kopen-
hagener Porzellane, bei denen übrigens auch das vollständige Zudecken vielfach benutzt wird. Ebenso gestatten
naturalistische Bilder, wie Landschaften, Genrebilder usw.
die Anwendung trüber Farben. Solche bedingen aber eine
entsprechende Herabminderung der farbigen Schmuck-
wirkung, wenn sie neben erheblichen weißen Flächen auftreten. Deshalb wird auch hier der geschmackvolle Künstler es vorziehen, die weiße Grundfarbe möglichst zuzudecken.

Ein anderer Fall ist der, daß zwar Kinder und ganz
junge Mädchen Weiß tragen können, daß es aber bei älteren
Damen als Hauptfarbe ausgeschlossen ist. Die Ursache ist
hier, daß etwa vom 25. Jahr ab sich der Hautfarbe im Gesicht durch Ablagerung von Farbstoffen in den Oberhaut-
zellen zunehmende Mengen von Schwarz beimischen, deren
Anwesenheit durch danebenstehendes Weiß größeren Umfanges stark hervorgehoben wird, indem die Farbe wieder
„schmutzig" aussieht. Bringt man dagegen Farben dazu,
die verhältnismäßig mehr Schwarz enthalten, so erscheint
die Hautfarbe durch den Kontrast klarer oder reiner.

Kleine Weißmengen, die man als schmale Kragen,
Bänder usw. auftreten läßt, rufen den angenehmen Eindruck der Reinlichkeit hervor und können deshalb in sol-

284

chen Fällen noch einen positiven Schmuckwert betätigen, wenn sie auch als Farbe eher negativ wirken.

In den orientalischen Teppichen, deren Buntfarben ziemlich trüb sind, findet sich niemals reines Weiß, welches die Farbwirkung empfindlich stören würde. Dies rührt zwar in erster Linie daher, daß die Orientalen ihre Wolle nicht zu bleichen verstanden, also reines Weiß nicht zur Verfügung hatten. Sie werden aber wohl auch gemerkt haben, daß es die Schönheit ihrer Werke zerstören würde.

Ebenso wie das Weiß kann man das Schwarz grundsätzlich behandeln: zu S c h w a r z p a s s e n n u r w e i ß - a r m e F a r b e n.

Da es kein absolutes Schwarz bei Körperfarben gibt, so liegt immer ein dunkelstes Grau mit einem bestimmten Weißgehalt vor. Als Schmuckfarben dienen daher Buntfarben von gleich kleinem Weißgehalt. Der Schwarzgehalt kann beliebig sein; es sind also keineswegs nur „reine" Farben angängig.

Hieraus erklärt sich u. a. die Vorliebe für die Zusammenstellung Schwarz:Rot. Von allen Buntfarben läßt sich Rot am leichtesten in besonders tiefen, weißarmen Lagen herstellen. Da man die Schönheit eines Schwarz primitiv nach seiner Weißarmut einschätzt, ist die Kunst der Färber von jeher darauf gerichtet gewesen, möglichst weißarmes Schwarz zu färben. Bei den Buntfarben ist ein solches Bestreben, wenn vorhanden, doch geringer; sucht man daher unter den vorhandenen nach solchen, die zu einem tiefen Schwarz passen, so findet man außer Rot nicht viele.

In einer Umgebung weißreicherer Farben wirkt daher ein tiefes Schwarz falsch und unschön. Auf dem großen Wandgemälde K l i n g e r s in der Aula der Universität Leipzig sieht man rechts Alexander in voller Rüstung auf Platon und seine Gruppe zueilen. Er trägt sein Schwert in einer schwarzen Scheide — K l i n g e r mag sich schwarzglänzendes Leder gedacht haben —, deren Farbe viel weißärmer ist als die tiefsten Schatten in der Umgebung. Ist man sich einmal dieses Widerspruches bewußt geworden, denn die tiefsten Schatten sind so schwarz, wie das Loch des Dunkelkastens, schließen also noch Schwärzeres unter gleichen Lichtbedingungen aus, so wird man den peinlichen Eindruck nicht mehr los.

Derselbe Fehler, daß man schwarze Dinge dunkler malt, als die dunkelsten Schatten der Umgebung, wird auch von anderen hervorragenden Künstlern nicht selten begangen. Die Photographie macht ihn niemals.

Sind gleichzeitig Schwarz und Weiß vorhanden, so ist die Wahl einer harmonischen Buntfarbe stark eingeschränkt. Das eine verlangt einen kleinsten Weißgehalt, das andere einen kleinsten Schwarzgehalt. Die Buntfarbe muß also einer Vollfarbe so nahe kommen, als es der Rest Weiß im vorhandenen Schwarz bedingt. Daher ist die Zusammenstellung Weiß, Schwarz, Rot am leichtesten harmonisch herzustellen. Sind sehr weißarme Buntfarben nicht zu erlangen, so muß das Schwarz nach dem entsprechenden Dunkelgrau heraufgestimmt werden.

Auf Porzellan versteht man durch Mischung von Metalloxyden ein sehr tiefes Schwarz herzustellen, das gelegentlich an bunten Gestalten oder Gruppen für Schuhe u. dgl. benutzt wird. Es steht aber nicht harmonisch zu den anderen Farben, welche alle viel mehr Weiß enthalten, und sollte daher ausgeschieden und durch Dunkelgrau ersetzt werden, welches freilich viel schwieriger herzustellen ist, als das rohe Schwarz.

Grau und bunt. Zu zwei beliebigen unbunten Farben paßt immer eine Buntfarbe aus dem Kreise, der durch deren beide Buchstaben gebildet wird. Will man z. B. e und n zusammenstellen, die für sich noch keine harmonische Beziehung haben, so kann man eine solche dadurch erzeugen, daß man eine Buntfarbe aus dem Kreise ne dazu nimmt.

Da unsere Normen 8 unbunte Farben haben, so können 28 unbunte Paare gebildet werden, zu denen jedesmal die

286

24 Buntfarben des zugehörigen wertgleichen Kreises passen. Dies ergibt 672 verschiedene Harmonien, also wieder eine praktisch unerschöpfliche Fülle.

Führt man solche Zusammenstellungen aus, wobei die Form des Musters sorgfältig zu berücksichtigen ist, so ist man überrascht von ihrer schlichten und doch eindringlichen Schönheit. Wir sehen hier den Weg, mit den einfachsten Mitteln neue und köstliche Reize an allen Gegenständen hervorzurufen, deren Farbgebung in unserer Gewalt ist, d. h. an der Mehrzahl der von den Geweben hergestellten Erzeugnisse, vom Einwickelpapier bis zum Ozeandampfer.

Bei vollständigen grauen Harmonien, welche drei unbunte Farben enthalten, ergeben diese drei verschiedene Zweier. Sie gestatten also Buntfarben aus drei wertgleichen Kreisen. Derart gehören z. B. zur unbunten Harmonie cgl die Kreise gc, lc und lg. Von diesen liegen gc und lg in einer Schattenreihe und die beiden anderen Paare in einer Weißgleichen und in einer Schwarzgleichen.

Dies bedeutet, daß man die graue Harmonie mit drei verschiedenen Buntfarben desselben Farbtons bereichern kann. Man wird sich zunächst mit einer aus diesen begnügen, und es ist überaus lehrreich, wenn man das gleiche graue Muster dreimal herstellt und mit je einer der drei harmonischen Buntfarben des gewählten Farbtons schmückt. In dem oben angegebenen Beispiel wirkt gc sanft und hell, lc lebhaft und farbfreudig, lg tief und ruhig. Je nach dem angestrebten Zweck wird der Künstler seine Wahl treffen.

Harmonien dieser Gruppe fügen sich leichter zu gegebenen Mustern, als die strengeren, S. 282 beschriebenen, und sind daher zunächst zu üben.

Reicher wird die Harmonie, wenn man zwei Buntfarben des gleichen Farbtons wählt. Aus den früher angegebenen Gründen hat das Paar aus der Schattenreihe den ersten Vorzug; dann kommt das weißgleiche Paar.

287

Man kann natürlich auch eine Bereicherung nach der Richtung vornehmen, daß man Farben verschiedenen Farbtons aus einem der drei wertgleichen Kreise nimmt. Doch setzt dies die Kenntnis der farbtonverschiedenen Harmonien voraus, die weiter unten behandelt werden.

Mittels solcher graubunter Harmonien kann man die Aufgabe lösen, Schulzimmer, Amtsräume u. dgl. farbig auszustatten. Der ernste Zweck schließt die Entfaltung einer bunten Farbigkeit aus; andererseits möchte man nicht im langweiligen Einerlei eines trüben Grau versinken. Beide Forderungen lassen sich erfüllen, wenn man als Hauptfarbe ein neutrales Grau wählt, dazu aber Friese oder Rahmen gibt, welche harmonisch dazu gestimmte Farben enthalten. Also ein oder zwei weitere Grau und dazu eine oder zwei Buntfarben nach den eben dargelegten Grundsätzen. Rechnet man wie früher die Anzahl der möglichen Kombinationen aus, so gelangt man zu Zahlen, welche es ermöglichen würden, jedes Zimmer nicht nur einer Anstalt, sondern einer ganzen Stadt mit seinem eigenen derartigen Farbenschmuck auszustatten, ohne sich jemals zu wiederholen. Und man hat dabei alle Stimmungen vom ruhigen Ernst bis zur bezwingenden Fröhlichkeit zur Verfügung.

Versuche, die ich seit Jahr und Tag nach dieser Richtung im kleinen angestellt habe, brachten die gänzlich unverbrauchten Schönheiten dieser Harmonien überwältigend an das Tageslicht.

Ich gewann den Eindruck, daß hier die Möglichkeit eines neuen Stils für die Farbe in der Raum- und Baukunst offen steht, der strenge Geschlossenheit mit unerschöpflicher Mannigfaltigkeit verbindet und dabei wirtschaftlich eine der wohlfeilsten Möglichkeiten darstellt.

Farbtonverschiedene Harmonien. In der ganzen bisherigen Literatur über Farbharmonien ist immer nur die Rede von den Farbtönen, als wenn sie allein die Harmonie bestimmten, nie von den anderen Elementen der Farbe. So erörtert G o e t h e in seinem Schlußkapitel über die sinn-

288

lich-sittliche Wirkung der Farben die Wirkung gegenüber-
stehender, entfernter und naher Paare seines sechstönigen,
also falschen Farbkreises, wobei er zu Ergebnissen kommt,
die mit der Erfahrung gar nicht übereinstimmen. So ver-
wirft er unbedingt das Paar Blau-Grün, das er als gemein-
widerlich und Narrenfarbe bezeichnet, während wir heute
gewissen Verbindungen dieser Farben einen hohen Schönheitswert zugestehen. Und wo er auf den Einfluß der Aufhellung und Verdunkelung zu reden kommt, meint er, daß
von den trüben Farben alles gilt, was von den reinen gegolten hat.

Einer der folgenreichsten Fortschritte, welche die neue
Farbenlehre vermittelt hat, ist die Einsicht, daß dem Farbton diese beherrschende Stellung nicht zukommt. Der hier
begangene Irrtum hat zunächst die Entdeckung der grauen
und der grau-bunten Harmonien ganz verhindert, und er hat
den bunten Ton-in-Ton-Harmonien die theoretische Unter-
kunft versagt, wie sie sich denn auch weder bei G o e t h e
abgehandelt finden, noch bei seinen Nachfolgern. Nur die
Forscher, welche den Blick nach der Praxis zu sich offen
hielten, fanden dort die Ton-in-Ton-Harmonien in ständi-
gem Gebrauch und versuchten auch, sie grundsätzlich zu erfassen, wobei sie freilich nicht weit gelangen konnten, weil
die messende Grundlage fehlte.

Von dem gegenwärtig gewonnenen Standpunkte aus
stellen wir folgendes fest. Sollen Farben verschiedenen
Farbtons sich harmonisch gesellen, so müssen ihre anderen
Elemente, nämlich ihr Gehalt an Weiß und Schwarz übereinstimmen, da sonst zwischen ihnen kein gesetzlicher Zusammenhang bestände. W i r h a b e n a l s o d i e f a r b -
t o n v e r s c h i e d e n e n H a r m o n i e n i n d e n w e r t -
g l e i c h e n K r e i s e n z u s u c h e n und werden sie dort
mit der Maßgabe finden, daß ihre Verhältnisse im Kreise
durch die einfachsten Gesetze geregelt werden.

Die Teilung des Farbkreises. Gegenfarben. Daß zunächst
die Gegenfarben, die im Farbkreise polar zueinander ge-

289

stellt sind, die bestimmteste Wechselbeziehung haben, ist
von jeher bekannt und anerkannt gewesen. Wenn trotzdem
ernstliche Zweifel vielfach erhoben wurden, ob die Gegenfarben denn wirklich harmonisch sind, ja dies auf das bestimmteste bestritten wurde, so sind die Gründe dafür jetzt
leicht erkennbar. In Unkenntnis der notwendigen Gleichheit der anderen Elemente hat man viel häufiger tatsächlich
unharmonische Gegenfarben mit verschiedenem Weiß- und
Schwarzgehalt zusammengestellt, als harmonische mit gleichen Elementen und hat sie demgemäß beurteilt. Dazu
kommt noch jener zählebige Irrtum über die richtigen
Gegenfarben (S. 80), wodurch man dazu noch Paare mit
falschem Farbton geprüft hatte. So kann es nicht wundernehmen, daß gerade ernste und geschmackvolle Beobachter
den alten Glauben an die unbedingte Harmonie der Gegenfarben nicht zu teilen vermochten.

Vermeidet man die Fehler und stellt richtige Paare aus
demselben wertgleichen Kreise zusammen, so kann man sich
allerdings leicht von dem harmonischen Verhältnis wertgleicher Gegenfarben überzeugen.

Da vermöge eines ganz allgemeinen physiologischen
Vorgangs im Auge jede Farbe die Empfindung ihrer Gegenfarbe durch Kontrast und durch Nachbilder mit sich
bringt, so sind uns die Gegenfarbenpaare fast ebenso geläufig wie die Schattenreihen. Es gibt eine ganze Anzahl
von Versuchen, welche die Eigenschaft des Auges offenbaren, zu jeder gegebenen Farbe selbsttätig die Gegenfarbe
zu erzeugen. Gewöhnlich wird dieser Vorgang dadurch in
den Hintergrund gedrängt, daß wir die eigenen Farben der
Gegenstände kennen und deshalb von dem Schein der
Gegenfarbe selbsttätig absehen. Aber wo diese nachträg-
liche Korrektur fehlt, erscheinen alsbald die Kontrastfar-
ben, wie dies S. 258 u. ff. dargelegt ist.

Somit werden uns tatsächlich die Gegenfarben die
nächstliegenden wertgleichen Harmonien liefern.

290

Warme und kalte Farben. Die psychologische Wirkung der Gegenfarbenpaare ist sehr verschieden, auch wenn man sie demselben wertgleichen Kreise entnimmt. Man unterscheidet seit jeher w a r m e und k a l t e Farben und stellt damit eine wesentliche Verschiedenheit im Farbtonkreise fest. Warm sind Laubgrün, Gelb, Kreß und Rot, kalt Veil, Ublau, Eisblau, Seegrün. Die Grenze liegt einerseits bei 33 bis 38, andererseits bei 83 bis 88. An beiden Stellen bestehen ziemlich schnelle Übergänge.

Die Ursache dieser fundamentalen Verschiedenheit liegt darin, daß den „kalten" Farben unabtrennbar ein Anteil Schwarz anhaftet, der ungefähr halb soviel beträgt wie der Anteil Vollfarbe.

Nun werden die warmen Farben unverkennbar „kälter", wenn man sie mit Schwarz vermischt. Man braucht nur die S. 278 beschriebenen Harmonien abgestufter Reinheit in Kreß herzustellen, um sich zu überzeugen, wie sehr die Farbwirkung der entsprechenden Muster sich nach der kalten Seite verschiebt, je geringer die Reinheit ist, d. h. je mehr die warme Vollfarbe durch Schwarz ersetzt wird. So ist es erklärlich, daß der natürliche Schwarzgehalt aller Farben von Veil bis Seegrün sie kalt erscheinen läßt.

Im übrigen sieht man den reinsten derartigen Farben ihren Schwarzgehalt nicht an. Gutes Ultramarinblau macht genau denselben rein- und vollfarbigen Eindruck, wie etwa Zinnober oder Cadmiumgelb, obwohl seine Farbe ein Drittel Schwarz enthält. Er ist auch mit reinem Gelb harmonisch, denn stellt man ein Gelb mit gleichem Schwarzgehalt her, so wird es von jedermann für sehr viel trüber als das Ultramarin erklärt. Man muß also harmonisch jenen „natürlichen" Schwarzgehalt als zur Vollfarbe gehörig ansehen und darf ihn nicht als Schwarz in Rechnung stellen. Dies ist bei allen bisherigen Erörterungen vorausgesetzt worden und das wird auch künftig geschehen, ohne daß jedesmal vom neuen auf diese Verhältnisse verwiesen werden soll.

Da die **kalten** und die warmen Farben je eine Hälfte des Farbkreises einnehmen, so enthält jedes Gegenfarbenpaar eine kalte und eine warme Farbe. Nur die Paare 33:83 und 38:88 enthalten diesen Gegensatz nicht, weil sie an den Übergangsstellen liegen. Im rechten Winkel dazu liegen die Paare 08:58 und 13:63, das dritte Gelb und Ublau und das erste Kreß und Eisblau, denen man den stärksten Gegensatz von warm und kalt zuschreiben wird.

Helle und dunkle Buntfarben. Von jeher weiß man, daß Gelb die hellste aller Farben ist, während die größte Dunkelheit bei Veil bis Ublau liegt; die anderen Farben haben zwischenliegende Werte der Helligkeit. Prüft man den Kreis genauer (die dazu dienenden Meßverfahren sind S. 134 angegeben worden), so findet man den Höchstwert der Helligkeit beim ersten Gelb an der Grenze nach Laubgrün und den Tiefstwert beim ersten Ublau, an der Grenze nach Veil, indem jenes 0,9 die Helligkeit des Weiß hat, dieses 0,1. Auch dazwischen ergänzen sich die Helligkeiten der Gegenfarben zu Eins.

Hierdurch ist ein anderer polarer Gegensatz im Farbkreise gegeben. Während aber die Trennungslinie zwischen warm und kalt etwa durch die Punkte 35 und 85 geht, so daß die größten polaren Gegensätze bei 10 und 60 liegen, verläuft die Achse der Helligkeitsgegensätze zwischen 00 und 50.

Der Farbtonkreis ist nicht homogen. Man nennt den geometrischen Kreis homogen (gleichteilig), weil man ihn in sich verschieben kann, ohne daß sich irgendwelche seiner Eigenschaften ändern. Oft ist der Mißgriff gemacht worden, den Farbtonkreis als homogen zu behandeln. Er ist dies durchaus nicht. Denn das absolute Farbgedächtnis verhindert jede Möglichkeit einer Gleichsetzung von Gelb, Kreß, Rot usw., was einer solchen Verschiebung gleichkäme. Auch hat er zwei polare Eigenschaften, Wärme: Kälte und Helligkeit:Dunkelheit je einer Hälfte, die gleichfalls die Verschiebung unmöglich machen. Und die

292

Achsen dieser beiden Gegensätze fallen nicht einmal zusammen.

Wenn wir daher später gleiche Winkelteilungen im
Farbkreis vornehmen werden, so soll hier ein für allemal
gesagt werden, daß wir dadurch keine „gleichen" Stücke erhalten. Gleichheit besteht nur in dem Sinne im Farbtonkreise, daß der Schwellenwert der Farbtonunterschiede
überall gleich ist; alle anderen maßgebenden Werte sind
verschieden.

Übersicht der Gegenfarbenpaare. In jedem Farbkreise
ergeben die 24 Farbtonnormen 12 Gegenfarbenpaare; da
es 28 Kreise gibt, ist die Anzahl aller 336.

Schon in demselben Kreise wirken die Paare sehr verschieden. Zwischen 00 und 50 besteht der größte Unterschied der Helligkeit, der beim Fortschreiten kleiner wird
und bei 25:75 fast verschwunden ist. Von dort ab wächst
er wieder, aber im umgekehrten Sinne, weil Laubgrün hell
und Veil dunkel ist. Bei 8:58 bis 13:63 liegt der größte
Gegensatz warm:kalt, der um 33:83 am geringsten wird.

Alle diese Verschiedenheiten bewirken sehr verschiedene seelische Wirkungen, die sich allerdings leichter empfinden als beschreiben lassen. Man darf sich nicht für farb-
kundig halten, wenn man sich diese Wirkungen nicht bis zu
bleibender Erinnerung eingeprägt hat.

In höchstem Maße hängt auch die Wirkung von der
Reinheit ab. Sie ist stark, ja heftig in den Kreisen pa und
na, wird sanfter mit abnehmender Reinheit und ist demgemäß bei der Reinheit II am sanftesten. Man wird sie in
solchen Gebieten mit Vorliebe verwenden, namentlich auch
deshalb, weil die Gegenfarbenharmonien trüber Farben noch
so gut wie unbekannt sind.

Triaden. Außer den Gegenfarbenharmonien genießen
die auf der Drittelung des Farbtonkreises beruhenden
„Triaden" einen jahrhundertalten Ruf als wertvolle Harmonien und haben ausgedehnte praktische Anwendung gefunden, trotzdem sie falsch bestimmt waren und ohne be-

wußte Rücksicht auf Wertgleichheit gehandhabt wurden. Man wird daraus die Vermutung entnehmen dürfen, daß hier ein wirkliches harmonisches Verhältnis vorliegt, das nur der Klärung und Reinigung vom Standpunkt der messenden Farbenlehre bedarf, um rein zur Geltung zu gelangen.

Auch gestattet die psychologische Maßgleichheit des rationellen Kreises den Schluß, daß die geometrische Gleichabständigkeit innerhalb einer regelmäßigen Triade als psychologische Gleichabständigkeit und daher als Gesetzlichkeit empfunden wird.

Stellt man solche gleichabständige Dreier aus einem wertgleichen Farbkreise her, so wird man sie bereitwillig als harmonisch anerkennen und auch von anderen anerkannt sehen.

Daß sie einen selbständigen harmonischen Wert haben, geht auch aus einer anderen bemerkenswerten Tatsache hervor. Läßt man nämlich von den Dreiern eine Farbe fort, so machen die beiden anderen miteinander ein Paar von hervorragend harmonischer Wirkung. Persönlich finde ich solche Zweier schöner, weil interessanter, als die vollständigen Dreier, die durch ihre allseitige Ausgeglichenheit zuweilen etwas langweilig wirken.

Die Anzahl der Triaden oder regelmäßigen Dreier im 24teiligen Farbkreise ist 8. Die Anzahl der abgeleiteten Paare ist 24, weil jede Triade deren 3 gibt. Die Farben stehen um $33\frac{1}{3}$ Punkte voneinander ab; dies wird durch die Abrundung der Bruchzahlen zweimal 33, einmal 34. Für alle 28 Kreise macht das 224 Dreier und 672 Zweier.

Ein Harmonieweiser. Im Anfang hat man das Bedürfnis nach einem Hilfsmittel, alle Triaden den Nummern nach durch ein einfaches mechanisches Verfahren sich vorzuführen. Dazu stellt man sich auf weißer Pappe einen 24teiligen Kreis her, den man mit den Nummern der Normen versieht. Im Innern ist (etwa durch einen Hohlniet) drehbar ein kleinerer Kreis befestigt, auf dem man mit Bleistift

294

die Abstände 00:33:67 durch drei Striche vermerkt. Stellt
man nun einen Strich durch Drehung des inneren Kreises
auf die Farbtonnummer ein, zu der man Dreier aufbauen
will, so zeigen die beiden anderen Striche die gesuchten
Nummern an.

Um das gleiche Gerät auch für Vierer, Sechser usw. benutzen zu können, überzieht man den inneren Kreis mit
gutem Zeichenpapier, das wiederholtes Radieren verträgt,
damit man je nach Bedarf die anderen Teilungen auftragen
und entfernen kann *).

Charakter der Triaden. Die regelmäßigen Dreier wirken im allgemeinen interessanter als die Gegenfarbenpaare,
weil es keinen physikalischen oder physiologischen Vorgang
gibt, durch den sie selbsttätig entstehen und sie daher den
Reiz der Neuheit haben. Daß sie trotzdem sofort als harmonisch anerkannt werden, darf als starker Beweis für die
allgemeine Gültigkeit unseres Hauptsatzes Gesetzlichkeit
= Harmonie gelten.

Die polaren Eigenschaften des Farbtonkreises kommen
bei den Triaden nur sehr abgeschwächt zur Geltung, weil
jedesmal die beiden anderen Farben sich vom Gegenpol der
ersten nach beiden Seiten entfernen. Bei den abgeleiteten
Zweiern tritt wegen ihrer Lage eine charakteristische E i n -
s e i t i g k e i t auf, die ein wesentlicher Bestandteil ihrer
Schönheit ist. So gibt es eine Anzahl ganz warme und ganz
kalte Zweier neben gemischten. Es ist ein großer Genuß,
sich alle diese Harmonien, etwa mittels der Karten des
Normen-Atlas, methodisch vorzuführen.

Andere Teilungen. Der Hauptsatz von der Gesetzlichkeit führt weiterhin zu noch kleineren Teilungen. Doch
wird man sich zunächst und vermutlich auf lange mit Tei-
lern begnügen, die nur die Faktoren 2 und 3 enthalten. Hat
ja doch auch die Tonkunst sich bisher für die Zeiteinteilung

---

*) Die Energiewerke G. m. b. H., Großbothen, Sachsen, stellen Papier
mit einem Überzug her, der vieltausendmaliges Radieren gestattet.

ihrer Werke mit diesen Faktoren begnügt und $^5/_4$-Takte
bisher nur versuchsweise benutzt. So kommen noch die
Teiler 4, 6 und 8 in Betracht.

Bei der Viererteilung entstehen zwei Gegenfarbenpaare, die symmetrisch zueinander liegen. Die Nummern
haben den Abstand 25. Es ist also eine sehr gesetzliche Ordnung, die aber doch wegen der Viertelabstände interessant
genug wirkt.

Hier und in der Folge haben die unvollständigen Harmonien fast ein größeres Interesse als die vollständigen.
Läßt man eine Farbe fort, so entsteht ein Gegenfarbenpaar
mit einem symmetrischen Zwischenglied. Läßt man zwei
fort, so besteht der Zweiklang aus zwei Farben, die um
einen Viertelskreis abstehen. Diese Zweier sind fast alle
eindringlich und schön.

Die Sechserteilung ergibt Triaden mit symmetrischen
Zwischenfarben. Die vollständigen Sechser wird man kaum
je anwenden; dafür hat man eine große Auswahl von unvollständigen. Die benachbarten Zweier, die um 16 oder
17 Punkte entfernt sind, ergeben vortreffliche, stark ein-
seitige Paare. Nur im Gebiet Eisblau und Seegrün, das
uns am wenigsten geläufig ist, beginnt das Abstandsgefühl
sich zu mindern.

Gleiches gilt in verstärktem Maße für die Achtertei-
lung, die auf ein gevierteltes Gegenfarbenpaar hinaus-
kommt. Der Abstand von 12 bis 13 Punkten ist außerhalb
des blaugrünen Gebiets überall noch groß genug, um die
Paare oder Dreier als selbständige Harmonien empfinden zu
lassen.

Dies gilt selbst noch für die Zwölferteilung, die nur je
einen zwischenliegenden Farbton überspringt.

Benachbarte Farbtöne sind mit Vorsicht zu verwenden,
da sehr leicht der Eindruck entsteht, als läge nur eine Unsicherheit in der Farbgebung vor, die natürlich unschön
wirkt. In gewissen Gebieten, namentlich im Veil und Ublau,
gelegentlich auch im Rot kann aber diese Unsicherheit als

296

starker Reiz wirken, wenn sie dem Muster gut angepaßt
ist. Der Eindruck ist dann vergleichbar der vox humana
auf der Orgel, die bekanntlich aus je zwei Zungen oder
Pfeifen besteht, die um ein Geringes, aber Bestimmtes
gegeneinander verstimmt sind und dadurch einen Zu-
sammenklang von besonders eindringlicher Wirkung ergeben.

Allgemein ist zu beachten, daß man mit nahestehenden
Farben um so vorsichtiger sein muß, je geringer die Reinheit des Kreises ist, aus dem man sie nimmt.

Andere wertgleiche Harmonien. Die vorstehend behandelten Fälle, so zahlreich sie sind, stellen nur einen kleinen,
wenn auch den wichtigsten Teil der wertgleichen Harmonien dar. Um sich eine Vorstellung von den noch aus-
stehenden Möglichkeiten zu verschaffen, erwäge man, daß
auch jede andere gesetzliche Anordnung der Farben außerhalb der gleichabständigen Teilung (wobei die Gesetzlichkeit keineswegs auf symmetrische Ordnungen beschränkt zu
werden braucht) eine Harmonie ergibt, die durch Verschiebung im Kreise 24mal verändert werden kann; durch die
Anwendung der 28 Kreise wächst die Zahl der Abänderungen jedesmal auf 672.

Ein besonders einleuchtendes und anwendbares Verfahren zur Auffindung gut verständlicher Harmonien ist
die S p a l t u n g. Man geht z. B. von einer einfachen
Zweierharmonie (Gegenfarben, unvollständiger Dreier,
Vierer usw.) aus und zerlegt eine ihrer Farben in zwei, indem man die rechts und links angrenzenden (oder auch um
2 oder mehr Stufen entfernten) Farben einführt. Dabei
kann man die „gespaltene" Farbe entweder verschwinden
lassen oder beibehalten. Ebenso kann man die zweite Farbe
spalten. Dasselbe kann mit Dreiern usw. geschehen. Solche
Farbstellungen sind besonders wirksam, wenn sie durch die
Form des Musters unterstützt werden, indem z. B. den beiden Spaltfarben spiegelgleiche Teile des Musters zugeordnet
werden.

297

Wie man sieht, ist die Zahl der Möglichkeiten hier un-
geheuer groß, so daß man fürchten könnte, sich in ihnen zu
verlieren. Aber das ist der Vorzug der wissenschaftlichen
Arbeit, daß sie vermittels der Kombinatorik zwar alle im
Bereich der Möglichkeit liegenden Fälle aufweist, deren
Anzahl somit auf den Höchstwert bringt, daß sie aber
gleichzeitig diese Fälle wohlgeordnet und frei übersehbar
darbietet. Sie gleicht einer guten Mähmaschine, die das
Getreide nicht nur schneidet, sondern es auch bündelt und
zu regelmäßig hingesetzten Garben ordnet, es also in die
beste Verfassung für den weiteren Gebrauch bringt.

Harmonien höherer Ordnung. Es sind bisher die drei
großen Gruppen der unbunten, farbtongleichen und wertgleichen Harmonien gesondert behandelt worden. Gelegentlich wurden aber Hinweise darauf nicht vermieden, daß
man zwei oder mehr Harmoniegedanken in demselben Werk
anwenden kann. Nunmehr soll die Frage nach den derart
zusammengesetzten Harmonien oder denen zweiter und
höherer Ordnung allgemein behandelt werden.

Wir denken uns eine bestimmte Farbe (Kleidstoff,
Wandfarbe usw.) gegeben und fragen: welche anderen Farben passen dazu? Dies ist ja eine Form, in welcher das
Harmonieproblem praktisch fast immer auftritt; seine anderen Formen können auf diese zurückgeführt werden, indem man die Ausgangsfarbe frei und zweckentsprechend
wählt.

Die gegebene Farbe nimmt irgendeinen Punkt im
Farbkörper ein. Wir legen durch diesen Punkt und die unbunte Achse eine Ebene und erhalten so das farbtongleiche
Dreieck, dem unsere Farbe angehört. In diesem Dreieck
ziehen wir durch den Farbpunkt die drei Seitenparallelen,
welche die Rein-, Weiß- und Schwarzgleichen ergeben,
denen der Punkt angehört. In diesen drei Geraden
liegen alle Farben, die mit der gegebenen
farbtongleiche Harmonien bilden können.

298

Ferner legen wir durch den gegebenen Farbpunkt den
zugehörigen wertgleichen Kreis, dessen Mittelpunkt in der
Achse des Farbkörpers liegt; seine Ebene steht senkrecht
zu der des Dreiecks. In diesem Kreise finden
wir alle Farben, welche mit der gegebenen
wertgleiche Harmonien bilden können.

Die drei Geraden des Dreiecks kreuzen sich im gegebenen Farbpunkte und bilden einen sechsstrahligen Stern
mit ungleich langen Armen, deren Endpunkte in den Dreieckseiten liegen. Durch den Mittelpunkt des Sterns geht
senkrecht der wertgleiche Kreis, Fig. 40.

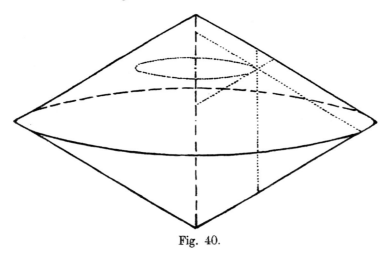

Fig. 40.

Dieser Ringstern enthält alle Farben,
welche zu der gegebenen unmittelbar harmonisch sind. Es sind in unserem genormten Farbkörper jedesmal 38 Farben mit Einschluß der gegebenen,
unabhängig von der Lage des gegebenen Farbpunktes, nämlich 15 im Dreieck und 24 im Kreise, wo aber der gegebene
Punkt doppelt gezählt ist, also in Summa 38.

Natürlich bringt man niemals alle 38 Farben gleichzeitig, ebensowenig wie man alle Tasten der Orgel gleichzeitig niederdrückt. Wohl aber weiß man, daß man in dieser
Zahl alle Farben findet, die mit der gegebenen eine ver-

ständliche Harmonie bilden, mit Einschluß der unbunten, ebenso wie man durch sachgemäße Auswahl der Orgeltasten jede Tonharmonie erzeugen kann.

Die Weiterentwicklung dieser einfachsten Gruppe von Harmonien liegt darin, daß man durch jeden der 37 Farbpunkte, die zu den gegebenen gehören, einen neuen Ringstern legen kann und dadurch jedesmal 37 neue Farben gewinnt, die mit der erstgegebenen eine Harmonie zweiter Ordnung bilden können. Um sie verständlich zu machen, muß aus dem Muster ersichtlich sein, daß es sich um die Familie jener zweiten Farbe handelt, welche den zweiten Ringstern trägt.

Man sieht, wie sich dieser Gedanke zu Harmonien dritter und höherer Ordnung entwickeln läßt. Aber die Zeit ist noch lange nicht gekommen, wo sie praktische Anwendung finden können.

Rückblick. Läßt man die vorstehend in ihren Umrissen gezeichnete Lehre von den Farbharmonien an seinem Geiste vorüberziehen, so hat man den unabweisbaren Eindruck einer fast überwältigenden Mannigfaltigkeit, die nur durch die strenge Gesetzlichkeit und Ordnung gebändigt werden kann, in welcher sich dank der Kombinatorik die einzelnen Ergebnisgruppen darbieten. Dabei ist dies nur der äußere Rahmen, in welchem sich das D a s e i n der Harmonien ordnet. Der innere G e h a l t ergibt sich aus den mannigfaltigen seelischen Wirkungen, welche mit den verschiedenen Harmonien verbunden sind, und von denen nur ganz wenige gelegentlich angedeutet werden konnten. Denn diese Gebiete sind noch im wesentlichen unerforscht und bieten ihre Ernte jedem dar, der sie einzubringen versteht.

Dies ist die natürliche Folge des Umstandes, daß die Kenntnis der Harmoniegesetze erst wenige Jahre alt ist. In einer 1918 erschienenen Schrift: „Die Harmonie der Farben" hatte ich einen ersten Vorstoß in dies Neuland auf Grund der soeben entdeckten Meßbarkeit der Farben versucht, der bereits auf dem Boden des Hauptsatzes G e -

300

setzlichkeit = Harmonie stand. Aber den allgemeinen Begriff der Normung hatte ich damals noch nicht
erarbeitet, und ebenso kannte ich noch nicht die ganze Trag-
weite des Fechnerschen Gesetzes und des darauf begründeten logarithmischen Farbkörpers. So bezog sich der Inhalt
jener Schrift vorwiegend auf die Aufgaben der naturalistischen Malerei; eine reine Farbkunst, die ähnlich wie
die Tonkunst sich vom Naturvorbilde frei gemacht hat und
mit eigenem Material arbeitet, hatte ich damals noch nicht
im Auge.

In den wenigen Jahren, während deren die erste Auflage vergriffen wurde, entwickelten sich durch meine fortgesetzten Arbeiten die eben angegebenen Gesichtspunkte.
Als ich 1920 eine zweite Auflage der Harmonie der Farben
bearbeitete, konnte ich sie sich vollständig auswirken lassen.
Es entstand ein ganz neues Werk, dem ich übrigens den
alten Titel beließ, da er zu dem neuen Inhalt noch besser
paßte. Es konnten nunmehr am genormten logarithmischen
Farbkörper grundsätzlich alle Möglichkeiten harmonischer
Farbengruppen methodisch entwickelt werden. Die naturalistischen Anwendungen wurden in ein Schlußkapitel verwiesen und die reine Farbkunst war das klare Ziel der
ganzen Untersuchung. Es ergab sich eine zwar riesengroße,
aber wohlgeordnete Welt der farbigen Harmonien. Von
ihr konnten einige besonders wichtige Teile im einzelnen
durchgearbeitet werden; für den größten Teil konnten nur
die Rahmen gezeichnet und die Mittel angegeben werden,
durch welche man sie sicher und vollständig ausfüllen
konnte, sobald das Bedürfnis dafür auftrat.

Auch dies neue Werk fand dieselbe günstige Aufnahme
wie das erste. Diese zeigte sich aber fast nur in der regen
Kauflust des Publikums. Daß es praktische Folgen hatte,
war an dem Auftreten mancher der beschriebenen Harmonien, namentlich an Webstoffen und Kleidungsstücken
ersichtlich. Doch liegt es in der Natur solcher technischer
Fortschritte, daß der Praktiker, der sie verwirklicht hat und

nun den entsprechenden wirtschaftlichen Vorteil erfährt, nichts mehr scheut, als die liebe Konkurrenz auf die neuen Möglichkeiten hinzuweisen. So gelangt von solchen Erfolgen, so bedeutungsvoll sie sind, nur ein sehr kleiner Bruchteil an die Öffentlichkeit. Persönlich ist mir bekannt, daß eine ganze Anzahl großer Betriebe, namentlich in der Textil-, Tapeten- und Farbstoffindustrie, sich vollständig auf die neue Lehre eingestellt hat. So ist es verständlich, daß auch die recht große zweite Auflage der „Harmonie" bald verkauft war und eine dritte nötig wurde, welche die zweite nur noch in einigen Punkten zu ergänzen hatte.

Auf dieses Werk (Verlag Unesma, Leipzig) muß ich den Leser verweisen, der sich tiefer in dies unendlich reizvolle und fruchtbare Gebiet zu vertiefen wünscht. Namentlich die praktische Arbeit in der Herstellung von Mustern, die mit harmonischen Farben ausgestattet sind, bringt unerschöpflich glückbringende Überraschungen. Sind es doch fast überall neue, nie gesehene Harmonien, die man dabei zum ersten Male erlebt, und mit denen man sich doch wegen ihrer Gesetzlichkeit alsbald vertraut fühlt. Wie oft habe ich mich nicht von der Arbeit losreißen können, obwohl der schmerzende Rücken mich längst mahnte, meine Kräfte nicht zu sehr zu erschöpfen. Und wenn die am Abend bei Lampenlicht hergestellten Blätter wegen der Verstimmung durch das fehlende Blau der Beleuchtung zunächst keinen besonderen Eindruck gemacht hatten, so war die freudige Überraschung am nächsten Morgen um so größer.

Dissonanzen. Es ist bisher nur von Harmonien die Rede gewesen. Die Tonkunst, deren Verhältnisse wegen ihrer viel höheren Entwicklung vielfach vorbildlich für die kommende Farbkunst sind, macht aber bekanntlich den ausgedehntesten Gebrauch von Dissonanzen. So ist mir, namentlich von Vertretern der modernsten Richtungen der Malerei, eingewendet worden, daß eine Farbharmonielehre ohne Dissonanzen namentlich für den heutigen Künstler unzulänglich und daher unannehmbar sei.

302

Jedes Gleichnis hinkt. Will man es mit Erfolg brauchen, so muß es, wie H e r i n g gelegentlich bemerkte, auf seinem gesunden Fuß stehen, nicht auf seinem kranken. Diesmal ist es der kranke Fuß, auf welchem jener Einwand beruht.

Nach der wissenschaftlichen Theorie der musikalischen Harmonie, wie sie namentlich von A. v. O e t t i n g e n entwickelt worden ist, besteht eine Dissonanz aus zwei (oder drei) verschiedenen Akkorden, die gleichmäßig erklingen und sich daher widersprechen. Die Auflösung ist ein gemeinsamer neuer Akkord, zu dem beide Bestandteile der Dissonanz durch je einen gesetzlichen und daher leichtverständlichen Schritt gelangen können. Darin liegt der besondere Charakter der „Auflösung" der Dissonanz begründet; nicht irgend ein Wohlklang, der auf einen Mißklang folgt, bringt diese Wirkung hervor, sondern nur ein derartiger gesetzlicher Zusammenhang.

Die Berechtigung und Erklärung der musikalischen Dissonanz liegt also in dieser Logik der zeitlich aufeinanderfolgenden Akkorde. Hat die Farbkunst etwas damit Vergleichbares?

Die Antwort ist ein rundes Nein, und zwar ein grundsätzliches. Der Farbkunst fehlt, wenigstens in ihrer gegenwärtigen Gestalt, ganz und gar das z e i t l i c h e Element. Eine Dissonanz, die man in ein Bild gemalt, einen Teppich gewebt, eine Tapete gedruckt hat, bleibt dort stehen, ewig ungelöst. Man darf nicht sagen, daß man ja die Auflösung daneben setzen könne. Nichts zwingt das Auge, zuerst die Dissonanz anzusehen und dann die Auflösung; das Gegenteil ist gerade ebenso wahrscheinlich. So fehlt die logische Sicherung, welche die Musik in der unverrückbaren zeitlichen Aufeinanderfolge von Dissonanz und Auflösung hat, in der Farbkunst ganz. Man stelle sich nur vor, daß eine musikalische Schlußkadenz umgekehrt vorgetragen wird. Schauerlich!

So lange also dieses fehlende zeitliche Element nicht in die Farbkunst (oder allgemeiner L i c h t k u n s t) aufgenommen wird (wozu schon bemerkenswerte Anfänge gemacht worden sind), hat die Dissonanz kein Daseinsrecht in der Farbkunst. Gedenkt man der ungeheuren Mannigfaltigkeit der Harmonien zweiter und höherer Ordnung, so hat man etwas der musikalischen Dissonanz Ähnliches und doch der Farbkunst organisch Eigenes. Es handelt sich um den Reiz des Aufspürens des gesetzlichen Zusammenhanges solcher Farben, deren Zugehörigkeit nicht dem ersten Blick erkennbar ist. Aber auch dieser Genuß ist davon abhängig, daß die einfacheren Harmonien dem Beschauer bereits ganz geläufig sind.

Formen. Wenn zwei oder mehr Farben zu einer Harmonie zusammengestellt werden, so erzeugen sich notwendig durch ihre gegenseitige Begrenzung F o r m e n. Auch diese müssen gesetzlich gestaltet sein, wenn sie schön wirken, d. h. nicht durch ihre Unschönheit die Harmoniewirkung der Farben stören sollen. Ein methodisches Studium der Farbharmonik setzt also das der Formharmonik voraus.

Die Erkenntnis dieser Notwendigkeit hat mich dazu genötigt, eine Untersuchung über die Harmonie der Formen vorzunehmen (vgl. S. 273) und soweit durchzuführen, daß die wichtigsten Forderungen der Farbharmonik befriedigt werden konnten. Als Grundlage diente derselbe Hauptsatz, der die Farbharmonik erst möglich gemacht hat: Gesetzlichkeit = Harmonie. Die Aufgabe war also, alle gesetzlichen Formen aufzusuchen und darzustellen. Und die Lösung wurde auf demselben Wege gefunden, der in der Farbenwelt zum Ziel geführt hatte: Feststellung der elementaren gesetzlichen Verhältnisse und kombinatorische Darstellung aller sich daraus ergebenden Einzelfälle. Wie bei den Farben mußte und konnte der größte Teil der Arbeit so ausgeführt werden, daß verhältnismäßig wenige kennzeichnende Fälle wirklich hergestellt und für die übrigen die Anwei-

304

sungen entwickelt wurden, nach denen man sie jederzeit
herstellen kann.

In diesem Werk können die erhaltenen Ergebnisse nicht
einmal angedeutet werden. Das Grundsätzliche findet sich
in meinem Buche: Die Harmonie der Formen (Leipzig 1922,
Verlag Unesma) und dem Tafelwerk: Die Welt der Formen
(ebenda). Die Sache mußte aber wegen ihrer grundsätzlichen Bedeutung für die Farbharmonik erwähnt werden.

Führt man nämlich irgend ein Muster in drei Farben
aus, wozu man am besten eine graue Harmonie wählt, weil
sie die einfachste ist, so findet man, daß es mindestens 6 verschiedene Ordnungen der drei Farben im Muster gibt
(S. 274). Die Ergebnisse dieser Ordnungen sehen so verschieden aus, daß man sich erst überzeugen muß, daß sie aus denselben Farben erzeugt sind. Dazu aber kommt, daß auch ihr
Schönheitswert durchaus verschieden ist. Gewöhnlich sind
zwei Muster deutlich hübscher als die vier anderen; zuweilen ragt ein einzelnes über alle anderen hervor. Dies bedeutet, daß es nicht gleichgültig ist, wie man die Farben
einer gegebenen Harmonie in einem gegebenen Muster ordnet: die Schönheit der Farben hängt stark
von der Form ab, in der sie erscheinen.

Daraus folgt, daß die Schönheitslehre der Lichtkunst,
von der die Harmonik der Farben nur ein Teil ist, in drei
Hauptteile zerfällt: die Harmonik der Farben, die der Formen und die Lehre von der Wechselwirkung zwischen Form
und Farbe. Die beiden ersten Teile liegen im Grundriß
und in einigen nächstliegenden Anwendungen vor. Da der
erste aber 1918 und 1920, der zweite 1921 das Licht der
Welt erblickt hat, ist es weiter nicht verwunderlich, daß der
dritte, der die beiden ersten zur Voraussetzung hat, zurzeit
(Anfang 1923) nur als Wunsch und Programm, nicht als ge-
formte Wissenschaft besteht.

Es war aber wichtig, dieses Programm darzulegen.
Denn neben Farbe und Form besteht nichts Drittes von
gleicher Ordnung. Wenn also der dritte Teil der Lichtkunst-

305

lehre bearbeitet sein wird, so darf der Rahmen für diese Wissenschaft als geschlossen gelten, und die Arbeit darf auf die Ausfüllung diese Rahmens beschränkt werden.

Vorläufig sei als erster Beitrag zur dritten Wissenschaft die Frage beantwortet, wie man sich zu verhalten hat, wenn das vorgelegte Muster T e i l e v o n s e h r v e r - s c h i e d e n e r F l ä c h e n g r ö ß e enthält. Die Erörterungen über die Farbenharmonie waren unter der stillschweigenden Voraussetzung geschehen, daß die Einzelfarben einer jeden Harmonie als gleichwertig angesehen werden, also etwa auch annähernd gleiche Flächengrößen im Muster einnehmen.

Die Antwort, welche ich auf die Frage gefunden habe, wie der Fall sehr ungleicher Flächengrößen zu behandeln sei, läßt sich in dem Reimwort zusammenfassen:

Je kleiner, um so reiner.

Nun sind die Farben einer Schattenreihe von gleicher Reinheit, sie kommt also hier nicht in Betracht. Vielmehr ist dies der Ort, wo die Weißgleichen zur Geltung kommen. Bei ihnen sind die hellsten Farben die reinsten, die dunkleren werden zunehmend unreiner und enden im entsprechenden Grau mit der Reinheit Null. Man ersetzt also die Farbe, welche durch das einfache Harmoniegesetz gegeben ist, durch ihre nächste oder übernächste reinere Stufe in der zugehörigen Weißgleichen und gleicht dergestalt den Verlust an Flächengröße aus.

Die Regel: je kleiner, um so reiner, gilt aber nicht nur für relative Flächengrößen, sondern ebenso für absolute. Je kleiner die zu schmückenden Flächen sind, um so reiner können oder müssen die Farben sein. So wirkt ein ganz kleines Gemälde mit sehr reinen Farben entzückend, falls die Farben harmonisch gewählt sind, während die gleichen Farben bei großen Abmessungen beleidigend grell wirken. An kleinen Schmucksachen kann man die Farben der Edelsteine und des Email gar nicht rein genug bekommen; ein

306

ganzes Gewand in leuchtendem Zinnoberrot oder Türkis-
blau wirkt schon bedenklich, und eine ganze Hausfront in
solcher Farbe ist eine Barbarei. Umgekehrt zeigen Farben
von der Reinheit II in großen Flächen eine ganz unerwartete Buntfarbigkeit, so daß voraussichtlich hier zuerst das
Bedürfnis nach Einstellungen auf die Reinheit I auftreten
wird. Man erkennt alsbald die Bedeutung dieses Gesetzes
für das moderne Problem der buntfarbigen Häuserfronten.

Damit ist ein Zugang zum dritten Gebiet gewonnen, der
einen Blick auf die beträchtlichen Werte gestattet, welche
hier gewonnen werden können.

Die Farborgel. Wenn die vorstehenden Seiten dem
Zweck, zu dem sie geschrieben wurden, einigermaßen gerecht geworden sind, so werden sie im Leser den Wunsch er-
weckt haben, die beschriebenen Harmonien aus eigener Anschauung kennen zu lernen und womöglich an eigenen Werken zu betätigen. Es entsteht die Frage, wie dies zu bewerk-
stelligen sei. Die Antwort ist eine zweifache: mittels einer
Normensammlung oder mittels einer Farborgel.

Die Verhältnisse liegen hier ganz ähnlich wie in der
Tonkunst. Zum Hervorbringen der Töne dienen einerseits
Werkzeuge, wie die menschliche Stimme, die Geige usw.,
welche innerhalb ihres Umfanges jeden beliebigen Ton zu
erzeugen gestatten, oder Werkzeuge mit freier Tonhöhe.
Oder andererseits Werkzeuge mit fester Tonhöhe, wie Kla-
vier, Orgel, die Blasinstrumente, welche nur die normge-
mäßen Töne der chromatischen Tonleiter ausgeben.

In der technischen wie Kunstmalerei ist man bisher
nur den ersten Weg gegangen. Weil die Farben überhaupt
nicht genormt waren, kam eine Voreinstellung auf Norm-
werte überhaupt nicht in Frage. Gegenwärtig, wo es ein
durchgearbeitetes System von Normen gibt, welches wie in
der Tonkunst den ganzen Schatz aller möglichen Harmonien
in sich umfaßt, tritt das Bedürfnis nach Arbeitsmitteln mit
festen Farben, ähnlich der Königin aller Musikinstrumente,

307

der Orgel, gebieterisch auf und hat bereits zur Schaffung einer Farborgel geführt.

Ehe aber diese allgemein in Gebrauch kommt, ist es nötig, das bisherige Verfahren der freien Farbgebung der Forderung normgemäßer Farben tunlichst anzupassen. Dies geschieht, indem man eine der S. 166 beschriebenen Vorlagen genormter Farben benutzt, um auf dem gewohnten Wege des Mischens aus einzelnen Pigmenten auf der Palette usw. die gesuchte Farbe herzustellen. Dies geht in Öltünche, die weiterhin unverändert bleibt, ist aber sehr umständlich bei Wassertünchen, die sich beim Auftrocknen ändern. Hier ist das Bedürfnis nach vorgängiger Einstellung ein für allemal, d. h. nach einer Farborgel, besonders dringend.

Unter einer Farborgel verstehe ich in vollkommenem Anschluß an den Begriff der Tonorgel ein Gerät, welches die Erzeugung jeder genormten Farbe an vorgeschriebener Stelle ermöglicht. Es wird also so viele Arten der Farborgel geben, als es Arten der Herstellung und Anbringung von Farben gibt. Unbedingte Voraussetzung ist, daß die Farborgel richtig „gestimmt" ist, d. h. daß ihre Farben den Normen entsprechen.

Erinnern wir uns, daß die Anzahl der Farbnormen bis p nicht weniger als 680 beträgt, und erinnern wir uns der Schwierigkeit, welche sich dem Einstimmen einer einzelnen Farbe entgegenstellen (S. 148), so sehen wir, daß das Erbauen einer solchen Orgel eine schwierige und auch kostspielige Aufgabe ist. Soll z. B. eine Farborgel in Decktünchen hergestellt werden, und sieht man für jede Farbe nur eine Menge von 1 kg vor, so hat die fertige Orgel ohne Zubehör ein Gewicht von 680 kg und stellt bei den jetzigen Farbstoffpreisen einen Materialwert von einigen Millionen und mehr dar. Denn im Gegensatz zur Tonorgel, die durch den Gebrauch nicht vermindert wird, ist ein G e b rauch der Farborgel notwendig auch ein V e r brauch. Es muß also ein genügender Vorrat der eingestimmten Farbe vorgesehen werden, wenn man frei orgeln will. Dafür verfliegen aber

308

auch ihre Erzeugnisse nicht im Augenblick ihres Ent-
stehens, wie bei der Tonorgel, sondern treten als zeitfreie
Wesen an das Licht, die so lange dauern, als man sie aufbewahren mag.

Ausführungsformen des Normenatlas. In erster Linie ist
eine Farborgel Bedürfnis, welche schnell und bequem eine
gewollte Harmonie herzustellen gestattet, um ihre Wirkung
zu veranschaulichen. Dies ist sowohl für Zwecke der Forschung wie der Praxis erforderlich.

Die einfachste Befriedigung dieses Bedürfnisses wird
durch den N o r m e n a t l a s gewonnen. Hierunter ist eine
Zusammenstellung von 680 Karten mäßiger Größe zu verstehen, welche alle 680 Farbnormen zur Anschauung bringen und auf der Rückseite mit den zugehörigen Farbzeichen
versehen sind. Man sucht die gewünschten Farben nach den
Zeichen heraus und legt die Karten nebeneinander, um die
gleichzeitige Wirkung zu beurteilen. Da man in der Auswahl und Zusammenstellung unbeschränkt ist, stellt der
Normenatlas eine Art Universalinstrument mit seinen Vorzügen und Nachteilen dar.

Die Vorzüge liegen in der Allseitigkeit der Kombinationen, die er gestattet, und in der Leichtigkeit, mit der die
Ergebnisse erreicht werden, denn man braucht nur die Karten herauszunehmen und nebeneinanderzulegen. Hält man
darauf, die gebrauchten Karten alsbald wieder an ihren Ort
zu bringen, so ist das Gerät dauernd gebrauchsbereit.

Die Nachteile liegen darin, daß man an die Gestalt der
Karten gebunden ist, also auf freie Formgebung verzichten
muß. Ferner kann man die einmal eingestellte Harmonie
nicht dauernd aufbewahren, wenn man den Atlas nicht für
andere Zwecke unbrauchbar machen will: man muß sich
damit begnügen, sie aufzuschreiben und nach Bedarf wieder
aufzubauen.

Je nach der Art der Anwendung wird man diese Form
oder eine der unten beschriebenen wählen. Für die erste

309

Orientierung zu selbständiger Arbeit ist der Atlas das beste Hilfsmittel.

Die Ordnung der Karten kann entweder in Kästchen erfolgen, wie bei jeder anderen Kartothek mit Leitkarten und Abteilungen. Oder man ordnet je 24 Karten eines wertgleichen Kreises auf je einer Tafel nebeneinander, wodurch man viel leichter einen vollständigen Überblick über die ganze Farbwelt gewinnt und beibehält. Diese zweite Ordnung ist trotz ihres viel höheren Preises vielfach bevorzugt worden.

Wenn man die Karten zur Harmonie nebeneinander legt, so hat die Farbe der Unterlage einen großen Einfluß auf das Ergebnis. Man wählt sie deshalb harmonisch zu den Kartenfarben. Dies geschieht am leichtesten, wenn man 8 Tafeln in den Graunormen a c e g i l n p bereithält, und die dunkelste wählt, deren Buchstabe in den Farbzeichen der Karten vorkommt.

Die Papierorgel. Ein erheblich größeres Maß von Bewegungsfreiheit gewährt die Benutzung genormter Buntpapiere. Zwar ist die Industrie der gewöhnlichen Buntpapiere noch nicht so weit, daß sie deren Farben auf die Normen einstellen kann. Von den Energiewerken in Groß-Bothen werden aber nach einem besonderen Verfahren buntgefärbte Papiere hergestellt, welchen den Normen so gut entsprechen, als dies in laufender Fabrikation erreichbar ist. Sie genügen vollauf für technische und künstlerische Zwecke; wissenschaftliche Genauigkeit ist wirtschaftlich nicht durchführbar, weil sie zu unmöglichen Preisen führen würde, und wird daher auch nicht angestrebt.

Solche Papiere lassen sich mit der Schere in alle gewünschten Formen bringen und durch Aufkleben kann man die beabsichtigten Harmonien in solchen Formen betätigen. Die Ergebnisse können dauernd aufbewahrt werden; dafür bedingt die Arbeit einen entsprechenden Materialverbrauch.

310

Zurzeit ist die Riesenarbeit, für alle 680 Farbnormen
die Färbevorschriften festzustellen, noch nicht durchgeführt, doch werden schon einige Hundert hergestellt. Es
ist beabsichtigt, mit der Arbeit fortzufahren, bis die Sammlung vollständig ist.

Die Papiere werden in wertgleichen Heften mit je
8 Hauptfarben oder 24 Normalfarben ausgegeben; die Ordnung der Orgel ist also leicht zu übersehen und aufrecht zu
erhalten, wenn man die bei der Arbeit entstehenden losen
Abschnitte an ihre Stelle im Heft legt.

Die flüssige Orgel. Aus flüssigen Bunttuschen (S. 236)
kann man für den allgemeinen Gebrauch eine Orgel herstellen, indem man die auf Norm eingestellten Lösungen in
gut verschließbaren Flaschen unterbringt. Sie werden mit
dem trockenen, bzw. gut ausgedrückten Pinsel aufgenommen und als Lasurtünchen in das auf weißes Papier gezeichnete Muster eingetragen. Da derartige Lösungen sich
selbsttätig sehr gleichförmig ausbreiten, macht das saubere
Eindecken gar keine Schwierigkeiten und man erhält leicht
Gebilde von gewinnender Schönheit.

Die Tiefe der entstehenden Farben hängt von der Art
des Auftrages und der des Papiers ab. Am besten arbeitet
man ziemlich naß und benutzt an Stelle des teuren Zeichen-
papiers irgendein nicht satiniertes „maschinenglattes"
Schreib- oder geleimtes Druckpapier. Auf hartem Zeichenpapier geraten die Aufstriche auch merklich heller, als auf
mehr saugendem Schreib- oder Druckpapier. Da dies aber
alle Farben gleichförmig betrifft, so bleiben die Harmonien
ungestört.

Die nasse Orgel gestattet volle Freiheit der Formgebung und sehr geschwinde Arbeit. Denn da man sich
über die anzuwendenden Farben durch den vor Beginn der
Ausführung festgestellten allgemeinen Harmonieplan völlig
im klaren ist, bleibt nur die Ausmalung der einzelnen Flächen mit den malfertigen Einzelfarben der Orgel übrig.
Man kann daher diese Arbeit auch durch Hilfskräfte aus-

311

führen lassen, die nichts mehr zu verstehen brauchen als die
Anordnung der Orgel und die Technik des Auftragens.
Aber die Arbeit ist so hübsch, daß man namentlich anfangs
sie nicht gern aus der Hand geben wird.

Die flüssige Orgel wird vollständig von den Energiewerken hergestellt.

Die Fladenorgel. Der reine Lasurcharakter der flüssigen
Orgel bedingt, daß ein Übermalen und Korrigieren nicht
möglich ist; dadurch wird die Herstellung solcher Muster
recht umständlich, welche viele Einzelheiten auf gleichför-
migem Grunde enthalten, weil alles ausgespart werden muß,
was verschiedene Farben hat.

Volle Freiheit auch im Sinne des Überdeckens und Ver-
besserns gewinnt man beim Ersatz der Lasurtünchen durch
D e c k t ü n c h e n. Die erste Form der Farborgel, welche
ich vor drei Jahren ausgeführt hatte, war aus solchem Material hergestellt. Die Decktünchen (Bindemittel Dextrin mit
erweichenden Zusätzen) wurden als Fladen oder Knöpfe in
Metallnäpfchen gebracht und je 24 Farben eines wertgleichen Kreises zu einem „Register“ vereinigt. Alle 28 Register ließen sich in einem Gestell von 18×26×30 cm unterbringen, das bequem auf dem Arbeitstisch Platz findet und
jeden „Ton“ durch einen Griff erreichen läßt.

Mit dieser Fladenorgel habe ich seitdem den größten
Teil meiner Arbeiten ausgeführt. Sie ist völlig zweckentsprechend für kleinere Sachen, die nicht viel Tünche erfordern, denn das Aufreiben größerer Mengen ist zeitraubend und unbequem. Dies gilt auch noch, wenn man
nicht, wie üblich, den Pinsel damit verdirbt, sondern ein
hölzernes Reibstöckchen, 5 mm stark und 5 cm lang, an den
Enden eben bearbeitet, benutzt. An Handlichkeit ist die
Fladenorgel allen anderen Formen überlegen und ist daher
für erste Entwürfe und Skizzen das gegebene Hilfsmittel,
namentlich wenn man außerdem in den Normfarben gestrichene Papiere als Malgrund benutzt. Man kann dann
in unglaublich kurzer Zeit zum Ergebnis gelangen.

312

Die Pulverorgel. Von vielseitigster Verwendbarkeit und der Fladenorgel an Handlichkeit nur wenig nachstehend, in mancher Hinsicht sogar überlegen, ist endlich die Pulverorgel, die als H a u p t f o r m d e r F a r b o r g e l bezeichnet werden darf.

Sie enthält die 680 Farben in Gestalt von Pulvern, die, mit dem flüssigen Leimbindemittel vermischt, entsprechende leicht auftragbare Decktünchen ergeben, welche nach dem Trocknen die Normalfarben aufweisen.

Ihr Nachteil gegen die Fladenorgel liegt in der etwas geringeren Handlichkeit. Die Pulver sind in deutlich bezeichneten Säckchen von zähem Papier enthalten. Ich habe eine vierseitige Form mit quadratischem Querschnitt, 20 mm weit, 70 mm hoch, oben offen, am handlichsten gefunden; 680 solche Büchsen lassen sich auf einem Tischchen von 50×60 cm Fläche aufstellen, das neben dem Maltisch steht; auch kann man sie in den Schubladen eines Aktenschranks zugänglich unterbringen.

Der Vorteil liegt darin, daß man große wie kleine Arbeiten damit gleich bequem herstellen kann. Handelt es sich um kleine Mengen Tünche, so steckt man den Pinsel erst in das Bindemitel und dann nach dem Abstreichen in das Farbpulver. Es bleibt soviel haften, daß man es auf der Palette (Glas- oder Porzellantafel, Teller usw.) zu gleichförmiger Tünche von richtiger Stärke verarbeiten kann; damit wird gemalt. Braucht man größere Mengen, so schüttet man genug Pulver (1 Gramm deckt 250 bis 300 Quadratzentimeter) in ein Näpfchen und gibt soviel Bindemittel dazu, als freiwillig von dem Pulver aufgesogen wird; erst hernach darf man mit dem Pinsel eingehen. Gleiche Gewichte Pulver und Bindemittel sind meist das richtige Verhältnis; bei dunklen Farben braucht man mehr Bindemittel. Dieses ist so zusammengesetzt, daß die Tünche vom Malgrunde besonders leicht und gern angenommen wird, was ein sehr angenehmes Malen bedingt.

313

Mit der Pulverorgel kann man sich auch schnell die S. 311 erwähnten, in Normfarbe vorgestrichenen Papiere herstellen. Als Unterlage kann jedes geringe Papier von guter Oberfläche (maschinenglatt, nicht satiniert) dienen. Von hartem Zeichenpapier springt Leimtünche gern ab, es ist also zu vermeiden, auch wo der Preis nicht in Frage kommt. Der Pinsel soll breit und weich sein; man lernt bald, gleichförmig und nicht zu dick einzudecken.

Bei den ersten Farborgeln, die ich hergestellt habe, benutzte ich Farbstoffe, die mir die farbreinsten Tünchen ergaben, ohne besonderes Gewicht auf ihre technischen Eigenschaften (Wasser- und Lichtechtheit) zu legen. Nachdem ich in mehrjähriger Arbeit erfahren habe, welche Schätze die Orgel in ihrem Schoße birgt, habe ich die neue, Ende 1922 begonnene Pulverorgel aus dem lichtbeständigsten Material hergestellt, welches die Technik mir liefern konnte. Dies ist für die Gebiete geringerer Reinheit restlos durchführbar; die hellklaren, weißärmeren Farben von ga ab sind aber mit den vorhandenen lichtbeständigen Farbstoffen nicht überall erreichbar, namentlich nicht in der kalten Hälfte des Farbkreises. Hier und auch in den benachbarten tiefsten Kreisen nc und pc mußten deshalb teilweise lichtempfindliche Farbstoffe benutzt werden. Sie werden durch beständige ersetzt werden, sobald die Farbstoffindustrie solche liefern kann.

Druck von A. Th. Engelhardt in Leipzig.

Tafel I.

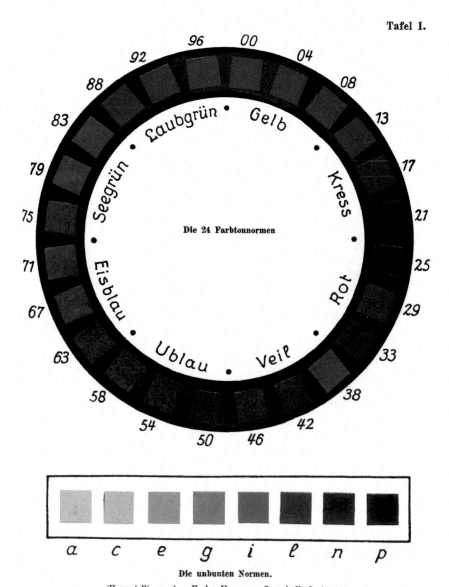

Die unbunten Normen.

(Hergestellt von dem Verlag Unesma, G. m. b. H., Leipzig.)

Ostwald, Farbkunde.

Verlag von S. Hirzel, Leipzig.

Tafel II.

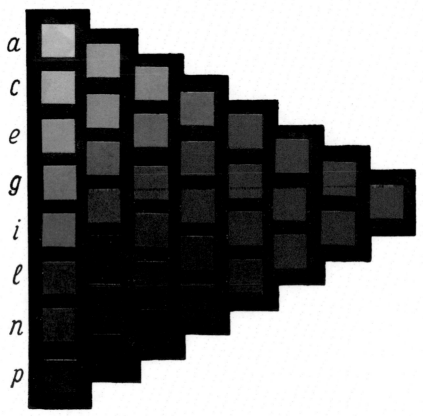

Farbtongleiches Dreieck.

(Hergestellt von dem Verlag Unesma, G. m. b. H., Leipzig.)

Ostwald, Farbkunde.

Verlag von S. Hirzel, Leipzig.

Wertgleiche Kreise.
(Hergestellt von dem Verlag Unesma, G. m. b. H., Leipzig.)

Ostwald, Farbkunde.

Verlag von S. Hirzel, Leipzig.

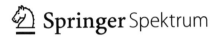
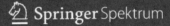